"十二五"普通高等教育本科国家级规划教材配套参考书

物理化学解题指南
（第三版）

配套天津大学物理化学教研室编《物理化学》（第六版）

冯 霞 陈 丽 朱荣娇 编

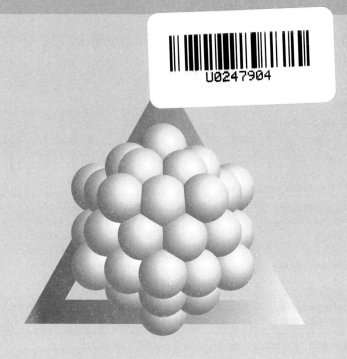

高等教育出版社·北京

内容提要

　　本书是天津大学物理化学教研室编写的《物理化学》(第六版)的配套学习参考书,章节安排与主教材同步。各章包括:概念、主要公式及其适用条件(列举重要知识点,指明公式应用范围及条件);概念题(包括填空和选择题,帮助读者辨析概念,掌握知识点);习题解答(提供解题思路,总结解题要点和方法)。本书内容较为丰富,针对性强,难度适中。

　　本书可帮助学生巩固所学知识,提高解决物理化学问题的能力;也可供相关学科教师及自学者参考。

图书在版编目(CIP)数据

　　物理化学解题指南/冯霞,陈丽,朱荣娇编.--3版.--北京:高等教育出版社,2018.12(2020.12重印)
　　ISBN 978-7-04-049632-1

　　Ⅰ.①物… Ⅱ.①冯… ②陈… ③朱… Ⅲ.①物理化学-高等学校-题解 Ⅳ.①O64-44

　　中国版本图书馆 CIP 数据核字(2018)第 083863 号

Wuli Huaxue Jieti Zhinan

| 策划编辑　翟　怡 | 责任编辑　翟　怡 | 封面设计　张　志 | 版式设计　杜微言 |
| 插图绘制　杜晓丹 | 责任校对　刘　莉 | 责任印制　赵　振 | |

出版发行　高等教育出版社	网　　址　http://www.hep.edu.cn
社　　址　北京市西城区德外大街 4 号	http://www.hep.com.cn
邮政编码　100120	网上订购　http://www.hepmall.com.cn
印　　刷　天津嘉恒印务有限公司	http://www.hepmall.com
开　　本　787mm×960mm　1/16	http://www.hepmall.cn
印　　张　24	版　　次　2003 年 7 月第 1 版
字　　数　440 千字	2018 年 6 月第 3 版
购书热线　010-58581118	印　　次　2020 年 12 月第 5 次印刷
咨询电话　400-810-0598	定　　价　44.60 元

本书如有缺页、倒页、脱页等质量问题,请到所购图书销售部门联系调换

版权所有　侵权必究

物　料　号　49632-00

第三版前言

本书是与"十二五"普通高等教育本科国家级规划教材《物理化学》(第六版,天津大学物理化学教研室编,高等教育出版社 2017 年出版)配套的学习参考书。本书的宗旨在于,帮助读者归纳、总结物理化学的基本概念、基本原理和重要关系式,使读者能更好地理解物理化学解决问题的思路和方法,培养严谨的科学思维,提高运用物理化学原理分析和解决实际问题的能力。

本书内容与教材完全同步,共分为 12 章。各章包括三部分内容:概念、主要公式及其适用条件,概念题和习题解答。第一部分对第六版教材各章中的主要概念及公式进行了汇总,力求做到严谨、准确、简明、扼要、重点突出,以帮助读者更好地掌握各章的主要知识点,理清知识脉络,夯实基础。第二部分为概念题,在前一版的基础上调整、增加了一些基础练习题,使对知识点的覆盖更全面,对于难度较大的题目给出了详细的解答。第三部分是教材习题解答,此部分配合主教材,对全部习题进行了详细的解答。对教材中各典型习题均仔细编写了求解过程,以做到思路清晰、过程简明、结果准确。部分题目给出了多种解法,并扼要说明了解题思路、关键点和结果分析等。帮助读者做到举一反三,提高学习效果。

作为配套的学习辅助参考书,本书的名词、术语、公式、符号等均与《物理化学》第六版教材保持一致,计算所涉及的基础数据,均取自主教材中相关数据表和附录。

本书各章执笔人分别为冯霞(第二、三、八、九章),陈丽(第一、四、十一章),朱荣娇(第五、六、七、十、十二章)。全书由冯霞统稿,主教材修订者刘俊吉、周亚平和李松林审阅了书稿的相关章节,并提出很多非常有价值的修改意见。编写过程中,各章执笔人还参考了近年来出版的部分其他物理化学教材和习题集等(见本书参考书目),获益匪浅,在此一并表示衷心的感谢。

由于编者水平所限,书中难免存在疏漏甚至谬误之处,恳请广大读者和同行专家批评指正。

编者

2017 年 9 月于天津大学

目 录

第一章　气体的 pVT 性质

§1.1　概念、主要公式及其适用条件

1. 理想气体状态方程

$$pV = nRT = (m/M)RT$$

或

$$pV_m = p(V/n) = RT$$

式中,压力 p、体积 V、温度 T 及物质的量 n 的单位分别为 Pa,m^3,K 及 mol。气体的摩尔体积 V_m 的单位为 $m^3 \cdot mol^{-1}$。摩尔气体常数 $R = 8.314 \ J \cdot mol^{-1} \cdot K^{-1}$。

此式适用于理想气体,近似适用于低压下的真实气体。

2. 混合物

(1) 混合物的组成

摩尔分数: y_B(或 x_B) $= n_B/n = n_B / \sum_A n_A$

一般以 y 表示气体的摩尔分数,以 x 表示液体的摩尔分数。

质量分数: $w_B = m_B/m = m_B / \sum_A m_A$

体积分数: $\varphi_B = y_B V_{m,B}^* / \left(\sum_B y_B V_{m,B}^* \right)$　　(适用于气体混合物)

(2) 混合物的平均摩尔质量

定义式: $\overline{M}_{mix} \overset{def}{=\!=\!=} \dfrac{\sum_B m_B}{\sum_B n_B} = \dfrac{m}{n}$

导出式: $\overline{M}_{mix} = \sum_B y_B M_B$

(3) 理想气体混合物的状态方程

$$pV = nRT = \left(\sum_B n_B \right) RT \quad 或 \quad pV = \frac{m}{\overline{M}_{mix}} RT$$

3. 分压力、道尔顿定律

分压力: $p_B \overset{def}{=\!=\!=} y_B p$　　(适用于混合气体中的任意一种气体)

道尔顿定律：$p = \sum\limits_{B} p_B$　　$\left(其中 \; p_B = \dfrac{n_B RT}{V}\right)$

适用于理想气体混合物,对低压下的真实气体混合物也近似适用。

4. 分体积、阿马加定律

分体积：气体 B 在混合气体的 T、p 下单独存在时所占有的体积 V_B^*。

阿马加定律：$V = \sum\limits_{B} V_B^*$　　$\left(其中 \; V_B^* = \dfrac{n_B RT}{p}\right)$

适用于理想气体混合物,对低压下的真实气体近似适用。对理想气体混合物有

$$y_B = \frac{n_B}{n} = \frac{p_B}{p} = \frac{V_B^*}{V}$$

5. 液体的饱和蒸气压和沸点

一定温度下,达到气-液平衡时,液体上方的气相(饱和蒸气)的压力称为该液体在该温度下的**饱和蒸气压**,用 p^* 来表示,$p^* = f(T)$。

一定压力下,达到气-液平衡时的温度,称为该液体在该压力下的**沸点**。压力对 101.325 kPa 时的沸点称为**正常沸点**。

液体的饱和蒸气压和沸点是一组对应的概念,提到饱和蒸气压时一定要指明温度;提到物质的沸点时一定要指明相应的压力。

6. 临界参数

临界参数是 T_c、p_c、$V_{m,c}$ 的统称。其中,

临界温度 T_c：气体能够液化所允许的最高温度;

临界压力 p_c：T_c 时的饱和蒸气压,是 T_c 下使气体液化所需要的最低压力;

临界摩尔体积 $V_{m,c}$：T_c、p_c 下的摩尔体积。

7. 真实气体状态方程

(1) 范德华(van der Waals)方程

$$\left(p + \frac{a}{V_m^2}\right)(V_m - b) = RT \quad 或 \quad \left(p + \frac{an^2}{V^2}\right)(V - nb) = nRT$$

式中,a,b 称为范德华常数,单位分别为 $Pa \cdot m^6 \cdot mol^{-2}$ 和 $m^3 \cdot mol^{-1}$。a,b 是与温度、气体种类有关的参数。

该方程适用于几个兆帕的中压范围内真实气体的 pVT 等的计算。

(2) 维里方程

$$pV_m = RT(1 + Bp + Cp^2 + Dp^3 + \cdots)$$

或

$$pV_m = RT\left(1 + \frac{B'}{V_m} + \frac{C'}{V_m^2} + \frac{D'}{V_m^3} + \cdots\right)$$

式中，$B,C,D,\cdots$ 及 $B',C',D',\cdots$ 分别称为第二、第三、第四……维里系数，皆与温度、气体种类有关。其中第二、第三维里系数分别反映了双分子间、三分子间的相互作用对气体 pVT 关系的影响。

该方程适用的最高压力为 1~2 MPa，不适于高压气体的 pVT 计算。

8. 波义尔温度 T_{B}

$$\lim_{p \to 0}\left[\frac{\partial(pV_{\mathrm{m}})}{\partial p}\right]_{T_{\mathrm{B}}} = 0$$

在 T_{B} 下，当压力趋近于零时，$pV_{\mathrm{m}}-p$ 等温线的斜率为零。波义尔温度一般为气体临界温度的 2~2.5 倍。

9. 压缩因子 Z

$$Z \stackrel{\text{def}}{=\!=\!=} \frac{pV}{nRT} = \frac{pV_{\mathrm{m}}}{RT}$$

Z 的量纲为 1。计算精度要求不高时，真实气体的 Z 可通过压缩因子图获得，精确计算时需要通过实际测定的真实气体 pVT 数据计算。

意义：相同 T,p 下，$Z = \dfrac{V_{\mathrm{m}}(\text{真实})}{V_{\mathrm{m}}(\text{理想})}$，$Z>1$ 说明真实气体比理想气体难于压缩；$Z<1$ 说明真实气体比理想气体容易压缩。Z 的大小反映了真实气体对于理想气体的偏差程度。

10. 对应状态原理

定义：$p_{\mathrm{r}} = \dfrac{p}{p_{\mathrm{c}}}, V_{\mathrm{r}} = \dfrac{V_{\mathrm{m}}}{V_{\mathrm{m,c}}}, T_{\mathrm{r}} = \dfrac{T}{T_{\mathrm{c}}}$，其中 $p_{\mathrm{r}}, V_{\mathrm{r}}, T_{\mathrm{r}}$ 分别称为对比压力、对比体积和对比温度，三者统称为对比参数。

对应状态：若几种不同气体具有相同的对比参数，则称它们处于相同的对应状态。

对应状态原理：不同的气体，当其任意两个对比参数相等时，则第三个对比参数也将（大致）相等。

§1.2　概　念　题

1.2.1　填空题

1. 温度为 400 K，体积为 2 m³ 的容器中装有 2 mol 的理想气体 A 和 8 mol 的理想气体 B，则该混合气体中 B 的分压 $p_{\mathrm{B}} = ($　　　$)$ kPa。

2. 在 300 K,100 kPa 下,某理想气体的密度 $\rho = 80.827\ 5 \times 10^{-3}\ \mathrm{kg \cdot m^{-3}}$。则该气体的摩尔质量 $M = ($ $)$。

3. 恒温 100 ℃ 下,在一带有活塞的汽缸中装有 3.5 mol 的水蒸气 $\mathrm{H_2O(g)}$,当缓慢地压缩到压力 $p = ($ $)\mathrm{kPa}$ 时才可能有水滴 $\mathrm{H_2O(l)}$ 出现。

4. 恒温下的理想气体,其摩尔体积随压力的变化率 $(\partial V_\mathrm{m}/\partial p)_T = ($ $)$。

5. 理想气体的微观特征是($ $)$。

6. 一定量的范德华气体,在恒容条件下,其压力随温度的变化率 $(\partial p/\partial T)_V = ($ $)$。

7. 在临界状态下,任何真实气体的宏观特征为($ $)$。

8. 在 n,T 一定的条件下,任何种类的气体在压力趋近于零时均满足:$\lim\limits_{p \to 0}(pV) = ($ $)$。

9. 实际气体的压缩因子定义为 $Z = ($ $)$。当实际气体的 $Z < 1$ 时,说明该气体比理想气体($ $)$压缩,Z 与处在临界点时的压缩因子 Z_c 的比值 $Z/Z_\mathrm{c} = ($ $)$。

10. 在任何 T,p 条件下,压缩因子 Z 均为 1 的气体是($ $)$。若某真实气体在某 T,p 条件下的 $Z > 1$,则表示该真实气体的 $V_\mathrm{m}($ $)$同样 T,p 条件下的理想气体 V_m。

1.2.2 选择题

1. 实际气体 A 的温度为 T,临界温度为 T_c。当 $T($ $)T_\mathrm{c}$ 时,该气体可通过加压被液化。

(a) >;   (b) <;   (c) =;   (d) 无法判断

2. 在一定的 T,p 下,某真实气体的 V_m(真实)大于理想气体的 V_m(理想),则该气体的压缩因子 $Z($ $)$。

(a) >1;   (b) <1;   (c) =1;   (d) 无法判断

3. 在以下临界点的描述中,错误的是($ $)$。

(a) $\left(\dfrac{\partial p}{\partial V_\mathrm{m}}\right)_{T_\mathrm{c}} = 0, \left(\dfrac{\partial^2 p}{\partial V_\mathrm{m}^2}\right)_{T_\mathrm{c}} = 0$;

(b) 临界参数是 p_c,$V_\mathrm{m,c}$,T_c 的统称;

(c) 在 p_c,$V_\mathrm{m,c}$,T_c 三个参数中,$V_\mathrm{m,c}$ 最容易测定;

(d) 在临界点处,液体与气体的密度相同、摩尔体积相同

4. 已知 $\mathrm{H_2}$ 的临界温度 $t_\mathrm{c} = -239.9$ ℃,临界压力 $p_\mathrm{c} = 1.297 \times 10^3$ kPa。有一氢气钢瓶,在 -50 ℃ 时瓶中 $\mathrm{H_2}$ 的压力为 12.16×10^3 kPa,则 $\mathrm{H_2}$ 一定是($ $)$。

（a）气态；　　　　　　　　　（b）液态；

（c）气-液两相平衡状态；　　　（d）无法确定其相态

5. 在温度恒定为 100 ℃，体积为 2.0 dm³ 的容器中含有 0.035 mol 的水蒸气 $H_2O(g)$。若向上述容器中再加入 0.025 mol 的液态水 $H_2O(l)$。则容器中的 H_2O 必然是（　　　）。

（a）液态；　　　　　　　　　（b）气态；

（c）气-液两相平衡状态；　　　（d）无法确定其相态

6. 真实气体在（　　　）的条件下，其行为与理想气体相近。

（a）高温高压；　　　　　　　（b）低温低压；

（c）低温高压；　　　　　　　（d）高温低压

7. 若某物质的 $V_m(g) = V_m(l)$，则该物质所处的状态是（　　　）。

（a）气态；　　　　　　　　　（b）液态；

（c）固态；　　　　　　　　　（d）临界状态

8. 真实气体的波义尔温度 T_B 一般为气体临界温度的 2~2.5 倍。当真实气体分别处于 $T = T_B, T < T_B, T > T_B$ 时，其 $\lim_{p \to 0} \left[\frac{\partial(pV_m)}{\partial p} \right]_T$ 分别（　　　），（　　　），（　　　）。

（a）>0；　　　（b）<0；　　　（c）= 0；　　　（d）无法判断

概念题答案

1.2.1　填空题

1. 13.302

$p_B = n_B RT/V = (8 \times 8.314 \times 400/2)\,Pa = 13.302\ kPa$

或　$p_B = p y_B = [(n_A + n_B)RT/V] y_B$

$= [(8+2) \times 8.314 \times 400/2]\,Pa \times 0.8 = 13.302\ kPa$

2. $2.016 \times 10^{-3}\ kg \cdot mol^{-1}$

$pV = nRT = (m/M)RT = (\rho V/M)RT$

$M = \rho RT/p$

$= 80.827\,5 \times 10^{-3}\ kg \cdot m^{-3} \times 8.314\ J \cdot mol^{-1} \cdot K^{-1} \times 300\ K/(100 \times 10^3\ Pa)$

$= 2.016 \times 10^{-3}\ kg \cdot mol^{-1}$

3. 101.325

因为 100 ℃ 时水的饱和蒸气压为 101.325 kPa，故当压缩至 $p = 101.325\ kPa$

时才会有水滴 $H_2O(1)$ 出现。

4. $-RT/p^2$

理想气体满足理想气体状态方程, $pV_m = RT$, 所以

$$p\,(\,\partial V_m/\partial p\,)_T + V_m = 0, \text{即}\,(\,\partial V_m/\partial p\,)_T = -V_m/p = -RT/p^2$$

5. 理想气体的分子间无作用力;分子本身不占有体积。

6. $nR/(V-nb)$

将范德华方程改写为

$$p = \frac{nRT}{V-nb} - \frac{an^2}{V^2}$$

可得

$$\left(\frac{\partial p}{\partial T}\right)_V = \frac{nR}{V-nb}$$

7. 气相、液相不分

8. nRT

9. pV_m/RT;易;$p_r V_r/T_r$

10. 理想气体;>

$Z = V_m(\text{真实})/V_m(\text{理想}) > 1$。只有理想气体的 Z 在任意 T,p 条件下均等于 1。而真实气体的 Z 在特定条件下可以大于或小于 1。若真实气体的 $Z>1$,则其 $V_m(\text{真实}) > V_m(\text{理想})$。

1.2.2　选择题

1. (b)

当温度低于临界温度时,真实气体在加压时才能液化。

2. (a)

由压缩因子 Z 的定义知:$Z = V_m(\text{真实})/V_m(\text{理想}) > 1$。

3. (c)

三个临界参数中,$V_{m,c}$ 比 T_c、p_c 难于测定。

4. (a)

因为 H_2 的临界温度远低于 $-50\ ℃$,所以 H_2 必为气态,不可能有液态存在。

5. (b)

容器内 H_2O 的物质的量:$n(H_2O) = (0.035+0.025)\ \text{mol} = 0.060\ \text{mol}$。假设 H_2O 呈气态,则系统的压力为

$$p = \frac{nRT}{V} = \left(\frac{0.060 \times 8.314 \times 373.15}{2.0}\right)\ \text{kPa} = 93.07\ \text{kPa} < 101.325\ \text{kPa}$$

故 H_2O 必呈气态。

6.(d)

理想气体可看作是真实气体在压力趋于零时的极限情况。一般情况下可将较高温度、较低压力下的气体视为理想气体处理。

7.(d)

物质处于临界状态时,其饱和液相的摩尔体积和饱和气相的摩尔体积相等。

8.(c);(b);(a)

$\lim\limits_{p\to 0}\left[\dfrac{\partial(pV_{\mathrm{m}})}{\partial p}\right]_T = 0$ 时所对应的温度为波义尔温度 T_{B}。当 $T>T_{\mathrm{B}}$ 时,

$\lim\limits_{p\to 0}\left[\dfrac{\partial(pV_{\mathrm{m}})}{\partial p}\right]_T >0$,当 $T<T_{\mathrm{B}}$ 时,$\lim\limits_{p\to 0}\left[\dfrac{\partial(pV_{\mathrm{m}})}{\partial p}\right]_T <0$。

§ 1.3　习 题 解 答

1.1　物质的体膨胀系数 α_V 与等温压缩率 κ_T 的定义分别为

$$\alpha_V = \frac{1}{V}\left(\frac{\partial V}{\partial T}\right)_p \qquad \kappa_T = -\frac{1}{V}\left(\frac{\partial V}{\partial p}\right)_T$$

试导出理想气体的 α_V,κ_T 与压力、温度的关系。

解:根据理想气体状态方程 $pV=nRT$ 知,

$$V = \frac{nRT}{p}$$

上式分别在恒压下对 T 微分和恒温下对 p 微分可得

$$\left(\frac{\partial V}{\partial T}\right)_p = \frac{nR}{p} = \frac{V}{T}; \qquad \left(\frac{\partial V}{\partial p}\right)_T = -\frac{nRT}{p^2} = -\frac{V}{p}$$

所以　　　　$\alpha_V = \dfrac{1}{V}\left(\dfrac{\partial V}{\partial T}\right)_p = \dfrac{1}{T}$;　$\kappa_T = -\dfrac{1}{V}\left(\dfrac{\partial V}{\partial p}\right)_T = \dfrac{1}{p}$

1.2　体积为 $200\ \mathrm{dm}^3$ 的气瓶中装有 $27\ ℃$,$101.325\ \mathrm{kPa}$ 的 CO_2 气体,求该气体的质量(设此气体可视为理想气体)。

解:因 CO_2 气体压力不高,可视为理想气体,其摩尔质量 $M = 44.009\ 5\times 10^{-3}\ \mathrm{kg\cdot mol^{-1}}$,

$$n = \frac{pV}{RT} = \left[\frac{(101.325\times10^3)\times(200\times10^{-3})}{8.314\times(273.15+27)}\right]\mathrm{mol} = 8.121\ \mathrm{mol}$$

试题分析

$$m = nM = (8.121 \times 44.009\,5)\,g = 0.357\,4\ kg$$

1.3 0 ℃,101.325 kPa 的条件常称为气体的标准状况,试求甲烷在标准状况下的密度。

解:将甲烷视为理想气体,其摩尔质量 $M = 16.042 \times 10^{-3}\ kg \cdot mol^{-1}$,

$$p = \frac{nRT}{V} = \frac{m}{M}\frac{RT}{V} = \rho\frac{RT}{M}$$

$$\rho = \frac{pM}{RT} = \left(\frac{101.325 \times 16.042 \times 10^{-3}}{8.314 \times 273.15}\right)\ kg \cdot m^{-3} = 0.716\ kg \cdot m^{-3}$$

1.4 两个容积均为 V 的玻璃球泡之间用细管连接,泡内密封着标准状况下的空气。若将其中一个球加热到 100 ℃,另一个球维持 0 ℃,忽略连接细管中气体体积,试求该容器内空气的压力。

解:将整个容器视为系统,由题给条件知,系统物质的量恒定,两球中压力保持相等。设加热前压力为 p_1,加热后压力为 p_2。则 $p_1 = 101.325\ kPa$,$T = 273.15\ K$。

由物质的量守恒知 $\quad n = \dfrac{2p_1 V}{RT_1} = n_1 + n_2 = \dfrac{p_2 V}{RT_2} + \dfrac{p_2 V}{RT_1}$

即 $\qquad\qquad\qquad \dfrac{2p_1}{T_1} = \left(\dfrac{1}{T_2} + \dfrac{1}{T_1}\right)p_2$

所以 $\quad p_2 = 2p_1 \Big/ \left(1 + \dfrac{T_1}{T_2}\right) = 2 \times 101.325\ kPa \Big/ \left(1 + \dfrac{273.15\ K}{373.15\ K}\right) = 117.0\ kPa$

1.5 0 ℃时氯甲烷(CH_3Cl)气体的密度 ρ 随压力 p 的变化如下:

p/kPa	101.325	67.550	50.663	33.775	25.331
$\rho/(g \cdot dm^{-3})$	2.307 4	1.526 3	1.140 1	0.757 1	0.566 6

试由 $\dfrac{\rho}{p} - p$ 关系求 CH_3Cl 的相对分子质量。

解:对于理想气体

$$p = \frac{nRT}{V} = \frac{m}{M}\frac{RT}{V} = \rho\frac{RT}{M}$$

所以 $\qquad\qquad\qquad M = \dfrac{\rho RT}{p}$

对于真实气体,只有当压力趋于零时上述关系才成立。在温度不变时,可表示为

$$\lim_{p \to 0}\left(\frac{\rho RT}{p}\right) = RT \lim_{p \to 0}\left(\frac{\rho}{p}\right) = M$$

0 ℃、不同压力下,CH_3Cl 气体的 ρ/p 列表如下:

p/kPa	101.325	67.550	50.663	33.775	25.331
$\rho p^{-1}/(10^{-3}\ g \cdot dm^{-3} \cdot kPa^{-1})$	22.772	22.595	22.504	22.416	22.368

以 ρp^{-1} 对 p 作图可得一直线,如图 1.1 所示。

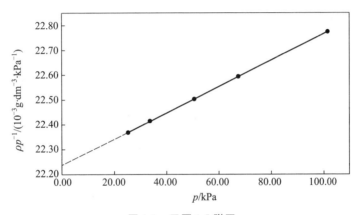

图 1.1 习题 1.5 附图

由图中直线外推至 $p = 0$ 时可得

$$\lim_{p \to 0}\left[(\rho \cdot p^{-1})/(10^{-3}\ g \cdot dm^{-3} \cdot kPa^{-1})\right] = 截距 = 22.237$$

即当 p 趋于 0 时,$\rho p^{-1} = 22.237 \times 10^{-3}\ g \cdot dm^{-3} \cdot kPa^{-1} = 22.237 \times 10^{-3}\ g \cdot m^{-3} \cdot Pa^{-1}$

故 $M = RT \rho p^{-1} = 8.314\ J \cdot mol^{-1} \cdot K^{-1} \times 273.15\ K \times 22.237 \times 10^{-3}\ g \cdot m^{-3} \cdot Pa^{-1}$
$= 50.50\ g \cdot mol^{-1}$

故 CH_3Cl 的相对分子质量:$M_r = M/(g \cdot mol^{-1}) = 50.50$

1.6 今有 20 ℃ 的乙烷-丁烷混合气体,充入一个抽成真空的 200 cm^3 容器中,直至压力达到 101.325 kPa,测得容器中混合气体的质量为 0.389 7 g。试求该混合气体中两种组分的摩尔分数及分压。

解:设乙烷和丁烷均为理想气体,则两种气体的总物质的量:

$$n = \frac{pV}{RT} = \left[\frac{101.325 \times 10^3 \times 200 \times 10^{-6}}{8.314 \times (273.15 + 20)}\right]\ mol = 0.008\ 315\ mol = 8.315 \times 10^{-3}\ mol$$

$$M_乙 = 30.07 \text{ g} \cdot \text{mol}^{-1}, \quad M_丁 = 58.12 \text{ g} \cdot \text{mol}^{-1}$$

$$n_乙 + n_丁 = n = 8.315 \times 10^{-3} \text{ mol}$$

$$n_乙 M_乙 + n_丁 \times M_丁 = m = 0.389\ 7 \text{ g}$$

解得 $n_乙 = 3.335 \times 10^{-3} \text{ mol}, n_丁 = 4.980 \times 10^{-3} \text{ mol}$。

所以
$$y_乙 = \frac{n_乙}{n_乙 + n_丁} = \frac{3.335 \times 10^{-3}}{3.335 \times 10^{-3} + 4.980 \times 10^{-3}} = 0.401$$

$$y_丁 = 1 - y_乙 = 1 - 0.401 = 0.599$$

$$p_乙 = y_乙 \cdot p = (0.401 \times 101.325) \text{ kPa} = 40.63 \text{ kPa}$$

$$p_丁 = p - p_乙 = (101.325 - 40.63) \text{ kPa} = 60.70 \text{ kPa}$$

1.7 某中间带有隔板的容器，两侧分别装有 20 kPa,3 dm³ 的 H_2 和 10 kPa, 1 dm³ 的 N_2，两侧气体温度相同，且二者均可视为理想气体，忽略隔板的体积。

（1）保持容器内温度恒定抽去隔板，计算气体混合后的压力；

（2）分别计算混合气体中 H_2 和 N_2 的分压；

（3）分别计算混合气体中 H_2 和 N_2 的分体积。

解:（1）恒温混合前

$$n_{H_2} = \frac{p_{H_2} V_{H_2}^*}{RT}, \quad n_{N_2} = \frac{p_{N_2} V_{N_2}^*}{RT}$$

恒温混合后气体的压力为

$$p = \frac{n_总 RT}{V_总} = \frac{(n_{H_2} + n_{N_2}) RT}{V_{H_2}^* + V_{N_2}^*} = \frac{p_{H_2} V_{H_2}^* + p_{N_2} V_{N_2}^*}{V_{H_2}^* + V_{N_2}^*}$$

$$= \left(\frac{3 \times 20 + 1 \times 10}{4}\right) \text{ kPa} = 17.5 \text{ kPa}$$

（2）混合后气体的分压

$$p_{H_2}' = p y_{H_2} = p \frac{n_{H_2}}{n_{H_2} + n_{N_2}} = p \frac{p_{H_2} \cdot V_{H_2}^*}{p_{H_2} V_{H_2}^* + p_{N_2} V_{N_2}^*}$$

$$= \left(17.5 \times \frac{3 \times 20}{3 \times 20 + 1 \times 10}\right) \text{ kPa} = 15.0 \text{ kPa}$$

$$p_{N_2}' = p - p_{H_2}' = (17.5 - 15.0) \text{ kPa} = 2.5 \text{ kPa}$$

（3）混合后气体的分体积

$$V_{H_2} = y_{H_2} V = \left(\frac{3 \times 20}{3 \times 20 + 1 \times 10} \times 4\right) \text{ dm}^3 = 3.43 \text{ dm}^3$$

试题分析

$$V_{N_2} = V - V_{H_2} = (4-3.43)\,dm^3 = 0.57\ dm^3$$

1.8 氯乙烯、氯化氢及乙烯组成的混合气体中,各组分的摩尔分数分别为 0.89,0.09 及 0.02。在恒定压力 101.325 kPa 下,用水吸收掉其中的氯化氢气体后所得的混合气体中增加了分压为 2.670 kPa 的水蒸气。试求洗涤后混合气体中氯乙烯和乙烯的分压。

解:以 A,B,C 和 D 分别代表氯乙烯、乙烯、氯化氢和水蒸气。洗涤后混合气体的总压 $p = 101.325$ kPa,水蒸气的分压 $p_D = 2.670$ kPa。

$$p_A + p_B = p - p_D = (101.325 - 2.670)\,kPa = 98.655\ kPa$$

吸收氯化氢后混合干气体(氯乙烯与乙烯)中 A 的摩尔分数为

$$y_A' = n_A/(n_A + n_B) = y_A/(y_A + y_B) = 0.89/(0.89 + 0.02) = 0.89/0.91$$

$$p_A = (p - p_D)y_A' = 98.655\ kPa \times \frac{0.89}{0.91} = 96.487\ kPa$$

$$p_B = p - (p_A + p_D) = 101.325\ kPa - (96.487 + 2.670)\,kPa = 2.168\ kPa$$

1.9 室温下某高压釜内有常压的空气,为确保实验安全进行需采用同样温度的纯氮进行置换,步骤如下:向釜内通氮气直到 4 倍于空气的压力,然后将釜内混合气体排出直至恢复常压,重复三次。求釜内最后排气至常压时,该空气中氧的摩尔分数。设空气中氧、氮摩尔分数之比为 1∶4 。

解:分析:每次通氮气后再排气至常压 p,混合气体中各组分的摩尔分数会发生变化。设第一次充氮气前,系统中氧的摩尔分数为 y_{O_2};充氮气后,系统中氧的摩尔分数为 y_{1,O_2},重复上面的过程至第 n 次充氮气后系统中氧的摩尔分数为 y_{n,O_2},则

$$y_{1,O_2} = \frac{p_{1,O_2}}{p_{总}} = \frac{p_{空}\ y_{O_2}}{4 p_{空}} = \frac{y_{O_2}}{4}$$

$$y_{2,O_2} = \frac{p_{2,O_2}}{p_{总}} = \frac{p_{空}\ y_{1,O_2}}{4 p_{空}} = \frac{y_{O_2}}{4^2}$$

$$\cdots\cdots\cdots$$

$$y_{n,O_2} = \frac{p_{n,O_2}}{p_{总}} = \frac{p_{空}\ y_{n-1,O_2}}{4 p_{空}} = \frac{y_{O_2}}{4^n}$$

因此

$$y_{3,O_2} = y_{O_2}/4^3 = 0.2/4^3 = 3.125 \times 10^{-3}$$

1.10 某刚性密闭容器中充满空气,并有少量水存在。300 K 下达到平衡时,容器内压力为 101.325 kPa。若把该容器移至 373.15 K 的沸水中,试求达到

新平衡时容器中的压力。设容器中始终有水存在,且可忽略水体积的任何变化。已知 300 K 时水的饱和蒸气压为 3.567 kPa。

解: $T_1 = 300$ K 时:

系统的总压为 p_1, 水蒸气的分压为 $p_{1,H_2O} = p^*_{H_2O}(300\ \text{K}) = 3.567$ kPa,

系统中空气的分压为　　$p_{1,空气} = p_1 - p_{1,H_2O}$

$T_2 = 373.15$ K 时:

若忽略水的任何体积变化,空气的分压为

$$p_{2,空气} = \frac{T_2}{T_1} p_{1,空气} = \left[\frac{373.15}{300}(101.325 - 3.567) \right] \text{kPa} = 121.595\ \text{kPa}$$

因为容器中始终有水存在,在 373.15 K 时水蒸气的分压为

$$p_{2,H_2O} = p^*_{H_2O}(373.15\ \text{K}) = 101.325\ \text{kPa}$$

则 T_2 时系统的总压 p_2 为

$$p_2 = p_{2,空气} + p_{2,H_2O} = (121.595 + 101.325)\text{kPa} = 222.92\ \text{kPa}$$

1.11　25 ℃时饱和了水蒸气的湿乙炔气体(即该混合气体中水蒸气分压为同温度下水的饱和蒸气压)总压为 138.7 kPa,于恒定总压下冷却到 10 ℃,使部分水蒸气凝结为水。试求每摩尔干乙炔气在该冷却过程中凝结出水的物质的量。已知 25 ℃及 10 ℃时水的饱和蒸气压分别为 3.17 kPa 及 1.23 kPa。

解: 由题意知,

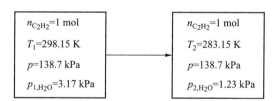

视湿乙炔气体为理想气体混合物,则

$$y_{H_2O} = \frac{p_{H_2O}}{p}, \text{且}\ y_{H_2O} = \frac{n_{H_2O}}{n_{C_2H_2} + n_{H_2O}}$$

得

$$n_{H_2O} = \frac{p_{H_2O} n_{C_2H_2}}{p - p_{H_2O}}$$

$$\Delta n_{H_2O} = n_{1,H_2O} - n_{2,H_2O} = n_{C_2H_2}\left(\frac{p_{1,H_2O}}{p - p_{1,H_2O}} - \frac{p_{2,H_2O}}{p - p_{2,H_2O}} \right)$$

$$= \left[1 \times \left(\frac{3.17}{138.8 - 3.17} - \frac{1.23}{138.8 - 1.23} \right) \right] \text{mol} = 0.014\ 4\ \text{mol}$$

1.12　现有某温度下的 2 dm³ 湿空气,其压力为 101.325 kPa,相对湿度为

60%。设空气中 O_2 和 N_2 的体积分数分别为 0.21 与 0.79，求水蒸气、O_2 与 N_2 的分体积。已知该温度下水的饱和蒸气压为 20.55 kPa。

解：在干空气中，O_2 与 N_2 的体积分数分别 $\varphi_{O_2}=0.21$，$\varphi_{N_2}=0.79$

在湿空气中

$$p_{H_2O}=p^*_{H_2O}\times 相对湿度 = 20.55\ \text{kPa}\times 60\% = 12.33\ \text{kPa}$$

$$y_{H_2O}=p_{H_2O}/p_{空气}=12.33\ \text{kPa}/101.325\ \text{kPa}=0.121\ 7$$

$$y_{O_2}=(1-y_{H_2O})\times\varphi_{O_2}=(1-0.121\ 7)\times 0.21=0.184\ 4$$

$$y_{N_2}=1-y_{H_2O}-y_{O_2}=1-0.121\ 7-0.184\ 4=0.693\ 9$$

$$V_{H_2O}=y_{H_2O}V=0.121\ 7\times 2\ \text{dm}^3=0.243\ 4\ \text{dm}^3$$

$$V_{O_2}=y_{O_2}V=0.184\ 4\times 2\ \text{dm}^3=0.368\ 8\ \text{dm}^3$$

$$V_{N_2}=y_{N_2}V=0.693\ 9\times 2\ \text{dm}^3=1.387\ 8\ \text{dm}^3$$

1.13 CO_2 气体在 40 ℃时的摩尔体积为 0.381 $\text{dm}^3\cdot\text{mol}^{-1}$。设此 CO_2 为范德华气体，试求其压力，并与实验值 5 066.3 kPa 进行比较，计算相对误差。

解：根据范德华方程

$$p=\frac{RT}{V_m-b}-\frac{a}{V_m^2}$$

查表得 CO_2 的范德华常数：

$$a=364.0\times 10^{-3}\ \text{Pa}\cdot\text{m}^6\cdot\text{mol}^{-2},\quad b=42.67\times 10^{-6}\ \text{m}^3\cdot\text{mol}^{-1}$$

$$p=\left[\frac{8.314\times(273.15+40)}{0.381\times 10^{-3}-42.67\times 10^{-6}}-\frac{364.0\times 10^{-3}}{(0.381\times 10^{-3})^2}\right]\text{Pa}=5\ 187.7\ \text{kPa}$$

相对误差

$$r=\frac{5\ 187.7-5\ 066.3}{5\ 066.3}\times 100\%=2.4\%$$

*1.14** 今有 0 ℃，40 530 kPa 的 N_2 气体，分别用理想气体状态方程及范德华方程计算其摩尔体积。实验值为 0.070 3 $\text{dm}^3\cdot\text{mol}^{-1}$。

解：用理想气体状态方程计算

$$V_m=\frac{RT}{p}=\left(\frac{8.314\times 273.15}{40\ 530\times 10^3}\right)\text{m}^3\cdot\text{mol}^{-1}=0.056\ 0\ \text{dm}^3\cdot\text{mol}^{-1}$$

用范德华方程计算 $\qquad\left(p+\dfrac{a}{V_m^2}\right)(V_m-b)=RT$

查教材附录七得 N_2 的范德华常数，

$$a = 140.8 \times 10^{-3} \text{ Pa} \cdot \text{m}^6 \cdot \text{mol}^{-2}, \quad b = 39.13 \times 10^{-6} \text{ m}^3 \cdot \text{mol}^{-1}$$

用直接迭代法求解，$V_m = b + RT \Big/ \left(p + \dfrac{a}{V_m^2} \right)$，取初值 $V_m = 39.13 \times 10^{-6} \text{ m}^3 \cdot \text{mol}^{-1}$，迭代 10 次得到结果 $V_m = 0.073\ 1 \text{ dm}^3 \cdot \text{mol}^{-1}$

讨论：用理想气体状态方程计算实际气体的摩尔体积与实验值相差较大；由范德华方程计算的结果与实验值虽有一定的差距，但比较接近，说明对实际气体应选用合适的状态方程进行计算。

***1.15** 函数 $1/(1-x)$ 在 $-1 < x < 1$ 区间里可用下述幂级数表示：

$$\frac{1}{1-x} = 1 + x + x^2 + x^3 + \cdots$$

将范德华方程整理成

$$p = \frac{RT}{V_m} \left(\frac{1}{1 - b/V_m} \right) - \frac{a}{V_m^2}$$

试用上述幂级数展开式求证范德华气体的第二、第三维里系数分别为

$$B(T) = b - \frac{a}{RT} \qquad C(T) = b^2$$

证明： 因为 $b \ll V_m$，且 $-1 < b/V_m < 1$，所以

$$\frac{1}{1 - b/V_m} = 1 + \frac{b}{V_m} + \left(\frac{b}{V_m} \right)^2 + \left(\frac{b}{V_m} \right)^3 + \cdots$$

代入范德华方程得

$$p = \frac{RT}{V_m} \left[1 + \frac{b}{V_m} + \left(\frac{b}{V_m} \right)^2 + \left(\frac{b}{V_m} \right)^3 + \cdots \right] - \frac{a}{V_m^2}$$

$$= \frac{RT}{V_m} \left[1 + \frac{b - a/(RT)}{V_m} + \left(\frac{b}{V_m} \right)^2 + \left(\frac{b}{V_m} \right)^3 + \cdots \right]$$

对比维里方程：$p = \dfrac{RT}{V_m} \left[1 + \dfrac{B(T)}{V_m} + \dfrac{C(T)}{V_m^2} + \dfrac{D(T)}{V_m^3} + \cdots \right]$，可知

$$B(T) = b - \frac{a}{RT} \qquad C(T) = b^2$$

***1.16** 试由波义尔温度 T_B 的定义式，证明范德华气体的 T_B 可表示为

$$T_B = \frac{a}{bR}$$

式中，a, b 为范德华常数。

证明:波义尔温度 T_B 定义为

$$\lim_{p \to 0} \left[\frac{\partial (pV_m)}{\partial p} \right]_{T_B} = 0 \qquad (1)$$

范德华方程可表示为

$$pV_m = \frac{RTV_m}{V_m - b} - \frac{a}{V_m} \qquad (2)$$

式(2)对 p 求偏导并代入式(1)得

$$\lim_{p \to 0} \left[\frac{\partial (pV_m)}{\partial p} \right]_{T_B} = \lim_{p \to 0} \left[\frac{RT_B}{V_m - b} \left(\frac{\partial V_m}{\partial p} \right)_{T_B} - \frac{RT_B V_m}{(V_m - b)^2} \left(\frac{\partial V_m}{\partial p} \right)_{T_B} + \frac{a}{V_m^2} \left(\frac{\partial V_m}{\partial p} \right)_{T_B} \right]$$

$$= \lim_{p \to 0} \left\{ \left[-\frac{RT_B b}{(V_m - b)^2} + \frac{a}{V_m^2} \right] \left(\frac{\partial V_m}{\partial p} \right)_{T_B} \right\} = 0 \qquad (3)$$

在 $T = T_B$ 下,当压力 p 趋于 0 时,式(3)中的 $(\partial V_m / \partial p)_{T_B} \neq 0$

且当 $p \to 0$ 时,$V_m \to \infty$,$(V_m - b)^2 \approx V_m^2$

即

$$\lim_{p \to 0} \left[\frac{\partial (pV_m)}{\partial p} \right]_{T_B} = \frac{bRT_B - a}{RT_B} = 0$$

解得 $\quad T_B = \dfrac{a}{bR}$

1.17 把 25 ℃的氧气充入 40 dm^3 的氧气钢瓶中,压力达 202.7×10^2 kPa。试用普遍化压缩因子图求钢瓶中氧气的质量。

解:查表知氧气的临界参数为 $T_c = 154.58$ K,$p_c = 5.043$ MPa,此条件下对比参数为

$$T_r = \frac{T}{T_c} = \frac{298.15}{154.58} = 1.928\ 8$$

$$p_r = \frac{p}{p_c} = \frac{202.7 \times 10^2}{5.043 \times 10^3} = 4.019\ 4$$

从普遍化压缩因子图查得 $Z = 0.95$。

因此 $\quad m = \dfrac{pVM}{ZRT} = \left(\dfrac{202.7 \times 10^2 \times 40 \times 32}{0.95 \times 8.314 \times 298.15} \right)$ g $= 11.02 \times 10^3$ g $= 11.02$ kg

1.18 已知 298.15 K 时,乙烷的第二、第三维里系数分别为 $B = -186 \times 10^{-6}$ m$^3 \cdot$ mol^{-1} 和 $C = 1.06 \times 10^{-8}$ m$^2 \cdot$ mol^{-1},试分别用维里方程和普遍化压缩因子图计算 28.8 g 乙烷气体在 298.15 K,1×10^{-3} m^3 容器中的压力值,并与用理想气体状态方程计算的压力值进行比较。

解:乙烷气体的摩尔体积:

$$V_{\mathrm{m}} = \frac{V}{n} = \frac{V}{m/M} = \left[\frac{1 \times 10^{-3}}{0.028\ 8/(30.07 \times 10^{-3})} \right] \mathrm{m}^3 = 1.044 \times 10^{-3}\ \mathrm{m}^3$$

用维里方程计算:

$$p = \frac{RT}{V_{\mathrm{m}}} \left(1 + \frac{B}{V_{\mathrm{m}}} + \frac{C}{V_{\mathrm{m}}^2} \right)$$

$$= \left[\frac{8.314 \times 298.15}{1.044 \times 10^{-3}} \times \left(1 + \frac{-186 \times 10^{-6}}{1.044 \times 10^{-3}} + \frac{1.06 \times 10^{-8}}{(1.044 \times 10^{-3})^2} \right) \right] \mathrm{Pa}$$

$$= \left[2.374 \times 10^6 \times (1 - 0.178\ 16 + 0.009\ 7) \right] \mathrm{Pa} = 1.974 \times 10^3\ \mathrm{kPa}$$

用普遍化压缩因子图计算:查附录得 $T_{\mathrm{c}} = 305.33$ K, $p_{\mathrm{c}} = 4.872$ MPa,所以

$$T_{\mathrm{r}} = \frac{T}{T_{\mathrm{c}}} = \frac{298.15}{305.33} = 0.976\ 5$$

$$Z = \frac{pV_{\mathrm{m}}}{RT} = \frac{p_{\mathrm{r}}p_{\mathrm{c}}V_{\mathrm{m}}}{RT} = \left(\frac{4.872 \times 10^6 \times 1.044 \times 10^{-3}}{8.314 \times 298.15} \right) p_{\mathrm{r}} = 2.05 p_{\mathrm{r}}$$

由该式在普遍化压缩因子图上作 $Z - p_{\mathrm{r}}$ 辅助线如图 1.2 所示。

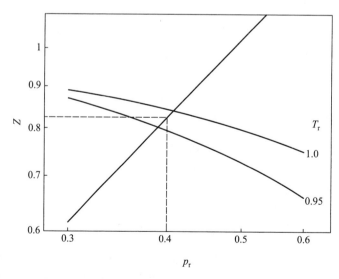

图 1.2　习题 1.18 附图

内插法估计　$T_{\mathrm{r}} = 0.976\ 5$ 的 $Z - p_{\mathrm{r}}$ 辅助线与上述 $Z = 2.05 p_{\mathrm{r}}$ 线相交的坐标为

$$Z = 0.82 , \quad p_r = 0.4$$

则所求压力 $\quad p = p_r p_c = (0.4 \times 4.872)\,\text{MPa} = 1.949 \times 10^3\,\text{kPa}$

按理想气体状态方程计算 $: p = \dfrac{RT}{V_m} = \left(\dfrac{8.314 \times 298.15}{1.044 \times 10^{-3}}\right)\text{Pa} = 2.374 \times 10^3\,\text{kPa}$

讨论:用维里方程计算的压力与由普遍化压缩因子图计算的结果比较接近,但与用理想气体状态方程计算的结果相差比较大,说明中等压力下的气体应该按照实际气体处理。

1.19 已知甲烷在 $p = 14.186\,\text{MPa}$ 下 $c = 6.02\,\text{mol} \cdot \text{dm}^{-3}$,试用普遍化压缩因子图求其温度。

解: 由附录查得甲烷的 $T_c = 190.53\,\text{K}$,$p_c = 4.596\,\text{MPa}$。 $V_m = 1/c$。 则

$$Z = \frac{pV_m}{RT} = \frac{pV_m}{R(T_r T_c)} = \frac{pV_m}{RT_c} \times \frac{1}{T_r} = \frac{pV_m}{cRT_c} \times \frac{1}{T_r}$$

$$= \frac{14.186 \times 10^6\,\text{Pa}}{(6.02 \times 10^3\,\text{mol} \cdot \text{m}^{-3}) \times 8.314\,\text{Pa} \cdot \text{m}^3 \cdot \text{mol}^{-1} \cdot \text{K}^{-1} \times 190.53\,\text{K}} \times \frac{1}{T_r}$$

$$= 1.488/T_r$$

$$p_r = p/p_c = 14.186/4.596 = 3.087$$

从普遍化压缩因子图上查得 $p_r = 3.087$ 时 Z 与 T_r 的关系如下:

Z	0.64	0.72	0.86	0.94	0.97
T_r	1.3	1.4	1.6	1.8	2.0

将 Z-T_r 关系及 $Z = 1.488/T_r$ 曲线绘在图 1.3 中。

由图 1.3 可知,两曲线的交点坐标为 $Z = 0.89$,$T_r = 1.67$,于是得

$$T = T_r T_c = (1.67 \times 190.53)\,\text{K} = 318.2\,\text{K}$$

或

$$T = \frac{p}{ZcR} = \left(\frac{14.186 \times 10^6}{0.89 \times 6.02 \times 10^3 \times 8.314}\right)\text{K} = 318.5\,\text{K}$$

*1.20 在 300 K 时 40 dm^3 钢瓶中储存的乙烯压力为 $146.9 \times 10^2\,\text{kPa}$。欲从中提用 300 K,101.325 kPa 的乙烯气体 12 m^3,试用普遍化压缩因子图求钢瓶中剩余乙烯气体的压力。

解: 查表知乙烯气体的临界参数 $: T_c = 282.34\,\text{K}$,$p_c = 5.039\,\text{MPa}$。则给定条件下的对比参数为

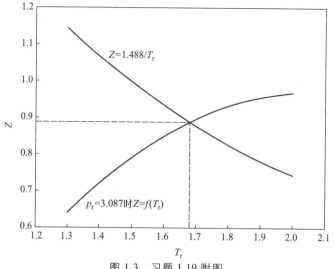

图 1.3　习题 1.19 附图

$$T_r = \frac{T}{T_c} = \frac{300}{282.34} = 1.062\ 5$$

$$p_r = \frac{p}{p_c} = \frac{146.9 \times 10^2}{5.039 \times 10^3} = 2.915$$

从普遍化压缩因子图查得 $Z = 0.45$。

钢瓶中原有乙烯的物质的量为

$$n = \frac{pV}{ZRT} = \left(\frac{146.9 \times 10^5 \times 40 \times 10^{-3}}{0.45 \times 8.314 \times 300} \right) \text{mol} = 523.53\ \text{mol}$$

从钢瓶中取出的乙烯为 300 K, 101.325 kPa, 其对比参数 $T'_r = 1.063$, $p'_r = 0.020$, 从普遍化压缩因子图查得 $Z_1 \approx 1$, 则其物质的量为

$$n_1 = \frac{p_1 V_1}{Z_1 RT} = \left(\frac{101.325 \times 10^3 \times 12}{8.314 \times 300} \right) \text{mol} = 487.49\ \text{mol}$$

钢瓶中剩余乙烯气体的物质的量为

$$n_2 = n - n_1 = (523.53 - 487.49)\ \text{mol} = 36.04\ \text{mol}$$

钢瓶中剩余气体的压力 p_2 为

$$p_2 = \frac{n_2 RT Z_2}{V} = \left(\frac{36.04 \times 8.314 \times 300 \times Z_2}{40 \times 10^{-3}} \right) \text{Pa} = (2.247 \times 10^6 \times Z_2)\ \text{Pa}$$

$$p_{r,2} = \frac{p_2}{p_c} = \frac{(2.247 \times 10^6 \times Z_2)\,\text{Pa}}{5.039 \times 10^6\,\text{Pa}} = 0.445\,9Z_2$$

$$T_{r,2} = T_{r,1} = 1.062\,5$$

在普遍化压缩因子图上作直线 $p_r = 0.445\,9Z_2$ 与 $T_r = 1.062\,5$ 相交,交点处 $Z_2 \approx 0.88$

所以 $p_2 = (2.247 \times 10^6 \times Z_2)\,\text{Pa} = (2.247 \times 10^6 \times 0.88)\,\text{Pa} = 1.977 \times 10^3\,\text{kPa}$

第二章 热力学第一定律

§2.1 概念、主要公式及其适用条件

1. 体积功

$$\delta W = -p_{\mathrm{amb}} \mathrm{d} V$$

$$W = -\int_{V_1}^{V_2} p_{\mathrm{amb}} \mathrm{d} V$$

2. 热力学第一定律数学表达式

$$\Delta U = Q + W \quad （封闭系统）$$

或 $$\mathrm{d} U = \delta Q + \delta W \quad （封闭系统）$$

适用于封闭系统的单纯 pVT 变化、相变化和化学变化过程。

3. 焓

$$H \xlongequal{\mathrm{def}} U + pV$$

4. 恒容热和恒压热

$$Q_V = \Delta U \quad （\mathrm{d} V = 0, W' = 0）$$

微小过程 $$\delta Q_V = \mathrm{d} U \quad （\mathrm{d} V = 0, \delta W' = 0）$$

$$Q_p = \Delta H \quad （\mathrm{d} p = 0, W' = 0）$$

微小过程 $$\delta Q_p = \mathrm{d} H \quad （\mathrm{d} p = 0, \quad \delta W' = 0）$$

5. 热容

（1）摩尔定容热容：

$$C_{V,\mathrm{m}} = \frac{\delta Q_{V,\mathrm{m}}}{\mathrm{d} T} = \left(\frac{\partial U_{\mathrm{m}}}{\partial T} \right)_V$$

（2）摩尔定压热容：

$$C_{p,\mathrm{m}} = \frac{\delta Q_{p,\mathrm{m}}}{\mathrm{d} T} = \left(\frac{\partial H_{\mathrm{m}}}{\partial T} \right)_p$$

（3）摩尔定压热容与摩尔定容热容关系式：

$$C_{p,\mathrm{m}} - C_{V,\mathrm{m}} = \left(\frac{\partial U_{\mathrm{m}}}{\partial V_{\mathrm{m}}}\right)_T \left(\frac{\partial V_{\mathrm{m}}}{\partial T}\right)_p + p\left(\frac{\partial V_{\mathrm{m}}}{\partial T}\right)_p \qquad (\text{适用于各种相态的物质})$$

$$C_{p,\mathrm{m}} - C_{V,\mathrm{m}} = R \qquad (\text{适用于理想气体})$$

$$C_{p,\mathrm{m}} - C_{V,\mathrm{m}} = T\left(\frac{\partial V_{\mathrm{m}}}{\partial T}\right)_p \left(\frac{\partial p}{\partial T}\right)_V \qquad (\text{适用于凝聚态物质})$$

6. 单纯 pVT 变化过程 ΔU, ΔH, W 和 Q 的计算

（1）普遍式：

$$\mathrm{d}U = \left(\frac{\partial U}{\partial T}\right)_V \mathrm{d}T + \left(\frac{\partial U}{\partial V}\right)_T \mathrm{d}V$$

$$\mathrm{d}H = \left(\frac{\partial H}{\partial T}\right)_p \mathrm{d}T + \left(\frac{\partial H}{\partial p}\right)_T \mathrm{d}p$$

适用于气、液、固各相态物质 pVT 变化过程。

$$\delta W = -p_{\mathrm{amb}} \cdot \mathrm{d}V$$

$$\delta Q = \mathrm{d}U - \delta W$$

适用于所有变化过程。

（2）理想气体：

$$\Delta U = n\int_{T_1}^{T_2} C_{V,\mathrm{m}} \mathrm{d}T$$

$$\Delta H = n\int_{T_1}^{T_2} C_{p,\mathrm{m}} \mathrm{d}T$$

$$W = -\int_{V_1}^{V_2} p_{\mathrm{amb}} \mathrm{d}V$$

$$Q = \Delta U - W$$

（3）凝聚态物质（压力变化不大时，忽略压力 p 改变带来的影响）：

$$\Delta H = n\int_{T_1}^{T_2} C_{p,\mathrm{m}} \mathrm{d}T$$

$$\Delta U \approx \Delta H = n\int_{T_1}^{T_2} C_{p,\mathrm{m}} \mathrm{d}T$$

$$W \approx 0$$

$$Q \approx \Delta H$$

7. 相变化过程焓变的计算公式

（1）一定温度下，

$$\Delta_\alpha^\beta H(T) = n\Delta_\alpha^\beta H_{\mathrm{m}}(T)$$

适用于可获得 $\Delta_\alpha^\beta H_m(T)$ 数据的相变化过程。

（2）摩尔相变焓与温度关系式：

$$\Delta_\alpha^\beta H_m(T_2) = \Delta_\alpha^\beta H_m(T_1) + \int_{T_1}^{T_2} \Delta C_{p,m} dT$$

其中，$\Delta C_{p,m} = C_{p,m}(\beta) - C_{p,m}(\alpha)$。

8. 化学变化过程焓变的计算

（1）反应进度：

$$d\xi \stackrel{def}{=\!=\!=} \frac{dn_B}{\nu_B}$$

（2）温度 T 下：

$$\Delta_r H_m^\ominus(T) = \sum_B \nu_B \Delta_f H_m^\ominus(B, \beta, T) = -\sum_B \nu_B \Delta_c H_m^\ominus(B, \beta, T)$$

由于 298.15 K 下物质的 $\Delta_f H_m^\ominus(B, \beta)$ 和 $\Delta_c H_m^\ominus(B, \beta)$ 容易从手册中查到，因此上式适用于计算 298.15 K 下标准摩尔反应焓变 $\Delta_r H_m^\ominus(298.15\ K)$。

（3）标准摩尔反应焓随温度的变化——基希霍夫公式：

$$\Delta_r H_m^\ominus(T_2) = \Delta_r H_m^\ominus(T_1) + \int_{T_1}^{T_2} \Delta_r C_{p,m}^\ominus dT$$

其中，$\Delta_r C_{p,m}^\ominus = \sum_B \nu_B C_{p,m}^\ominus(B, \beta)$。

9. 理想气体绝热可逆过程方程式

$$\frac{T_2}{T_1} = \left(\frac{V_1}{V_2}\right)^{\gamma-1} \quad 或 \quad TV^{\gamma-1} = 常数$$

$$\frac{T_2}{T_1} = \left(\frac{p_1}{p_2}\right)^{\frac{1-\gamma}{\gamma}} \quad 或 \quad Tp^{\frac{1-\gamma}{\gamma}} = 常数$$

$$\frac{p_2}{p_1} = \left(\frac{V_1}{V_2}\right)^{\gamma} \quad 或 \quad pV^{\gamma} = 常数$$

式中，$\gamma = \dfrac{C_{p,m}}{C_{V,m}}$ 称为理想气体热容比。上述三式适用于理想气体绝热可逆过程。

10. 理想气体可逆体积功的计算

恒温可逆：

$$W_{T,r} = -\int_{V_1}^{V_2} p_{amb} dV = -\int_{V_1}^{V_2} p dV = -\int_{V_1}^{V_2} \frac{nRT}{V} dV = -nRT\ln\frac{V_2}{V_1} = nRT\ln\frac{p_2}{p_1}$$

绝热可逆：

$$W_{a,r} = \Delta U = nC_{V,m}(T_2 - T_1)$$

其中,末态温度 T_2 可由绝热可逆方程求出。

11. 节流膨胀系数

$$\mu_{J-T} = \left(\frac{\partial T}{\partial p}\right)_H$$

§ 2.2 概 念 题

2.2.1 填空题

1. 绝热刚性密闭容器中发生某化学反应,该反应系统为(   )系统。系统的 ΔU(   )0,Q(   )0,W(   )0。(第一个括号内选择填入:敞开、封闭或隔离。)

2. 功 W、热 Q、热力学能 U、焓变 ΔH、物质的量 n、温度 T、压力 p、体积 V 中,(   )是状态函数。

3. 状态函数 z 的变化 Δz =(   );若 $z = f(x, y)$,则 z 的全微分 dz =(   )。

4. 系统的宏观性质可以分为(   )度性质和(   )度性质,凡与系统物质的量成正比的物理量都是(   )度量。

5. 100 kPa 下加热 100 g 的水,使其中 10% 的水汽化为水蒸气,过程的体积功 W =(   )kJ。已知此时水和水蒸气的密度分别为 997 kg·m^{-3} 和 0.590 kg·m^{-3}。

6. 在 300 K,101.325 kPa 下,1 mol 的某固体物质完全升华,过程的体积功 W =(   )kJ。

7. 1 mol H$_2$O(g) 由 101.325 kPa,200 ℃ 的状态出发经历一个循环过程,过程的 W = 320 J,则 Q =(   )J。

8. 一定量理想气体,恒压下体积功随温度的变化率 $\left(\dfrac{\partial W}{\partial T}\right)_p$ =(   )。

9. 一定量单原子理想气体经历某 pVT 变化过程,其 $\Delta(pV)$ = 20 kJ,则过程的 ΔU =(   )kJ;ΔH =(   )kJ。

10. 恒压 40 kPa 下,某非理想气体从 385 cm^3 变化到 875 cm^3,过程的体积功 W =(   )J。

11. 某化学反应 A(l)+B(g)——→2C(g) 在 500 K 恒容条件下进行,反应进度为 1 mol 时放热 10 kJ,若反应在同样温度恒压条件下进行,反应进度为 1 mol 时放热( )。

12. 封闭系统过程的 $\Delta H = \Delta U$ 的条件:(1)理想气体单纯 pVT 变化过程的条件是( );(2)有理想气体参加的化学反应条件是( )。

13. 已知水在 101.325 kPa,100 ℃下的摩尔蒸发焓 $\Delta_{vap} H_m = 40.668$ kJ $\cdot$ mol^{-1},现有 2 mol 水蒸气在 100 ℃,101.325 kPa 条件下凝结为液体水,此过程的 $\Delta H =$ ( )kJ,$Q =$ ( )kJ,$W =$ ( )kJ,$\Delta U =$ ( )kJ。

14. 体积恒定为 2 dm^3 的一定量双原子理想气体其 $\left(\dfrac{\partial U}{\partial p} \right)_V =$ ( )m^3。

15. 温度 T 下 $\Delta_c H_m^{\ominus}$(C,石墨)$= \Delta_f H_m^{\ominus}$( );$\Delta_c H_m^{\ominus}$(H$_2$,g)$= \Delta_f H_m^{\ominus}$( )。

16. 在 25 ℃时乙烷 C$_2$H$_6$(g) 的 $\Delta_c H_m^{\ominus} - \Delta_c U_m^{\ominus} =$ ( )。

17. 化学反应的标准摩尔反应焓随温度的变化率 $\dfrac{d \Delta_r H_m^{\ominus}}{dT} =$ ( ),在一定的温度范围内标准摩尔反应焓 $\Delta_r H_m^{\ominus}$ 与温度无关的条件是( )。

18. 在一个体积恒定为 2 m^3,$W' = 0$ 的绝热反应器中发生某化学反应,使系统温度升高 1 200 ℃,压力增加 300 kPa,此过程的 $\Delta U =$ ( );$\Delta H =$ ( )。

19. 要确定甲烷燃烧能够达到的最高火焰温度,所需要的热力学基础数据是( )。

20. 系统内部及系统与环境之间,在( )过程,称为可逆过程。

21. 一定量理想气体经节流膨胀过程,$\mu_{J-T} =$ ( );$\Delta H =$ ( );$\Delta U =$ ( )。

2.2.2 选择题

1. 一定量的某种理想气体,已知( )即可确定该系统的状态。

(a) p;　　　　(b) V;　　　　(c) T,U;　　　　(d) T,p

2. 封闭系统中从始态 1 到末态 2 的任意过程,( )都相同。

(a) Q;　　　　(b) W;　　　　(c) $Q+W$;　　　　(d) U

3. 封闭系统经历某过程的体积功 $W =$ ( )。

(a) $-\int p dV$;　　(b) $-\int p_{amb} dV$;　　(c) $nRT \ln \dfrac{V_2}{V_1}$;　　(d) $-p\Delta V$

4. 体积功 $W = -p\Delta V$ 适用于封闭系统的( )过程。

(a) 恒压;　　　　(b) 恒容;　　　　(c) 恒温;　　　　(d) 任意

5. 100 kPa 下将 1 mol 的 Zn(s) 由 25 ℃加热到 98 ℃,测得其摩尔体积由 9.16 cm^3 $\cdot$ mol^{-1} 变化到 9.22 cm^3 $\cdot$ mol^{-1}。过程的 $\Delta H - \Delta U =$ ( )J。

（a）$6×10^{-3}$；　　（b）6；　　　（c）6 000；　　（d）0.6

6. 100 kPa 下将 1 mol 的 $O_2(g)$（视为理想气体）由 25 ℃加热到 98 ℃，过程的 $\Delta H - \Delta U = ($　　$)$ J。

（a）$6.07×10^3$；　（b）6.07；　　　（c）60.7；　　（d）607

7. 100 kPa，25 ℃时，化学反应 $C(s) + CO_2(g) \longrightarrow 2CO(g)$ 的 $\Delta_r H_m^{\ominus} = 172.46$ kJ，反应的 $\Delta_r U_m^{\ominus} = ($　　$)$ kJ。（设气体均可视为理想气体。）

（a）174.94；　（b）169.98；　　（c）172.46；　　（d）167.50

8. 在一个保温良好、门窗紧闭的房间内放有电冰箱，若将电冰箱门打开，不断向冰箱供给电能，室内的温度将（　　）。

（a）逐渐降低；　（b）逐渐升高；　（c）不变；　　　（d）无法确定

9. 一定压力和温度范围内，液体的摩尔蒸发焓随温度的变化率 $\left(\dfrac{\partial \Delta_{vap} H_m}{\partial T}\right)_p$（　　）。

（a）>0；　　　（b）<0；　　　（c）$= 0$；　　　（d）无法确定

10. 真实气体经历绝热自由膨胀过程，系统的 ΔU（　　），温度变化 ΔT（　　）。

（a）$= 0, = 0$；　（b）$\neq 0, = 0$；　（c）$= 0, \neq 0$；　（d）$\neq 0, \neq 0$

11. 下列各反应的摩尔反应焓中，属于产物的摩尔生成焓的是（　　）。

（a）$2H_2(g) + O_2(g) \longrightarrow 2H_2O(g)$；

（b）$CO(g) + \dfrac{1}{2}O_2(g) \longrightarrow CO_2(g)$；

（c）$H_2(g) + \dfrac{1}{2}O_2(g) \longrightarrow H_2O(l)$；

（d）$4C(石墨) + 3H_2(g) \longrightarrow C_2H_2(g) + C_2H_4(g)$

12. 已知 25 ℃时，金刚石的标准摩尔生成焓 $\Delta_f H_m^{\ominus}$（金刚石）$= 1.9$ kJ·mol^{-1}，石墨的标准摩尔燃烧焓 $\Delta_c H_m^{\ominus}$（石墨）$= -393.51$ kJ·mol^{-1}，则金刚石的标准摩尔燃烧焓 $\Delta_c H_m^{\ominus} = ($　　$)$ kJ·mol^{-1}。

（a）-391.61；　（b）-393.51；　（c）-395.41；　（d）1.9

13. 甲烷燃烧反应 $CH_4(g) + 2O_2(g) \longrightarrow CO_2(g) + 2H_2O(l)$ 在下列条件下进行：

（1）25 ℃、恒压下进行，过程的 Q（　　　）；W（　　　）；ΔU（　　　）；ΔH（　　　）。[提示：当压力不高，体积变化不大时，$|\Delta H| \gg |\Delta(pV)|$。]

（2）在绝热密闭刚性容器中反应，终态温度升高，压力增大，过程的 ΔU（　　）；ΔH（　　）。

（3）在绝热、恒压条件下反应，终态温度升高，体积增大，过程的 ΔH（　　）；ΔU（　　）；W（　　）。

（a）>0；　　　　（b）$=0$；　　　　（c）<0；　　　　（d）无法确定

14. 某绝热恒容装置中有一绝热隔板，其两侧放有 n,T,p 皆不相同的 $N_2(g)$。今抽去隔板，则过程的 ΔU（　　）；ΔH（　　）。［设 $N_2(g)$ 可视为理想气体。］

（a）>0；　　　　（b）$=0$；　　　　（c）<0；　　　　（d）无法确定

15. 一定量的某种理想气体从同一始态 T_1，p_1，V_1 出发，分别经绝热可逆膨胀至 T_2，p_2，V_2，和经绝热反抗恒定外压 p_2 膨胀至 T_2'，V_2'，则体积功 $|W_r|$（　　）$|W_{ir}|$，T_2（　　）T_2'。

（a）$>$，$>$；　　　（b）$<$，$>$；　　　（c）$>$，$<$；　　　（d）$<$，$<$

16. 若要通过节流膨胀达到制冷效果，则要求气体的 $\mu_{J\text{-}T}$（　　）0。

（a）$>$；　　　　（b）$=$；　　　　（c）$<$；　　　　（d）$>$或者$<$

概念题答案

2.2.1　填空题

1. 隔离，$=$，$=$，$=$

2. U,T,p,V

3. z_2-z_1；$\left(\dfrac{\partial z}{\partial x}\right)_y \mathrm{d}x+\left(\dfrac{\partial z}{\partial y}\right)_x \mathrm{d}y$

4. 广，强，广

5. -1.70

$$W = -\int p_{amb}\mathrm{d}V = -p_{amb}(V_2 - V_1)$$

$$= -100 \times 10^3\,\text{Pa} \times \left(\frac{10 \times 10^{-3}\,\text{kg}}{0.59\,\text{kg}\cdot\text{m}^{-3}} + \frac{90 \times 10^{-3}\,\text{kg}}{997\,\text{kg}\cdot\text{m}^{-3}} - \frac{100 \times 10^{-3}\,\text{kg}}{997\,\text{kg}\cdot\text{m}^{-3}}\right)$$

$$= -1.70\,\text{kJ}$$

6. -2.49

$$W = -p_{amb}\Delta V = -pV_g = -nRT = (-1 \times 8.314 \times 300)\,\text{J} = -2.49\,\text{kJ}$$

7. -320

8. $-nR$

$$\left(\frac{\delta W}{\partial T}\right)_p = -\frac{p\mathrm{d}V}{\mathrm{d}T} = -\frac{nR\mathrm{d}T}{\mathrm{d}T} = -nR$$

9. 30;50

$$\Delta U = nC_{V,m}\Delta T = n\times\frac{3}{2}R\Delta T = \frac{3}{2}\Delta(nRT) = \frac{3}{2}\Delta(pV) = 30 \text{ kJ};$$

$$\Delta H = \Delta U + \Delta(pV) = \frac{5}{2}\Delta(pV) = 50 \text{ kJ}$$

10. -19.6

$$W = -p_{amb}\Delta V = [-40\times10^3\times(875-385)\times10^{-6}]\text{J} = -19.6 \text{ J}$$

11. 5.84 kJ

$$Q_p = \Delta H = Q_V + \sum_B \nu_B(g)RT = (-10\times10^3 + 1\times8.314\times500)\text{J} = -5.84 \text{ kJ}$$

12. (1) 温度恒定,当 $\Delta T=0$ 时 $\Delta(pV)=0$;(2) 温度恒定, $\sum_B \nu_B(g) = 0$

13. $-81.34;-81.34;6.20;-75.14$

$$\Delta H = Q_p = n(-\Delta_{vap}H_m) = 2 \text{ mol}\times(-40.668 \text{ kJ}\cdot\text{mol}^{-1}) = -81.34 \text{ kJ}$$

$$W = -\int p_{amb}\Delta V = -p\Delta V = pV_g = nRT = (2\times8.314\times373.15)\text{J} = 6.20 \text{ kJ}$$

$$\Delta U = Q+W = -81.34 \text{ kJ}+6.20 \text{ kJ} = -75.14 \text{ kJ}$$

或者 $\Delta U = \Delta H-\Delta(pV) = \Delta H-p(V_1-V_g) = \Delta H+pV_g$
$$= (-81.34\times10^3+2\times8.314\times373.15)\text{J} = -75.14 \text{ kJ}$$

14. 5×10^{-3}

$$\left(\frac{\partial U}{\partial p}\right)_V = \left(\frac{\partial U}{\partial T}\right)_V\left(\frac{\partial T}{\partial p}\right)_V = nC_{V,m}\times\frac{V}{nR} = 2.5V = 5\times10^{-3} \text{ m}^3$$

15. $CO_2(g);H_2O(l)$

16. -6.20 kJ

乙烷的燃烧反应: $C_2H_6(g)+3.5O_2(g)\Longrightarrow2CO_2(g)+3H_2O(l)$

$$\Delta_c H_m^\ominus - \Delta_c U_m^\ominus = \sum_B \nu_B(g)RT = (-2.5\times8.314\times298.15)\text{J} = -6.20 \text{ kJ}$$

17. $\Delta_r C_{p,m}^\ominus,\Delta_r C_{p,m}^\ominus = 0$

18. 0;600 kJ

$$\Delta H = \Delta U+\Delta(pV) = V\Delta p = 600 \text{ kJ}$$

19. $\Delta_c H_m^\ominus(CH_4,g)$(或甲烷燃烧反应的各组分的 $\Delta_f H_m^\ominus$)及 $CH_4(g),O_2(g),CO_2(g),H_2O(l)$ 的 $C_{p,m}$

20. 一系列无限接近平衡条件下进行的

21. 0;0;0

因为 $\Delta T=0$,所以 $\Delta U = \Delta H=0$。

2.2.2　选择题

1.（d）

对于定量定组成的均相系统,所有状态函数中只有两个独立变量,但对于理想气体 $U=f(T)$,所以不能选（c）。

2.（c）

状态函数的增量相同,$\Delta U=Q+W$。

3.（b）

体积功的定义式:$W=-\int p_{amb}dV$。 恒压或者可逆过程 $W=-\int pdV$,理想气体

恒温可逆过程 $W=-\int pdV=-\int\dfrac{nRT}{V}dV=-nRT\ln\dfrac{V_2}{V_1}$

4.（a）

恒压过程 $p_{amb}=p=$ 定值,$W=-\int p_{amb}dV=-p\Delta V$

5.（a）

$\Delta H-\Delta U=\Delta(pV)=p\Delta V=[\,100\times10^3\times1\times(9.22-9.16)\times10^{-6}\,]\,J=6\times10^{-3}\,J$

6.（d）

理想气体 $\Delta H-\Delta U=\Delta(pV)=nR\Delta T=[\,1\times8.314\times(98-25)\,]\,J=6.07\times10^2\,J$

7.（b）

题给化学反应过程 $\sum\nu_B(g)=(2-1)\,mol=1\,mol$,

$\Delta U=\Delta H-\sum\nu_B(g)RT=(172.46\times10^3-1\times8.314\times298.15)\,J=169.98\,kJ$

8.（b）

因环境对系统做了电功,所以室内温度将升高。

9.（b）

$\left(\dfrac{\partial\Delta_{vap}H_m}{\partial T}\right)_p=\Delta C_{p,m}=C_{p,m}(g)-C_{p,m}(1)<0$

10.（c）

绝热自由膨胀过程 $Q=W=0$,则 $\Delta U=0$,但 $dU=\left(\dfrac{\partial U}{\partial T}\right)_V dT+\left(\dfrac{\partial U}{\partial V}\right)_T dV$,当 $dV\neq$

0 时,$dT\neq0$。

11.（c）

生成焓要求反应生成 1 mol 的产物。

12.（c）

C(石墨)——→C(金刚石)，由公式 $\Delta_r H_m^{\ominus}(T) = -\sum\limits_B \nu_B \Delta_c H_m^{\ominus}(B,\beta,T)$ 可计算金刚石的标准摩尔燃烧焓 $\Delta_c H_m^{\ominus} = (-393.51-1.9)\,\text{kJ}\cdot\text{mol}^{-1} = -395.41\ \text{kJ}\cdot\text{mol}^{-1}$。

13.（1）（c）；（a）；（c）；（c）

恒温恒压燃烧反应放热，$Q_p = \Delta H = \Delta U + \Delta(pV) < 0$；$W = -p\Delta V = -\Delta n_g RT > 0$；$|\Delta H| \gg |\Delta(pV)|$，所以 $\Delta U < 0$。

（2）（b）；（a）

绝热恒容下的反应过程为爆炸反应，$\Delta U = Q_V = 0$，$\Delta H = \Delta U + V\Delta p > 0$。

（3）（b）；（c）；（c）

绝热恒压下的反应过程为燃烧反应。$\Delta H = Q_p = 0$，体积增大 $\Delta V > 0$，$\Delta U = \Delta H - p\Delta V = -p\Delta V < 0$；恒压下体积增大则对外做功 $W < 0$。

14.（b）；（b）

因为整个系统绝热恒容，所以 $\Delta U = Q + W = 0$。$\Delta U = n_1 C_{V,m}\Delta T_1 + n_2 C_{V,m}\Delta T_2 = 0$，所以 $\Delta H = n_1 C_{p,m}\Delta T_1 + n_2 C_{p,m}\Delta T_2 = 0$。

15.（c）

绝热膨胀过程 $W = \Delta U = nC_{V,m}\Delta T < 0$，可逆膨胀过程系统对外做最大功，所以 $|W_r| > |W_{ir}|$，可逆过程末态温度更低，$T_2 < T_2'$。

16.（a）

$\mu_{J-T} = \left(\dfrac{\partial T}{\partial p}\right)_H$，节流膨胀过程 $p_2 < p_1$，$\mu_{J-T} > 0$ 时 $\Delta T < 0$，产生制冷效应。

§2.3　习　题　解　答

2.1　1 mol 理想气体在恒定压力下温度升高 1 ℃，求过程中系统与环境交换的功。

解：恒外压过程，根据体积功的定义及理想气体状态方程，有

$$W = -\int_{V_1}^{V_2} p_{amb}\,dV = -p_{amb}\Delta V = -p_{amb}\left[\frac{nR(T+1)}{p_{amb}} - \frac{nRT}{p_{amb}}\right] = -nR\Delta T$$

$$= -1\ \text{mol} \times 8.314\ \text{J}\cdot\text{mol}^{-1}\cdot\text{K}^{-1} \times 1\ \text{K} = -8.314\ \text{J}$$

2.2　1 mol 水蒸气（H_2O，g）在 100 ℃，101.325 kPa 下全部凝结成液态水，求过程的功。假设：相对于水蒸气的体积，液态水的体积可以忽略不计。

解：水蒸气凝结为水的过程为恒压过程，$p_{amb} \approx p$。忽略液态水的体积，$V_1 \approx 0$，水蒸气视为理想气体。

$$W = -\int_{V_1}^{V_2} p_{amb} dV = -p(V_1 - V_g) \approx pV_g = n_g RT = [1 \times 8.314 \times (273.15 + 100)]J$$

$$= 3.102 \ kJ$$

2.3 25 ℃时在恒定压力下电解 1 mol 水(H_2O, l),求过程的体积功。

$$H_2O(l) = H_2(g) + \frac{1}{2}O_2(g)$$

解: 恒压下电解水生成 H_2 和 O_2,气体可视为理想气体,相对于气体体积,液态水的体积可忽略,所以

$$W = -\int_{V_1}^{V_2} p_{amb} dV = -p_{amb}\Delta V = -p(V_2 - V_1) \approx -pV_2 = -(n_{H_2} + n_{O_2}) \cdot RT$$

$$= (-1.5 \times 8.314 \times 298.15)J = -3.718 \ kJ$$

2.4 系统由相同的始态经过不同的途径达到相同的末态。若途径 a 的 $Q_a = 2.078$ kJ,$W_a = -4.157$ kJ,而途径 b 的 $Q_b = -0.692$ kJ。求 W_b。

解: 热力学能是状态函数,其改变量只与系统的始、末态有关。根据热力学第一定律,$\Delta U = U_2 - U_1 = W + Q$,因此有,

$$\Delta U = W_a + Q_a = W_b + Q_b$$

$$W_b = W_a + Q_a - Q_b = (-4.157 + 2.078 + 0.692)kJ = -1.387 \ kJ$$

2.5 始态为 25 ℃,200 kPa 的 5 mol 某理想气体,经 a,b 两不同途径到达相同的末态。途径 a 先经绝热膨胀到 -28.57 ℃,100 kPa,过程的功 $W_a = -5.57$ kJ;再恒容加热到压力 200 kPa 的末态,过程的热 $Q_a = 25.42$ kJ。途径 b 为恒压加热过程。求途径 b 的 W_b 及 Q_b。

解: 先确定系统的始、末态。

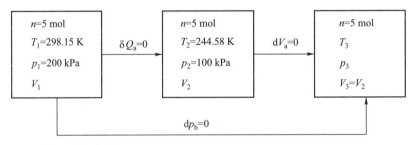

对于途径 b,其功为

$$W_b = -p_1(V_3 - V_1) = -p_1 \times \left(\frac{nRT_2}{p_2} - \frac{nRT_1}{p_1}\right) = -nRp_1\left(\frac{T_2}{p_2} - \frac{T_1}{p_1}\right)$$

$$= \left[-5 \times 8.314 \times 200 \times 10^3 \times \left(\frac{244.58}{100 \times 10^3} - \frac{298.15}{200 \times 10^3} \right) \right] \text{J} = -7.940 \text{ kJ}$$

相同始、末态之间 ΔU 相等,根据热力学第一定律,

$$\Delta U = W_a + Q_a = W_b + Q_b$$

$$Q_b = W_a + Q_a - W_b = \left[-5.57 + 25.42 - (-7.940) \right] \text{kJ} = 27.79 \text{ kJ}$$

2.6 4 mol 的某理想气体,温度升高 20 ℃,求 $\Delta H - \Delta U$ 的值。

解:焓的定义:$H = U + pV$;对于理想气体,有 $pV = nRT$,所以

$$\Delta H - \Delta U = \Delta(pV) = \Delta(nRT) = nR\Delta T = (4 \times 8.314 \times 20) \text{J} = 665.12 \text{ J}$$

2.7 已知水在 25 ℃的密度 $\rho = 997.04$ kg·m^{-3},求 1 mol 水(H$_2$O,l)在 25 ℃下:(1) 压力从 100 kPa 增加至 200 kPa 时的 ΔH;(2) 压力从 100 kPa 增加至 1 MPa 时的 ΔH。

假设水的密度不随压力改变,在此压力范围内水的摩尔热力学能近似认为与压力无关。

解:水的摩尔质量 $M(\text{H}_2\text{O}) = 18.02 \times 10^{-3}$ kg·mol^{-1}。

$$V = \frac{m}{\rho} = \frac{nM}{\rho} = \frac{1 \times 18.02 \times 10^{-3} \text{ kg}}{997.04 \text{ kg·m}^{-3}} = 0.18 \times 10^{-4} \text{ m}^3$$

题给压力范围内水的 U_m 近似认为与压力无关,故 $\Delta U = 0$。

(1) $\Delta H = \Delta U + \Delta(pV) = 0 + V\Delta p = \left[0 + (200 - 100) \times 10^3 \times (0.18 \times 10^{-4}) \right] \text{J} = 1.8 \text{ J}$

(2) $\Delta H = \Delta U + \Delta(pV) = 0 + V\Delta p = \left[0 + (1\,000 - 100) \times 10^3 \times (0.18 \times 10^{-4}) \right] \text{J} = 16.2 \text{ J}$

2.8 某理想气体 $C_{V,m} = 1.5R$,今有 5 mol 该气体恒容升温 50 ℃,求过程的 W,Q,ΔU 和 ΔH。

解:理想气体的恒容过程 $W = 0$。

$$Q_V = \Delta U = nC_{V,m}\Delta T = (5 \times 1.5 \times 8.314 \times 50) \text{J} = 3.118 \text{ kJ}$$

$$\Delta H = nC_{p,m}\Delta T = n(C_{V,m} + R)\Delta T = \left[5 \times (1.5 + 1) \times 8.314 \times 50 \right] \text{J} = 5.196 \text{ kJ}$$

或者 $\Delta H = \Delta U + \Delta(pV) = \Delta U + nR\Delta T = (3.118 + 5 \times 8.314 \times 50 \times 10^{-3}) \text{kJ} = 5.196 \text{ kJ}$

2.9 某理想气体 $C_{V,m} = 2.5R$,今有 5 mol 该气体恒压降温 50 ℃,求过程的 W,Q,ΔU 和 ΔH。

解:理想气体的恒压过程,

$$\Delta U = nC_{V,m}\Delta T = \left[5 \times 2.5 \times 8.314 \times (-50) \right] \text{J} = -5.196 \text{ kJ}$$

$$\Delta H = nC_{p,m}\Delta T = n(C_{V,m} + R)\Delta T = \left[5 \times (2.5 \times 8.314 + 8.314) \times (-50) \right] \text{J} = -7.275 \text{ kJ}$$

$$Q_p = \Delta H = -7.275 \text{ kJ}$$

试题分析

$$W = \Delta U - Q = -5.196 \text{ kJ} + 7.275 \text{ kJ} = 2.079 \text{ kJ}$$

或者

$$W = -p\Delta V = -nR\Delta T = \left[-5 \times 8.314 \times (-50) \right] \text{J} = 2.078 \text{ kJ}$$

$$\Delta H = \Delta U + \Delta(pV) = \Delta U + nR\Delta T$$

$$= \left[-5.196 + 5 \times 8.314 \times (-50) \times 10^{-3} \right] \text{kJ} = -7.274 \text{ kJ}$$

试题分析

2.10 2 mol 某理想气体的 $C_{p,m} = 3.5R$。由始态 100 kPa，50 dm³，先恒容加热使压力升高到 200 kPa，再恒压冷却使体积缩小至 25 dm³。求整个过程的 W，Q，ΔU 和 ΔH。

解：过程图示如下：

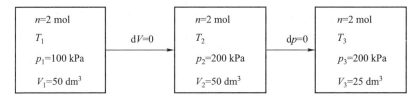

$p_1 V_1 = p_3 V_3$，则 $T_3 = T_1$，由于理想气体 H 和 U 只是温度的函数，所以整个过程 $\Delta H = \Delta U = 0$。

题给过程只涉及恒容和恒压过程，因此 Q，W 两者中先计算 W 更方便。

$$W = W_2 = -p_{amb}\Delta V = -p_3\Delta V = \left[-200 \times 10^3 \times (25 \times 10^{-3} - 50 \times 10^{-3}) \right] \text{J} = 5.00 \text{ kJ}$$

根据热力学第一定律：

$$Q = \Delta U - W = (0 - 5.00) \text{kJ} = -5.00 \text{ kJ}$$

2.11 1 mol 某理想气体于 27 ℃，101.325 kPa 的始态下，先受某恒定外压恒温压缩至平衡态，再恒容升温至 97.0 ℃，250.00 kPa。求过程的 W，Q，ΔU 和 ΔH。已知气体的 $C_{V,m} = 20.92 \text{ J} \cdot \text{K}^{-1} \cdot \text{mol}^{-1}$。

解：过程图示如下：

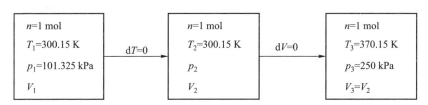

因为 $V_2 = V_3$，有 $\dfrac{p_2}{T_2} = \dfrac{p_3}{T_3}$，$p_2 = \dfrac{p_3 T_2}{T_3} = \left(\dfrac{250.00 \times 300.15}{370.15} \right) \text{kPa} = 202.72 \text{ kPa}$

$$W = W_1 + W_2 = W_1 = -p_2(V_2 - V_1) = -nRT_2 + p_2 \times \frac{nRT_1}{p_1} = nRT_1\left(\frac{p_2}{p_1} - 1\right)$$

$$= \left[1 \times 8.314 \times 300.15 \times \left(\frac{202.72}{101.325} - 1\right)\right] J = 2.497 \text{ kJ}$$

$$\Delta U = nC_{V,\text{m}}(T_3 - T_1) = [1 \times 20.92 \times (370.15 - 300.15)] J = 1.464 \text{ kJ}$$

$$\Delta H = nC_{p,\text{m}}(T_3 - T_1) = n(C_{V,\text{m}} + R)(T_3 - T_1)$$

$$= [1 \times (20.92 + 8.314) \times (370.15 - 300.15)] J = 2.046 \text{ kJ}$$

$$Q = \Delta U - W = (1.464 - 2.497) \text{kJ} = -1.033 \text{ kJ}$$

2.12 已知 $CO_2(g)$ 的摩尔定压热容

$$C_{p,\text{m}} = [26.75 + 42.258 \times 10^{-3}(T/\text{K}) - 14.25 \times 10^{-6}(T/\text{K})^2] \text{J} \cdot \text{mol}^{-1} \cdot \text{K}^{-1}$$

（1）求 300 K 至 800 K 间 $CO_2(g)$ 的平均摩尔定压热容 $\overline{C_{p,\text{m}}}$；

（2）求 1 kg 常压下的 $CO_2(g)$ 从 300 K 恒压加热至 800 K 时所需要的热 Q。

解： CO_2 的摩尔质量 $M = 44.01 \text{ g} \cdot \text{mol}^{-1}$。1 kg $CO_2(g)$ 的物质的量：

$$n = \frac{m}{M} = \left(\frac{1 \times 10^3}{44.01}\right) \text{mol} = 22.72 \text{ mol}$$

（1）根据平均摩尔定压热容 $\overline{C_{p,\text{m}}}$ 的定义，有

$$\overline{C_{p,\text{m}}} = \frac{\int_{T_1}^{T_2} C_{p,\text{m}} \, dT}{T_2 - T_1}$$

$$= \frac{\int_{300\text{ K}}^{800\text{ K}} [26.75 + 42.258 \times 10^{-3}(T/\text{K}) - 14.25 \times 10^{-6}(T/\text{K})^2] \, dT}{800 \text{ K} - 300 \text{ K}}$$

$$= \left\{\left[26.75 \times (800 - 300) + \frac{42.258 \times 10^{-3}}{2} \times (800^2 - 300^2) - \right.\right.$$

$$\left.\frac{14.25 \times 10^{-6}}{3} \times (800^3 - 300^3)\right] \Big/$$

$$(800 - 300)\bigg\} \text{J} \cdot \text{mol}^{-1} \cdot \text{K}^{-1}$$

$$= 45.38 \text{ J} \cdot \text{mol}^{-1} \cdot \text{K}^{-1}$$

（2）$Q_p = n\overline{C}_{p,m}(T_2 - T_1) = [22.72 \times 45.38 \times (800 - 300)]$ J $= 515.5$ kJ

*2.13 已知 20 ℃液态乙醇（C_2H_5OH,l）的体膨胀系数 $\alpha_V = 1.12 \times 10^{-3}$ K^{-1}，等温压缩率 $\kappa_T = 1.11 \times 10^{-9}$ Pa^{-1}，摩尔定压热容 $C_{p,m} = 114.30$ J·mol^{-1}·K^{-1}，密度 $\rho = 0.7893$ g·cm^{-3}。求 20 ℃时液态乙醇的 $C_{V,m}$。

解：由热力学第二定律可以证明，摩尔定压热容和摩尔定容热容有以下关系：

$$C_{p,m} - C_{V,m} = \left[\left(\frac{\partial U_m}{\partial V_m}\right)_T + p\right]\left(\frac{\partial V_m}{\partial T}\right)_p = -T\left(\frac{\partial V_m}{\partial T}\right)_p^2\left(\frac{\partial p}{\partial V_m}\right)_T$$

$$= \frac{TV_m\alpha_V^2}{\kappa_T} = \frac{TM\alpha_V^2}{\kappa_T\rho}$$

$$= \left[\frac{293.15 \times 46.05 \times (1.12 \times 10^{-3})^2 \times 10^{-6}}{1.11 \times 10^{-9} \times 0.7893}\right] \text{J·mol}^{-1}\text{·K}^{-1} = 19.33 \text{ J·mol}^{-1}\text{·K}^{-1}$$

$$C_{V,m} = C_{p,m} - 19.33 \text{ J·mol}^{-1}\text{·K}^{-1} = (114.30 - 19.33)\text{J·mol}^{-1}\text{·K}^{-1}$$

$$= 94.97 \text{ J·mol}^{-1}\text{·K}^{-1}$$

*2.14 容积为 27 m^3 的绝热容器中有一小加热器件，容器器壁上有一小孔与 100 kPa 的大气相通，以维持容器内压力恒定。今利用加热器件使容器内空气的温度由 0 ℃升至 20 ℃，问需供给容器内的空气多少热量。已知空气的 $C_{V,m} = 20.4$ J·mol^{-1}·K^{-1}。假设空气为理想气体，加热过程中容器内空气的温度均匀。

解：该加热过程中容器的体积恒定，但随着容器内空气温度的升高，容器内空气的物质的量将逐渐减少。题给过程可视为恒压加热排气过程，且计算时不考虑加热器件及容器内壁的热容量。

因为　　　　　　　　　　$\delta Q = nC_{p,m}\mathrm{d}T = \dfrac{pV}{RT}C_{p,m}\mathrm{d}T$

所以　　　$Q = \displaystyle\int \delta Q = \int_{T_1}^{T_2}\frac{pV}{RT}C_{p,m}\mathrm{d}T = \frac{pVC_{p,m}}{R}\ln\frac{T_2}{T_1}$

$$= \left[\frac{100 \times 10^3 \times 27}{8.314} \times (20.4 + 8.314) \times \ln\frac{293.15}{273.15}\right]\text{J} = 659 \text{ kJ}$$

注：虽然容器的体积恒定，但在上述过程中不能应用 $C_{V,m}$。因为从小孔中排出去的空气要对环境做功。所做功可计算如下：

系统温度由 T 升高 $\mathrm{d}T$ 时,被排出容器的空气的物质的量为

$$\mathrm{d}n = \frac{p_0 V_0}{R}\left(\frac{1}{T}-\frac{1}{T+\mathrm{d}T}\right) = \frac{p_0 V_0}{R}\left[\frac{\mathrm{d}T}{T(T+\mathrm{d}T)}\right] = \frac{p_0 V_0}{RT^2}\mathrm{d}T$$

相应的体积增量为 $\mathrm{d}V = \frac{RT}{p_0}\mathrm{d}n = \frac{V_0}{T}\mathrm{d}T$

所做功: $W = -p_{\mathrm{amb}}\displaystyle\int_{V_1}^{V_2}\mathrm{d}V = -p_{\mathrm{amb}}\displaystyle\int_{T_1}^{T_2}\frac{V_0}{T}\mathrm{d}T = -p_{\mathrm{amb}}V_0\ln\frac{T_2}{T_1}$

这正等于用 $C_{p,\mathrm{m}}$ 和 $C_{V,\mathrm{m}}$ 所计算热量之差。

2.15 容积为 0.1 m³ 的绝热密闭容器中有一绝热隔板,其两侧分别为 0 ℃,4 mol 的 Ar(g) 及 150 ℃,2 mol 的 Cu(s)。现将隔板撤掉,整个系统达到热平衡,求末态温度 t 及过程的 ΔH。已知:Ar(g) 和 Cu(s) 的摩尔定压热容 $C_{p,\mathrm{m}}$ 分别为 20.786 J·mol⁻¹·K⁻¹ 及 24.435 J·mol⁻¹·K⁻¹,且假设均不随温度而变化。

试题分析

解:先列出系统变化前后的条件:

Ar(g)	Cu(g)		Ar(g)	Cu(s)
$n(\mathrm{Ar})=4$ mol	$n(\mathrm{Cu})=2$ mol	$Q_V=0$	$n(\mathrm{Ar})=4$ mol	$n(\mathrm{Cu})=2$ mol
$T(\mathrm{Ar})=273.15$ K	$T(\mathrm{Cu})=423.15$ K		T	

假设 Ar 气体为理想气体,固体 Cu 为不可压缩固体,则

$$C_{V,\mathrm{m}}(\mathrm{Ar}) = C_{p,\mathrm{m}}(\mathrm{Ar}) - R = (20.786 - 8.314)\,\mathrm{J\cdot mol\cdot K^{-1}} = 12.472\,\mathrm{J\cdot mol\cdot K^{-1}}$$

$$C_{V,\mathrm{m}}(\mathrm{Cu}) \approx C_{p,\mathrm{m}}(\mathrm{Cu}) = 24.435\,\mathrm{J\cdot mol\cdot K^{-1}}$$

该过程为绝热恒容过程,故 $Q_V = \Delta U = \Delta U(\mathrm{Ar}) + \Delta U(\mathrm{Cu}) = 0$,则有

$$n(\mathrm{Ar})C_{V,\mathrm{m}}(\mathrm{Ar})[T-T(\mathrm{Ar})] + n(\mathrm{Cu})C_{V,\mathrm{m}}(\mathrm{Cu})[T-T(\mathrm{Cu})] = 0$$

$$T = \frac{n(\mathrm{Ar})C_{V,\mathrm{m}}(\mathrm{Ar})T(\mathrm{Ar}) + n(\mathrm{Cu})C_{V,\mathrm{m}}(\mathrm{Cu})T(\mathrm{Cu})}{n(\mathrm{Ar})C_{V,\mathrm{m}}(\mathrm{Ar}) + n(\mathrm{Cu})C_{V,\mathrm{m}}(\mathrm{Cu})}$$

$$= \left(\frac{4\times12.472\times273.15 + 2\times24.435\times423.15}{4\times12.472 + 2\times24.435}\right)\mathrm{K} = 347.38\ \mathrm{K}$$

即 $t = 74.23$ ℃

$\Delta H = n(\mathrm{Ar})C_{p,\mathrm{m}}(\mathrm{Ar})[T-T(\mathrm{Ar})] + n(\mathrm{Cu})C_{p,\mathrm{m}}(\mathrm{Cu})[T-T(\mathrm{Cu})]$

$= [4\times20.786\times(347.38-273.15)]\,\mathrm{J} + [2\times24.435\times(347.38-150)]\,\mathrm{J} = 2.47\ \mathrm{kJ}$

2.16 水煤气发生炉出口的水煤气的温度是 1 100 ℃，其中 CO(g) 和 $H_2(g)$ 的摩尔分数均为 0.5。若每小时有 300 kg 的水煤气由 1 100 ℃ 冷却到 100 ℃，并用所回收的热来加热水，使水温由 25 ℃ 升高到 75 ℃。求每小时生产热水的质量。CO(g) 和 $H_2(g)$ 的摩尔定压热容 $C_{p,m}$ 与温度的函数关系查教材附录，水(H_2O,l)的比定压热容 $c_p = 4.184\ J\cdot g^{-1}\cdot K^{-1}$。

解：300 kg 的水煤气中 CO(g) 和 $H_2(g)$ 的物质的量分别为

$$n(CO) = n(H_2) = \frac{m \times 0.5}{[M(CO) + M(H_2)] \times 0.5} = \left(\frac{300 \times 10^3}{28 + 2}\right)\ mol = 10^4\ mol$$

300 kg 的水煤气由 1 100 ℃ 冷却到 100 ℃ 所放热量为

$$Q_p = n(CO) \int_{T_1}^{T_2} C_{p,m}(CO)\,\mathrm{d}T + n(H_2) \int_{T_1}^{T_2} C_{p,m}(H_2)\,\mathrm{d}T$$

$$= n(CO) \times \left[26.537(T_2 - T_1) + \frac{1}{2} \times 7.683\ 1 \times 10^{-3}(T_2^2 - T_1^2) \right.$$

$$\left. - \frac{1}{3} \times 1.172 \times 10^{-6}(T_2^3 - T_1^3) \right] + n(H_2) \times \left[26.88(T_2 - T_1) \right.$$

$$\left. + \frac{1}{2} \times 4.347 \times 10^{-3}(T_2^2 - T_1^2) - \frac{1}{3} \times 0.326\ 5 \times 10^{-6}(T_2^3 - T_1^3) \right]$$

$$= n(CO)\left[53.417(T_2 - T_1) + 6.015\ 0 \times 10^{-3}(T_2^2 - T_1^2) - 0.499\ 5 \times 10^{-6}(T_2^3 - T_1^3) \right]$$

$$= -6.265 \times 10^5\ kJ$$

以生产热水为系统，其质量为 m，则 $mc_p(75-25) = -Q_p$

所以
$$m = -\frac{Q_p}{50C_p} = \left(\frac{6.265 \times 10^8}{50 \times 4.184}\right)\ g = 2\ 994.7\ kg$$

2.17 单原子理想气体 A 与双原子理想气体 B 的混合物共 5 mol，摩尔分数 $y_B = 0.4$，始态温度 $T_1 = 400\ K$，压力 $p_1 = 200\ kPa$。今该混合气体绝热反抗恒外压 100 kPa 膨胀到平衡态。求末态温度 T_2 及过程的 W,ΔU 和 ΔH。

解：过程图示如下：

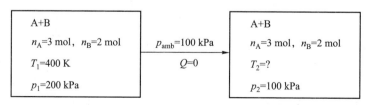

分析：以 A 与 B 的混合气体为系统，则 $Q = 0$。由热力学第一定律得

$$\Delta U = W = -p_{\text{amb}} \Delta V = \left[n_A C_{V,m}(A) + n_B C_{V,m}(B) \right] \Delta T$$

单原子分子 $C_{V,m}(A) = 1.5R$,双原子分子 $C_{V,m}(B) = 2.5R$,所以

$$-p_{\text{amb}} \left(\frac{nRT_2}{p_2} - \frac{nRT_1}{p_1} \right) = \left(\frac{3}{2}R \cdot n_A + \frac{5}{2}R \cdot n_B \right)(T_2 - T_1)$$

$$-5RT_2 + \frac{5RT_1 p_{\text{amb}}}{p_1} = \frac{19}{2}R(T_2 - T_1)$$

$$T_2 = \left(\frac{5p_{\text{amb}}}{p_1} + \frac{19}{2} \right) T_1 \Big/ \left(5 + \frac{19}{2} \right) = 331.03 \text{ K}$$

理想气体的 U 和 H 均只是温度的函数,

$$\Delta U = \frac{19}{2}R\Delta T = \left[\frac{19}{2} \times 8.314 \times (331.03 - 400) \right] \text{J} = -5.447 \text{ kJ}$$

$$\Delta H = \left[n_A C_{p,m}(A) + n_B C_{p,m}(B) \right] \Delta T = \left[\frac{29}{2} \times 8.314 \times (331.03 - 400) \right] \text{J} = -8.315 \text{ kJ}$$

$$Q = 0, \quad W = \Delta U = -5.447 \text{ kJ}$$

2.18 在一带活塞的绝热容器中有一绝热隔板,隔板的两侧分别为 2 mol, 0 ℃的单原子理想气体 A 及 5 mol,100 ℃的双原子理想气体 B,两气体的压力均为 100 kPa。活塞外的压力维持在 100 kPa 不变。今将容器内的隔板撤去,使两种气体混合达到平衡态。求末态的温度 T 及过程的 $W, \Delta U$。

试题分析

解:过程图示如下:

A	B		A+B
$n_A = 2$ mol	$n_B = 5$ mol	$Q_p = 0$	$n_A = 2$ mol, $n_B = 5$ mol
$T_{A1} = 273.15$ K	$T_B = 373.15$ K		T
$p_{A1} = 100$ kPa	$p_{B1} = 100$ kPa		$p = 100$ kPa

$p_1 = p_2 = p_{\text{amb}}$,过程绝热 $Q_p = \Delta H = 0$。

对理想气体有 $\Delta H = n_A C_{p,m}(A)(T - T_{A,1}) + n_B C_{p,m}(B)(T - T_{B,1}) = 0$

因为 $n_A C_{p,m}(A)(T - T_{A1}) = n_B C_{p,m}(B)(T_{B1} - T)$

所以

$$T = \frac{n_A C_{p,m}(A) T_{A1} + n_B C_{p,m}(B) T_{B1}}{n_A C_{p,m}(A) + n_B C_{p,m}(B)} = \left(\frac{2 \times \frac{5}{2}R \times 273.15 + 5 \times \frac{7}{2}R \times 373.15}{2 \times \frac{5}{2}R + 5 \times \frac{7}{2}R} \right) \text{K}$$

$$= 350.93 \text{ K}$$

$$\Delta U = n_A C_{V,m}(A)(T-T_{A,1}) + n_B C_{V,m}(B)(T-T_{B,1})$$

$$= \left[2 \times \frac{3}{2} \times 8.314 \times (350.93-273.15) + 5 \times \frac{5}{2} \times 8.314 \times (350.93-373.15) \right] \text{J} = -369.2 \text{ J}$$

$$W = \Delta U = -369.2 \text{ J}$$

*2.19 在一带活塞的绝热容器中有一固定的绝热隔板。隔板靠活塞一侧为 2 mol,0 ℃的单原子理想气体 A,压力与恒定的环境压力相等;隔板的另一侧为 6 mol,100 ℃的双原子理想气体 B,其体积恒定。今将绝热隔板的绝热层去掉使之变成导热板,求系统达平衡时的 T 及过程的 $W,\Delta U$ 和 ΔH。

解:过程图示如下:

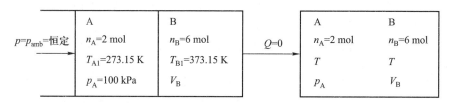

其中:A 为恒压过程,而 B 为恒容过程。

因为 $Q = 0$,所以 $Q_A + Q_B = 0$,$\Delta H_A + \Delta U_B = 0$

则

$$n_A C_{p,m}(A)(T-T_{A1}) + n_B C_{V,m}(B)(T-T_{B1}) = 0$$

$$2 \times \frac{5}{2}R(T-273.15) + 6 \times \frac{5}{2}R(T-373.15) = 0$$

解得 $T = 348.15 \text{ K}$

$$W = -p_{amb}\Delta V_A = -p_{amb}\left(\frac{n_A RT}{p_A} - \frac{n_A R T_{A1}}{p_A} \right) = -n_A R(T-T_{A1})$$

$$= [-2 \times 8.314 \times (348.15-273.15)] \text{J} = -1.274 \text{ kJ}$$

$$\Delta U = W = -1.274 \text{ kJ}$$

$$\Delta H = n_A C_{p,m}(A)(T-T_{A1}) + n_B C_{p,m}(B)(T-T_{B1})$$

$$= \left[2 \times \frac{5}{2} \times 8.314 \times (348.15-273.15) + 6 \times \frac{7}{2} \times 8.314 \times (348.15-373.15) \right] \text{J}$$

$$= -1.247 \text{ kJ}$$

或者

$$\Delta H = \Delta U + \Delta(pV) = \Delta U + \Delta(pV)_A + \Delta(pV)_B$$

$$= \Delta U + n_A R(T - T_{A1}) + n_B R(T - T_{B1})$$

$$= -1.247 \text{ kJ} + [2 \times 8.314 \times (348.15 - 273.15)] \text{J} + [6 \times 8.314 \times (348.15 - 373.15)] \text{J}$$

$$= -1.247 \text{ kJ}$$

2.20 已知水(H_2O,l)在 100 ℃的饱和蒸气压 $p^* = 101.325$ kPa,在此温度、压力下水的摩尔蒸发焓 $\Delta_{vap}H_m = 40.668$ kJ·mol^{-1}。求在 100 ℃,101.325 kPa 下使 1 kg 水蒸气全部凝结成液体水时的 $Q, W, \Delta U$ 和 ΔH。设水蒸气适用理想气体状态方程。

试题分析

解: 该过程为可逆相变过程。水的摩尔质量 $M_{H_2O} = 18.02$ g·mol^{-1}。

$$\Delta H = -n\Delta_{vap}H_m = -\frac{1\ 000\ \text{g}}{18.02\ \text{g}\cdot\text{mol}^{-1}} \times 40.668\ \text{kJ}\cdot\text{mol}^{-1} = -2\ 256.8\ \text{kJ}$$

恒压下,

$$Q_p = \Delta H = -2\ 256.8\ \text{kJ}$$

$$W = -p_{amb}\Delta V = pV_1 = nRT = \left(\frac{1\ 000}{18.02} \times 8.314 \times 373.15\right)\text{J} = 172.2\ \text{kJ}$$

$$\Delta U = Q_p + W = (-2\ 256.8 + 172.2)\text{kJ} = -2\ 084.6\ \text{kJ}$$

2.21 已知水在 100 ℃,101.325 kPa 下的摩尔蒸发焓 $\Delta_{vap}H_m = 40.668$ kJ·mol^{-1},试分别计算下列两过程的 $Q, W, \Delta U$ 和 ΔH。(水蒸气可按理想气体处理。)

(1)在 100 ℃,101.325 kPa 条件下,1 kg 水蒸发为水蒸气;

(2)在恒定 100 ℃的真空容器中,1 kg 水全部蒸发为水蒸气,并且水蒸气压力恰好为 101.325 kPa。

解:(1)此过程为可逆相变过程。水的摩尔质量 $M_{H_2O} = 18.02$ g·mol^{-1}。

$$Q_p = \Delta H = n\Delta_{vap}H_m = \frac{m}{M}\Delta_{vap}H_m = \left(\frac{1 \times 10^3}{18.02} \times 40.668\right)\text{kJ} = 2\ 256.8\ \text{kJ}$$

$$W = -p(V_2 - V_1) = -n_gRT = -\frac{m_g}{M}RT = \left(-\frac{1 \times 10^3}{18.02} \times 8.314 \times 373.15\right)\text{J} = -172.2\ \text{kJ}$$

$$\Delta U = Q_p + W = 2\ 256.8\ \text{kJ} - 172.2\ \text{kJ} = 2\ 084.6\ \text{kJ}$$

(2)$W = -p_{amb}\Delta V = 0$

该变化过程中系统的始、末态与(1)相同,而 U 和 H 是状态函数,所以 ΔU 和 ΔH 由始、末态决定,即 $\Delta H = 2\ 256.8$ kJ,$\Delta U = 2\ 084.6$ kJ。

$$Q = \Delta U - W = 2\ 084.6\ \text{kJ} - 0 = 2\ 084.6\ \text{kJ}$$

2.22　在一个绝热良好,放有 15 ℃,212 g 金属块的量热计中,于 101.325 kPa 下通过一定量 100 ℃ 的水蒸气,最后金属块温度达到 97.6 ℃,并有 3.91 g 水凝结在其表面上。求该金属块的平均质量定压热容 $\overline{c_p}$。已知水在 100 ℃,101.325 kPa 下的摩尔蒸发焓 $\Delta_{vap}H_m = 40.668\ kJ \cdot mol^{-1}$,水的平均摩尔定压热容 $\overline{C_{p,m}} = 75.32\ J \cdot mol^{-1} \cdot K^{-1}$。

解:以 A 表示水及水蒸气,以 B 表示金属块。

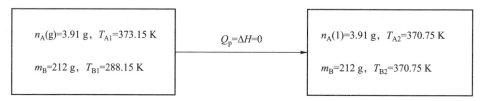

量热计中系统发生绝热恒压过程,

$$Q_p = \Delta H = \Delta H_A + \Delta H_B = 0$$

$$\Delta H_A = n_A(-\Delta_{vap}H_{m,A}) + n_A C_{p,m,A}\Delta T = \frac{m_A}{M_A}\left[-\Delta_{vap}H_{m,A} + C_{p,m,A} \times (T_{A2} - T_{A1})\right]$$

$$= \left\{\frac{3.91}{18.02}\left[-40.668 \times 10^3 + 75.32 \times (370.75 - 373.15)\right]\right\}J = -8\ 863.4\ J$$

$$\Delta H_B = m_B c_{p,B}(T_{B2} - T_{B1}) = 212\ g \times c_{p,B} \times (370.75 - 288.15)\ K$$

则　　　　　　　　　$c_{p,B} = 0.506\ 2\ J \cdot g^{-1} \cdot K^{-1} = 506.2\ J \cdot kg^{-1} \cdot K^{-1}$

2.23　100 kPa 下冰的熔点为 0 ℃,此时冰的比熔化焓 $\Delta_{fus}h = 333.3\ J \cdot g^{-1}$。水和冰的平均质量定压热容分别为 4.184 J · g^{-1} · K^{-1} 和 2.000 J · g^{-1} · K^{-1}。今在绝热容器内向 1 kg,50 ℃ 的水中投入 0.8 kg,−20 ℃ 的冰。求:

(1) 末态的温度;

(2) 末态水和冰的质量。

解:首先确定系统的末态。

(1) 假设冰全部融化为水,末态温度为 T。

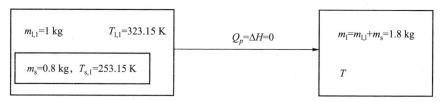

$$Q_p = \Delta H_1 + \Delta H_s = 0$$

恒压下 1 kg,50 ℃的水降温到 0 ℃,过程的热:

$$\Delta H_1 = m_{1,1} c_{p,1}(T - T_{1,1}) = [4.184 \times 1 \times 10^3 \times (273.15 - 323.15)] J = -209.2 \text{ kJ}$$

恒压下 0.8 kg,−20 ℃的冰变为 0 ℃的冰,过程的热:

$$\Delta H_s = m_s c_{p,s}(273.15 \text{ K} - T_{s,1})$$

$$= [0.8 \times 10^3 \times 2.000 \times (273.15 - 253.15)] J = 32.0 \text{ kJ}$$

0℃的冰再全部变为 0 ℃的水,过程的热:

$$\Delta_{fus} H = (0.8 \times 10^3 \times 333.3) J = 266.64 \text{ kJ}$$

$\Delta H_s < |\Delta H_1| < \Delta H_s + \Delta H_{fus}$,所以冰不能完全融化,系统末态是冰、水平衡共存,温度为 0 ℃,即 $T = 273.15$ K。

(2) 设有 m' 的冰融化,则系统始、末态如图所示。

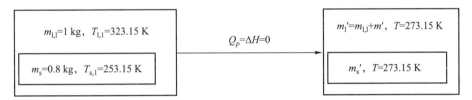

$$Q_p = \Delta H = \Delta H_1' + \Delta H_s' + \Delta_{fus} H' = 0$$

其中:$\Delta H_1' = m_{1,1} c_{p,1}(T - T_{1,1})$

$\Delta H_s' = m_s c_{p,s}(T - T_{s,1})$

$\Delta_{fus} H' = m' \Delta_{fus} h_s$

则

$$m_{1,1} c_{p,1}(T - T_{1,1}) + m_s c_{p,s}(T - T_{s,1}) + m' \Delta_{fus} h_s = 0$$

$$m' = -\frac{m_{1,1} c_{p,1}(T - T_{1,1}) + m_s c_{p,s}(T - T_{s,1})}{\Delta_{fus} h_{冰}}$$

$$= -\frac{[4.184 \times 1 \times 10^3 \times (273.15 - 323.15)] J + [0.8 \times 10^3 \times 2.000 \times (273.15 - 253.15)] J}{333.3 \text{ J} \cdot \text{g}^{-1}}$$

$$= 531.65 \text{ g}$$

系统冰和水的质量分别为

$$m_s' = m - m' = 0.8 \times 10^3 \text{ g} - 531.65 \text{ g} = 268.35 \text{ g} = 0.268 \text{ kg}$$

$$m_1' = 1 \times 10^3 \text{ g} + 531.65 \text{ g} = 1\ 531.65 \text{ g} = 1.532 \text{ kg}$$

2.24 蒸汽锅炉中连续不断地注入 20 ℃的水,将其加热并蒸发成 180 ℃、饱和蒸气压为 1.003 MPa 的水蒸气。求生产 1 kg 水蒸气所需要的热量。

已知:水(H_2O,l)在 100 ℃的摩尔蒸发焓 $\Delta_{vap} H_m = 40.668 \text{ kJ} \cdot \text{mol}^{-1}$,水的平

均摩尔定压热容 $\overline{C}_{p,\mathrm{m}}=75.32\ \mathrm{J}\cdot\mathrm{mol}^{-1}\cdot\mathrm{K}^{-1}$,水蒸气($\mathrm{H_2O}$,g)的摩尔定压热容与温度的函数关系见教材附录。

解: 因水蒸气的产生为连续过程,可视为恒压过程($p=1.003\ \mathrm{MPa}$),

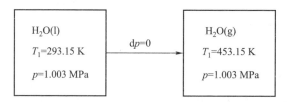

将水蒸气视为理想气体,并忽略压力对凝聚相焓变的影响。设计包含平衡相变点(373.15 K,101.325 kPa)的途径,过程的焓变为

$$\Delta H = n\int_{293.15\ \mathrm{K}}^{373.15\ \mathrm{K}}\overline{C}_{p,\mathrm{m}}(\mathrm{l})\,\mathrm{d}T + n\Delta_{\mathrm{vap}}H_{\mathrm{m}}(373.15\ \mathrm{K}) + n\int_{373.15\ \mathrm{K}}^{453.15\ \mathrm{K}}C_{p,\mathrm{m}}(\mathrm{g})\,\mathrm{d}T$$

其中,$n=\dfrac{m}{M}=\left(\dfrac{1\times10^3}{18.02}\right)\mathrm{mol}=55.49\ \mathrm{mol}$

$$C_{p,\mathrm{m}}(\mathrm{g},T)=29.16+14.49\times10^{-3}T-2.022\times10^{-6}T^2$$

因此

$$\Delta H = 55.51\times75.32\times(373.15-293.15)\mathrm{J} + (55.51\times40.668\times10^3)\mathrm{J}$$
$$+\ 55.51\ \mathrm{mol}\times\int_{373.15\ \mathrm{K}}^{453.15\ \mathrm{K}}\left[29.16+14.49\times10^{-3}T-2.022\times10^{-6}\times T^2\right]\mathrm{d}T$$
$$=2\ 741\ \mathrm{kJ}$$

$$Q_p=\Delta H=2\ 741\ \mathrm{kJ}$$

2.25 冰($\mathrm{H_2O}$,s)在 100 kPa 下的熔点为 0 ℃,此条件下的摩尔融化焓 $\Delta_{\mathrm{fus}}H_{\mathrm{m}}=6.012\ \mathrm{kJ}\cdot\mathrm{mol}^{-1}$。已知在 -10~0 ℃ 范围内过冷水($\mathrm{H_2O}$,l)和冰的摩尔定压热容分别为 76.28 $\mathrm{J}\cdot\mathrm{mol}^{-1}\cdot\mathrm{K}^{-1}$ 和 37.20 $\mathrm{J}\cdot\mathrm{mol}^{-1}\cdot\mathrm{K}^{-1}$。求在常压及 -10 ℃ 下过冷水结冰的摩尔凝固焓。

解: 过程图示如下:

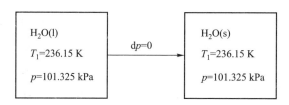

$$\Delta_l^s H_m(273.15\ \text{K}) = -\Delta_{fus} H_m(273.15\ \text{K}) = -6.012\ \text{kJ} \cdot \text{mol}^{-1}$$

恒压过程中,水蒸气视为理想气体,并忽略压力对凝聚相物质摩尔焓的影响,则过程的焓变为

$$\Delta_l^s H_m(263.15\ \text{K}) = \Delta_l^s H_m(273.15\ \text{K}) + \int_{273.15\ \text{K}}^{263.15\ \text{K}} \left[C_{p,m}(\text{H}_2\text{O},\text{s}) - C_{p,m}(\text{H}_2\text{O},\text{l}) \right] \text{d}T$$

$$= -6.012\ \text{kJ} \cdot \text{mol}^{-1} + \int_{273.15\ \text{K}}^{263.15\ \text{K}} \left[(37.20 - 76.28)\text{J} \cdot \text{mol}^{-1} \cdot \text{K}^{-1} \right] \text{d}T$$

$$= -5.621\ \text{kJ} \cdot \text{mol}^{-1}$$

2.26 已知水($\text{H}_2\text{O},\text{l}$)在 100 ℃ 的摩尔蒸发焓 $\Delta_{vap} H_m = 40.668\ \text{kJ} \cdot \text{mol}^{-1}$,水和水蒸气在 25~100 ℃ 的平均摩尔定压热容分别为 $C_{p,m}(\text{H}_2\text{O},\text{l}) = 75.75\ \text{J} \cdot \text{mol}^{-1} \cdot \text{K}^{-1}$ 和 $C_{p,m}(\text{H}_2\text{O},\text{g}) = 33.76\ \text{J} \cdot \text{mol}^{-1} \cdot \text{K}^{-1}$。求在 25 ℃ 时水的摩尔蒸发焓。

解:298.15 K 和 373.15 K 摩尔蒸发焓的关系为

$$\Delta_{vap} H_m(298.15\ \text{K}) = \Delta_{vap} H_m(373.15\ \text{K})$$
$$+ \int_{373.15\ \text{K}}^{298.15\ \text{K}} \left[C_{p,m}(\text{H}_2\text{O},\text{g}) - C_{p,m}(\text{H}_2\text{O},\text{l}) \right] \text{d}T$$

所以

$$\Delta_{vap} H_m(298.15\ \text{K}) = 40.668\ \text{kJ} \cdot \text{mol}^{-1} + \int_{373.15\ \text{K}}^{298.15\ \text{K}} \left[(33.76 - 75.75)\text{J} \cdot \text{mol}^{-1} \cdot \text{K}^{-1} \right] \text{d}T$$

$$= 43.82\ \text{kJ} \cdot \text{mol}^{-1}$$

2.27 25 ℃ 下,密闭恒容的容器中有 10 g 固体萘 $\text{C}_{10}\text{H}_8(\text{s})$ 在过量的 $\text{O}_2(\text{g})$ 中完全燃烧生成 $\text{CO}_2(\text{g})$ 和 $\text{H}_2\text{O}(\text{l})$。过程放热 401.727 kJ。求:

(1) $\text{C}_{10}\text{H}_8(\text{s}) + 12\text{O}_2(\text{g}) =\!=\!= 10\text{CO}_2(\text{g}) + 4\text{H}_2\text{O}(\text{l})$ 的反应进度;

(2) $\text{C}_{10}\text{H}_8(\text{s})$ 的 $\Delta_c U_m^\ominus$;

(3) $\text{C}_{10}\text{H}_8(\text{s})$ 的 $\Delta_c H_m^\ominus$。

解:(1) 因为 O_2 过量,所以用萘的物质的量变化计算反应进度。

萘(C_{10}H_8)的摩尔质量 $M = 128.174\ \text{g} \cdot \text{mol}^{-1}$

物质的量 $n = \dfrac{m}{M} = \dfrac{10\ \text{g}}{128.174\ \text{g} \cdot \text{mol}^{-1}} = 0.078\ 02\ \text{mol}$

反应进度 $\Delta\xi = \dfrac{\Delta n_B}{\nu_B} = \dfrac{-0.078\ 02\ \text{mol}}{-1} = 0.078\ 02\ \text{mol}$

(2) 该反应为恒容反应。

$$\Delta U = Q_V = -401.727 \text{ kJ}$$

$$\Delta_c U_m^\ominus = \frac{Q_V}{\Delta \xi} = \frac{-401.727 \text{ kJ}}{0.078\ 02 \text{ mol}} = -5\ 149.0 \text{ kJ} \cdot \text{mol}^{-1}$$

（3）将气相视为理想气体，且固体和液体的体积相对于气相的体积可忽略不计。

$$\Delta_c H_m^\ominus = \Delta_c U_m^\ominus + \Delta(pV) = \Delta_c U_m^\ominus + \sum_B \nu_B(g) RT$$

$$= [-5\ 149 \times 10^3 + (10 - 12) \times 8.314 \times 298.15] \text{kJ} \cdot \text{mol}^{-1}$$

$$= -5\ 154.0 \text{ kJ} \cdot \text{mol}^{-1}$$

2.28　应用教材附录中有关物质在 25 ℃ 的标准摩尔生成焓的数据，计算下列反应在25 ℃时的 $\Delta_r H_m^\ominus$ 及 $\Delta_r U_m^\ominus$。

（1）$4NH_3(g) + 5O_2(g) \xlongequal{\quad} 4NO(g) + 6H_2O(g)$

（2）$3NO_2(g) + H_2O(l) \xlongequal{\quad} 2HNO_3(l) + NO(g)$

（3）$Fe_2O_3(s) + 3C(s,石墨) \xlongequal{\quad} 2Fe(s) + 3CO(g)$

解：查教材附录知：

物质	$NH_3(g)$	$NO(g)$	$H_2O(g)$	$H_2O(l)$	$NO_2(g)$	$HNO_3(l)$	$Fe_2O_3(s)$	$CO(g)$
$\dfrac{\Delta_f H_m^\ominus(B,\beta)}{\text{kJ} \cdot \text{mol}^{-1}}$	-46.11	90.25	-241.818	-285.83	33.18	-174.10	-824.2	-110.525

$$\Delta_r H_m^\ominus = \sum_B \nu_B \Delta_f H_m^\ominus(B,\beta), \quad \Delta_r U_m^\ominus = \Delta_r H_m^\ominus - \sum_B \nu_B(g) RT$$

（1）$\Delta_r H_m^\ominus = 4\Delta_f H_m^\ominus(NO,g) + 6\Delta_f H_m^\ominus(H_2O,g) - 5\Delta_f H_m^\ominus(O_2,g) - 4\Delta_f H_m^\ominus(NH_3,g)$

$\qquad = [4 \times 90.25 + 6 \times (-241.818) - 5 \times 0 - 4 \times (-46.11)] \text{kJ} \cdot \text{mol}^{-1}$

$\qquad = -905.47 \text{ kJ} \cdot \text{mol}^{-1}$

$\quad \Delta_r U_m^\ominus = -905.47 \text{ kJ} \cdot \text{mol}^{-1} - [(4 + 6 - 5 - 4) \times 8.314 \times 298.15] \text{J} \cdot \text{mol}^{-1}$

$\qquad = -907.95 \text{ kJ} \cdot \text{mol}^{-1}$

（2）$\Delta_r H_m^\ominus = 2\Delta_f H_m^\ominus(HNO_3,l) + \Delta_f H_m^\ominus(NO,g) - 3\Delta_f H_m^\ominus(NO_2,g) - \Delta_f H_m^\ominus(H_2O,l)$

$\qquad = [2 \times (-174.10) + 1 \times 90.25 - 3 \times 33.18 - 1 \times (-285.83)] \text{kJ} \cdot \text{mol}^{-1}$

$\qquad = -71.66 \text{ kJ} \cdot \text{mol}^{-1}$

$\quad \Delta_r U_m^\ominus = -71.66 \text{ kJ} \cdot \text{mol}^{-1} - [(1-3) \times 8.314 \times 298.15] \text{J} \cdot \text{mol}^{-1}$

$\qquad = -66.70 \text{ kJ} \cdot \text{mol}^{-1}$

（3）$\Delta_r H_m^\ominus = 2\Delta_f H_m^\ominus(Fe,s) + 3\Delta_f H_m^\ominus(CO,g) - \Delta_f H_m^\ominus(Fe_2O_3,s) - 3\Delta_f H_m^\ominus(石墨,s)$

$$= [3×(-110.525)-(-824.2)] kJ \cdot mol^{-1}$$

$$= 492.62 \ kJ \cdot mol^{-1}$$

$\Delta_r U_m^{\ominus} = 492.62 \ kJ \cdot mol^{-1} - (3×8.314\ 5×298.15) J \cdot mol^{-1} = 485.18 \ kJ \cdot mol^{-1}$

2.29 应用教材附录中有关物质的热化学数据,计算 25 ℃时反应

$$2CH_3OH(l)+O_2(g) =\!\!=\!\!= HCOOCH_3(l)+2H_2O(l)$$

的标准摩尔反应焓,要求:

(1) 应用 25 ℃的标准摩尔生成焓数据 $\Delta_f H_m^{\ominus}(HCOOCH_3,l) = -379.07 \ kJ \cdot mol^{-1}$;

(2) 应用 25 ℃的标准摩尔燃烧焓数据。

解:查教材附录知:

物质	$CH_3OH(l)$	$O_2(g)$	$HCOOCH_3(l)$	$H_2O(l)$
$\dfrac{\Delta_f H_m^{\ominus}}{kJ \cdot mol^{-1}}$	−238.66	0	−379.07	−285.83
$\dfrac{\Delta_c H_m^{\ominus}}{kJ \cdot mol^{-1}}$	−726.51	0	−979.5	0

(1) 由标准摩尔生成焓计算标准摩尔反应焓:

$\Delta_r H_m^{\ominus} = \sum_B \nu_B \Delta_f H_m^{\ominus}(B,\beta)$

$\quad = \Delta_f H_m^{\ominus}(HCOOCH_3,l) + 2\Delta_f H_m^{\ominus}(H_2O,l) - 2\Delta_f H_m^{\ominus}(CH_3OH,l) - \Delta_f H_m^{\ominus}(O_2,g)$

$\quad = [1×(-379.07)+2×(-285.83)-2×(-238.66)-1×0] kJ \cdot mol^{-1}$

$\quad = -473.41 \ kJ \cdot mol^{-1}$

(2) 由标准摩尔燃烧焓计算标准摩尔反应焓:

$\Delta_r H_m^{\ominus} = -\sum_B \nu_B \Delta_c H_m^{\ominus}(B,\beta)$

$\quad = \Delta_c H_m^{\ominus}(HCOOCH_3,l) + 2\Delta_c H_m^{\ominus}(H_2O,l) - 2\Delta_c H_m^{\ominus}(CH_3OH,g) - \Delta_c H_m^{\ominus}(O_2,g)$

$\quad = -[(-979.5)+2×0-2×(-726.51)-1×0] kJ \cdot mol^{-1}$

$\quad = -473.52 \ kJ \cdot mol^{-1}$

2.30 (1) 写出同一温度下,一定聚集状态分子式为 C_nH_{2n} 的物质的 $\Delta_f H_m^{\ominus}$ 与其 $\Delta_c H_m^{\ominus}$ 之间的关系式;

(2) 若 25 ℃下,环丙烷 $CH_2\!\!-\!\!-\!\!CH_2$ (g)的 $\Delta_c H_m^{\ominus} = -2\ 091.5 \ kJ \cdot mol^{-1}$,求
$\qquad\qquad\qquad CH_2$

该温度下气态环丙烷的 $\Delta_f H_m^\ominus$。

解：（1）$C_n H_{2n}$ 的燃烧反应：$C_n H_{2n}$（聚集态）$+\dfrac{3n}{2} O_2(g) = n CO_2(g) + n H_2O(l)$ 因该反应的标准摩尔反应焓即 $C_n H_{2n}$ 的标准摩尔燃烧焓，所以有

$$\Delta_r H_m^\ominus = \Delta_c H_m^\ominus(C_n H_{2n}, \text{聚集态}) = \sum_B \nu_B \Delta_f H_m^\ominus(B, \beta)$$

$$= n[\Delta_f H_m^\ominus(CO_2, g) + \Delta_f H_m^\ominus(H_2O, l)] - \Delta_f H_m^\ominus(C_n H_{2n}, \text{聚集态}) \quad (1)$$

因此，

$$\Delta_f H_m^\ominus(C_n H_{2n}, \text{聚集态}) = n[\Delta_f H_m^\ominus(CO_2, g) + \Delta_f H_m^\ominus(H_2O, l)] - \Delta_c H_m^\ominus(C_n H_{2n}, \text{聚集态})$$

（2）由教材附录知：

$$\Delta_f H_m^\ominus(CO_2, g) = -393.509 \text{ kJ} \cdot \text{mol}^{-1}, \qquad \Delta_f H_m^\ominus(H_2O, l) = -285.830 \text{ kJ} \cdot \text{mol}^{-1}$$

$$C_3 H_6(g) + \frac{9}{2} O_2(g) = 3 CO_2(g) + 3 H_2O(l)$$

由（1）式可得

$$\Delta_r H_m^\ominus = \Delta_c H_m^\ominus(C_3 H_6, g)$$

$$= 3\Delta_f H_m^\ominus(CO_2, g) + 3\Delta_f H_m^\ominus(H_2O, l) - \Delta_f H_m^\ominus(C_3 H_6, g) - \frac{9}{2}\Delta_f H_m^\ominus(O_2, g)$$

$$\Delta_f H_m^\ominus(C_3 H_6, g) = 3\Delta_f H_m^\ominus(CO_2, g) + 3\Delta_f H_m^\ominus(H_2O, l) - \frac{9}{2}\Delta_f H_m^\ominus(O_2, g) - \Delta_c H_m^\ominus(C_3 H_6, g)$$

$$= [3 \times (-393.509) + 3 \times (-285.830) - (-2\,091.5)] \text{ kJ} \cdot \text{mol}^{-1}$$

$$= 53.483 \text{ kJ} \cdot \text{mol}^{-1}$$

试题分析

2.31 已知 25 ℃甲酸甲酯的标准摩尔燃烧焓 $\Delta_c H_m^\ominus(HCOOCH_3, l)$ 为 $-979.5 \text{ kJ} \cdot \text{mol}^{-1}$，甲酸（$HCOOH, l$）、甲醇（$CH_3OH, l$）、水（$H_2O, l$）及二氧化碳（$CO_2, g$）的标准摩尔生成焓 $\Delta_f H_m^\ominus$ 分别为 $-424.72 \text{ kJ} \cdot \text{mol}^{-1}$，$-238.66 \text{ kJ} \cdot \text{mol}^{-1}$，$-285.83 \text{ kJ} \cdot \text{mol}^{-1}$ 及 $-393.509 \text{ kJ} \cdot \text{mol}^{-1}$。应用这些数据求 25 ℃时下列反应的标准摩尔反应焓。

$$HCOOH(l) + CH_3OH(l) = HCOOCH_3(l) + H_2O(l)$$

解：首先要求出甲酸甲酯的标准摩尔生成焓 $\Delta_f H_m^\ominus(HCOOCH_3, l)$。

$$HCOOCH_3(l) + 2O_2(g) = 2H_2O(l) + 2CO_2(g) \quad (1)$$

$$\Delta_r H_m^\ominus(1) = \Delta_c H_m^\ominus(HCOOCH_3, l)$$

$$= 2\Delta_f H_m^\ominus(CO_2, g) + 2\Delta_f H_m^\ominus(H_2O, l) - \Delta_f H_m^\ominus(HCOOCH_3, l) - 2\Delta_f H_m^\ominus(O_2, g)$$

$$\Delta_f H_m^\ominus(HCOOCH_3,l) = 2\Delta_f H_m^\ominus(CO_2,g) + 2\Delta_f H_m^\ominus(H_2O,l) -$$

$$\Delta_c H_m^\ominus(HCOOCH_3,l) - 2\Delta_f H_m^\ominus(O_2,g)$$

$$= 2 \times [-393.509 + (-285.83)] kJ \cdot mol^{-1} + 979.5\ kJ \cdot mol^{-1}$$

$$= -379.178\ kJ \cdot mol^{-1}$$

$$HCOOH(l) + CH_3OH(l) \Longrightarrow HCOOCH_3(l) + H_2O(l) \qquad (2)$$

$$\Delta_r H_m^\ominus = \Delta_f H_m^\ominus(HCOOCH_3,l) + \Delta_f H_m^\ominus(H_2O,l) - \Delta_f H_m^\ominus(CH_3OH,l) - \Delta_f H_m^\ominus(HCOOH,l)$$

$$= [-379.178 - 285.83 - (-238.66) - (-424.72)] kJ \cdot mol^{-1} = -1.628\ kJ \cdot mol^{-1}$$

2.32 已知 $CH_3COOH(g)$，$CH_4(g)$ 和 $CO_2(g)$ 的平均摩尔定压热容 $\overline{C}_{p,m}$ 分别为 52.3 $J \cdot mol^{-1} \cdot K^{-1}$，37.7 $J \cdot mol^{-1} \cdot K^{-1}$ 和 31.4 $J \cdot mol^{-1} \cdot K^{-1}$。试由教材附录中三化合物的标准摩尔生成焓计算 1 000 K 时下列反应的 $\Delta_r H_m^\ominus$。

$$CH_3COOH(g) \Longrightarrow CH_4(g) + CO_2(g)$$

解: 查教材附录知，

物质	$CH_3COOH(g)$	$CH_4(g)$	$CO_2(g)$
$\Delta_f H_m^\ominus/(kJ \cdot mol^{-1})$	-432.25	-74.81	-393.509

对于题给反应有

$$\Delta_r H_m^\ominus(298.15\ K) = \Delta_f H_m^\ominus(CO_2,g) + \Delta_f H_m^\ominus(CH_4,g) - \Delta_f H_m^\ominus(CH_3COOH,g)$$

$$= [(-393.509) + (-74.8) - (-432.25)] kJ \cdot mol^{-1}$$

$$= -36.059\ kJ \cdot mol^{-1}$$

$$\Delta_r C_{p,m}^\ominus = \sum_B \nu_B C_{p,m}(B,\beta) = C_{p,m}(CO_2,g) + C_{p,m}(CH_4,g) - C_{p,m}(CH_3COOH,g)$$

$$= (31.4 + 37.7 - 52.3) J \cdot mol^{-1} \cdot K^{-1}$$

$$= 16.8\ J \cdot mol^{-1} \cdot K^{-1}$$

由基希霍夫公式:

$$\Delta_r H_m^\ominus(1\ 000\ K) = \Delta_r H_m^\ominus(298.15\ K) + \int_{298.15\ K}^{1\ 000\ K} \Delta_r C_{p,m}^\ominus dT$$

$$= -36.059 \times 10^3\ kJ \cdot mol^{-1} + [16.8 \times (1\ 000 - 298.15)] J \cdot mol^{-1}$$

$$= -24.27\ kJ \cdot mol^{-1}$$

2.33 对于化学反应

$$CH_4(g) + H_2O(g) == CO(g) + 3H_2(g)$$

应用教材附录中四种物质在 25 ℃时的标准摩尔生成焓数据及摩尔定压热容与温度的函数关系式:(1) 将 $\Delta_r H_m^\ominus(T)$ 表示成温度的函数关系式;(2) 求该反应在 1 000 K 时的 $\Delta_r H_m^\ominus(1\ 000\ K)$。

解:(1) $\Delta_r H_m^\ominus$ 与温度的关系用基希霍夫公式表示:

$$\Delta_r H_m^\ominus(T) = \Delta_r H_m^\ominus(298\ K) + \int_{298\ K}^T \Delta_r C_{p,m}^\ominus dT$$

$$\Delta_r C_{p,m}^\ominus/(J \cdot mol^{-1} \cdot K^{-1}) = \sum_B \nu_B [C_{p,m}^\ominus(B,\beta)/(J \cdot mol^{-1} \cdot K^{-1})]$$

$$= (3 \times 26.88 + 26.537 - 14.15 - 29.16) + (3 \times 4.347 +$$

$$7.683 - 75.496 - 14.49) \times 10^{-3} T/K + (-3 \times 0.326 -$$

$$1.172 + 17.99 + 2.022) \times 10^{-6}(T/K)^2$$

$$= 63.867 - 69.262 \times 10^{-3} T/K + 17.862 \times 10^{-6}(T/K)^2$$

$$\Delta_r H_m^\ominus(298\ K) = \sum_B \nu_B \Delta_f H_m^\ominus(B,\beta)$$

$$= (-110.525 + 241.818 + 74.81)kJ \cdot mol^{-1} = 206.103\ kJ \cdot mol^{-1}$$

$$\Delta_r H_m^\ominus(T) = \Delta_r H_m^\ominus(298\ K) + \int_{298\ K}^T \Delta_r C_{p,m}^\ominus dT$$

$$= [206.103 \times 10^3 + 63.867(T/K - 298.15) - 34.631 \times 10^{-3}(T/K -$$

$$298.15)^2 + 5.954 \times 10^{-6}(T/K - 298.15)^3]J \cdot mol^{-1}$$

$$= [189.937 \times 10^3 + 63.867(T/K) - 34.631 \times 10^{-3}(T/K)^2 + 5.954 \times$$

$$10^{-6}(T/K)^3]J \cdot mol^{-1}$$

(2) 当 $T = 1\ 000\ K$ 时,

$$\Delta_r H_m^\ominus(1\ 000\ K) = 225.137\ kJ \cdot mol^{-1}$$

2.34 甲烷与过量50%的空气混合,为使恒压燃烧的最高温度能达到 2 000 ℃,求燃烧前混合气体应预热到多少摄氏度。物质的标准摩尔生成焓数据见教材附录。空气组成按$y(O_2,g) = 0.21$,$y(N_2,g) = 0.79$ 计算。各物质的平均摩尔定压热容分别为

$$\overline{C}_{p,m}(CH_4,g) = 75.31\ J \cdot mol^{-1} \cdot K^{-1},$$

$$\overline{C}_{p,m}(O_2,g) = \overline{C}_{p,m}(N_2,g) = 33.47 \text{ J} \cdot \text{mol}^{-1} \cdot \text{K}^{-1},$$

$$\overline{C}_{p,m}(CO_2,g) = 54.39 \text{ J} \cdot \text{mol}^{-1} \cdot \text{K}^{-1}, \quad \overline{C}_{p,m}(H_2O,g) = 41.84 \text{ J} \cdot \text{mol}^{-1} \cdot \text{K}^{-1}\text{。}$$

解:该燃烧反应 $CH_4(g) + 2O_2(g) = CO_2(g) + 2H_2O(g)$ 为恒压绝热过程。

今以 1 mol CH_4 为计算基准,则 O_2 过量50%时,各气体的物质的量为

$$n(O_2) = 2(1+50\%) \text{ mol} = 3 \text{ mol},剩余 O_2 的量:n'(O_2) = 1 \text{ mol};$$

$$n(N_2) = n(O_2)y(N_2)/y(O_2) = 3 \text{ mol} \times 0.79/0.21 = 11.29 \text{ mol},$$

$$n(CO_2) = 1 \text{ mol}, n(H_2O) = 2 \text{ mol}$$

设计途径如下:

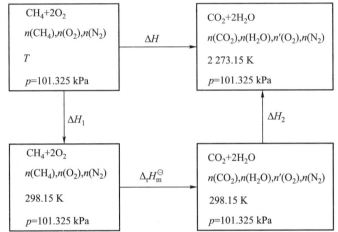

设燃烧前混合气体应预热到 T,298.15 K 下甲烷燃烧的摩尔反应热为 $\Delta_r H_m^{\ominus}(298.15 \text{ K})$,则 $\Delta H = \Delta H_1 + \Delta_r H_m^{\ominus}(298.15 \text{ K}) + \Delta H_2 = 0$

$$\Delta H_1 = [n(CH_4)\overline{C}_{p,m}(CH_4) + n(O_2)\overline{C}_{p,m}(O_2) + n(N_2)\overline{C}_{p,m}(N_2)](298.15 - T/K)$$

$$= (75.31 + 3 \times 33.47 + 11.285\ 7 \times 33.47)(298.15 - T/K) \text{J} \cdot \text{mol}^{-1}$$

$$= [553.45 \times (298.15 - T/K)] \text{J} \cdot \text{mol}^{-1}$$

$$\Delta_r H_m^{\ominus}(298.15 \text{ K}) = \Delta_f H_m^{\ominus}(CO_2,g) + 2\Delta_f H_m^{\ominus}(H_2O,g) - \Delta_f H_m^{\ominus}(CH_4,g) - 2\Delta_f H_m^{\ominus}(O_2,g)$$

$$= [(-393.509) + 2 \times (-241.818) - (-74.81) - 2 \times 0] \text{kJ} \cdot \text{mol}^{-1}$$

$$= -802.335 \text{ kJ} \cdot \text{mol}^{-1}$$

$$\Delta H_2 = [n(CO_2)\overline{C}_{p,m}(CO_2) + n(H_2O)\overline{C}_{p,m}(H_2O) + n'(O_2)\overline{C}_{p,m}(O_2) +$$

$$n(N_2)\overline{C}_{p,m}(N_2)](T'/K - 298.15)$$

$$= [(1 \times 54.39 + 2 \times 41.84 + 1 \times 33.47 + 11.286 \times 33.47) \times$$

$$(2273.15 - 298.15)] \text{J} \cdot \text{mol}^{-1}$$

$$= 1\ 084.81 \text{ kJ} \cdot \text{mol}^{-1}$$

代入　$\Delta H = \Delta H_1 + \Delta_r H_m^{\ominus}(298.15\ \text{K}) + \Delta H_2 = 0$

$553.45 \times (298.15 - T/\text{K})\ \text{J} \cdot \text{mol}^{-1} - 802.335\ \text{kJ} \cdot \text{mol}^{-1} + 1\ 084.81\ \text{kJ} \cdot \text{mol}^{-1} = 0$

解出　$T = 808.54\ \text{K} = 535.4\ ℃$

2.35　氢气与过量50%的空气混合物置于密闭恒容的容器中,始态温度为 25 ℃,压力为 100 kPa。将氢气点燃,反应瞬间完成后,求系统所能达到的最高温度和最大压力。空气组成按 $y(\text{O}_2, \text{g}) = 0.21, y(\text{N}_2, \text{g}) = 0.79$ 计算。水蒸气的标准摩尔生成焓见教材附录。各气体的平均摩尔定容热容分别为 $C_{V,m}(\text{O}_2) = C_{V,m}(\text{N}_2) = 25.1\ \text{J} \cdot \text{mol}^{-1} \cdot \text{K}^{-1}, C_{V,m}(\text{H}_2\text{O}, \text{g}) = 37.66\ \text{J} \cdot \text{mol}^{-1} \cdot \text{K}^{-1}$,假设气体适用理想气体状态方程。

解:该燃烧反应 $\text{H}_2(\text{g}) + 1/2\text{O}_2(\text{g}) =\!=\!= \text{H}_2\text{O}(\text{g})$ 为恒容绝热过程,因此有 $\Delta U = \Delta U_1 + \Delta U_2 = 0$。以 1 mol H_2 为计算基准,O_2 过量50%时,各气体的物质的量分别为

$n(\text{O}_2) = [0.5(1 + 50\%)]\ \text{mol} = 0.75\ \text{mol}$

$n(\text{N}_2) = n(\text{O}_2)y(\text{N}_2)/y(\text{O}_2) = 0.75\ \text{mol} \times 0.79/0.21 = 2.82\ \text{mol}$

$n(\text{H}_2\text{O}) = 1\ \text{mol}$,剩余 O_2 的量:$n'(\text{O}_2) = 0.25\ \text{mol}$

设计途径如下:

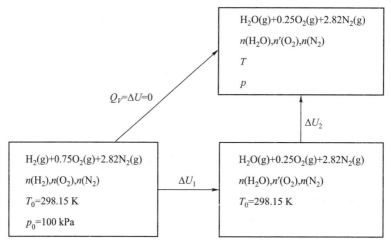

氢气燃烧反应的摩尔反应焓为 $\Delta_r H_m^{\ominus}(298.15\ \text{K})$,则

$$\Delta H_1 = n\Delta_r H_m^{\ominus}(298.15\ \text{K}) = n\Delta_f H_m^{\ominus}(\text{H}_2\text{O}, \text{g})$$

$$= [1 \times (-241.818)]\ \text{kJ} \cdot \text{mol}^{-1} = -241.818\ \text{kJ} \cdot \text{mol}^{-1}$$

$$\Delta U_1 = \Delta H_1 - \sum_{\text{B}} (\nu_{\text{B}})_{\text{g}} RT$$

$$= [-241.818 \times 10^3 - (1 - 0.5 - 1) \times 8.314 \times 298.15] J \cdot mol^{-1}$$

$$= -240.579 \; kJ \cdot mol^{-1}$$

$$\Delta U_2 = [n(H_2O)\overline{C}_{V,m}(H_2O) + n'(O_2)\overline{C}_{V,m}(O_2) + n(N_2)\overline{C}_{V,m}(N_2)](T - T_0)$$

$$= [(1\times37.66 + 0.25\times25.1 + 2.82\times25.1)\times(T/K - 298.15)] J \cdot mol^{-1}$$

$$= [114.72\times(T/K - 298.15)] J \cdot mol^{-1}$$

所以 $-240.579 \; kJ \cdot mol^{-1} + [114.72\times(T/K - 298.15)] J \cdot mol^{-1} = 0$

$$T = 2\,395.25 \; K = 2\,122.1 \; ℃$$

恒容反应,所以

$$\frac{n_0(始)T_0}{n(末)T} = \frac{p_0}{p}$$

$$p = p_0 \frac{n(末)T}{n_0(始)T_0} = \left(100\times\frac{4.07\times2\,395.25}{4.57\times298.15}\right) kPa = 715.5 \; kPa$$

2.36 已知某气体燃料的组成为 30% $H_2(g)$,20% $CO(g)$,40% $CH_4(g)$,10% $N_2(g)$,试计算在 298.15 K、常压条件下,燃烧 1 m^3 的该燃料所放出的热量。

解: 上述燃料的燃烧反应为

(1) $H_2(g) + 1/2O_2(g) \Longrightarrow H_2O(l)$

(2) $CH_4(g) + 2O_2(g) \Longrightarrow CO_2(g) + 2H_2O(l)$

(3) $CO(g) + 1/2O_2(g) \Longrightarrow CO_2(g)$

由教材附录查得反应中各物质在 298.15 K 时的相关数据为

$$\Delta_f H_m^{\ominus}(H_2O, l) = -285.83 \; kJ \cdot mol^{-1}$$

$$\Delta_c H_m^{\ominus}(CH_4, g) = -890.31 \; kJ \cdot mol^{-1}$$

$$\Delta_f H_m^{\ominus}(CO, g) = -110.525 \; kJ \cdot mol^{-1}$$

$$\Delta_f H_m^{\ominus}(CO_2, g) = -393.51 \; kJ \cdot mol^{-1}$$

由此得三反应的标准摩尔反应焓分别为

$$\Delta_r H_{m,1}^{\ominus} = \Delta_f H_m^{\ominus}(H_2O, l) = -285.83 \; kJ \cdot mol^{-1}$$

$$\Delta_r H_{m,2}^{\ominus} = \Delta_c H_m^{\ominus}(CH_4, g) = -890.31 \; kJ \cdot mol^{-1}$$

$$\Delta_r H_{m,3}^{\ominus} = \Delta_f H_m^{\ominus}(CO_2, g) - \Delta_f H_m^{\ominus}(CO, g) - 1/2\Delta_f H_m^{\ominus}(O_2, g)$$

$$= [-393.51 - (-110.525) - 1/2\times0] kJ \cdot mol^{-1}$$

$$= -282.98 \text{ kJ} \cdot \text{mol}^{-1}$$

1 m^3 该燃料气的物质的量:

$$n = \frac{pV}{RT} = \left(\frac{101.325 \times 10^3 \times 1}{8.314 \times 298.15} \right) \text{mol} = 40.88 \text{ mol}$$

恒压燃烧过程中所放的热为

$$Q_p = \Delta H = n(\text{H}_2) \Delta_r H_{m,1}^{\ominus} + n(\text{CH}_4) \Delta_r H_{m,2}^{\ominus} + n(\text{CO}) \Delta_r H_{m,3}^{\ominus}$$

$$= n \left[y(\text{H}_2) \Delta_r H_{m,1}^{\ominus} + y(\text{CH}_4) \Delta_r H_{m,2}^{\ominus} + y(\text{CO}) \Delta_r H_{m,3}^{\ominus} \right]$$

$$= \{ 40.88 \times [0.3 \times (-285.83) + 0.4 \times (-890.31) + 0.2 \times (-282.98)] \} \text{kJ}$$

$$= -2.038 \times 10^4 \text{ kJ}$$

2.37 在 300 K 的恒温条件下,将 1 mol $\text{N}_2(\text{g})$ 从 40 dm^3 压缩到 10 dm^3,试求进行此过程所需要消耗的最小功。

(1) 假设 $\text{N}_2(\text{g})$ 为理想气体;

(2) 假设 $\text{N}_2(\text{g})$ 为范德华气体,其范德华常数见教材附录。

解:可逆过程中环境对系统做功最少,需求恒温可逆压缩功即所求的最小功。

(1) 理想气体恒温可逆过程,

$$W_r = -nRT \ln \frac{V_2}{V_1} = \left(-1 \times 8.314 \times 300 \times \ln \frac{10 \times 10^{-3}}{40 \times 10^{-3}} \right) \text{J} = 3.458 \text{ kJ}$$

(2) 范德华气体方程式: $p = \frac{nRT}{V - nb} - \frac{n^2 a}{V^2}$

其中 $a(\text{N}_2) = 0.141 \text{ Pa} \cdot \text{m}^6 \cdot \text{mol}^{-2}$, $b(\text{N}_2) = 3.9 \times 10^{-5} \text{m}^3 \cdot \text{mol}^{-1}$

$$W_r = -\int_{V_1}^{V_2} p \, \mathrm{d}V = -\int_{V_1}^{V_2} \left(\frac{nRT}{V - nb} - \frac{n^2 a}{V^2} \right) \mathrm{d}V = -nRT \ln \frac{V_2 - nb}{V_1 - nb} - n^2 a \left(\frac{1}{V_2} - \frac{1}{V_1} \right)$$

$$= \left(-1 \times 8.314 \times 300 \times \ln \frac{10 \times 10^{-3} - 1 \times 3.9 \times 10^{-5}}{40 \times 10^{-3} - 1 \times 3.9 \times 10^{-5}} \right) \text{J}$$

$$- \left[1^2 \times 0.141 \times \left(\frac{1}{10 \times 10^{-3}} - \frac{1}{40 \times 10^{-3}} \right) \right] \text{J}$$

$$= 3.465 \text{ kJ} - 10.58 \text{ J} = 3.454 \text{ kJ}$$

2.38 某双原子理想气体 1 mol 从始态 350 K,200 kPa 经过如下五个不同过程达到各自的平衡态,求各过程的功 W。

（1）恒温可逆膨胀到 50 kPa；

（2）恒温反抗 50 kPa 恒外压不可逆膨胀；

（3）恒温向真空膨胀到 50 kPa；

（4）绝热可逆膨胀到 50 kPa；

（5）绝热反抗 50 kPa 恒外压不可逆膨胀。

解：（1）恒温可逆过程 $W = nRT\ln\dfrac{p_2}{p_1} = \left(1 \times 8.314 \times 350 \times \ln\dfrac{50}{200}\right) \text{J} = -4.034 \text{ kJ}$

（2）反抗恒外压不可逆膨胀到平衡，$p_2 = p_{\text{amb}}$

$$W = -p_{\text{amb}}\Delta V = -p_{\text{amb}}(V_2 - V_1) = -p_2 \times \left(\frac{nRT}{p_2} - \frac{nRT}{p_1}\right) = -nRT\left(1 - \frac{p_2}{p_1}\right)$$

$$= \left[-1 \times 8.314 \times 350 \times \left(1 - \frac{50}{200}\right)\right] \text{J} = -2.182 \text{ kJ}$$

（3）向真空膨胀 $p_{\text{amb}} = 0$，$W = -p_{\text{amb}}\Delta V = 0$

（4）绝热可逆过程 $C_{p,\text{m}} = 3.5R$，$C_{V,\text{m}} = 2.5R$，末态温度 T_2，

$$T_2 = \left(\frac{p_2}{p_1}\right)^{R/C_{p,\text{m}}} \times T_1 = \left[\left(\frac{50}{200}\right)^{R/3.5R} \times 350\right] \text{K} = 235.5 \text{ K}$$

绝热 $Q = 0$，所以

$$W = \Delta U = nC_{V,\text{m}}(T_2 - T_1) = [1 \times 2.5 \times 8.314 \times (235.5 - 350)] \text{J} = -2.380 \text{ kJ}$$

（5）绝热反抗恒外压不可逆过程，$Q = 0$，所以 $W = \Delta U$。

即　　$-p_{\text{amb}}\Delta V = nC_{V,\text{m}}(T_2 - T_1)$

则有　$-p_{\text{amb}}\Delta V = -p_2\left(\dfrac{nRT_2}{p_2} - \dfrac{nRT_1}{p_1}\right) = -nR\left(T_2 - \dfrac{p_2T_1}{p_1}\right) = nC_{V,\text{m}}(T_2 - T_1)$

$$-8.314\left(T_2 - \frac{50}{200} \times 350 \text{ K}\right) = 2.5 \times 8.314(T_2 - 350 \text{ K})$$

解出　$T_2 = 275 \text{ K}$

于是　$W = \Delta U = nC_{V,\text{m}}(T_2 - T_1) = [1 \times 2.5 \times 8.314 \times (275 - 350)] \text{J} = -1.559 \text{ kJ}$

2.39　5 mol 双原子气体从始态 300 K，200 kPa，先恒温可逆膨胀到压力为 50 kPa，再绝热可逆压缩到末态压力 200 kPa。求末态温度 T 及整个过程的 W，Q，ΔU 及 ΔH。

解：过程图示如下：

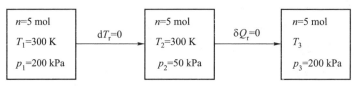

要确定 T_3，需对第二步应用绝热可逆方程。

对双原子气体　$C_{V,\mathrm{m}}=\dfrac{5R}{2}$，　$C_{p,\mathrm{m}}=\dfrac{7R}{2}$，　$\gamma=\dfrac{C_{p,\mathrm{m}}}{C_{V,\mathrm{m}}}=\dfrac{7}{5}$

所以　$T_3=T_2\left(\dfrac{p_3}{p_2}\right)^{(\gamma-1)/\gamma}=\left[300\times\left(\dfrac{200}{50}\right)^{2/7}\right]\mathrm{K}=445.8\ \mathrm{K}$

理想气体的 U 和 H 只是温度的函数，所以

$$\Delta U=nC_{V,\mathrm{m}}(T_3-T_1)=\left[5\times\frac{5R}{2}\times(445.8-300)\right]\mathrm{J}=15.15\ \mathrm{kJ}$$

$$\Delta H=nC_{p,\mathrm{m}}(T_3-T_1)=\left[5\times\frac{7R}{2}\times(445.8-300)\right]\mathrm{J}=21.21\ \mathrm{kJ}$$

整个过程第二步为绝热过程，计算热较方便。第一步恒温可逆过程 $\Delta U_1=0$，所以 $Q_1=-W_1$

$$Q=Q_1+Q_2=-W_1+0=nRT\ln\frac{V_2}{V_1}=nRT\ln\frac{p_1}{p_2}$$

$$=\left(5\times8.314\times300\times\ln\frac{200}{50}\right)\mathrm{J}=17.29\ \mathrm{kJ}$$

$$W=\Delta U-Q=(15.15-17.29)\mathrm{kJ}=-2.14\ \mathrm{kJ}$$

2.40　求证在理想气体 p-V 图上任一点处，绝热可逆线的斜率的绝对值大于恒温可逆线的斜率的绝对值。

证明： 由理想气体的状态方程可知 $p=\dfrac{nRT}{V}$，在图 2.1 的恒温可逆线上任一点的斜率为

$$\left(\frac{\partial p}{\partial V}\right)_T=-\frac{nRT}{V^2}=-\frac{p}{V}$$

理想气体绝热可逆过程为恒熵过程，根据绝热可逆方程，$pV^\gamma=B$（B 为常数），可得

$p=\dfrac{B}{V^\gamma}$，

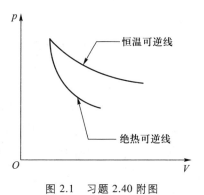

图 2.1　习题 2.40 附图

则
$$\left(\frac{\partial p}{\partial V}\right)_S = \left[\frac{\partial(B/V^\gamma)}{\partial V}\right]_S = -\frac{\gamma B}{V^{\gamma+1}} = -\frac{\gamma p V^\gamma}{V^{\gamma+1}} = -\frac{\gamma p}{V}$$

于是，$\dfrac{(\partial p/\partial V)_S}{(\partial p/\partial V)_T} = \dfrac{-\gamma p/V}{-p/V} = \gamma$

式中 $\gamma = \dfrac{C_{p,m}}{C_{V,m}} > 1$，因此绝热可逆线斜率的绝对值大于恒温可逆线斜率的绝对值。

2.41 某容器中含有一种未知气体，可能是氮气或氩气。在 25 ℃ 时取出一些样品气体，经绝热可逆膨胀后体积从 5 cm³ 变为 6 cm³，气体温度降低 21 ℃。试问能否判断容器中是何种气体？假定单原子分子气体的 $C_{V,m} = 1.5R$，双原子分子气体的 $C_{V,m} = 2.5R$。

试题分析

解：根据理想气体绝热可逆过程方程求出 γ，$C_{V,m}$ 值后即可判断。

由理想气体绝热可逆过程方程 $\dfrac{T_2}{T_1} = \left(\dfrac{V_1}{V_2}\right)^{\gamma-1}$，得 $\ln\dfrac{T_2}{T_1} = (\gamma-1)\ln\dfrac{V_1}{V_2}$，

所以 $\gamma - 1 = \ln\dfrac{T_2}{T_1} \Big/ \ln\dfrac{V_1}{V_2} = \ln\dfrac{277.15}{298.15} \Big/ \ln\dfrac{5}{6} = 0.4$

而 $\gamma = C_{p,m}/C_{V,m}$，且 $C_{p,m} - C_{V,m} = R$

故 $C_{V,m} = \dfrac{R}{\gamma-1} = \dfrac{R}{0.4} = \dfrac{5}{2}R$

所以容器中为双原子气体——氮气。

2.42 一水平放置的绝热恒容的圆筒中装有无摩擦的绝热理想活塞，活塞左、右两侧分别为 50 dm³ 的单原子理想气体 A 和 50 dm³ 的双原子理想气体 B。两气体均为 0 ℃，100 kPa。A 气体内部有一体积和热容均可忽略的电热丝。现在经过通电缓慢加热左侧气体 A，使推动活塞压缩右侧气体 B 到最终压力增至 200 kPa。求：

（1）气体 B 的末态温度 T_B；

（2）气体 B 得到的功 W_B；

（3）气体 A 的末态温度 T_A；

（4）气体 A 从电热丝得到的热 Q_A。

解：过程图示如下：

（1）由于加热缓慢，可视为气体 B 经历了一个绝热可逆压缩过程，因此

$$T_B = T\left(\frac{p}{p_B}\right)^{R/C_{p,m}(B)} = \left[273.15 \times \left(\frac{200}{100}\right)^{2/7}\right] \text{K} = 332.97 \text{ K}$$

（2）因为 $Q_B = 0$，B(g) 得到的功全部变为 B(g) 的热力学能。由热力学第一

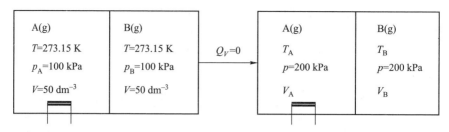

定律可知：

$$W_B = \Delta U_B - Q_B = n_B C_{V,m,B}(T_B - T) - 0 = \frac{p_B V}{RT} \cdot \frac{5R}{2}(T_B - T)$$

$$= \frac{5 p_B V}{2T}(T_B - T) = \left[\frac{5 \times 100 \times 10^3 \times 50 \times 10^{-3}}{2 \times 273.15}(332.97 - 273.15) \right] J$$

$$= 2.738 \text{ kJ}$$

（3）气体 A 的末态温度 T_A 可用理想气体状态方程直接求解，

$$n_A = n_B = \frac{p_A V}{RT} = \left(\frac{100 \times 10^3 \times 50 \times 10^{-3}}{8.314 \times 273.15} \right) \text{mol} = 2.201\ 7 \text{ mol}$$

$$V_A = 2V - V_B = \left(2 \times 50 \times 10^{-3} - \frac{2.201\ 7 \times 8.314 \times 332.97}{200 \times 10^3} \right) \text{m}^3 = 69.53 \text{ dm}^3$$

$$T_A = \frac{p V_A}{n_A R} = \left(\frac{200 \times 10^3 \times 69.53 \times 10^{-3}}{2.201\ 7 \times 8.314} \right) \text{K} = 759.69 \text{ K}$$

（4）将 A 与 B 整体视为系统，则 A(g)从电热丝吸收的热全部用于增加整个系统的热力学能。

$$Q_A = \Delta U = \Delta U_A + \Delta U_B = n_A C_{V,m,A}(T_A - T) + n_B C_{V,m,B}(T_B - T)$$

$$= \{2.201\ 5 \times [1.5 \times 8.314 \times (759.69 - 273.15) + 2.5 \times 8.314 \times (332.97 - 273.15)]\} J$$

$$= 16.10 \text{ kJ}$$

［或理解为 A(g)从电热丝吸收的热用于增加 A 本身的热力学能和用于对 B(g)做体积功。］

$$Q_A = \Delta U_A + W_B = n_A C_{V,m,A}(T_A - T) + W_B = n_A \times 1.5R \times (T_A - T) + W_B$$

$$= [2.201\ 5 \times (1.5 \times 8.314) \times (759.69 - 273.15)] J + 2.738 \text{ kJ}$$

= 16.10 kJ

*2.43 在带活塞的绝热容器中有 4.25 mol 的某固态物质 A 及 5 mol 某单原子理想气体 B,由温度 $T_1 = 400$ K,压力 $p_1 = 200$ kPa 的始态经可逆膨胀到末态 $p_2 = 50$ kPa。已知固态物质 A 的 $C_{p,m} = 24.454$ J·mol^{-1}·K^{-1}。试求:

(1)系统的末态温度 T_2;

(2)以 B 为系统时,过程的 $W, Q, \Delta U$ 和 ΔH。

解:(1)过程图示如下:

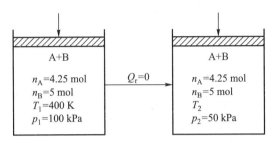

将 A 和 B 共同看作系统时,该过程为绝热可逆过程。因此对固体可作以下假设:(1)固体 A 的体积不随温度变化;(2)对固体 A 而言,$C_{p,m,A} \approx C_{V,m,A}$。

$$\delta Q_r = 0 \qquad dU = \delta W = -p dV$$

即 $$\left(n_A C_{V,m,A} + n_B C_{V,m,B} \right) dT = -\frac{n_B R T}{V} dV$$

所以 $$\left(n_A C_{V,m,A} + n_B C_{V,m,B} \right) \ln \frac{T_2}{T_1} = -n_B R \ln \frac{V_2}{V_1} = n_B R \ln \frac{p_2}{p_1} - n_B R \ln \frac{T_2}{T_1}$$

$$\ln \frac{T_2}{T_1} = \frac{n_B R}{n_A C_{V,m,A} + n_B C_{V,m,B} + n_B R} \ln \frac{p_2}{p_1} = \frac{n_B R}{n_A C_{p,m,A} + n_B C_{V,m,B}} \ln \frac{p_2}{p_1}$$

$$= \frac{5 \times 8.314}{4.25 \times 24.454 + 5(5 \times 8.314/2)} \ln \frac{50}{200} = -0.277\,3$$

得 $T_2 = 400$ K$\times e^{-0.277\,3} = 303.13$ K

(2)当以理想气体 B 为系统时:

$$\Delta U_B = n_B C_{V,m,B} (T_2 - T_1) = \left[\frac{5 \times 3 \times 8.314}{2} \times (303.15 - 400) \right] \text{J} = -6.04 \text{ kJ}$$

$$\Delta H_B = n_B C_{p,m,B} (T_2 - T_1) = \left[\frac{5 \times 5 \times 8.314}{2} \times (303.15 - 400) \right] \text{J} = -10.07 \text{ kJ}$$

$$Q_B = -Q_A = -\Delta U_A(s) = -n_A C_{V,m,A} (T_2 - T_1) \approx -n_A C_{p,m,A} (T_2 - T_1)$$

$$= \left[-4.25 \times 24.454 \times (303.15 - 400) \right] J = 10.07 \ kJ$$

$$W_B = \Delta U_B - Q_B = -6.039 \ kJ - 10.07 \ kJ = -16.11 \ kJ$$

***2.44**　将带有两通活塞的真空刚性容器置于压力恒定,温度为 T_0 的大气中。现将活塞打开,使大气迅速流入并充满容器,达到容器内外压力相等。求证进入容器后的气体温度 $T = \gamma T_0$。式中 γ 为大气的热容比。推导时不考虑容器的热容,且大气按一种气体对待。提示:全部进入容器的气体为系统,系统得到流动功。

　　解:以进入容器的气体为系统,则系统得到流动功。

　　空气的摩尔定容热容和摩尔定压热容分别以 $C_{p,m}$ 和 $C_{V,m}$ 表示。热容比 $\gamma = \dfrac{C_{p,m}}{C_{V,m}} > 1$。题给过程可示意如下。

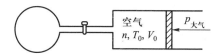

　　假设温度为 T_0,体积为 V_0 的空气,在大气压力 p 的作用下流入真空容器并达平衡,容器内外空气的压力相等。此过程可视为绝热恒外压过程。

因为　$Q = 0, \Delta U = Q + W = W$

所以　$nC_{V,m}(T - T_0) = -p_{amb}(0 - V_0) = p_{amb}V_0 = nRT_0$

故　　$T = \dfrac{n(C_{V,m} + R)T_0}{nC_{V,m}} = \dfrac{C_{p,m}T_0}{C_{V,m}} = \gamma T_0$

　　上述解法也可理解为系统得到的流动功全部变为系统的热力学能的增量 ΔU。由于 $\gamma > 1$,故一般表现为温度升高。

第三章 热力学第二定律

§3.1 概念、主要公式及其适用条件

1. 热机效率

$$\eta = \frac{-W}{Q_1} = \frac{Q_1 + Q_2}{Q_1}$$

可逆热机效率

$$\eta_r = \frac{-W}{Q_1} = \frac{T_1 - T_2}{T_1}$$

2. 熵的定义

$$dS \overset{\text{def}}{=\!=\!=} \frac{\delta Q_r}{T}$$

熵的物理意义：系统无序度的量度。

3. 热力学第二定律数学表达式（克劳修斯不等式）

$$\Delta_1^2 S \geq \int_1^2 \frac{\delta Q}{T} \quad \left(\begin{matrix} > & \text{不可逆} \\ = & \text{可逆} \end{matrix} \right)$$

微小过程

$$dS \geq \frac{\delta Q}{T} \quad \left(\begin{matrix} > & \text{不可逆} \\ = & \text{可逆} \end{matrix} \right)$$

4. 熵增原理

$$\Delta S \geq 0 \quad \left(\begin{matrix} > & \text{不可逆} \\ = & \text{可逆} \end{matrix} \right) \quad (\text{绝热})$$

5. 亥姆霍兹函数和吉布斯函数

亥姆霍兹函数

$$A \overset{\text{def}}{=\!=\!=} U - TS$$

吉布斯函数

$$G \overset{\text{def}}{=\!=\!=} H - TS$$

6. 熵判据、亥姆霍兹判据和吉布斯判据

熵判据

$$\Delta S_{iso} = \Delta S_{sys} + \Delta S_{amb} \geq 0 \quad \left(\begin{matrix} > & \text{自发} \\ = & \text{平衡} \end{matrix} \right)$$

$$dS_{iso} = dS_{sys} + dS_{amb} \geq 0 \quad \left(\begin{matrix} > & \text{自发} \\ = & \text{平衡} \end{matrix} \right)$$

熵判据说明，隔离系统中发生的一切实际过程都是向熵值增大的方向进行，熵值不变的过程是可逆过程。

亥姆霍兹判据　　$\Delta A_{T,V} \leqslant 0 \quad \left.\begin{matrix} <0 & 自发 \\ =0 & 平衡 \end{matrix}\right) \quad (W'=0)$

亥姆霍兹判据适用于恒温、恒容、$W'=0$ 的过程。在此条件下,系统亥姆霍兹函数减小的过程能够自动进行,亥姆霍兹函数不变时处于平衡状态。

吉布斯判据　　$\Delta G_{T,p} \leqslant 0 \quad \left.\begin{matrix} <0 & 自发 \\ =0 & 平衡 \end{matrix}\right) \quad (W'=0)$

吉布斯判据适用于恒温、恒压、$W'=0$ 的过程。在此条件下,系统吉布斯函数减小的过程能够自动进行,吉布斯函数不变时处于平衡状态。

7. 单纯 pVT 变化过程 ΔS 的计算公式

普遍式：$\begin{cases} dS = \dfrac{dU + pdV}{T} \\[3mm] dS = \dfrac{dH - Vdp}{T} \end{cases}$　（对气、液、固各种相态物质均适用）

计算式：$\begin{cases} \Delta S = nC_{V,m} \ln \dfrac{T_2}{T_1} + nR\ln \dfrac{V_2}{V_1} \\[3mm] \Delta S = nC_{p,m} \ln \dfrac{T_2}{T_1} - nR\ln \dfrac{p_2}{p_1} \\[3mm] \Delta S = nC_{p,m} \ln \dfrac{V_2}{V_1} + nC_{V,m} \ln \dfrac{p_2}{p_1} \end{cases}$　（适用于理想气体,$C_{V,m}$,$C_{p,m}$ 为常数）

$$\Delta S = nC_{p,m} \ln \frac{T_2}{T_1} \quad （近似适用于凝聚态物质,C_{p,m}为常数）$$

8. 相变化过程 ΔS 计算公式

$$\Delta S = \frac{n\Delta_\alpha^\beta H_m}{T} \quad （适用于恒温、恒压下的可逆相变）$$

9. 环境熵变 ΔS_{amb} 计算公式

$$\Delta S_{amb} = \frac{-Q_{sys}}{T_{amb}}$$

10. 热力学第三定律

$$S^*(0\text{ K},完美晶体) = 0$$

11. 化学变化过程 $\Delta_r S_m^\ominus$ 计算公式

$$\Delta_r S_m^\ominus(T) = \sum_B \nu_B S_m^\ominus(B,\beta,T)$$

通常用于计算 298.15 K 下的标准摩尔反应熵变。

任意温度下，$\Delta_r S_m^{\ominus}(T_2) = \Delta_r S_m^{\ominus}(T_1) + \int_{T_1}^{T_2} \frac{\Delta_r C_{p,m}}{T} dT$

其中　　　　　　　$\Delta_r C_{p,m} = \sum_B \nu_B C_{p,m}(B)$

12. ΔA 及 ΔG 的计算

$$\Delta A = \Delta U - \Delta(TS)$$
$$\Delta G = \Delta H - \Delta(TS)$$

对于恒温、标准态下的化学变化过程，

$$\Delta_r G_m^{\ominus} = \Delta_r H_m^{\ominus} - T\Delta_r S_m^{\ominus}$$

或者　　　　$\Delta_r G_m^{\ominus}(T) = \sum_B \nu_B \Delta_f G_m^{\ominus}(B,\beta,T)$

13. 热力学基本方程及麦克斯韦关系式

$$dU = TdS - pdV; \quad \left(\frac{\partial T}{\partial V}\right)_S = -\left(\frac{\partial p}{\partial S}\right)_V$$

$$dH = TdS + Vdp; \quad \left(\frac{\partial T}{\partial p}\right)_S = \left(\frac{\partial V}{\partial S}\right)_p$$

$$dA = -SdT - pdV; \quad \left(\frac{\partial S}{\partial V}\right)_T = \left(\frac{\partial p}{\partial T}\right)_V$$

$$dG = -SdT + Vdp; \quad -\left(\frac{\partial S}{\partial p}\right)_T = \left(\frac{\partial V}{\partial T}\right)_p$$

上述关系式适用于封闭系统、$W' = 0$ 的可逆过程，包括可逆单纯 pVT 变化过程，以及可逆条件下的相变化、可逆化学变化过程。

14. 克拉佩龙（Clapeyron）方程

微分式　　　　　　　$\frac{dp}{dT} = \frac{\Delta_\alpha^\beta H_m}{T\Delta_\alpha^\beta V_m}$

适用于纯物质任意两相平衡，表示平衡压力 p 与平衡温度 T 的关系。

常用定积分式　　　$\ln\frac{T_2}{T_1} = \frac{\Delta_\alpha^\beta V_m}{\Delta_\alpha^\beta H_m}(p_2 - p_1)$

适用于固-液平衡、固-固平衡时平衡温度、平衡压力及摩尔相变焓等的相互计算。

15. 克劳修斯-克拉佩龙方程

微分式　　　　　　　$\frac{d\ln p}{dT} = \frac{\Delta_l^g H_m}{RT^2}$

不定积分式 $\qquad$ $\ln p = -\dfrac{\Delta_l^g H_m}{R} \cdot \dfrac{1}{T} + C$

定积分式 $\qquad$ $\ln \dfrac{p_2}{p_1} = -\dfrac{\Delta_l^g H_m}{R}\left(\dfrac{1}{T_2} - \dfrac{1}{T_1}\right)$

适用于液-气平衡、固-气平衡时 $T, p, \Delta_l^g H_m$ 等热力学量的相互计算。推导过程中用到的近似条件:气相按理想气体处理; $V_m(g) - V_m(l) \approx V_m(g)$;在 $T_1 \sim T_2$ 温度范围内 $\Delta_l^g H_m$ 可视为常数。

§3.2 概　念　题

3.2.1　填空题

1. 一个在 100 ℃ 的热源和 0 ℃ 的冷源之间工作的卡诺热机,从热源吸收 1 kJ 的热,能对外做功(　　　　　)J。

2. 任一不可逆循环过程的热温熵总和 $\oint\left(\dfrac{\delta Q}{T}\right)_{\text{不可逆}}$ (　　　　)0。

3. 假设人体为一个热机,食物提供的能量为 1.0×10^7 J·d^{-1},一个人每天以 40 J·s^{-1} 的功率工作 6 h,那么人工作的效率是(　　　　　)。

4. 恒容条件下将 1 mol 的单原子理想气体从 298.15 K 可逆降温至 273.15 K,过程的熵变 $\Delta S =$ (　　　　)J·K^{-1}。

5. 101.325 kPa 下铁水的沸点为 3 133 K,此条件下铁水的摩尔蒸发焓 $\Delta_{vap}H_m = 349$ kJ·mol^{-1},则 1 mol 铁水蒸发过程的熵变 $\Delta S =$ (　　　　)J·K^{-1}。

6. $C_2H_5OH(l)$ 在 101.325 kPa、正常沸点下蒸发为 $C_2H_5OH(g)$,过程的 ΔH(　　　)Q;ΔS 与 ΔH 的关系是(　　　　　　);计算该相变化过程 ΔH 所需要的热力学基础数据有(　　　　),或者 $C_2H_5OH(l)$ 及 $C_2H_5OH(g)$ 的(　　　　　)。

7. 某系统与 300 K 的大热源(环境)相接触,经历一个不可逆循环过程,已知 $W = 10$ kJ,则热 $Q =$ (　　　)kJ;$\Delta S_{amb} =$ (　　　)J·K^{-1}。

8. 绝热密闭刚性容器中发生某化学反应,ΔS_{sys}(　　　)0,ΔS_{amb}(　　　)0。

9. 下列变化过程中,系统的状态函数改变量 $\Delta U, \Delta H, \Delta S, \Delta G$ 何者为零?

(1) 一定量理想气体绝热自由膨胀过程(　　　　　　);

(2) 一定量真实气体绝热可逆膨胀过程(　　　　　　);

(3) 一定量水在 0 ℃,101.325 kPa 下结冰(　　　　　　);

(4) 实际气体节流膨胀过程(　　　　　　)。

10. 1 mol 过饱和蒸气 A(g) 在恒温恒压下凝结为 A(l),要计算过程的熵变

ΔS,需要设计(　　　　　　)的过程。

11. 在一定温度、压力下,同样质量的纯铁与碳钢的熵值,S(纯铁)(　　)S(碳钢)。

12. 热力学第三定律用公式表示为 S_m^*(　　　　　　) = (　　　　　　)。

13. 根据热力学基本方程 $dG = -SdT + Vdp$ 可知,任一化学反应的

(1) $\left(\dfrac{\partial \Delta_r G_m}{\partial p}\right)_T = ($　　　　　$)$;

(2) $\left(\dfrac{\partial \Delta_r G_m}{\partial T}\right)_p = ($　　　　　$)$;

(3) $\left(\dfrac{\partial \Delta_r V_m}{\partial T}\right)_p = ($　　　　　$)$。

14. 任一化学反应的 $\dfrac{d\Delta_r S_m^{\ominus}}{dT} = ($　　　　　$)$,因此在一定温度范围内化学反应的 $\Delta_r S_m^{\ominus}$ 不随温度而变化的条件是(　　　　　)。

15. 一定量理想气体,恒温下熵随体积的变化率 $\left(\dfrac{\partial S}{\partial V}\right)_T = ($　　　$)$;一定量范德华气体,恒温条件下熵随体积的变化率 $\left(\dfrac{\partial S}{\partial V}\right)_T = ($　　　　　$)$。

16. 已知 25 ℃ 时 $Hg(l)$ 的摩尔体积 $V_m = 1.482 \times 10^{-5} \ m^3 \cdot mol^{-1}$,体膨胀系数 $\alpha_V = \dfrac{1}{V}\left(\dfrac{\partial V}{\partial T}\right)_p = 1.82 \times 10^{-4} \ K^{-1}$。恒温 25 ℃ 时将 1 mol $Hg(l)$ 由 100 kPa 加压到 1 100 kPa,假设此过程 Hg 的体积变化可忽略不计,则过程的 $\Delta S = ($　　　$)J \cdot K^{-1}$。

17. 已知在 Hg 的熔点 −38.87 ℃ 附近,液体 Hg 的密度小于固体 Hg 的密度,因此 Hg 的熔点随外压增大而(　　　),所依据的公式为(　　　　　)。

3.2.2 选择题

1. 卡诺循环中第 2 步和第 4 步,系统的熵变 ΔS_{sys}(　　)0。

(a) 大于;　　　(b) 小于;　　　(c) 等于;　　　(d) 小于等于

2. 以 100 ℃ 的沸水为热源,以低温水为冷源,要使卡诺热机的效率高于 15%,冷水的温度应小于(　　)K。

(a) 273.15;　　(b) 317.2;　　(c) 191.5;　　(d) 345.1

3. 某隔离系统中发生(　　)过程,该系统的熵变 $\Delta S = 0$。

(a) 恒温;　　　(b) 恒压;　　　(c) 可逆;　　　(d) 不可逆

4. 恒压下将 1 mol 的单原子理想气体从 298.15 K 可逆降温至 273.15 K,过

程的熵变 $\Delta S = ($ $)$J·K^{-1}。

(a) -1.82;   (b) 1.82;   (c) 1.09;   (d) -1.09

5. 2 mol 的 $O_2(g)$ 从 298.15 K，24.8 dm^{3}可逆膨胀到 700 K，38.8 dm^3，过程的熵变 $\Delta S = ($ $)$J·K^{-1}。设 $O_2(g)$ 为理想气体，$C_{p,m}(O_2,g) = 29.355$ J·mol^{-1}·K^{-1}。

(a) 21.7;   (b) 57.6;   (c) 11.09;   (d) 43.4

6. 设 25~75 ℃ 水的摩尔定压热容 $C_{p,m}$ 为定值。恒定压力下将水由 25 ℃ 加热到 50 ℃ 的熵变为 ΔS_1，由 50 ℃ 加热到 75 ℃ 的熵变为 ΔS_2，则 $\Delta S_1 ($ $)\Delta S_2$。

(a) $>$;   (b) $<$;   (c) $=$;   (d) $\leqslant$

7. 刚性容器中有一隔板，板两侧分别是 n, T, V 相同的氧气与氮气，恒温下将隔板抽去使气体混合均匀，系统的熵变 $\Delta S = ($ $)$。

(a) 0;   (b) $nR\ln 2$;   (c) $-nR\ln 2$;   (d) $2nR\ln 2$

8. 在 25 ℃ 时，$\Delta_f G_m^\ominus$(石墨)(   )，$\Delta_f G_m^\ominus$(金刚石)(   )。

(a) >0;   (b) $=0$;   (c) <0;   (d) 无法确定

9. 在 101.325 kPa，-5 ℃ 下过冷水结冰，过程的 $\Delta H($ $)$；$\Delta S($ $)$；ΔG (   )；$\Delta S_{amb}($ $)$。

(a) >0;   (b) $=0$;   (c) <0;   (d) 无法确定

10. 在真空密闭的容器中 1 mol 100 ℃，101.325 kPa 的液体水完全蒸发为 100 ℃，101.325 kPa 的水蒸气，此过程的 $\Delta H($ $)$；$\Delta S($ $)$；$\Delta A($ $)$；ΔG (   )。

(a) >0;   (b) $=0$;   (c) <0;   (d) 无法确定

11. 封闭系统中，在恒温恒压条件下发生某一化学反应，反应进度 $\xi = 1$ mol，则反应系统的 $\Delta_r S_m = ($ $)$。

(a) $\dfrac{\Delta_r H_m}{T}$;   (b) $\dfrac{Q_{p,m}}{T}$;   (c) $\dfrac{\Delta_r H_m - \Delta_r G_m}{T}$; (d) 0

12. 在绝热密闭刚性容器中发生某一化学反应，系统终态温度升高，压力增大，则此过程的 $\Delta U($ $)$；ΔH (   )；$\Delta S($ $)$；$\Delta S_{amb}($ $)$。

(a) >0;   (b) $=0$;   (c) <0;   (d) 无法确定

13. 在一带活塞的绝热汽缸中发生某一化学反应，系统终态温度升高，体积增大，则此过程的 $W($ $)$；ΔH (   )；$\Delta S($ $)$；$\Delta G($ $)$。

(a) >0;   (b) $=0$;   (c) <0;   (d) 无法确定

14. 若已知某化学反应的 $\Delta_r C_{p,m} < 0$，则该反应的 $\Delta_r S_m^\ominus$ 随温度升高而(   )。

(a) 增大;   (b) 减小;   (c) 不变;   (d) 无法确定

15. 对于理想气体，下列偏微分中，数值小于零的是(   )。

（a）$\left(\dfrac{\partial H}{\partial S}\right)_p$；　　（b）$\left(\dfrac{\partial H}{\partial p}\right)_S$；　　（c）$\left(\dfrac{\partial G}{\partial p}\right)_T$；　　（d）$\left(\dfrac{\partial S}{\partial p}\right)_T$

16. 下列关系式中,适用于理想气体的是（　　）。

（a）$\left(\dfrac{\partial T}{\partial V}\right)_S = -\dfrac{V}{C_V}$；　　　　　　　　（b）$\left(\dfrac{\partial T}{\partial V}\right)_S = -\dfrac{p}{C_V}$

（c）$\left(\dfrac{\partial T}{\partial V}\right)_S = -\dfrac{nR}{V}$；　　　　　　　　（d）$\left(\dfrac{\partial T}{\partial V}\right)_S = -R$

17. 状态方程为 $pV_m = RT + bp\,(b>0)$ 的真实气体和理想气体各 1 mol,并均从同一始态 T_1, p_1, V_1 出发,经绝热可逆膨胀到相同的 V_2,则两系统的过程 ΔU（真实气体）（　　）ΔU（理想气体）；ΔS（真实气体）（　　）ΔS（理想气体）。

（a）>；　　　　（b）=；　　　　（c）<；　　　　（d）无法确定

18. 加压的液态氨 $NH_3(l)$ 通过节流阀而迅速蒸发为气态氨 $NH_3(g)$,则此过程的 ΔU（　　）；ΔH（　　）；ΔS（　　）。

（a）>0；　　　　（b）=0；　　　　（c）<0；　　　　（d）无法确定

概念题答案

3.2.1　填空题

1. -268

卡诺热机的效率 $\eta = \dfrac{T_1 - T_2}{T_1} \times 100\% = \dfrac{373.15 - 273.15}{373.15} \times 100\% = 26.8\%$。则

$$\eta = \dfrac{-W}{Q_1} = \dfrac{-W}{1\ 000\ \text{J}} = 26.8\%,\ W = -268\ \text{J}$$

2. <

3. 8.64%

人一天做的总功：$W = -6 \times 3\ 600\ \text{s} \times 40\ \text{J} \cdot \text{s}^{-1} = 8.64 \times 10^5\ \text{J}$,则效率：

$$\eta = \dfrac{-W}{Q} \times 100\% = \dfrac{8.64 \times 10^5}{1.0 \times 10^7} \times 100\% = 8.64\%$$

4. -1.09

单原子理想气体 $C_{V,m} = \dfrac{3}{2}R$,恒容变化过程

$$\Delta S = nC_{V,m} \ln \dfrac{T_2}{T_1} = \left(\dfrac{3}{2} \times 8.314 \times \ln \dfrac{273.15}{298.15}\right) \text{J} \cdot \text{K}^{-1} = -1.09\ \text{J} \cdot \text{K}^{-1}$$

5. 111.4

可逆相变 $\Delta S = \dfrac{n\Delta_{vap}H_m}{T} = \dfrac{1\ mol \times 349\ kJ \cdot mol^{-1}}{3\ 133\ K} = 111.4\ J \cdot K^{-1}$

6. $=$; $\Delta S = \dfrac{\Delta H}{T}$; 摩尔蒸发焓 $\Delta_{vap}H_m$; $\Delta_f H_m^{\ominus}$ 或 $\Delta_c H_m^{\ominus}$, $C_{p,m}$

7. -10 ; 33.33

循环过程 $\Delta U = Q + W = 0$, 环境熵变 $\Delta S_{amb} = -\dfrac{Q_{sys}}{T_{amb}} = \dfrac{10\ kJ}{300\ K} = 33.33\ J \cdot K^{-1}$

8. $>$; $=$

绝热 $Q = 0$, 化学反应为不可逆过程, 根据热力学第二定律可知,

$\Delta_1^2 S > \displaystyle\int_1^2 \dfrac{\delta Q}{T}$, 即 $\Delta S_{sys} > 0$; 环境 $Q_{amb} = -Q_{sys} = 0$, 则 $\Delta S_{amb} = \dfrac{Q_{amb}}{T} = 0$

9. (1) ΔU , ΔH ; (2) ΔS ; (3) ΔG ; (4) ΔH

10. 包含可逆相变过程在内

11. $<$

碳钢中除了铁还含有其他金属元素, 系统混乱度增加, 熵增大。

12. 完美晶体, 0 K ; 0

13. (1) $\Delta_r V_m$; (2) $-\Delta_r S_m$; (3) $-\left(\dfrac{\partial \Delta_r S_m}{\partial p}\right)_T$

14. $\dfrac{\Delta_r C_{p,m}}{T}$; $\Delta_r C_{p,m} = 0$

15. $\dfrac{nR}{V}$; $\dfrac{R}{V_m - b}$

理想气体 $p = \dfrac{nRT}{V}$, $\left(\dfrac{\partial S}{\partial V}\right)_T = \left(\dfrac{\partial p}{\partial T}\right)_V = \left[\dfrac{\partial(nRT/V)}{\partial T}\right]_V = \dfrac{nR}{V}$

范德华气体 $p = \dfrac{RT}{V_m - b} - \dfrac{a}{V_m^2}$, 则

$$\left(\dfrac{\partial S}{\partial V}\right)_T = \left(\dfrac{\partial p}{\partial T}\right)_V = \left\{\dfrac{\partial[RT/(V_m - b)]}{\partial T}\right\}_V = \dfrac{R}{V_m - b}$$

16. -2.70×10^{-3}

$$\Delta S = \int_{p_1}^{p_2}\left(\dfrac{\partial S}{\partial p}\right)_T dp = -\int_{p_1}^{p_2}\left(\dfrac{\partial V}{\partial T}\right)_p dp = -na_V V_m(p_2 - p_1) = -2.70 \times 10^{-3}\ J \cdot K^{-1}$$

17. 增大 ; $\dfrac{dT}{dp} = \dfrac{T\Delta_s^l V_m}{\Delta_{fus}H_m}$

3.2.2 选择题

1. (c)

绝热可逆过程，$\Delta S_{\text{sys}} = \dfrac{Q_{\text{rev}}}{T_{\text{sys}}} = 0$

2. (b)

$\eta = \dfrac{T_1 - T_2}{T_1} \times 100\% = \dfrac{373.15 - T_2/\text{K}}{373.15} \times 100\% > 15\%$，解出 $T_2 < 317.2$ K。

3. (c)

根据熵判据判断可知，隔离系统发生可逆过程时熵变为零。

4. (a)

单原子理想气体 $C_{p,\text{m}} = \dfrac{5}{2}R$，恒压变化过程

$$\Delta S = nC_{p,\text{m}} \ln \dfrac{T_2}{T_1} = \left(\dfrac{5}{2} \times 8.314 \times \ln \dfrac{273.15}{298.15} \right) \text{J} \cdot \text{mol}^{-1} \cdot \text{K}^{-1} = -1.82 \ \text{J} \cdot \text{mol}^{-1} \cdot \text{K}^{-1}$$

5. (d)

理想气体 $C_{V,\text{m}} = C_{p,\text{m}} - R$，$pVT$ 变化过程：

$$\Delta S = nC_{V,\text{m}} \ln \dfrac{T_2}{T_1} + nR \ln \dfrac{V_2}{V_1}$$

$$= \left[2 \times (29.355 - 8.314) \times \ln \dfrac{700}{298.15} + 2 \times 8.314 \times \ln \dfrac{38.8}{24.8} \right] \text{J} \cdot \text{K}^{-1} = 43.4 \ \text{J} \cdot \text{K}^{-1}$$

6. (a)

$\Delta S = nC_{p,\text{m}} \ln \dfrac{T_2}{T_1}$，相同的热，使初始温度较高的水的熵值增加的比较少。

7. (d)

恒温下两种气体混合，并分别充满整个空间，

$$V_2 = 2V_1$$

$$\Delta S = 2nR \ln \dfrac{V_2}{V_1} = 2nR \ln 2$$

8. (b)；(a)

热力学稳定相态的单质，其 $\Delta_f G_{\text{m}}^{\ominus} = 0$；恒温恒压下不稳定化合物转变为稳定化合物是自发过程，$\Delta G < 0$。

9. (c)；(c)；(c)；(a)

同样温度、压力下,冰的有序度大于水的有序度;恒温恒压下过冷水结冰是
自发过程,由吉布斯判据可知 $\Delta G < 0$;$\Delta S_{\text{amb}} = \dfrac{-Q_{\text{sys}}}{T} = \dfrac{-\Delta H}{T} > 0$。

10. (a);(a);(c);(b)

此过程状态函数改变量与水在 100 ℃,101.325 kPa 下的蒸发过程状态函数
改变量完全相同。

11. (c)

恒温恒压下的反应热是不可逆热,所以不能直接用来计算熵变。

12. (b);(a);(a);(b)

$\Delta H = V\Delta p > 0$;根据熵增原理,绝热不可逆过程 $\Delta S > 0$。

13. (c);(b);(a);(c)

$\Delta H = Q_p = 0$;$\Delta G = -\Delta(TS) = -T_2 S_2 + T_1 S_1 < 0$。

14. (b)

$$\left(\frac{\partial \Delta_r S_m^{\ominus}}{\partial T}\right) = \frac{\Delta_r C_{p,m}}{T} < 0$$

15. (d)

$$\left(\frac{\partial S}{\partial p}\right)_T = -\left(\frac{\partial V}{\partial T}\right)_p < 0$$

16. (b)

由热力学基本方程得 $dS = \dfrac{dU}{T} + \dfrac{p}{T}dV$,对于理想气体 $dU = nC_{V,m}dT$,所以 $dS =$
$\dfrac{nC_{V,m}}{T}dT + \dfrac{p}{T}dV$。当 $dS = 0$ 时,$\left(\dfrac{\partial T}{\partial V}\right)_S = \dfrac{-p}{nC_{V,m}}$。

17. (c);(b)

$dU = \delta W_r = -pdV, -\dfrac{RT}{V_m - b}dV < -\dfrac{RT}{V_m}dV,$

所以 $\Delta U(\text{真实气体}) < \Delta U(\text{理想气体})$。

18. (c);(b);(a)

节流膨胀过程 $\Delta H = 0$;$\Delta U = \Delta H - \Delta(pV) = -\Delta(pV) = -p_2 V_g + p_1 V_1 < 0$;$Q = 0$ 的不
可逆过程,$\Delta S > 0$。

§3.3   习 题 解 答

3.1   卡诺热机在 $T_1 = 600$ K 的高温热源和 $T_2 = 300$ K 的低温热源间工

作。求：

（1）热机效率 η；

（2）当向环境做功 $-W=100$ kJ 时，系统从高温热源吸收的热 Q_1 及向低温热源放出的热 $-Q_2$。

解：（1）卡诺热机的效率为

$$\eta = \frac{T_1 - T_2}{T_1} = \frac{600 \text{ K} - 300 \text{ K}}{600 \text{ K}} = 0.5$$

（2）根据热机效率定义 $\eta = \dfrac{-W}{Q_1} = \dfrac{Q_1 + Q_2}{Q_1}$，有

$$Q_1 = \frac{-W}{\eta} = \frac{100 \text{ kJ}}{0.5} = 200 \text{ kJ}$$

$$-Q_2 = Q_1 + W = 200 \text{ kJ} - 100 \text{ kJ} = 100 \text{ kJ}$$

3.2 某地热水的温度为 65 ℃，大气温度为 20 ℃。若分别利用一可逆热机和一不可逆热机从地热水中取出 1 000 J 的热量。

（1）分别计算两热机对外所做功。已知不可逆热机效率是可逆热机效率的 80%。

（2）分别计算两热机向大气中放出的热。

解：高温热源为地热水：$T_1 = 338.15$ K，$Q_1 = 1\,000$ J

低温热源为大气：$T_2 = 293.15$ K

（1）$\eta_r = \dfrac{T_1 - T_2}{T_1} = \dfrac{338.15 \text{ K} - 293.15 \text{ K}}{338.15 \text{ K}} = 0.133$

所以 $\qquad\qquad W_r = -Q_1 \cdot \eta_r = -1\,000 \text{ J} \times 0.133 = -133 \text{ J}$

$$\eta = 0.8\eta_r = 0.8 \times 0.133 = 0.106\,4$$

所以 $\qquad\qquad W = -Q_1 \cdot \eta = -1\,000 \text{ J} \times 0.106\,4 = -106.4 \text{ J}$

（2）由 $\eta = \dfrac{-W}{Q_1} = \dfrac{Q_1 + Q_2}{Q_1}$ 得，$Q_2 = -Q_1 - W$

所以 $\qquad\qquad Q_{r,2} = -Q_1 - W_r = (133 - 1\,000) \text{ J} = -867 \text{ J}$

$$Q_2 = -Q_1 - W = (106.5 - 1\,000) \text{ J} = -893.5 \text{ J}$$

3.3 卡诺热机在 $T_1 = 900$ K 的高温热源和 $T_2 = 300$ K 的低温热源间工作。求：

（1）热机效率 η；

（2）当向低温热源放热 $-Q_2 = 100$ kJ 时，系统从高温热源吸热 Q_1 及对环境

所做的功$-W$。

解：（1）卡诺热机的效率为

$$\eta = \frac{T_1 - T_2}{T_1} = \frac{900 \text{ K} - 300 \text{ K}}{900 \text{ K}} = 0.666\ 7$$

（2）$\eta = \dfrac{Q_1 + Q_2}{Q_1}$，所以 $Q_1 = \dfrac{Q_2}{\eta - 1} = \dfrac{-100 \text{ kJ}}{0.666\ 7 - 1} = 300 \text{ kJ}$

$$-W = Q_1 + Q_2 = 300 \text{ kJ} - 100 \text{ kJ} = 200 \text{ kJ}$$

3.4　冬季利用热泵从室外 0 ℃的环境吸热，向室内 18 ℃的房间供热。若每分钟用 100 kJ 的功开动热泵，试估算热泵每分钟最多能向室内供热多少？

解：高温热源即室内：$T_1 = 291.15$ K，$W = 100$ kJ

低温热源即室外：$T_2 = 273.15$ K

$$\eta_r = \frac{T_1 - T_2}{T_1} = \frac{-W}{Q_{r,1}}，\text{所以 } Q_{r,1} = \frac{-WT_1}{T_1 - T_2} = \frac{-100 \text{ kJ} \times 291.15 \text{ K}}{291.15 \text{ K} - 273.15 \text{ K}} = -1\ 617.5 \text{ kJ}$$

即热泵每分钟最多向室内供热 1 617.5 kJ。

3.5　高温热源温度 $T_1 = 600$ K，低温热源温度 $T_2 = 300$ K。今有 120 kJ 的热直接从高温热源传给低温热源，求此过程两热源的总熵变 ΔS。

解：将热源看作无限大，因此对热源来说，传热过程可视为可逆过程。

$$\Delta S = \Delta S_1 + \Delta S_2 = \frac{-Q}{T_1} + \frac{Q}{T_2} = Q\left(\frac{1}{T_2} - \frac{1}{T_1}\right)$$

$$= 120 \times 10^3 \text{ J} \times \left(\frac{1}{300 \text{ K}} - \frac{1}{600 \text{ K}}\right) = 200 \text{ J} \cdot \text{K}^{-1}$$

3.6　不同的热机工作于 $T_1 = 600$ K 的高温热源及 $T_2 = 300$ K 的低温热源之间。求下列三种情况下，当热机从高温热源吸热 $Q_1 = 300$ kJ 时，两热源的总熵变 ΔS。

（1）可逆热机效率 $\eta = 0.5$；

（2）不可逆热机效率 $\eta = 0.45$；

（3）不可逆热机效率 $\eta = 0.4$。

解：设热机向低温热源放热 $-Q_2$，根据热机效率的定义：

$$\eta = \frac{Q_1 + Q_2}{Q_1} = 1 + \frac{Q_2}{Q_1}$$

所以　$\Delta S = \Delta S_1 + \Delta S_2 = \dfrac{-Q_1}{T_1} + \dfrac{-Q_2}{T_2} = Q_1\left(\dfrac{1 - \eta}{T_2} - \dfrac{1}{T_1}\right)$

（1）$\Delta S = 300 \times 10^{3} \text{ J} \times \left(\dfrac{1-0.5}{300 \text{ K}} - \dfrac{1}{600 \text{ K}} \right) = 0$

（2）$\Delta S = 300 \times 10^{3} \text{ J} \times \left(\dfrac{1-0.45}{300 \text{ K}} - \dfrac{1}{600 \text{ K}} \right) = 50 \text{ J} \cdot \text{K}^{-1}$

（3）$\Delta S = 300 \times 10^{3} \text{ J} \times \left(\dfrac{1-0.40}{300 \text{ K}} - \dfrac{1}{600 \text{ K}} \right) = 100 \text{ J} \cdot \text{K}^{-1}$

3.7 已知水的比定压热容 $c_p = 4.184 \text{ J} \cdot \text{g}^{-1} \cdot \text{K}^{-1}$。今有 1 kg,10 ℃ 的水经下列三种不同过程加热成 100 ℃ 的水,求各过程的 ΔS_{sys},ΔS_{amb} 和 ΔS_{iso}。

（1）系统与 100 ℃ 的热源接触;

（2）系统先与 55 ℃ 的热源接触至热平衡,再与 100 ℃ 的热源接触;

（3）系统依次与 40 ℃,70 ℃ 的热源接触至热平衡,再与 100 ℃ 的热源接触。

解:三过程中系统均从 10 ℃ 的始态变到 100 ℃ 的末态。熵是状态函数,因此在三种情况下系统的熵变相同。

$$\Delta S_{\text{sys}} = mc_p \ln \frac{T_2}{T_1} = 1\ 000 \text{ g} \times 4.184 \text{ J} \cdot \text{g}^{-1} \cdot \text{K}^{-1} \times \ln \frac{373.15 \text{ K}}{283.15 \text{ K}} = 1\ 155 \text{ J} \cdot \text{K}^{-1}$$

过程中系统所得到的热为热源所放出的热,并对热源视为可逆,因此

（1）$\Delta S_{\text{amb}} = \dfrac{-Q_{p,\text{sys}}}{T_2} = \dfrac{-mc_p(T_2 - T_1)}{T_2}$

$$= \left[\frac{-1\ 000 \times 4.184 \times (373.15 - 283.15)}{373.15} \right] \text{J} \cdot \text{K}^{-1} = -1\ 009 \text{ J} \cdot \text{K}^{-1}$$

$\Delta S_{\text{iso}} = \Delta S_{\text{amb}} + \Delta S_{\text{sys}} = (1\ 155 - 1\ 009) \text{ J} \cdot \text{K}^{-1} = 146 \text{ J} \cdot \text{K}^{-1}$

（2）$\Delta S_{\text{amb}} = \dfrac{-mc_p(T_2' - T_1)}{T_2'} + \dfrac{-mc_p(T_2 - T_2')}{T_2}$

$$= \left[-1\ 000 \times 4.184 \times \left(\frac{45}{328.15} + \frac{45}{373.15} \right) \right] \text{J} \cdot \text{K}^{-1} = -1\ 078 \text{ J} \cdot \text{K}^{-1}$$

$\Delta S_{\text{iso}} = \Delta S_{\text{amb}} + \Delta S_{\text{sys}} = (1\ 155 - 1\ 078) \text{J} \cdot \text{K}^{-1} = 77 \text{ J} \cdot \text{K}^{-1}$

（3）$\Delta S_{\text{amb}} = \dfrac{-mc_p(T_2' - T_1)}{T_2'} + \dfrac{-mc_p(T_2'' - T_2')}{T_2''} + \dfrac{-mc_p(T_2 - T_2'')}{T_2}$

$$= \left[-1\ 000 \times 4.184 \times \left(\frac{30}{313.15} + \frac{30}{343.15} + \frac{30}{373.15} \right) \right] \text{J} \cdot \text{K}^{-1} = -1\ 103 \text{ J} \cdot \text{K}^{-1}$$

$\Delta S_{\text{iso}} = \Delta S_{\text{amb}} + \Delta S_{\text{sys}} = (1\ 155 - 1\ 103) \text{ J} \cdot \text{K}^{-1} = 52 \text{ J} \cdot \text{K}^{-1}$

3.8 已知氮(N_2,g)的摩尔定压热容与温度的函数关系为

$$C_{p,m} = [\,27.32 + 6.226 \times 10^{-3}(T/K) - 0.950\,2 \times 10^{-6}(T/K)^2\,]\,\mathrm{J \cdot mol^{-1} \cdot K^{-1}}$$

将始态为 300 K,100 kPa 下的 1 mol N_2(g)置于 1 000 K 的热源中,求系统分别经(1) 恒压过程;(2) 恒容过程达到平衡态时的 $Q,\Delta S$ 及 ΔS_{iso}。

解:(1) 恒压过程

$$Q_p = \int_{T_1}^{T_2} nC_{p,m}(T)\,\mathrm{d}T$$

$$= \int_{300\,\mathrm{K}}^{1\,000\,\mathrm{K}} 1\,\mathrm{mol} \times [\,27.32 + 6.226 \times 10^{-3}(T/K) - 0.950\,2 \times 10^{-6}(T/K)^2\,]\,\mathrm{d}T$$

$$= \Big[\,27.32 \times (1\,000 - 300) + \frac{6.226 \times 10^{-3}}{2} \times (1\,000^2 - 300^2)$$

$$- \frac{0.950\,2 \times 10^{-6}}{3} \times (1\,000^3 - 300^3)\,\Big]\,\mathrm{J}$$

$$= 21.65\ \mathrm{kJ}$$

$$\Delta S_p = \int_{T_1}^{T_2} \frac{nC_{p,m}(T)}{T}\,\mathrm{d}T$$

$$= \int_{300\,\mathrm{K}}^{1\,000\,\mathrm{K}} \frac{n[\,27.32 + 6.226 \times 10^{-3}(T/K) - 0.950\,2 \times 10^{-6}(T/K)^2\,]}{T}\,\mathrm{d}T$$

$$= \Big\{1 \times \Big[\,27.32\ln\frac{1\,000}{300} + 6.226 \times 10^{-3} \times (1\,000 - 300) -$$

$$\frac{0.950\,2 \times 10^{-6}}{2} \times (1\,000^2 - 300^2)\,\Big]\Big\}\,\mathrm{J \cdot K^{-1}}$$

$$= 36.82\ \mathrm{J \cdot K^{-1}}$$

$$\Delta S_{\mathrm{amb}} = \frac{-Q_p}{T_{\mathrm{amb}}} = \Big(\frac{-21.65 \times 10^3}{1\,000}\Big)\,\mathrm{J \cdot K^{-1}} = -21.65\ \mathrm{J \cdot K^{-1}}$$

$$\Delta S_{\mathrm{iso}} = \Delta S_p + \Delta S_{\mathrm{amb}} = (36.82 - 21.65)\,\mathrm{J \cdot K^{-1}} = 15.17\ \mathrm{J \cdot K^{-1}}$$

(2) 恒容过程

将氮(N_2,g)视为理想气体,则

$$C_{V,m} = C_{p,m} - R$$

$$= \left\{ \left[27.32 + 6.226 \times 10^{-3}(T/\mathrm{K}) - 0.950\,2 \times 10^{-6}(T/\mathrm{K})^2 \right] - 8.314 \right\} \mathrm{J \cdot mol^{-1} \cdot K^{-1}}$$

$$= \left[19.006 + 6.226 \times 10^{-3}(T/\mathrm{K}) - 0.950\,2 \times 10^{-6}(T/\mathrm{K})^2 \right] \mathrm{J \cdot mol^{-1} \cdot K^{-1}}$$

将 $C_{V,\mathrm{m}}(T)$ 代替上面各式中的 $C_{p,\mathrm{m}}(T)$，即可求得所需各量。

$$Q_V = \int_{T_1}^{T_2} n C_{V,\mathrm{m}}(T)\,\mathrm{d}T$$

$$= \int_{300\,\mathrm{K}}^{1\,000\,\mathrm{K}} 1\,\mathrm{mol} \times \left[19.006 + 6.226 \times 10^{-3}(T/\mathrm{K}) - 0.950\,2 \times 10^{-6}(T/\mathrm{K})^2 \right]\mathrm{d}T$$

$$= \left[19.006 \times (1\,000 - 300) + \frac{6.226 \times 10^{-3}}{2} \times (1\,000^2 - 300^2) \right.$$

$$\left. - \frac{0.950\,2 \times 10^{-6}}{3} \times (1\,000^3 - 300^3) \right]\mathrm{J}$$

$$= 15.83\ \mathrm{kJ}$$

$$\Delta S_V = \int_{T_1}^{T_2} \frac{n C_{V,\mathrm{m}}(T)}{T}\,\mathrm{d}T$$

$$= \int_{300\,\mathrm{K}}^{1\,000\,\mathrm{K}} \frac{n \left[19.006 + 6.226 \times 10^{-3}(T/\mathrm{K}) - 0.950\,2 \times 10^{-6}(T/\mathrm{K})^2 \right]}{T}\,\mathrm{d}T$$

$$= \left\{ 1 \times \left[19.006 \times \ln\frac{1\,000}{300} + 6.226 \times 10^{-3} \times (1\,000 - 300) \right. \right.$$

$$\left. \left. - \frac{0.950\,2 \times 10^{-6}}{2} \times (1\,000^2 - 300^2) \right] \right\} \mathrm{J \cdot K^{-1}}$$

$$= 26.81\ \mathrm{J \cdot K^{-1}}$$

$$\Delta S_{\mathrm{amb}} = \frac{-Q_V}{T_{\mathrm{amb}}} = \left(\frac{-15.83 \times 10^3}{1\,000} \right) \mathrm{J \cdot K^{-1}} = -15.83\ \mathrm{J \cdot K^{-1}}$$

$$\Delta S_{\mathrm{iso}} = \Delta S_V + \Delta S_{\mathrm{amb}} = (26.81 - 15.83)\ \mathrm{J \cdot K^{-1}} = 10.98\ \mathrm{J \cdot K^{-1}}$$

3.9 始态为 $T_1 = 300\ \mathrm{K}$，$p_1 = 200\ \mathrm{kPa}$ 的某双原子理想气体 1 mol，经下列不同途径变化到 $T_2 = 300\ \mathrm{K}$，$p_2 = 100\ \mathrm{kPa}$ 的末态。求各不同途径各途径的 Q，ΔS。

（1）恒温可逆膨胀；

（2）先恒容冷却使压力降至 100 kPa，再恒压加热至 T_2；

（3）先绝热可逆膨胀到使压力降至 100 kPa，再恒压加热至 T_2。

试题分析

解：（1）理想气体恒温可逆膨胀，$\Delta U = 0 = Q + W_{\mathrm{r}}$，因此

$$Q_{\mathrm{r}} = -W_{\mathrm{r}} = nRT\ln\frac{V_2}{V_1} = nRT\ln\frac{p_1}{p_2} = \left(1 \times 8.314 \times 300 \times \ln\frac{200}{100} \right)\mathrm{J} = 1.729\ \mathrm{kJ}$$

$$\Delta S = \frac{Q_r}{T} = \frac{1.729 \times 10^3 \text{ J}}{300 \text{ K}} = 5.76 \text{ J} \cdot \text{K}^{-1}$$

（2）恒容冷却至压力为 100 kPa 时，系统的温度为 T：

$$T = T_1 \times \frac{p}{p_1} = 300 \text{ K} \times \frac{100 \text{ kPa}}{200 \text{ kPa}} = 150 \text{ K}$$

所以

$$Q_1 = Q_{V,1} = nC_{V,m}(T - T_1) = \left[1 \times \frac{5 \times 8.314}{2} \times (150 - 300) \right] \text{J} = -3.118 \text{ kJ}$$

$$\Delta S_1 = nC_{V,m} \ln \frac{T}{T_1} = \left(1 \times \frac{5 \times 8.314}{2} \times \ln \frac{150}{300} \right) \text{J} \cdot \text{K}^{-1} = -14.41 \text{ J} \cdot \text{K}^{-1}$$

$$Q_2 = Q_{p,2} = nC_{p,m}(T_2 - T) = \left[1 \times \frac{7 \times 8.314}{2} \times (300 - 150) \right] \text{J} = 4.365 \text{ kJ}$$

$$\Delta S_2 = nC_{p,m} \ln \frac{T_2}{T} = \left(1 \times \frac{7 \times 8.314}{2} \times \ln \frac{300}{150} \right) \text{J} \cdot \text{K}^{-1} = 20.17 \text{ J} \cdot \text{K}^{-1}$$

$$Q = Q_1 + Q_2 = -3.118 \text{ kJ} + 4.365 \text{ kJ} = 1.247 \text{ kJ}$$

$$\Delta S = \Delta S_1 + \Delta S_2 = -14.41 \text{ J} \cdot \text{K}^{-1} + 20.17 \text{ J} \cdot \text{K}^{-1} = 5.76 \text{ J} \cdot \text{K}^{-1}$$

实际上 ΔS 不需要再计算，而是与途径（1）相同，因为途径（1）与途径（2）的始、末态相同。

（3）设绝热可逆膨胀至压力为 100 kPa 时系统的温度为 T。根据理想气体绝热可逆过程方程可得：

$$T = T_1 \left(\frac{p}{p_1} \right)^{(\gamma-1)/\gamma} = 300 \text{ K} \times \left(\frac{100}{200} \right)^{2/7} \text{K} = 246.1 \text{ K}$$

$$Q_1 = 0; \quad \Delta S_1 = 0$$

$$Q_2 = \Delta H_2 = nC_{p,m}(T_2 - T) = \frac{7 \times 8.314}{2} \times (300 - 246.1) \text{J} = 1.568 \text{ kJ}$$

$$\Delta S_2 = nC_{p,m} \ln \frac{T_2}{T} = 1 \times \frac{7 \times 8.314}{2} \ln \frac{300}{246.1} \text{J} \cdot \text{K}^{-1} = 5.76 \text{ J} \cdot \text{K}^{-1}$$

$$Q = Q_1 + Q_2 = 0 + 1.568 \text{ kJ} = 1.568 \text{ kJ}$$

$$\Delta S = \Delta S_1 + \Delta S_2 = 5.76 \text{ J} \cdot \text{K}^{-1} + 0 = 5.76 \text{ J} \cdot \text{K}^{-1}$$

对于给定始、末态的变化过程，建议直接计算整个过程的熵变。对于本题（1），

（2），（3）小题,都有

$$\Delta S = nC_{p,m}\ln\frac{T_2}{T_1} - nR\ln\frac{p_2}{p_1}$$

$$= \left(1\times\frac{7\times8.314}{2}\ln\frac{300}{300} - 1\times8.314\ln\frac{100}{200}\right) J \cdot K^{-1} = 5.76\ J \cdot K^{-1}$$

3.10 1 mol 理想气体在 $T = 300$ K 下,从始态 100 kPa 经历下列各过程达到各自的平衡态,求各过程的 $Q, \Delta S, \Delta S_{iso}$。

（1）可逆膨胀至末态压力 50 kPa；

（2）反抗恒定外压 50 kPa 不可逆膨胀至平衡态；

（3）向真空自由膨胀至原体积的 2 倍。

解:恒温过程,由理想气体状态方程可知,题给三个过程的始、末态均为框图中所示:

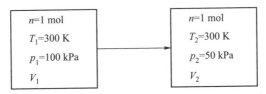

虽然三个过程不同,但由于始、末态相同,故系统的熵变相同,过程热不相等。各过程的熵变:

$$\Delta S = -nR\ln\frac{p_2}{p_1} = \left(-1\times8.314\times\ln\frac{50}{100}\right) J \cdot K^{-1} = 5.763\ J \cdot K^{-1}$$

（1）理想气体的恒温可逆过程,

$$Q_1 = Q_r = T\Delta S = (300\times5.763)\ J = 1.729\ kJ$$

$$\Delta S_{amb} = \frac{Q_{amb}}{T_{amb}} = \frac{-Q_1}{T} = \frac{-1.729\times10^3\ J}{300\ K} = -5.763\ J \cdot K^{-1}$$

$$\Delta S_{iso} = \Delta S + \Delta S_{amb} = (5.763 - 5.763)\ J \cdot K^{-1} = 0$$

或者根据隔离系统熵增原理,可逆过程 $\Delta S_{iso} = 0$。

（2）理想气体的恒温、恒外压不可逆膨胀过程,$\Delta U_2 = 0$

$$Q_2 = \Delta U_2 - W_2 = 0 - W_2 = p_{amb}(V_2 - V_1) = p_2\left(\frac{nRT}{p_2} - \frac{nRT}{p_1}\right) = nRT\left(1 - \frac{p_2}{p_1}\right)$$

$$= \left[1\times8.314\times300\times\left(1 - \frac{50}{100}\right)\right] J = 1.247\ kJ$$

$$\Delta S_{amb} = \frac{Q_{amb}}{T_{amb}} = \frac{-Q_2}{T} = \frac{-1.247 \times 10^3 \text{ J}}{300 \text{ K}} = -4.157 \text{ J} \cdot \text{K}^{-1}$$

$$\Delta S_{iso} = \Delta S + \Delta S_{amb} = 5.763 \text{ J} \cdot \text{K}^{-1} - 4.157 \text{ J} \cdot \text{K}^{-1} = 1.606 \text{ J} \cdot \text{K}^{-1}$$

（3）理想气体的恒温、向真空自由膨胀过程，$\Delta U_3 = 0$，$W_3 = 0$，$Q_3 = 0$

$$\Delta S_{amb} = \frac{Q_{amb}}{T_{amb}} = \frac{-Q_3}{T} = \frac{0}{300} \text{J} \cdot \text{K}^{-1} = 0$$

$$\Delta S_{iso} = \Delta S + \Delta S_{amb} = \Delta S = 5.763 \text{ J} \cdot \text{K}^{-1}$$

3.11 2 mol 双原子理想气体从始态 300 K，50 dm³，先恒容加热至 400 K，再恒压加热使体积增大到 100 dm³，求整个过程的 Q，W，ΔU，ΔH 和 ΔS。

解：过程图示如下：

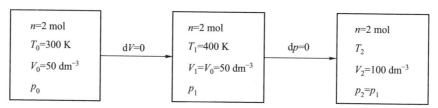

系统的末态温度为

$$T_2 = \frac{p_2 V_2}{nR} = \frac{p_1 V_2}{nR} = \left(\frac{nRT_1}{V_1}\right) \times \frac{V_2}{nR} = T_1 \frac{V_2}{V_1} = \left(400 \times \frac{100}{50}\right) \text{K} = 800 \text{ K}$$

所以

$$\Delta U = nC_{V,m}(T_2 - T_0) = \left[2 \times \frac{5 \times 8.314}{2} \times (800 - 300)\right] \text{J} = 20.78 \text{ kJ}$$

$$\Delta H = nC_{p,m}(T_2 - T_0) = \left[2 \times \frac{7 \times 8.314}{2} \times (800 - 300)\right] \text{J} = 29.10 \text{ kJ}$$

$$\Delta S = nC_{V,m}\ln\frac{T_2}{T_0} + nR\ln\frac{V_2}{V_0}$$

$$= \left(2 \times \frac{5 \times 8.314}{2}\ln\frac{800}{300} + 2 \times 8.314\ln\frac{100}{50}\right) \text{J} \cdot \text{K}^{-1} = 52.30 \text{ J} \cdot \text{K}^{-1}$$

$$Q = Q_V + Q_p = nC_{V,m}(T_1 - T_0) + nC_{p,m}(T_2 - T_1)$$

$$= \left[2 \times \frac{5 \times 8.314}{2} \times (400 - 300)\right] \text{J} + \left[2 \times \frac{7 \times 8.314}{2} \times (800 - 400)\right] \text{J} = 27.44 \text{ kJ}$$

$$W = \Delta U - Q = 20.78 \text{ kJ} - 27.44 \text{ kJ} = -6.66 \text{ kJ}$$

或者

$$W = W_1 + W_2 = 0 + [-p_2(V_2-V_1)] = -nR(T_2-T_1)$$

$$= [-2 \times 8.314 \times (800-400)] \, J = -6.65 \text{ kJ}$$

$$Q = \Delta U - W = 20.78 \text{ kJ} - (-6.65 \text{ kJ}) = 27.43 \text{ kJ}$$

3.12 2 mol 某双原子理想气体的 $S_m^\ominus(298 \text{ K}) = 205.1 \text{ J} \cdot \text{mol}^{-1} \cdot \text{K}^{-1}$。从 298 K,100 kPa 的始态,沿 $pT = $ 常数的途径可逆压缩到 200 kPa 的末态,求该过程的 $Q, W, \Delta U, \Delta H, \Delta S$ 和 ΔG。

解: 始态:$T_1 = 298 \text{ K}, p_1 = 100 \text{ kPa}, S_1 = nS_m^\ominus(298 \text{ K}) = (2 \times 205.1) \text{ J} \cdot \text{K}^{-1} = 410.2 \text{ J} \cdot \text{K}^{-1}$

末态:$T_2 = \dfrac{T_1 p_1}{p_2} = \left(\dfrac{298 \times 100}{200}\right) \text{K} = 149 \text{ K}, p_2 = 200 \text{ kPa}, S_2$

所以

$$\Delta U = nC_{V,m}(T_2-T_1) = \left[2 \times \frac{5}{2} \times 8.314 \times (149-298)\right] J = -6.194 \text{ kJ}$$

$$\Delta H = nC_{p,m}(T_2-T_1) = \left[2 \times \frac{7}{2} \times 8.314 \times (149-298)\right] J = -8.672 \text{ kJ}$$

$$\Delta S = nC_{p,m}\ln\frac{T_2}{T_1} - nR\ln\frac{p_2}{p_1}$$

$$= \left(2 \times \frac{7}{2} \times 8.314 \times \ln\frac{149}{298} - 2 \times 8.314 \times \ln\frac{200}{100}\right) \text{ J} \cdot \text{K}^{-1} = -51.87 \text{ J} \cdot \text{K}^{-1}$$

$$S_2 = S_1 + \Delta S = (410.2 - 51.87) \text{ J} \cdot \text{K}^{-1} = 358.33 \text{ J} \cdot \text{K}^{-1}$$

$$\Delta G = \Delta H - \Delta(TS) = \Delta H - (T_2 S_2 - T_1 S_1)$$

$$= -8\,672 \text{ J} - (149 \times 358.33 - 298 \times 410.2) \text{ J} = 60.176 \text{ kJ}$$

而 $\delta W_r = -p\mathrm{d}V$,故

$$\frac{\delta W_r}{\mathrm{d}T} = -p\frac{\mathrm{d}V}{\mathrm{d}T} \tag{1}$$

将途径特征公式 $pT = p_1 T_1$ 代入理想气体的 $V = nRT/p$ 中得

$$V = \frac{nRT^2}{p_1 T_1}$$

则

$$\frac{\mathrm{d}V}{\mathrm{d}T} = \frac{2nRT}{p_1 T_1} \tag{2}$$

将(2)式代入(1)式可得

$$\frac{\delta W_r}{\mathrm{d}T} = -p\frac{2nRT}{p_1 T_1} = -2nR$$

所以

$$W_r = \int_{T_1}^{T_2} -2nRdT = -2nR(T_2-T_1) = [-2\times2\times8.314\times(149-298)]\text{J}$$

$$= 4.955 \text{ kJ}$$

$$Q_r = \Delta U - W_r = (-6.194-4.955)\text{kJ} = -11.149 \text{ kJ}$$

Q,W 的解法二:

$$\delta Q_r = dU - \delta W_r = nC_{V,m}dT + pdV$$

$$\frac{\delta Q_r}{ndT} = C_{V,m} + \frac{p}{n}\frac{dV}{dT} = \frac{5}{2}R + \frac{p}{n}\frac{dV}{dT} \qquad (3)$$

将(2)式代入(3)式可得

$$\frac{\delta Q_r}{ndT} = \frac{5}{2}R + \frac{p}{n}\frac{2nRT}{p_1T_1} = \frac{9}{2}R$$

故 $$Q_r = n\times\frac{9}{2}R(T_2-T_1) = \left[2\times\frac{9}{2}\times8.314\times(149-298)\right]\text{J} = -11.149 \text{ kJ}$$

$$W_r = \Delta U - Q_r = -6.194 \text{ kJ} + 11.149 \text{ kJ} = 4.955 \text{ kJ}$$

3.13 4 mol 单原子理想气体从始态 750 K,150 kPa,先恒容冷却使压力下降至 50 kPa,再恒温可逆压缩至 100 kPa。求整个过程的 $Q,W,\Delta U,\Delta H$ 及 ΔS。

解: 过程图示如下:

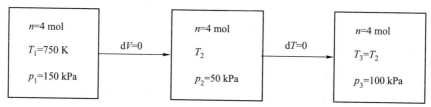

过程 1,$dV=0$ $\quad T_2 = \dfrac{T_1 p_2}{p_1} = \left(750\times\dfrac{50}{150}\right)\text{K} = 250 \text{ K}$

$$\Delta U = nC_{V,m}(T_3-T_1) = \left[4\times\frac{3\times8.314}{2}\times(250-750)\right]\text{J} = -24.94 \text{ kJ}$$

$$\Delta H = nC_{p,m}(T_3-T_1) = \left[4\times\frac{5\times8.314}{2}\times(250-750)\right]\text{J} = -41.57 \text{ kJ}$$

$$W = W_1 + W_2 = W_2 = -nRT_2\ln\frac{V_3}{V_2} = nRT_2\ln\frac{p_3}{p_2}$$

$$= \left(4\times8.314\times250\times\ln\frac{100}{50}\right)\text{J} = 5.76 \text{ kJ}$$

$$Q = \Delta U - W = -(24.94 + 5.76)\,\text{kJ} = -30.70\ \text{kJ}$$

$$\Delta S = nC_{p,m}\ln\frac{T_3}{T_1} - nR\ln\frac{p_3}{p_1}$$

$$= \left(4\times\frac{5}{2}\times 8.314\times\ln\frac{250}{750} - 4\times 8.314\times\ln\frac{100}{150}\right)\,\text{J}\cdot\text{K}^{-1} = -77.85\ \text{J}\cdot\text{K}^{-1}$$

3.14 3 mol 双原子理想气体从始态 100 kPa,75 dm³,先恒温可逆压缩使体积缩小至50 dm³，再恒压加热至 100 dm³。求整个过程的 $Q,W,\Delta U,\Delta H$ 及 ΔS。

解: 过程图示如下:

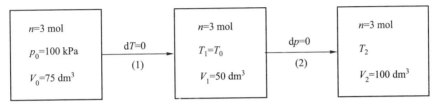

双原子理想气体: $C_{V,m} = 5R/2$, $C_{p,m} = 7R/2$

先确定各状态对应的温度,

$$T_0 = T_1 = \frac{p_0 V_0}{nR} = \left(\frac{100\times 75}{3\times 8.314}\right)\,\text{K} = 300.70\ \text{K}$$

$$T_2 = T_1\times\frac{V_2}{V_1} = T_1\times\frac{100}{50} = 2T = 300.70\ \text{K}\times 2 = 601.4\ \text{K}$$

所以 $$\Delta U = nC_{V,m}(T_2 - T_0) = \left(3\times\frac{5}{2}\times 8.314\times 300.70\right)\,\text{J} = 18.75\ \text{kJ}$$

$$\Delta H = nC_{p,m}(T_2 - T_0) = \left(3\times\frac{7}{2}\times 8.314\times 300.70\right)\,\text{J} = 26.25\ \text{kJ}$$

$$\Delta S = \Delta S_1 + \Delta S_2 = nR\ln\frac{V_1}{V_0} + nC_{p,m}\ln\frac{T_2}{T_1}$$

$$= \left(3\times 8.314\times\ln\frac{50}{75} + 3\times\frac{7}{2}\times 8.314\times\ln 2\right)\,\text{J}\cdot\text{K}^{-1} = 50.40\ \text{J}\cdot\text{K}^{-1}$$

$$W = W_1 + W_2 = nRT_0\ln\frac{V_1}{V_0} - p_2(V_2 - V_1)$$

$$= \left(-3\times 8.314\times 300.70\times\ln\frac{50}{75}\right)\,\text{J} - \left[150\times(100-50)\right]\,\text{J} = -4.46\ \text{kJ}$$

$$Q = \Delta U - W = (18.75 + 4.46)\,\text{kJ} = 23.21\ \text{kJ}$$

3.15 5 mol 单原子理想气体从始态 300 K,50 kPa,先绝热可逆压缩至 100 kPa,再恒压冷却使体积缩小至 85 dm³,求整个过程的 $Q,W,\Delta U,\Delta H$ 及 ΔS。

解: 单原子气体 $C_{V,m}=3/2R,C_{p,m}=5/2R$

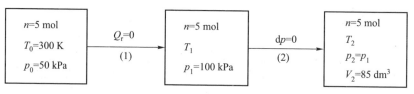

先确定温度 T_1,T_2。过程(1)为理想气体绝热可逆过程,根据绝热可逆方程,有

$$T_1 = T_0\left(\frac{p_1}{p_0}\right)^{R/C_{p,m}} = 300\ \text{K}\times\left(\frac{100\ \text{Pa}}{50\ \text{Pa}}\right)^{R/(2.5R)} = 395.85\ \text{K}$$

$$T_2 = \frac{p_2 V_2}{nR} = \left(\frac{100\times85}{5\times8.314}\right)\text{K} = 204.47\ \text{K}$$

因此

$$\Delta U = nC_{V,m}(T_2-T_0) = \left[5\times\frac{3}{2}\times8.314\times(204.47-300)\right]\text{J} = -5.957\ \text{kJ}$$

$$\Delta H = nC_{p,m}(T_2-T_0) = \left[5\times\frac{5}{2}\times8.314\times(204.47-300)\right]\text{J} = -9.928\ \text{kJ}$$

因为 $Q_r=0$,所以 $\Delta S_1=0$,则

$$\Delta S = \Delta S_1+\Delta S_2 = \Delta S_2 = nC_{p,m}\ln\frac{T_2}{T_1}$$

$$= \left(5\times\frac{5}{2}\times8.314\times\ln\frac{204.47}{395.85}\right)\text{J}\cdot\text{K}^{-1} = -68.65\ \text{J}\cdot\text{K}^{-1}$$

$$Q = Q_1+Q_2 = 0+nC_{p,m}(T_2-T_1)$$

$$= \left[5\times\frac{5}{2}\times8.314\times(204.47-395.85)\right]\text{J} = -19.889\ \text{kJ}$$

$$W = \Delta U - Q = (-5.957+19.889)\text{kJ} = 13.932\ \text{kJ}$$

3.16 始态 300 K,1 MPa 的单原子理想气体 2 mol,反抗 0.2 MPa 的恒定外压绝热不可逆膨胀至平衡态。求过程的 $W,\Delta U,\Delta H$ 及 ΔS。

解: 单原子气体 $C_{V,m}=3/2R,C_{p,m}=5/2R$

先确定末态温度 T_2。绝热过程 $Q=0,\Delta U=Q+W=W$,因此

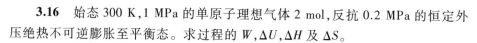

$$nC_{V,m}(T_2-T_1) = -p_{amb}(V_2-V_1) = -(p_2V_2-p_2V_1) = -nRT_2+p_2\frac{nRT_1}{p_1}$$

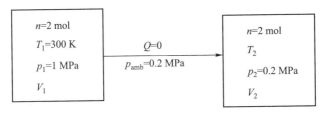

所以 $T_2 = T_1 \dfrac{C_{V,\mathrm{m}} + R(p_2/p_1)}{C_{V,\mathrm{m}} + R} = \left[300 \times \dfrac{(3R/2) + R \times (0.2/1)}{(3R/2) + R} \right] \mathrm{K} = 204\ \mathrm{K}$

$W = \Delta U = nC_{V,\mathrm{m}}(T_2 - T_1) = \left[2 \times \dfrac{3}{2} \times 8.314 \times (204 - 300) \right] \mathrm{J} = -2.394\ \mathrm{kJ}$

$\Delta H = nC_{p,\mathrm{m}}(T_2 - T_1) = \left[2 \times \dfrac{5}{2} \times 8.314 \times (204 - 300) \right] \mathrm{J} = -3.991\ \mathrm{kJ}$

$\Delta S = nC_{p,\mathrm{m}} \ln \dfrac{T_2}{T_1} + nR \ln \dfrac{p_1}{p_2}$

$\qquad = \left(2 \times \dfrac{5}{2} \times 8.314 \times \ln \dfrac{204}{300} + 2 \times 8.314 \times \ln \dfrac{1}{0.2} \right) \mathrm{J \cdot K^{-1}} = 10.73\ \mathrm{J \cdot K^{-1}}$

*3.17　组成为 $y(\mathrm{B}) = 0.6$ 的单原子气体 A 与双原子气体 B 的理想气体混合物共 10 mol,从始态 $T_1 = 300\ \mathrm{K}$, $p_1 = 50\ \mathrm{kPa}$,绝热可逆压缩至 $p_2 = 200\ \mathrm{kPa}$ 的平衡态。求过程的 $W, \Delta U, \Delta H, \Delta S(\mathrm{A})$ 和 $\Delta S(\mathrm{B})$。

解:过程图示如下:

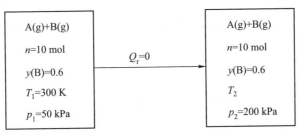

$n(\mathrm{A}) = n \cdot y(\mathrm{A}) = 10 \times (1 - 0.6)\ \mathrm{mol} = 4\ \mathrm{mol}$

$n(\mathrm{B}) = n - n(\mathrm{A}) = 10\ \mathrm{mol} - 4\ \mathrm{mol} = 6\ \mathrm{mol}$

$C_{V,\mathrm{m}}(\mathrm{A}) = \dfrac{3}{2} R$

$C_{V,\mathrm{m}}(\mathrm{B}) = \dfrac{5}{2} R$

混合理想气体的绝热可逆方程推导如下：

$$\delta Q_r = 0 \quad \mathrm{d}U = \mathrm{d}U(\mathrm{A}) + \mathrm{d}U(\mathrm{B}) = \delta W_r$$

即

$$\mathrm{d}U = [n(\mathrm{A})C_{V,\mathrm{m}}(\mathrm{A}) + n(\mathrm{B})C_{V,\mathrm{m}}(\mathrm{B})]\mathrm{d}T = -p\,\mathrm{d}V$$

$$\frac{n(\mathrm{A})C_{V,\mathrm{m}}(\mathrm{A}) + n(\mathrm{B})C_{V,\mathrm{m}}(\mathrm{B})}{T}\mathrm{d}T = -\frac{nR}{V}\mathrm{d}V$$

积分上式，并利用理想气体状态方程，可得

$$[n(\mathrm{A})C_{V,\mathrm{m}}(\mathrm{A}) + n(\mathrm{B})C_{V,\mathrm{m}}(\mathrm{B})]\ln\frac{T_2}{T_1} = -nR\ln\frac{V_2}{V_1} = nR\ln\frac{p_2}{p_1} - nR\ln\frac{T_2}{T_1}$$

$$\ln\frac{T_2}{T_1} = \frac{nR}{n(\mathrm{A})C_{V,\mathrm{m}}(\mathrm{A}) + n(\mathrm{B})C_{V,\mathrm{m}}(\mathrm{B}) + nR}\ln\frac{p_2}{p_1} = \frac{10\times R}{4\times\frac{3}{2}R + 6\times\frac{5}{2}R + 10\times R}\ln\frac{p_2}{p_1} = \frac{10}{31}\ln\frac{p_2}{p_1}$$

所以

$$\ln\frac{T_2}{T_1} = \frac{1}{3.1}\ln\frac{p_2}{p_1}$$

$$T_2 = T_1\left(\frac{p_2}{p_1}\right)^{1/3.1} = 300\times\left(\frac{200}{50}\right)^{1/3.1}\ \mathrm{K} = 469.17\ \mathrm{K}$$

因此

$$W = \Delta U = [n(\mathrm{A})C_{V,\mathrm{m}}(\mathrm{A}) + n(\mathrm{B})C_{V,\mathrm{m}}(\mathrm{B})](T_2 - T_1)$$

$$= \left[\left(4\times\frac{3}{2}\times8.314 + 6\times\frac{5}{2}\times8.314\right)(469.17 - 300)\right]\mathrm{J} = 29.54\ \mathrm{kJ}$$

$$\Delta H = [n(\mathrm{A})C_{p,\mathrm{m}}(\mathrm{A}) + n(\mathrm{B})C_{p,\mathrm{m}}(\mathrm{B})](T_2 - T_1)$$

$$= \left[\left(4\times\frac{5}{2}\times8.314 + 6\times\frac{7}{2}\times8.314\right)(469.17 - 300)\right]\mathrm{J} = 43.60\ \mathrm{kJ}$$

$$\Delta S(\mathrm{A}) = n(\mathrm{A})C_{p,\mathrm{m}}(\mathrm{A})\ln\frac{T_2}{T_1} - n(\mathrm{A})R\ln\frac{y(\mathrm{A})p_2}{y(\mathrm{A})p_1}$$

$$= \left(4\times\frac{5}{2}\times8.314\times\ln\frac{469.17}{300} - 4\times8.314\times\ln\frac{200}{50}\right)\mathrm{J}\cdot\mathrm{K}^{-1} = -8.924\ \mathrm{J}\cdot\mathrm{K}^{-1}$$

而混合气体经历绝热可逆过程，$\Delta S = \Delta S(\mathrm{A}) + \Delta S(\mathrm{B}) = 0$，所以

$$\Delta S(\mathrm{B}) = -\Delta S(\mathrm{A}) = 8.924\ \mathrm{J}\cdot\mathrm{K}^{-1}$$

末态温度 T_2 的另一种解法：

$$\overline{C}_{V,\mathrm{m}} = y(\mathrm{A})C_{V,\mathrm{m}}(\mathrm{A}) + y(\mathrm{B})C_{V,\mathrm{m}}(\mathrm{B}) = 0.4\times\frac{3}{2}R + 0.6\times\frac{5}{2}R = 2.1R$$

$$\overline{C}_{p,\mathrm{m}} = y(\mathrm{A})C_{p,\mathrm{m}}(\mathrm{A}) + y(\mathrm{B})C_{p,\mathrm{m}}(\mathrm{B}) = 0.4 \times \frac{5}{2}R + 0.6 \times \frac{7}{2}R = 3.1R$$

或者
$$\overline{C}_{p,\mathrm{m}} = \overline{C}_{V,\mathrm{m}} + R = 2.1R + R = 3.1R$$

对混合理想气体的绝热可逆过程,有

$$\frac{T_2}{T_1} = \left(\frac{p_2}{p_1}\right)^{R/\overline{C}_{p,\mathrm{m}}} = \left(\frac{V_2}{V_1}\right)^{R/\overline{C}_{V,\mathrm{m}}}$$

所以
$$T_2 = T_1\left(\frac{p_2}{p_1}\right)^{R/3.1R} = \left[300 \times \left(\frac{200}{50}\right)^{1/3.1}\right]\mathrm{K} = 469.17\ \mathrm{K}$$

*3.18 单原子气体 A 与双原子气体 B 的理想气体混合物共 8 mol,组成为 $y(\mathrm{B}) = 0.25$,始态 $T_1 = 400\ \mathrm{K}$,$V_1 = 50\ \mathrm{dm}^3$。今绝热反抗某恒定外压不可逆膨胀至末态体积 $V_2 = 250\ \mathrm{dm}^3$ 的平衡态。求过程的 W,ΔU,ΔH 和 ΔS。

解:过程图示如下:

$$n(\mathrm{A}) = ny(\mathrm{A}) = [8 \times (1-0.25)]\mathrm{mol} = 6\ \mathrm{mol}$$

$$n(\mathrm{B}) = ny(\mathrm{B}) = 8 \times 0.25\ \mathrm{mol} = 2\ \mathrm{mol}$$

$$C_{V,\mathrm{m}}(\mathrm{A}) = \frac{3}{2}R$$

$$C_{V,\mathrm{m}}(\mathrm{B}) = \frac{5}{2}R$$

先确定末态温度,绝热过程 $\Delta U = Q + W = W$,因此有

$$[n(\mathrm{A})C_{V,\mathrm{m}}(\mathrm{A}) + n(\mathrm{B})C_{V,\mathrm{m}}(\mathrm{B})](T_2 - T_1) = -p_{\mathrm{amb}}(V_2 - V_1) = -\frac{nRT_2}{V_2}(V_2 - V_1)$$

得

$$T_2 = T_1 \times \frac{n(\mathrm{A})C_{V,\mathrm{m}}(\mathrm{A}) + n(\mathrm{B})C_{V,\mathrm{m}}(\mathrm{B})}{n(\mathrm{A})C_{V,\mathrm{m}}(\mathrm{A}) + n(\mathrm{B})C_{V,\mathrm{m}}(\mathrm{B}) + nR\left(1 - \dfrac{V_1}{V_2}\right)} = \left(400 \times \frac{6 \times \dfrac{3}{2}R + 2 \times \dfrac{5}{2}R}{6 \times \dfrac{3}{2}R + 2 \times \dfrac{5}{2}R + 6.4R}\right)\mathrm{K}$$

= 274.51 K

于是

$$W = \Delta U = [n(A)C_{V,m}(A) + n(B)C_{V,m}(B)](T_2 - T_1)$$

$$= \left[\left(6 \times \frac{3}{2} + 2 \times \frac{5}{2}\right) \times 8.314 \times (274.51 - 400)\right] J = -14.61 \text{ kJ}$$

$$\Delta H = [n(A)C_{p,m}(A) + n(B)C_{p,m}(B)](T_2 - T_1)$$

$$= \left[\left(6 \times \frac{5}{2} + 2 \times \frac{7}{2}\right) \times 8.314 \times (274.51 - 400)\right] J = -22.95 \text{ kJ}$$

$$\Delta S = [n(A)C_{V,m}(A) + n(B)C_{V,m}(B)]\ln \frac{T_2}{T_1} + nR\ln \frac{V_2}{V_1}$$

$$= \left[\left(6 \times \frac{3}{2} + 2 \times \frac{5}{2}\right) \times 8.314 \times \ln \frac{274.51}{400} + 8 \times 8.314 \times \ln \frac{250}{50}\right] J \cdot K^{-1}$$

$$= 63.23 \text{ J} \cdot K^{-1}$$

3.19 常压下将 100 g,27 ℃的水与 200 g,72 ℃的水在绝热容器中混合,求最终水温 t 及过程的熵变 ΔS。已知水的比定压热容 $c_p = 4.184$ J $\cdot$ g^{-1} $\cdot$ K^{-1}。

解: 过程图示如下:

混合过程恒压、绝热,所以

$$Q_p = \Delta H = \Delta H_1 + \Delta H_2 = m_1 c_p(t - t_1) + m_2 c_p(t - t_2) = 0$$

末态温度
$$t = \frac{m_1 t_1 + m_2 t_2}{m_1 + m_2} = \left(\frac{200 \times 72 + 100 \times 27}{200 + 100}\right) ℃ = 57℃$$

混合过程的熵变

$$\Delta S = \Delta S_1 + \Delta S_2 = m_1 c_p \ln \frac{T}{T_1} + m_2 c_p \ln \frac{T}{T_2} = c_p\left(m_1 \ln \frac{T}{T_1} + m_2 \ln \frac{T}{T_2}\right)$$

$$= \left[4.184 \times \left(200 \times \ln \frac{273.15 + 57}{273.15 + 72} + 100 \times \ln \frac{273.15 + 57}{273.15 + 27}\right)\right] J \cdot K^{-1}$$

$$= 2.68 \text{ J} \cdot K^{-1}$$

3.20 将温度均为 300 K,压力均为 100 kPa 的 100 dm³ 的 $H_2(g)$ 与 50 dm³ 的 $CH_4(g)$ 恒温、恒压下混合,求过程的 ΔS。假设 $H_2(g)$ 和 $CH_4(g)$ 均可认为是理想气体。

解: 理想气体 $H_2(A)$ 和 $CH_4(B)$ 的恒温、恒压混合过程图示如下:

A		B		A+B
T_A=300 K		T_B=300 K		T=300 K
p_A=100 kPa	+	p_B=100 kPa	$\xrightarrow{\begin{array}{c}dT=0\\dp=0\end{array}}$	p=100 kPa
V_A=100 dm³		V_B=50 dm³		V=150 dm³

$$n_A = \frac{p_A V_A}{RT_A} = \left[\frac{(100\times10^3)\times(100\times10^{-3})}{8.314\times300}\right] \text{mol} = 4.01 \text{ mol}$$

$$n_B = \frac{p_B V_B}{RT_B} = \left[\frac{(100\times10^3)\times(50\times10^{-3})}{8.314\times300}\right] \text{mol} = 2.00 \text{ mol}$$

$$\Delta S_{mix} = \Delta S_A + \Delta S_B = n_A R \ln\frac{V}{V_A} + n_B R \ln\frac{V}{V_B}$$

$$= \left(4.01\times8.314\times\ln\frac{150}{100} + 2.00\times8.314\times\ln\frac{150}{50}\right) \text{J}\cdot\text{K}^{-1} = 31.79 \text{ J}\cdot\text{K}^{-1}$$

3.21 绝热恒容容器中有一绝热耐压隔板,隔板一侧为 2 mol 的 200 K, 50 dm³ 的单原子理想气体 A,另一侧为 3 mol 的 400 K,100 dm³ 的双原子理想气体 B。今将容器中的绝热隔板撤去,气体 A 与气体 B 混合达到平衡。求过程的 ΔS。

试题分析

解: 混合过程图示如下:

单原子pg A	双原子pg B		混合气体A+B
$n(A)$=2 mol	$n(B)$=3 mol		$n(A)$=2 mol, $n(B)$=3 mol
$T(A)_1$=200 K	$T(B)_1$=400 K	$\xrightarrow{\begin{array}{c}Q=0\\dV=0\end{array}}$	T
$V(A)_1$=50 dm³	$V(B)_1$=100 dm³		$V=V(A)_1+V(B)_1$=150 dm³

先求系统的末态温度 T:

绝热恒容混合过程: $Q = 0, W = 0, \Delta U = Q + W = 0$

即 $\quad \Delta U = n(A) C_{V,m}(A)(T - T(A)_1) + n(B) C_{V,m}(B)(T - T(B)_1) = 0$

解出末态温度

$$T = \frac{n(A)C_{V,m}(A)T(A)_1 + n(B)C_{V,m}(B)T(B)_1}{n(A)C_{V,m}(A) + n(B)C_{V,m}(B)} = \left(\frac{2\times\frac{3}{2}R\times200 + 3\times\frac{5}{2}R\times400}{2\times\frac{3}{2}R + 3\times\frac{5}{2}R}\right) K$$

$$= 342.86 \text{ K}$$

系统的熵变

$$\Delta S = \Delta S(A) + \Delta S(B)$$

$$= n(A)C_{V,m}(A)\ln\frac{T}{T(A)_1} + n(A)R\ln\frac{V}{V(A)_1} +$$

$$\quad n(B)C_{V,m}(B)\ln\frac{T}{T(B)_1} + n(B)R\ln\frac{V}{V(B)_1}$$

$$= \left(2\times\frac{3}{2}R\ln\frac{342.86}{200} + 2R\ln\frac{150}{50} + 3\times\frac{5}{2}R\ln\frac{342.86}{400} + 3R\ln\frac{150}{100}\right) \text{J}\cdot\text{K}^{-1}$$

$$= 32.22 \text{ J}\cdot\text{K}^{-1}$$

3.22 绝热恒容容器中有一绝热耐压隔板,隔板两侧均为 $N_2(g)$。一侧容积 50 dm^3,内有 200 K 的 $N_2(g)$ 2 mol;另一侧容积为 75 dm^3,内有 500 K 的 $N_2(g)$ 4 mol;$N_2(g)$ 可认为是理想气体。今将容器中的绝热隔板撤去,使系统达到平衡态。求过程的 ΔS。

解: 过程图示如下:

$N_2(g)$ $n_1=2$ mol $T_1=200$ K $V_1=50$ dm^3	$N_2(g)$ $n_2=4$ mol $T_2=500$ K $V_2=75$ dm^3	$\xrightarrow[\mathrm{d}V=0]{Q=0}$	$N_2(g)$ $n=n_1+n_2=6$ mol T, p

双原子理想气体 $N_2(g)$ 的 $C_{V,m} = \frac{5}{2}R$；$C_{p,m} = \frac{7}{2}R$

先求系统的末态温度 T。绝热恒容过程 $Q=0, W=0, \Delta U = Q+W = 0$

即

$$\Delta U = n_1 C_{V,m}(T-T_1) + n_2 C_{V,m}(T-T_2) = 0$$

末态温度

$$T = \frac{n_1 T_1 + n_2 T_2}{n_1 + n_2} = \left(\frac{2\times200 + 4\times500}{2+4}\right) K = 400 \text{ K}$$

求解过程的 ΔS 有两种方法。

解法一: 始态时,隔板两侧的压力分别为

$$p_1 = \frac{n_1 R T_1}{V_1} = \left(\frac{2\times8.314\times200}{50\times10^{-3}}\right)\text{Pa} = 66.51 \text{ kPa}$$

$$p_2 = \frac{n_2 R T_2}{V_2} = \left(\frac{4\times8.314\times500}{75\times10^{-3}}\right)\text{Pa} = 221.71 \text{ kPa}$$

末态时,$N_2(g)$ 的平衡压力:

$$p = \frac{nRT}{V} = \left(\frac{6\times8.314\times400}{125\times10^{-3}}\right)\text{Pa} = 159.63 \text{ kPa}$$

两侧 $N_2(g)$ 的熵变:

$$\Delta S_1 = n_1 C_{p,m} \ln\frac{T}{T_1} - n_1 R\ln\frac{p}{p_1}$$

$$= \left(2\times\frac{7}{2}\times8.314\times\ln\frac{400}{200} - 2\times8.314\times\ln\frac{159.63}{66.51}\right)\text{J}\cdot\text{K}^{-1} = 25.78 \text{ J}\cdot\text{K}^{-1}$$

$$\Delta S_2 = n_2 C_{p,m} \ln\frac{T}{T_2} - n_2 R\ln\frac{p}{p_2}$$

$$= \left(4\times\frac{7}{2}\times8.314\times\ln\frac{400}{500} - 4\times8.314\times\ln\frac{159.63}{221.71}\right)\text{J}\cdot\text{K}^{-1} = -15.05 \text{ J}\cdot\text{K}^{-1}$$

整个系统的熵变:$\Delta S = \Delta S_1 + \Delta S_2 = (25.78-15.05)\text{J}\cdot\text{K}^{-1} = 10.73 \text{ J}\cdot\text{K}^{-1}$

解法二: 末态时,隔板两侧的两部分 $N_2(g)$ 各自所占的体积为

$$V_1' = \frac{n_1 RT}{p} = \left(\frac{2\times8.314\times400}{159.64\times10^{-3}}\right)\text{m}^3 = 41.664 \text{ dm}^3$$

$$V_2' = V - V_1' = (125-41.664)\text{dm}^3 = 83.336 \text{ dm}^3$$

两部分 $N_2(g)$ 各自的熵变:

$$\Delta S_1 = n_1 C_{V,m} \ln\frac{T}{T_1} + n_1 R\ln\frac{V_1'}{V_1}$$

$$= \left(2\times\frac{5}{2}\times8.314\times\ln\frac{400}{200} + 2\times8.314\times\ln\frac{41.664}{50}\right)\text{J}\cdot\text{K}^{-1} = 25.78 \text{ J}\cdot\text{K}^{-1}$$

$$\Delta S_2 = n_2 C_{V,m} \ln\frac{T}{T_2} + n_2 R\ln\frac{V_2'}{V_2}$$

$$= \left(4\times\frac{5}{2}\times8.314\times\ln\frac{400}{500} + 4\times8.314\times\ln\frac{83.336}{75}\right)\text{J}\cdot\text{K}^{-1} = -15.05 \text{ J}\cdot\text{K}^{-1}$$

整个系统的熵变：$\Delta S = \Delta S_1 + \Delta S_2 = (25.78 - 15.05)\,\text{J} \cdot \text{K}^{-1} = 10.73\,\text{J} \cdot \text{K}^{-1}$

3.23　甲醇（CH_3OH）在 101.325 kPa 下的沸点（正常沸点）为 64.65 ℃，在此条件下的摩尔蒸发焓 $\Delta_{vap}H_m = 35.32\,\text{kJ} \cdot \text{mol}^{-1}$。求在上述温度、压力条件下，1 kg 液态甲醇全部成为甲醇蒸气时的 $Q, W, \Delta U, \Delta H$ 及 ΔS。

解：甲醇的摩尔质量 $M_{CH_3OH} = 32.042\,\text{g} \cdot \text{mol}^{-1}$。甲醇在上述温度、压力条件下的相变为可逆相变，因此

$$Q_p = \Delta H = n\Delta_{vap}H_m = \frac{1\,000\,\text{g}}{32.042\,\text{g} \cdot \text{mol}^{-1}} \times 35.32\,\text{kJ} \cdot \text{mol}^{-1} = 1\,102.30\,\text{kJ}$$

$$W = -p\Delta V = -p(V_g - V_l) \approx -pV_g = -p \times \frac{nRT}{p} = -nRT$$

$$= \left[-\frac{1\,000}{32.042} \times 8.314 \times (64.65 + 273.15) \right]\,\text{J} = -87.65\,\text{kJ}$$

$$\Delta U = Q + W = (1\,102.30 - 87.65)\,\text{kJ} = 1\,014.65\,\text{kJ}$$

$$\Delta S = \frac{n\Delta_{vap}H_m}{T} = \frac{m}{M} \frac{\Delta_{vap}H_m}{T} = \left[\frac{1\,000}{32.042} \times \frac{35.32 \times 10^3}{(64.65 + 273.15)} \right]\,\text{J} \cdot \text{K}^{-1} = 3.263\,\text{kJ} \cdot \text{K}^{-1}$$

3.24　298.15 K，101.325 kPa 下，1 mol 过饱和水蒸气变为同温同压下的液态水。求此过程的 ΔS 及 ΔG，并判断此过程能否自动进行。已知 298.15 K 时水的饱和蒸气压为 3.166 kPa，质量蒸发焓为 2 217 $\text{J} \cdot \text{g}^{-1}$。

解：题给过程为恒温、恒压、不可逆相变过程，可通过设计下列可逆途径求算题给过程的状态函数变。

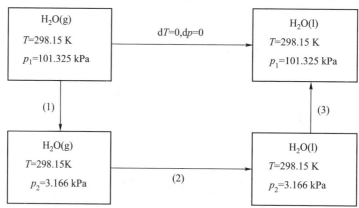

过程（1）是理想气体水蒸气的恒温变压过程，所以

$$\Delta S_1 = nR\ln\frac{p_1}{p_2} = \left(1 \times 8.314 \times \ln\frac{101.325}{3.166} \right)\,\text{J} \cdot \text{K}^{-1} = 28.82\,\text{J} \cdot \text{K}^{-1}$$

$$\Delta G_1 = \int_{p_1}^{p_2} V \mathrm{d}p = \int_{p_1}^{p_2} \frac{nRT}{p} \mathrm{d}p = nRT \ln \frac{p_2}{p_1}$$

$$= \left(1 \times 8.314 \times 298.15 \times \ln \frac{3.166}{101.325} \right) \mathrm{J} = -8\,591.3 \ \mathrm{J}$$

过程(2)是恒温、恒压、可逆相变过程,所以

$$\Delta S_2 = \frac{-n\Delta_{\mathrm{vap}}H_{\mathrm{m}}}{T} = \left(\frac{-18.016 \times 2\,217}{298.15} \right) \mathrm{J \cdot K^{-1}} = -133.96 \ \mathrm{J \cdot K^{-1}}$$

$$\Delta G_2 = 0$$

过程(3)是水的恒温、变压过程,压力变化小,可认为 $\Delta S_3 \approx 0$。298.15 K 时,液态水的密度 $\rho = 997.05 \ \mathrm{kg \cdot m^{-3}}$。

$$\Delta G_3 = \int_{p_2}^{p_1} V \mathrm{d}p = V_{\mathrm{m}}(p_1 - p_2) = \frac{M}{\rho}(p_1 - p_2)$$

$$= \frac{18.02 \times 10^{-3} \ \mathrm{kg \cdot mol^{-1}}}{997.05 \ \mathrm{kg \cdot m^{-3}}} \times (101.325 - 3.166) \times 10^3 \ \mathrm{Pa} = 1.774 \ \mathrm{J}$$

所以 $\Delta S = \Delta S_1 + \Delta S_2 + \Delta S_3 = 28.82 \ \mathrm{J \cdot K^{-1}} - 133.96 \ \mathrm{J \cdot K^{-1}} + 0 = -105.14 \ \mathrm{J \cdot K^{-1}}$

$$\Delta G = \Delta G_1 + \Delta G_2 + \Delta G_3 = (-8\,591.3 + 0 + 1.774) \mathrm{J} = -8.590 \ \mathrm{kJ}$$

恒温、恒压、不可逆相变过程的 $\Delta G < 0$,故过程可以自动进行。

ΔG 的另一种计算方法:

由 $\Delta G = \Delta H - T\Delta S, \Delta H = \Delta H_1 + \Delta H_2 + \Delta H_3 \approx \Delta H_2, \Delta H_2 = T\Delta S_2$

可得 $\Delta G = T\Delta S_2 - T\Delta S = -T\Delta S_1 = (-298.15 \times 28.82) \mathrm{J} = -8.593 \ \mathrm{kJ}$

3.25 常压下冰的熔点为 273.15 K,比熔化焓 $\Delta_{\mathrm{fus}}h = 333.3 \ \mathrm{J \cdot g^{-1}}$,水的比定压热容 $c_p = 4.184 \ \mathrm{J \cdot g^{-1} \cdot K^{-1}}$。系统的始态为一绝热容器中 1 kg,353.15 K 的水及 0.5 kg,273.15 K 的冰。求系统达到平衡后,过程的 ΔS。

解:首先测算系统的末态。1 kg,353.15 K 的水降温到 273.15 K 的水:

$$Q_1 = m_1 c_p (T - T_1) = [1\,000 \times 4.184 \times (273.15 - 353.15)] \mathrm{J} = -334.72 \ \mathrm{kJ}$$

0.5 kg,273.15 K 的冰完全融化为 273.15 K 的水:

$$Q_s = m_s \Delta_{\mathrm{fus}}h = 0.5 \times 10^3 \mathrm{g} \times 333.3 \ \mathrm{J \cdot g^{-1}} = 166.65 \ \mathrm{kJ}$$

$Q_s < |Q_1|$,因此冰将完全融化。设系统末态温度为 T。系统绝热,并按恒压处理,所以

$$Q_p = \Delta H = m_s \Delta_{\mathrm{fus}}h + m_s c_p (T - T_s) + m_1 c_p (T - T_1) = 0$$

$$T = \frac{c_p(m_1 T_1 + m_s T_s) - m_s \Delta_{\mathrm{fus}}h}{c_p(m_1 + m_s)}$$

$$= \left[\frac{4.184 \times (500 \times 273.15 + 1\,000 \times 353.15) - 500 \times 333.3}{4.184 \times (1\,000 + 500)} \right] \text{K} = 299.93 \text{ K}$$

$$\Delta S = \frac{m_s \Delta_{\text{fus}} h}{T_f} + m_s c_p \ln \frac{T}{T_f} + m_1 c_p \ln \frac{T}{T_1} = \frac{m_s \Delta_{\text{fus}} h}{T_f} + c_p \left(m_s \ln \frac{T}{T_f} + m_1 \ln \frac{T}{T_1} \right)$$

$$= \left[\frac{500 \times 333.3}{273.15} + 4.184 \times \left(500 \times \ln \frac{299.93}{273.15} + 1000 \times \ln \frac{299.93}{353.15} \right) \right] \text{J} \cdot \text{K}^{-1}$$

$$= 122.33 \text{ J} \cdot \text{K}^{-1}$$

3.26 常压下冰的熔点为 0 ℃，比熔化焓 $\Delta_{\text{fus}} h = 333.3$ J $\cdot$ g^{-1}，水和冰的比定压热容分别为 $c_p(\text{H}_2\text{O},\text{l}) = 4.184$ J $\cdot$ g^{-1} $\cdot$ K^{-1}，$c_p(\text{H}_2\text{O},\text{s}) = 2.000$ J $\cdot$ g^{-1} $\cdot$ K^{-1}。系统的始态为一绝热容器中的 1 kg，25 ℃ 的水及 0.5 kg，−10 ℃ 的冰。求系统达到平衡态后，过程的 ΔS。

解： 先推测系统的末态。1 kg，25 ℃ 的水降温到 0 ℃：

$$Q_1 = m_1 c_p (T - T_1) = [1\,000 \times 4.184 \times (0 - 25)] \text{J} = -104.6 \text{ kJ}$$

0.5 kg，−10 ℃ 的冰变化为 0 ℃ 的冰：

$$Q_s = m_s \Delta_{\text{fus}} h = 0.5 \times 10^3 \text{ g} \times 333.3 \text{ J} \cdot \text{g}^{-1} = 166.65 \text{ kJ}$$

$Q_s > |Q_1|$，因此冰不能完全融化，末态为冰水混合物，温度为 0 ℃。
设有质量为 m 的冰融化，则

$$Q_p = m_s c_{p,s}(T_f - T_s) + m \Delta_{\text{fus}} h + m_1 c_{p,l}(T_f - T_1) = 0$$

$$m = \frac{m_1 c_{p,l}(T_1 - T_f) - m_s c_{p,s}(T_f - T_s)}{\Delta_{\text{fus}} h}$$

$$= \left(\frac{1\,000 \times 4.184 \times 25 - 500 \times 2.000 \times 10}{333.3} \right) \text{g} = 283.83 \text{ g}$$

$$\Delta S = m_s c_{p,s} \ln \frac{T_f}{T_s} + \frac{m \Delta_{\text{fus}} h}{T_f} + m_1 c_{p,l} \ln \frac{T_f}{T_1}$$

$$= \left(500 \times 2.000 \times \ln \frac{273.15}{263.15} + \frac{283.83 \times 333.3}{273.15} + 1\,000 \times 4.184 \times \ln \frac{273.15}{298.15} \right) \text{J} \cdot \text{K}^{-1}$$

$$= 17.21 \text{ J} \cdot \text{K}^{-1}$$

3.27 已知常压下冰的熔点为 0 ℃，摩尔熔化焓 $\Delta_{\text{fus}} H_m(\text{H}_2\text{O}) = 6.004$ kJ $\cdot$ mol^{-1}，苯的熔点为 5.51 ℃，摩尔熔化焓 $\Delta_{\text{fus}} H_m(\text{C}_6\text{H}_6) = 9.832$ kJ $\cdot$ mol^{-1}。液态水和固态苯的摩尔定压热容分别为 $C_{p,m}(\text{H}_2\text{O},\text{l}) = 75.37$ J $\cdot$ mol^{-1} $\cdot$ K^{-1} 及 $C_{p,m}(\text{C}_6\text{H}_6,\text{s})$ $= 122.59$ J $\cdot$ mol^{-1} $\cdot$ K^{-1}。今有两个用绝热层包围的容器，一容器中为 0 ℃ 的 8 mol H$_2$O(s) 与 2 mol H$_2$O(l) 呈平衡，另一容器中为 5.51 ℃ 的 5 mol C$_6$H$_6$(l) 与

5 mol $C_6H_6(s)$ 呈平衡。现将两容器接触,去掉两容器间的绝热层,使两容器达到新的平衡态。求过程的 ΔS。

解:以 A 代表 H_2O,以 B 代表 C_6H_6。粗略估算表明,5 mol $C_6H_6(l)$ 完全凝固将使 8 mol $H_2O(s)$ 完全融化,因此两容器接触达平衡后,末态为固体冰全部融化,液态苯全部凝固。则该恒压绝热过程可表示为如下过程图:

$$
\begin{array}{|l|}
\hline
n_{A1}(l)=2\text{mol}\\
n_{A2}(s)=8\text{ mol}\\
T_A=273.15\text{ K}\\
\hline
\end{array}
\ +\
\begin{array}{|l|}
\hline
n_{B1}(l)=5\text{ mol}\\
n_{B2}(s)=5\text{ mol}\\
T_B=278.66\text{ K}\\
\hline
\end{array}
\ \xrightarrow[dp=0]{Q=0}\
\begin{array}{|l|}
\hline
n_A(l)=n_{A1}+n_{A2}=10\text{ mol}\\
n_B(s)=n_{B1}+n_{B2}=10\text{ mol}\\
T\\
\hline
\end{array}
$$

并且

$$Q_p = \Delta H = \Delta H_A + \Delta H_B = 0$$

$$\Delta H_A = n_{A2}(s)\Delta_{fus}H_m(A) + n_A(l)C_{p,m}(A,l)(T-T_A)$$

$$\Delta H_B = n_{B1}(l)[-\Delta_{fus}H_m(B)] + n_B(s)C_{p,m}(B,s)(T-T_B)$$

所以末态温度:

$$T = \frac{-n_{A2}(s)\Delta_{fus}H_m(A) + n_{B1}(l)\Delta_{fus}H_m(B) + n_A(l)C_{p,m}(A,l)T_2 + n_B(s)C_{p,m}(B,s)T_1}{n_A(l)C_{p,m}(A,l) + n_B(s)C_{p,m}(B,s)}$$

$$= \left[\frac{-8\times(6.004\times10^3) + 5\times(9.832\times10^3) + 10\times75.37\times273.15 + 10\times122.59\times278.66}{10\times75.37 + 10\times122.59}\right]K$$

$$= 277.13\text{ K}$$

而

$$\Delta S_A = \frac{n_{A1}(l)\Delta_{fus}H_m(A,l)}{T_A} + n_A(l)C_{p,m}(A,l)\ln\frac{T}{T_A}$$

$$= \left(\frac{8\times6.004\times10^3}{273.15} + 10\times75.37\times\ln\frac{277.13}{273.15}\right)J\cdot K^{-1} = 186.75\ J\cdot K^{-1}$$

$$\Delta S_B = \frac{-n_{B2}(s)\Delta_{fus}H_m(B,s)}{T_B} + n_B(s)C_{p,m}(B,s)\ln\frac{T}{T_2}$$

$$= \left(\frac{-5\times9.832\times10^3}{278.66} + 10\times122.59\times\ln\frac{277.13}{278.66}\right)J\cdot K^{-1} = -183.17\ J\cdot K^{-1}$$

所以 $\Delta S = \Delta S_A + \Delta S_B = (186.75 - 183.17)J\cdot K^{-1} = 3.58\ J\cdot K^{-1}$

3.28 将装有 0.1 mol 乙醚 $(C_2H_5)_2O(l)$ 的小玻璃瓶放入容积为 10 dm^3 的恒容密闭真空容器中,并在 35.51 ℃ 的恒温槽中恒温。已知乙醚的正常沸点为

35.51 ℃,此条件下乙醚的摩尔蒸发焓 $\Delta_{vap}H_m = 25.104 \text{ kJ} \cdot \text{mol}^{-1}$。今将小玻璃瓶打破,乙醚蒸发至平衡态。求:

(1)乙醚蒸气的压力;

(2)过程的 $Q, \Delta U, \Delta H$ 及 ΔS。

解:(1)假设乙醚全部蒸发,则其蒸气的压力为

$$p_2 = \frac{nRT}{V} = \left[\frac{0.1 \times 8.314 \times (273.15 + 35.51)}{10 \times 10^{-3}}\right] \text{Pa} = 25.662 \text{ kPa}$$

$p_2 < 101.325 \text{ kPa}$,故假设合理,乙醚全部蒸发且末态压力为 25.662 kPa。

(2)题给过程的 ΔH 及 ΔS 需设计下列可逆途径计算:

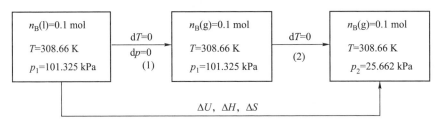

若不考虑压力变化对 B(l)的焓、熵的影响,将乙醚蒸气视为理想气体,则过程(2)的焓变为零,整个过程的焓变为

$$\Delta H = \Delta H_1 + \Delta H_2 = n\Delta_{vap}H_m + 0 = 0.1 \times 25.104 \text{ kJ} = 2.510 \text{ 4 kJ}$$

过程恒容 $dV = 0$,所以 $W = 0$, $Q = \Delta U - W = \Delta U$,所以

$$Q = \Delta U = \Delta H - \Delta(pV) = \Delta H - \left[(pV)_g - (pV)_l\right] \approx \Delta H - (pV)_g = \Delta H - n_g RT$$

$$= (2.510 \text{ 4 kJ} - 0.1 \times 8.314 \times 308.66 \times 10^{-3}) \text{ kJ}$$

$$= 2.253 \text{ 8 kJ}$$

$$\Delta S = \Delta S_1 + \Delta S_2 = \frac{n\Delta_{vap}H_m}{T} + nR\ln\frac{p_1}{p_2}$$

$$= \left(\frac{0.1 \times 25.104 \times 10^3}{308.66} + 0.1 \times 8.314 \times \ln\frac{101.325}{25.662}\right) \text{ J} \cdot \text{K}^{-1} = 9.275 \text{ J} \cdot \text{K}^{-1}$$

3.29 已知苯(C_6H_6)的正常沸点为 80.1 ℃, $\Delta_{vap}H_m = 30.878 \text{ kJ} \cdot \text{mol}^{-1}$。液体苯的摩尔定压热容为 $C_{p,m} = 142.7 \text{ J} \cdot \text{mol}^{-1} \cdot \text{K}^{-1}$。今将 40.53 kPa,80.1 ℃ 的苯蒸气 1 mol,先恒温可逆压缩至 101.325 kPa,并凝结成液态苯,再在恒压下将其冷却至 60 ℃。求整个过程的 $Q, W, \Delta U, \Delta H$ 及 ΔS。

解:以 B 代表苯,B(g)视为理想气体。题给过程表示为如下过程图:

| $n_B(g)=1$ mol $T_1=353.25$ K $p_1=40.53$ kPa | $\xrightarrow[\substack{可逆 \\ (1)}]{dT=0}$ | $n_B(g)=1$ mol $T_2=353.25$ K $p_2=101.325$ kPa | $\xrightarrow[\substack{dp=0 \\ (2)}]{dT=0}$ | $n_B(l)=1$ mol $T_3=353.25$ K $p_3=101.325$ kPa | $\xrightarrow[(3)]{dp=0}$ | $n_B(l)=1$ mol $T_4=333.15$ K $p_4=101.325$ kPa |

解法一: 先计算 ΔH,然后计算 $\Delta U,W,Q$ 和 ΔS。

过程(1)为气体恒温变压过程,过程(2)为可逆相变过程(相对于气体来说,液体体积可忽略),过程(3)为液体恒压变温过程。

$$\Delta H = \Delta H_1 + \Delta H_2 + \Delta H_3 = 0 + (-n\Delta_{vap}H_m) + nC_{p,m}(l)(T_4 - T_3)$$

$$= (-1\times30.878)\,kJ + [1\times142.7\times(60-80.1)\times10^{-3}]\,kJ$$

$$= -30.878\,kJ - 2.868\,kJ = -33.746\,kJ$$

$$\Delta U = \Delta H - \Delta(pV) = \Delta H - p_4V_4 + p_1V_1 = \Delta H + nRT_1$$

$$= -33.746\,kJ + [1\times8.314\times(273.15+80.1)\times10^{-3}]\,J = -30.809\,kJ$$

体积功: $W = W_1 + W_2 + W_3$

$$W_1 = nRT_1\ln\frac{p_2}{p_1} = \left(1\times8.314\times353.25\times\ln\frac{101.325}{40.53}\right)J = 2.691\,kJ$$

$$W_2 = -p_{amb}(V_3 - V_2) \approx p_2V_2 = nRT_2 = (1\times8.314\times353.25)\,J = 2.937\,kJ$$

$$W_3 \approx 0(液体恒压变温过程)$$

所以 $W = W_1 + W_2 + W_3 = (2.691 + 2.937 + 0)\,kJ = 5.628\,kJ$

$$Q = \Delta U - W = (-30.809 - 5.628)\,kJ = -36.437\,kJ$$

$$\Delta S = \Delta S_1 + \Delta S_2 + \Delta S_3 = nR\ln\frac{p_1}{p_2} - \frac{n\Delta_{vap}H_m}{T_2} + nC_{p,m}(l)\ln\frac{T_4}{T_3}$$

$$= \left(1\times8.314\times\ln\frac{40.53}{101.325} - \frac{1\times30.878\times10^3}{353.25} + 1\times142.7\times\ln\frac{333.15}{353.25}\right)J\cdot K^{-1}$$

$$= -103.39\,J\cdot K^{-1}$$

解法二: 先计算过程的功。

$$W = W_1 + W_2 + W_3 = nRT_1\ln\frac{p_2}{p_1} - p_{amb}(V_3 - V_2) + 0 = 2.691\,kJ + 2.937\,kJ = 5.628\,kJ$$

过程的热:

$$Q = Q_1 + Q_2 + Q_3 = \Delta U_1 - W_1 + \Delta H_2 + nC_{p,m}(l)(T_4 - T_3)$$

$$= -2.691\,kJ - 30.878\,kJ - 2.868\,kJ = -36.437\,kJ$$

$$\Delta U = W + Q = (5.628 - 36.437)\,\text{kJ} = -30.809\,\text{kJ}$$

忽略液态苯的体积,计算焓变:

$$\Delta H = \Delta U + \Delta(pV) = \Delta U + (p_4 V_4 - p_1 V_1) \approx \Delta U - p_1 V_1 = \Delta U - n_g RT$$

$$= -30.809\,\text{kJ} - (1 \times 8.314 \times 353.25 \times 10^{-3})\,\text{J}$$

$$= -33.746\,\text{kJ}$$

熵变计算方法与解法一相同。

*3.30 容积为 20 dm³ 的密闭容器中共有 2 mol H_2O 成气-液平衡。已知 80 ℃,100 ℃下水的饱和蒸气压分别为 $p_1 = 47.343$ kPa 及 $p_2 = 101.325$ kPa,25 ℃水的摩尔蒸发焓 $\Delta_{vap}H_m = 44.016$ kJ·mol⁻¹;水和水蒸气在 25~100 ℃间的平均摩尔定压热容分别为 $\overline{C}_{p,m}(H_2O,l) = 75.75$ J·mol⁻¹·K⁻¹和 $\overline{C}_{p,m}(H_2O,g) = 33.76$ J·mol⁻¹·K⁻¹。今将系统从 80 ℃的平衡态恒容加热到 100 ℃。求过程的 $Q, \Delta U, \Delta H$ 及 ΔS。

解: 先估算 100℃时系统中是否存在液态水。设末态时系统中水蒸气的物质的量为 n,则

$$n = \frac{pV}{RT} = \left(\frac{101.325 \times 10^3 \times 20 \times 10^{-3}}{8.314 \times 373.15}\right)\text{mol} = 0.653\,\text{mol} \quad n < 2\,\text{mol}$$

故只有一部分水蒸发,末态仍处于气-液平衡。因此过程始、末态均为气-液平衡状态,气体的物质的量分别为

$$n_1(g) = \frac{p_1 V}{RT_1} = \left(\frac{47.343 \times 10^3 \times 20 \times 10^{-3}}{8.314 \times 353.15}\right)\text{mol} = 0.322\,\text{mol}$$

$$n_2(g) = \frac{p_2 V}{RT_2} = \left(\frac{101.325 \times 10^3 \times 20 \times 10^{-3}}{8.314 \times 373.15}\right)\text{mol} = 0.653\,\text{mol}$$

可设计如下途径计算 $\Delta U, \Delta H$ 及 ΔS:
先求 80 ℃和 100 ℃时水的摩尔蒸发焓变:

$$\Delta_{vap}H_m(T) = \Delta_{vap}H_m(298.15\,\text{K}) + \int_{298.15\,\text{K}}^{T} \Delta C_{p,m}\mathrm{d}T$$

$$= [44.016 \times 10^3 - 41.99 \times (T/\text{K} - 298.15)]\,\text{J·mol}^{-1}$$

则 $\Delta_{vap}H_m(353.15\,\text{K}) = 41.707$ kJ·mol⁻¹, $\Delta_{vap}H_m(373.15\,\text{K}) = 40.867$ kJ·mol⁻¹
过程中第(1)步和第(4)步为部分物质的可逆相变,第(2)步为液态水的恒温变压,第(3)步为液态水的恒压变温。所以,

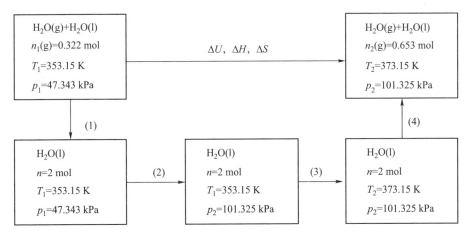

$$\Delta H = \Delta H_1 + \Delta H_2 + \Delta H_3 + \Delta H_4$$

$$= -n_1(\mathrm{g}) \Delta_{\mathrm{vap}} H_m(353.15\ \mathrm{K}) + 0 + n_1 C_{p,m}(\mathrm{l})(T_2 - T_1) + n_2(\mathrm{g}) \Delta_{\mathrm{vap}} H_m(373.15\ \mathrm{K})$$

$$= [-0.322 \times 41.707 \times 10^3 + 2 \times 75.75 \times (100 - 80) + 0.653 \times 40.867 \times 10^3]\ \mathrm{J}$$

$$= 16.28\ \mathrm{kJ}$$

$$\Delta S = \Delta S_1 + \Delta S_2 + \Delta S_3 + \Delta S_4$$

$$= \frac{n_1 \Delta_{\mathrm{vap}} H_m}{T_1} + 0 + n C_{p,m}(\mathrm{l}) \ln \frac{T_2}{T_1} + \frac{n_2 \Delta_{\mathrm{vap}} H_m}{T_2}$$

$$= \left(-\frac{0.322 \times 41.707 \times 10^3}{353.15} + 2 \times 75.75 \ln \frac{373.15}{353.15} + \frac{0.653 \times 40.867 \times 10^3}{373.15} \right)\ \mathrm{J \cdot K^{-1}}$$

$$= 41.83\ \mathrm{J \cdot K^{-1}}$$

$$Q = \Delta U = \Delta H - V \Delta p = 16.28\ \mathrm{kJ} - [20 \times 10^{-3} \times (101.325 - 47.343)]\ \mathrm{kJ}$$

$$= 15.20\ \mathrm{kJ}$$

3.31 已知 $O_2(\mathrm{g})$ 的摩尔定压热容与温度的函数关系为

$$C_{p,m} = [28.17 + 6.297 \times 10^{-3}(T/\mathrm{K}) - 0.749\ 4 \times 10^{-6}(T/\mathrm{K})^2]\ \mathrm{J \cdot mol^{-1} \cdot K^{-1}}$$

且 25 ℃ 时 $O_2(\mathrm{g})$ 的标准摩尔熵 $S_m^{\ominus} = 205.138\ \mathrm{J \cdot mol^{-1} \cdot K^{-1}}$。求 $O_2(\mathrm{g})$ 在 100 ℃, 50 kPa 下的摩尔规定熵值 S_m。

解: 设 $O_2(\mathrm{g})$ 进行如下过程:

气体 pVT 变化过程 $\mathrm{d}S = \dfrac{n C_{p,m}}{T} \mathrm{d}T - \dfrac{nR}{p} \mathrm{d}p$, 可得

$$\Delta S_m = \int_{T_1}^{T_2} \frac{C_{p,m}}{T} \mathrm{d}T - R \ln \frac{p_2}{p_1}$$

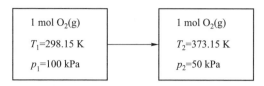

将 $C_{p,\mathrm{m}} = [28.17 + 6.297 \times 10^{-3}(T/\mathrm{K}) - 0.749\,4 \times 10^{-6}(T/\mathrm{K})^2]\,\mathrm{J \cdot mol^{-1} \cdot K^{-1}}$ 及有关数据代入上式,有

$$\Delta S_{\mathrm{m}} = \int_{298.15\,\mathrm{K}}^{373.15\,\mathrm{K}} \frac{C_{p,\mathrm{m}}}{T}\mathrm{d}T - R\ln\frac{p_2}{p_1}$$

$$= \int_{298.15\,\mathrm{K}}^{373.15\,\mathrm{K}} \frac{28.17}{T}\mathrm{d}T + \int_{298.15\,\mathrm{K}}^{373.15\,\mathrm{K}} 6.297 \times 10^{-3}\mathrm{d}T - \int_{298.15\,\mathrm{K}}^{373.15\,\mathrm{K}} \frac{0.749\,4 \times 10^{-6}}{T}\mathrm{d}T - R\ln\frac{p_2}{p_1}$$

$$= \left[28.17 \times \ln\frac{373.15}{298.15} + 6.297 \times 10^{-3}(373.15 - 298.15) \right.$$

$$\left. - \frac{0.749\,4 \times 10^{-6}}{2}(373.15^2 - 298.15^2) - 8.314 \times \ln\frac{50}{100} \right]\mathrm{J \cdot mol^{-1} \cdot K^{-1}}$$

$$= 12.537\,\mathrm{J \cdot mol^{-1} \cdot K^{-1}}$$

所以 $S_{\mathrm{m}} = S_{\mathrm{m}}^{\ominus} + \Delta S = (205.138 + 12.537)\,\mathrm{J \cdot mol^{-1} \cdot K^{-1}} = 217.675\,\mathrm{J \cdot mol^{-1} \cdot K^{-1}}$

3.32   若参加化学反应的各物质的摩尔定压热容可表示为

$$C_{p,\mathrm{m}} = a + bT + cT^2$$

试推导化学反应 $0 = \sum_{\mathrm{B}} \nu_{\mathrm{B}} \mathrm{B}$ 的标准摩尔反应熵 $\Delta_{\mathrm{r}}S_{\mathrm{m}}^{\ominus}(T)$ 与温度 T 的函数关系式,并说明积分常数 $\Delta_{\mathrm{r}}S_{\mathrm{m,0}}^{\ominus}$ 如何确定。

解: 对于标准摩尔反应熵,有 $\mathrm{d}(\Delta_{\mathrm{r}}S_{\mathrm{m}}^{\ominus}) = \dfrac{\Delta_{\mathrm{r}}C_{p,\mathrm{m}}}{T}\mathrm{d}T$,所以

$$\Delta_{\mathrm{r}}S_{\mathrm{m}}^{\ominus}(T) = \Delta_{\mathrm{r}}S_{\mathrm{m}}^{\ominus}(T_0) + \int_{T_0}^{T} \frac{\Delta_{\mathrm{r}}C_{p,\mathrm{m}}}{T}\mathrm{d}T$$

$$= \Delta_{\mathrm{r}}S_{\mathrm{m}}^{\ominus}(T_0) + \int_{T_0}^{T} \frac{\Delta a + \Delta bT + \Delta cT^2}{T}\mathrm{d}T$$

$$= \Delta_{\mathrm{r}}S_{\mathrm{m}}^{\ominus}(T_0) + \Delta a\ln\frac{T}{T_0} + \Delta b(T - T_0) + \frac{\Delta c}{2}(T^2 - T_0^2)$$

$$= \Delta_{\mathrm{r}}S_{\mathrm{m}}^{\ominus}(T_0) + \Delta a\ln T + \Delta bT + \frac{\Delta c}{2}T^2 - \left(\Delta a\ln T_0 + \Delta bT_0 + \frac{\Delta c}{2}T_0^2 \right)$$

$$= \Delta_r S_{m,0}^{\ominus} + \Delta a \ln T + \Delta b T + \frac{\Delta c}{2} T^2$$

上式中积分常数 $\Delta_r S_{m,0}^{\ominus} = \Delta_r S_m^{\ominus}(T_0) - \left(\Delta a \ln T_0 + \Delta b T_0 + \frac{\Delta c}{2} T_0^2\right)$，将 T_0 时 $\Delta_r S_m^{\ominus}(T_0)$ 代入上式即可确定积分常数 $\Delta_r S_{m,0}^{\ominus}$。

3.33 已知 25 ℃ 时,液态水的标准摩尔生成吉布斯函数 $\Delta_f G_m^{\ominus}(H_2O, l) =$ -237.129 kJ·mol^{-1},饱和蒸气压 $p^* = 3.166\ 3$ kPa。求 25 ℃ 时水蒸气的标准摩尔生成吉布斯函数。

试题分析

解: 设计恒温条件下的可逆相变过程如下:

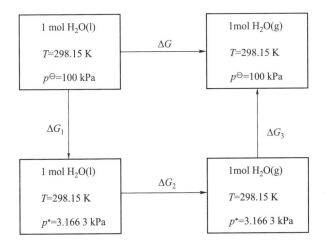

则　　$\Delta G = \Delta_f G_m^{\ominus}(H_2O, g) - \Delta_f G_m^{\ominus}(H_2O, l) = \Delta G_1 + \Delta G_2 + \Delta G_3$

$\Delta G_2 = 0$ (恒温恒压可逆相变)

$$\Delta G_1 = \int_{p^{\ominus}}^{p^*} V_m(l)\, dp \approx 0 \quad [V_m(g) \gg V_m(l)]$$

$$\Delta G_3 = \int_{p^*}^{p^{\ominus}} V_m(g)\, dp = \int_{p^*}^{p^{\ominus}} \frac{RT}{p}\, dp = RT \ln \frac{p^{\ominus}}{p^*}$$

$$= \left(8.314 \times 298.15 \times \ln \frac{100}{3.166\ 3}\right) J \cdot mol^{-1} = 8.558\ kJ \cdot mol^{-1}$$

于是

$$\Delta_f G_m^{\ominus}(H_2O, g) = \Delta_f G_m^{\ominus}(H_2O, l) + \Delta G$$

$$= -237.129\ kJ \cdot mol^{-1} + 8.558\ kJ \cdot mol^{-1} = -228.571\ kJ \cdot mol^{-1}$$

3.34 100 ℃ 的恒温槽中有一带活塞的导热圆筒,筒中为 2 mol N$_2$(g) 及装于小玻璃瓶中的 3 mol $H_2O(l)$。环境的压力即系统的压力维持 120 kPa 不变。今将小玻璃瓶打碎,液态水蒸发至平衡态。求过程的 $Q, W, \Delta U, \Delta H, \Delta S, \Delta A$ 及 ΔG。已知 100 ℃ 水的饱和蒸气压为 $p^*(H_2O)$ 101.325 kPa,此条件下水的摩尔蒸发焓 $\Delta_{vap}H_m = 40.668$ kJ·mol^{-1}。

解: 将气相视为理想气体。假设水全部蒸发,则系统末态 $H_2O(g)$ 的摩尔分数为 $y(H_2O) = 3/5 = 0.6, H_2O(g)$ 的分压为

$$p_2(H_2O) = y(H_2O) \times p = 0.6 \times 120 \text{ kPa} = 72 \text{ kPa}, p_2(H_2O) < 101.325 \text{ kPa}$$

所以假设合理。3 mol 水完全蒸发,系统末态 $H_2O(g)$ 的分压为 72 kPa。

$$p = p_{amb} = 120 \text{ kPa}$$

$$W = -p(V_2 - V_1) = -\Delta n(g)RT = (-3 \times 8.314 \times 373.15) \text{ J} = -9.307 \text{ kJ}$$

题给水的蒸发过程是不可逆相变,所以需要设计如下可逆途径计算原过程状态函数的变化:

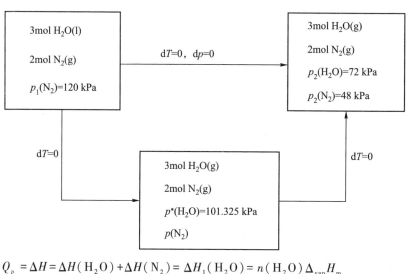

$$Q_p = \Delta H = \Delta H(H_2O) + \Delta H(N_2) = \Delta H_1(H_2O) = n(H_2O)\Delta_{vap}H_m$$
$$= (3 \times 40.668) \text{ kJ} = 122.004 \text{ kJ}$$

$$\Delta U = Q + W = 122.004 \text{ kJ} - 9.307 \text{ kJ} = 112.697 \text{ kJ}$$

$$\Delta S = \Delta S(H_2O) + \Delta S(N_2) = \Delta S_1(H_2O) + \Delta S_2(H_2O) + \Delta S(N_2)$$

$$= \frac{\Delta H_1(H_2O)}{T} - n(H_2O)R\ln\frac{p_2(H_2O)}{p^*(H_2O)} - n(N_2)R\ln\frac{p_2(N_2)}{p_1(N_2)}$$

$$= \left(\frac{122.004 \times 10^3}{373.15} - 3 \times 8.314 \times \ln\frac{72}{101.325} - 2 \times 8.314 \times \ln\frac{48}{120}\right) \text{ J·K}^{-1}$$

$$= 350.71 \text{ J} \cdot \text{K}^{-1}$$

$$\Delta G = \Delta H - \Delta(TS) = \Delta H - T\Delta S = (122.004 - 373.15 \times 350.71 \times 10^{-3})\text{kJ}$$

$$= -8.863 \text{ kJ}$$

$$\Delta A = \Delta U - \Delta(TS) = \Delta U - T\Delta S = (112.697 - 373.15 \times 350.71 \times 10^{-3})\text{kJ}$$

$$= -18.170 \text{ kJ}$$

3.35 已知 100 ℃ 水的饱和蒸气压为 101.325 kPa,此条件下水的摩尔蒸发焓 $\Delta_{vap}H_m = 40.668 \text{ kJ} \cdot \text{mol}^{-1}$。在置于 100 ℃ 恒温槽中的容积为 100 dm³ 的密闭容器中,有压力 120 kPa 的过饱和水蒸气。此状态为亚稳态。今过饱和蒸气失稳,部分凝结成液态水达到热力学稳定的平衡态。求过程的 $Q, \Delta U, \Delta H, \Delta S, \Delta A$ 及 ΔG。

解: 始态 100 ℃, 120 kPa 的过饱和水蒸气,在 T, V 恒定条件下失稳后水蒸气将部分变为液体水,直到末态水蒸气压力等于 101.325 kPa。此过程为不可逆相变,需设计可逆途径,求过程的热力学函数变。

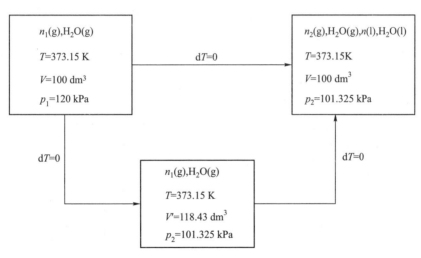

$$n_1(\text{g}) = \frac{p_1 V}{RT} = \left(\frac{120 \times 100}{373.15 \times 8.314}\right)\text{mol} = 3.868 \text{ mol}$$

$$n(\text{l}) = \frac{V}{RT}(p_1 - p_2) = \left[\frac{100 \times 10^{-3}}{373.15 \times 8.314} \times (120 - 101.325) \times 10^3\right]\text{mol} = 0.602 \text{ mol}$$

$$\Delta H = \Delta H_1 + \Delta H_2 = \Delta H_2 = -n(\text{l})\Delta_{vap}H_m = (-0.602 \times 40.668)\text{kJ} = -24.482 \text{ kJ}$$

$$\Delta S = \Delta S_1 + \Delta S_2 = -n_1(\text{g})R\ln\frac{p_2}{p_1} + \frac{\Delta H_2}{T}$$

$$=\left(-3.868\times8.314\times\ln\frac{101.325}{120}-\frac{24.482\times10^3}{373.15}\right)\text{J}\cdot\text{K}^{-1}=-60.169\text{ J}\cdot\text{K}^{-1}$$

$$Q_V=\Delta U=\Delta H-\Delta(pV)=\Delta H-V\Delta p$$

$$=-24.482\text{ kJ}-\left[100\times10^{-3}\times(101.325-120)\times10^3\right]\text{J}=-22.614\text{ kJ}$$

$$\Delta G=\Delta H-\Delta(TS)=(-24.482+373.15\times60.169\times10^{-3})\text{kJ}=-2.030\text{ kJ}$$

$$\Delta A=\Delta U-\Delta(TS)=(-22.614+373.15\times60.169\times10^{-3})\text{kJ}=-0.162\text{ kJ}$$

也可用下列方法求 ΔA 及 ΔG:

$$\Delta G=\Delta G_1+\Delta G_2=\Delta G_1=n_1(\text{g})RT\ln\frac{p_2}{p_1}=-2.030\text{ kJ}$$

$$\Delta A=\Delta G-\Delta(pV)=\left[-2.030-100\times(101.325-120)\times10^{-3}\right]\text{kJ}=-0.162\text{ kJ}$$

3.36 已知水的正常沸点为 100 ℃,其比蒸发焓 $\Delta_{vap}h=2257.4\text{ kJ}\cdot\text{kg}^{-1}$。液态水和水蒸气在 100~120 ℃ 范围内的平均比定压热容分别为 $\overline{c}_p(\text{H}_2\text{O},\text{l})=4.224\text{ kJ}\cdot\text{kg}^{-1}\cdot\text{K}^{-1}$ 及 $\overline{c}_p(\text{H}_2\text{O},\text{g})=2.033\text{ kJ}\cdot\text{kg}^{-1}\cdot\text{K}^{-1}$。今有 101.325 kPa 下 120 ℃ 的 1 kg 过热水变成同样温度、压力下的水蒸气。设计可逆途径,并按可逆途径分别求过程的 ΔS 及 ΔG。

解: 设计可逆途径如下:

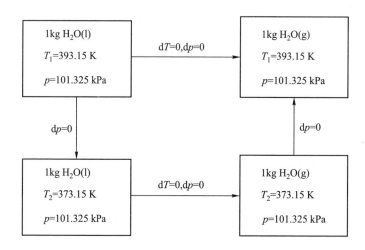

$$\Delta H=\Delta H_1+\Delta H_2+\Delta H_3$$

$$=mc_p(\text{l})(T_2-T_1)+m\Delta_{vap}h+mc_p(\text{g})(T_2-T_1)$$

$$= m\left[\,c_p(\text{g})-c_p(\text{l})\,\right]\left(\,T_1-T_2\,\right)+m\Delta_{\text{vap}}h$$

$$= \left[\,1\times(2.033-4.224)\times20+1\times2\,257.4\,\right]\text{kJ}=2\,213.6\ \text{kJ}$$

$$\Delta S = \Delta S_1+\Delta S_2+\Delta S_3$$

$$= mc_p(\text{l})\ln\frac{T_2}{T_1}+\frac{m\Delta_{\text{vap}}h}{T_2}+mc_p(\text{g})\ln\frac{T_1}{T_2}$$

$$= \left(1\times4.224\times\ln\frac{373.15}{393.15}+\frac{1\times2\,257.4}{373.15}+1\times2.033\times\ln\frac{393.15}{373.15}\right)\text{kJ}\cdot\text{K}^{-1}$$

$$= 5.935\ \text{kJ}\cdot\text{K}^{-1}$$

$$\Delta G = \Delta H-T\Delta S = 2\,213.6\ \text{kJ}-(393.15\times5.935)\text{kJ}=-119.75\ \text{kJ}$$

3.37 已知在 100 kPa 下水的凝固点为 0 ℃,在 -5 ℃时,过冷水的比凝固焓 $\Delta_{\text{l}}^{\text{s}}h=-322.4\ \text{J}\cdot\text{g}^{-1}$,过冷水和冰的饱和蒸气压分别为 $p^*(\text{H}_2\text{O},\text{l})=0.422\ \text{kPa}$ 及 $p^*(\text{H}_2\text{O},\text{s})=0.414\ \text{kPa}$。今在 100 kPa 下,有 -5 ℃,1 kg 的过冷水变为同样温度、压力下的冰,设计可逆途径,分别按可逆途径计算过程的 ΔS 及 ΔG。

解:设计可逆途径如下:

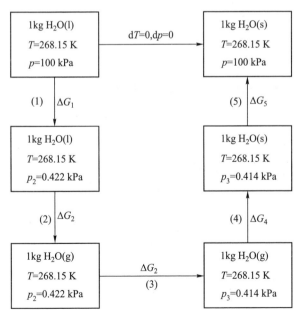

第 2 步、第 4 步为可逆相变,$\Delta G_2=\Delta G_4=0$,第 1 步、第 5 步为凝聚相的恒温变压过程,$\Delta G_1\approx0$,$\Delta G_5\approx0$,因此

$$\Delta G = \Delta G_1 + \Delta G_2 + \Delta G_3 + \Delta G_4 + \Delta G_5$$

$$= \Delta G_3 = nRT\ln\frac{p_3}{p_2} = \left(\frac{1\,000}{18.015}\times268.15\times8.314\times\ln\frac{0.414}{0.422}\right) \text{J}$$

$$= -2.369 \text{ kJ}$$

$$\Delta S = \frac{\Delta H - \Delta G}{T} = \left(\frac{-1\,000\times322.4+2.369\times10^3}{268.15}\right) \text{J}\cdot\text{K}^{-1} = -1.193 \text{ kJ}\cdot\text{K}^{-1}$$

3.38　已知在 -5 ℃，水和冰的密度分别为 $\rho(\text{H}_2\text{O},\text{l}) = 999.2 \text{ kg}\cdot\text{m}^{-3}$ 和 $\rho(\text{H}_2\text{O},\text{s}) = 916.7 \text{ kg}\cdot\text{m}^{-3}$。在 -5 ℃，水和冰的相平衡压力为 59.8 MPa。今有 -5 ℃，1 kg 的水在 100 kPa 下凝固成同样温度下的冰，求过程的 ΔG。假设水和冰的密度不随压力改变。

解：设计可逆相变途径如下：

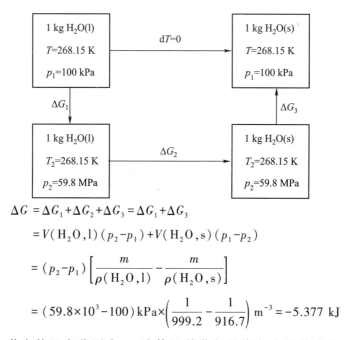

$$\Delta G = \Delta G_1 + \Delta G_2 + \Delta G_3 = \Delta G_1 + \Delta G_3$$

$$= V(\text{H}_2\text{O},\text{l})(p_2-p_1) + V(\text{H}_2\text{O},\text{s})(p_1-p_2)$$

$$= (p_2-p_1)\left[\frac{m}{\rho(\text{H}_2\text{O},\text{l})} - \frac{m}{\rho(\text{H}_2\text{O},\text{s})}\right]$$

$$= (59.8\times10^3-100) \text{ kPa}\times\left(\frac{1}{999.2}-\frac{1}{916.7}\right) \text{m}^{-3} = -5.377 \text{ kJ}$$

3.39　若在某温度范围内，一液体及其蒸气的摩尔定压热容均可表示成 $C_{p,\text{m}} = a+bT+cT^2$ 的形式，则液体的摩尔蒸发焓为

$$\Delta_{\text{vap}}H_{\text{m}}(T) = \Delta H_0 + \Delta aT + \frac{\Delta b}{2}T^2 + \frac{\Delta c}{3}T^3$$

其中 $\Delta a = a(\text{g})-a(\text{l})$，$\Delta b = b(\text{g})-b(\text{l})$，$\Delta c = c(\text{g})-c(\text{l})$，$\Delta H_0$ 为积分常数。试应用克劳修斯-克拉佩龙方程的微分式，推导出该温度范围内液体的饱和蒸气压 p^* 的对数 $\ln p^*$ 与热力学温度 T 的函数关系式，积分常数为 I。

解:将题给液体的摩尔蒸发焓 $\Delta_{vap}H_m(T)$ 表达式代入克劳修斯-克拉佩龙方程微分式:

$$\frac{\mathrm{d}\ln p^*}{\mathrm{d}T} = \frac{\Delta_{vap}H_m(T)}{RT^2} = \frac{\Delta H_0}{RT^2} + \frac{\Delta a}{RT} + \frac{\Delta b}{2R} + \frac{\Delta c}{3R}T$$

进行积分

$$\int \mathrm{d}\ln p^* = \int\left(\frac{\Delta H_0}{RT^2} + \frac{\Delta a}{RT} + \frac{\Delta b}{2R} + \frac{\Delta c}{3R}T\right)\mathrm{d}T$$

有

$$\ln p^* = -\frac{\Delta H_0}{RT} + \frac{\Delta a}{R}\ln T + \frac{\Delta b}{2R}T + \frac{\Delta c}{6R}T^2 + I$$

3.40 化学反应如下:

$$CH_4(g) + CO_2(g) \Longrightarrow 2CO(g) + 2H_2(g)$$

(1) 利用教材附录中各物质的 $S_m^{\ominus}$, $\Delta_f H_m^{\ominus}$ 数据,求上述反应在 25 ℃ 时的 $\Delta_r S_m^{\ominus}$, $\Delta_r G_m^{\ominus}$;

(2) 利用教材附录中各物质的 $\Delta_f G_m^{\ominus}$ 数据,计算上述反应在 25 ℃ 时的 $\Delta_r G_m^{\ominus}$;

(3) 25 ℃,若始态 $CH_4(g)$ 和 $H_2(g)$ 的分压均为 150 kPa,末态 $CO(g)$ 和 $H_2(g)$ 的分压均为 50 kPa,求反应的 $\Delta_r S_m$, $\Delta_r G_m$。

解:(1) 利用 $S_m^{\ominus}$, $\Delta_f H_m^{\ominus}$ 数据计算 $\Delta_r S_m^{\ominus}$, $\Delta_r G_m^{\ominus}$。

$$\Delta_r S_m^{\ominus} = \sum_B \nu_B S_m^{\ominus}(B)$$

$$= (2 \times 197.674 + 2 \times 130.684 - 213.74 - 186.264)\,J \cdot mol^{-1} \cdot K^{-1}$$

$$= 256.712\,J \cdot mol^{-1} \cdot K^{-1}$$

$$\Delta_r H_m^{\ominus} = \sum_B \nu_B \Delta_f H_m^{\ominus}(B) = (-2 \times 110.525 + 393.509 + 74.81)\,kJ \cdot mol^{-1}$$

$$= 247.269\,kJ \cdot mol^{-1}$$

$$\Delta_r G_m^{\ominus} = \Delta_r H_m^{\ominus} - T\Delta_r S_m^{\ominus} = (247.269 \times 10^3 - 298.15 \times 256.712)\,J \cdot mol^{-1}$$

$$= 170.730\,kJ \cdot mol^{-1}$$

(2) 利用 $\Delta_f G_m^{\ominus}$ 数据计算 25 ℃ 时的 $\Delta_r G_m^{\ominus}$。

$$\Delta_r G_m^{\ominus} = \sum_B \nu_B \Delta_f G_m^{\ominus}(B) = (-2 \times 137.168 + 394.359 + 50.72)\,kJ \cdot mol^{-1}$$

$$= 170.743\,kJ \cdot mol^{-1}$$

(3) 设计如下途径:

故 $\Delta_r S_m = \Delta_r S_m^{\ominus} + \Delta S_1 - \Delta S_2$

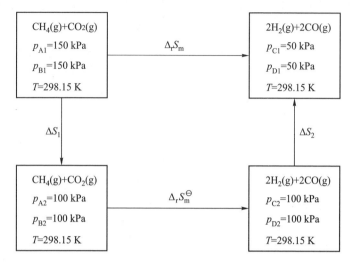

$$\Delta S_1 = -n_A R \ln \frac{p_{A2}}{p_{A1}} - n_B R \ln \frac{p_{B2}}{p_{B1}} = \left(-2 \times 8.314 \times \ln \frac{100}{150}\right) \text{J} \cdot \text{mol}^{-1} \cdot \text{K}^{-1}$$

$$= 6.742\ 1 \text{ J} \cdot \text{mol}^{-1} \cdot \text{K}^{-1}$$

$$\Delta S_2 = n_C R \ln \frac{p_{C1}}{p_{C2}} + n_D R \ln \frac{p_{D1}}{p_{D2}} = \left(4 \times 8.314 \times \ln \frac{50}{100}\right) \text{J} \cdot \text{mol}^{-1} \cdot \text{K}^{-1}$$

$$= 23.051\ 3 \text{ J} \cdot \text{mol}^{-1} \cdot \text{K}^{-1}$$

所以

$$\Delta_r S_m = \Delta_r S_m^{\ominus} + \Delta S_1 + \Delta S_2 = (256.712 + 6.742\ 1 + 23.051\ 3) \text{J} \cdot \text{mol}^{-1} \cdot \text{K}^{-1}$$

$$= 286.505 \text{ J} \cdot \text{mol}^{-1} \cdot \text{K}^{-1}$$

同理　$\Delta_r H_m = \Delta_r H_m^{\ominus} + \Delta H_1 + \Delta H_2$

理想气体的焓只是温度的函数,所以 $\Delta H_1 = \Delta H_2 = 0$

$$\Delta_r H_m = \Delta_r H_m^{\ominus} = 247.269 \text{ kJ} \cdot \text{mol}^{-1}$$

$$\Delta_r G_m = \Delta_r H_m - T \Delta_r S_m = (247.269 \times 10^3 - 298.15 \times 286.505) \text{J} \cdot \text{mol}^{-1}$$

$$= 161.848 \text{ kJ} \cdot \text{mol}^{-1}$$

3.41　已知化学反应 $0 = \sum_B \nu_B B$ 中各物质的摩尔定压热容与温度间的函数关系为

$$C_{p,m} = a + bT + cT^2$$

则该反应的标准摩尔反应熵与温度的关系为

$$\Delta_r S_m^{\ominus}(T) = \Delta_r S_{m,0}^{\ominus} + \Delta a \ln T + \Delta b T + \frac{1}{2} \Delta c T^2$$

试用热力学基本方程 $dG=-SdT+Vdp$ 推导出该反应的标准摩尔反应吉布斯函数 $\Delta_r G_m^\ominus(T)$ 与温度 T 的函数关系式,并说明积分常数 $\Delta_r G_{m,0}^\ominus$ 如何确定。

解:由热力学基本方程 $dG=-SdT+Vdp$ 可知,恒压下 $d\Delta_r G_m^\ominus=-\Delta_r S_m^\ominus dT$,进行积分:

$$\int d\Delta_r G_m^\ominus = -\int \Delta_r S_m^\ominus(T)\,dT$$

$$= -\int\left(\Delta_r S_{m,0}^\ominus + \Delta a\ln T + \Delta bT + \frac{1}{2}\Delta cT^2\right)dT$$

$$\Delta_r G_m^\ominus(T) = \Delta_r G_{m,0}^\ominus - \left[\Delta aT\ln T + (\Delta_r S_{m,0}^\ominus - \Delta a)T + \frac{\Delta b}{2}T^2 + \frac{\Delta c}{6}T^3\right]$$

上式中积分常数:

$$\Delta_r G_{m,0}^\ominus = \Delta_r G_m^\ominus(T_0) + \left[\Delta aT_0\ln T_0 + (\Delta_r S_{m,0}^\ominus - \Delta a)T_0 + \frac{\Delta b}{2}T_0^2 + \frac{\Delta c}{6}T_0^3\right]$$

通过代入 T_0 及 $\Delta_r G_m^\ominus(T_0)$ 即可确定(假设 $\Delta_r S_{m,0}^\ominus$ 已知)。

3.42 求证:

(1) $dH = nC_{p,m}dT + \left[V - T\left(\dfrac{\partial V}{\partial T}\right)_p\right]dp$

试题分析

(2) 对理想气体 $\left(\dfrac{\partial H}{\partial p}\right)_T = 0$

证明:(1)根据题给方程设:$H = f(T,p)$

$$dH = \left(\frac{\partial H}{\partial T}\right)_p dT + \left(\frac{\partial H}{\partial p}\right)_T dp$$

由热力学基本方程 $dH = TdS + Vdp$ 可得

$$\left(\frac{\partial H}{\partial p}\right)_T = T\left(\frac{\partial S}{\partial p}\right)_T + V$$

由麦克斯韦关系式 $\left(\dfrac{\partial S}{\partial p}\right)_T = -\left(\dfrac{\partial V}{\partial T}\right)_p$ 及 $\left(\dfrac{\partial H}{\partial T}\right)_p = nC_{p,m}$ 可得

$$dH = nC_{p,m}dT + \left[V - T\left(\frac{\partial V}{\partial T}\right)_p\right]dp$$

得证。

(2)理想气体 $V = \dfrac{nRT}{p}$,则 $\left(\dfrac{\partial V}{\partial T}\right)_p = \dfrac{nR}{p}$,再结合(1)的结果,有

$$\left(\frac{\partial H}{\partial T}\right)_p = \left[V - T\left(\frac{\partial V}{\partial T}\right)_p\right] = V - \frac{nRT}{p} = 0$$

3.43　求证:

(1) $\left(\dfrac{\partial U}{\partial p}\right)_T = (\kappa_T p - \alpha_V T)V$

(2) 对理想气体 $\left(\dfrac{\partial U}{\partial p}\right)_T = 0$

式中 $\alpha_V = \dfrac{1}{V}\left(\dfrac{\partial V}{\partial T}\right)_p$ 为体膨胀系数; $\kappa_T = -\dfrac{1}{V}\left(\dfrac{\partial V}{\partial p}\right)_T$ 为等温压缩率。提示:从 $U = H - pV$ 出发,可应用习题 3.42(1)中的结果。

证明:(1) 在恒温下,将式 $U = H - pV$ 对 p 求导,可得

$$\left(\frac{\partial U}{\partial p}\right)_T = \left(\frac{\partial H}{\partial p}\right)_T - V - p\left(\frac{\partial V}{\partial p}\right)_T$$

利用习题 3.42(1)中的结果,以及麦克斯韦关系式,有

$$\left(\frac{\partial H}{\partial p}\right)_T = T\left(\frac{\partial S}{\partial p}\right)_T + V = -T\left(\frac{\partial V}{\partial T}\right)_p + V$$

代入上式可得

$$\left(\frac{\partial U}{\partial p}\right)_T = -T\left(\frac{\partial V}{\partial T}\right)_p - p\left(\frac{\partial V}{\partial p}\right)_T$$

再将 $\alpha_V = \dfrac{1}{V}\left(\dfrac{\partial V}{\partial T}\right)_p$, $\kappa_T = -\dfrac{1}{V}\left(\dfrac{\partial V}{\partial p}\right)_T$ 代入可得

$$\left(\frac{\partial U}{\partial p}\right)_T = (\kappa_T p - \alpha_V T)V$$

(2) 理想气体 $V = \dfrac{nRT}{p}$, $\left(\dfrac{\partial V}{\partial T}\right)_p = \dfrac{nR}{p}$, $\left(\dfrac{\partial V}{\partial p}\right)_T = -\dfrac{V}{p}$

$$\left(\frac{\partial U}{\partial p}\right)_T = -T\left(\frac{\partial V}{\partial T}\right)_p - p\left(\frac{\partial V}{\partial p}\right)_T = \frac{-nRT}{p} + \frac{pV}{p} = 0$$

3.44　证明:

(1) $\mathrm{d}S = \dfrac{nC_{V,m}}{T}\left(\dfrac{\partial T}{\partial p}\right)_V \mathrm{d}p + \dfrac{nC_{p,m}}{T}\left(\dfrac{\partial T}{\partial V}\right)_p \mathrm{d}V$

(2) 对理想气体 $\mathrm{d}S = nC_{V,m}\mathrm{d}\ln p + nC_{p,m}\mathrm{d}\ln V$

证明:(1) 根据题给方程,设:$S = f(p, V)$,则

$$dS = \left(\frac{\partial S}{\partial p}\right)_V dp + \left(\frac{\partial S}{\partial V}\right)_p dV$$

$$\left(\frac{\partial S}{\partial p}\right)_V = \left(\frac{\partial S}{\partial T}\right)_V \left(\frac{\partial T}{\partial p}\right)_V = \frac{nC_{V,m}}{T}\left(\frac{\partial T}{\partial p}\right)_V$$

$$\left(\frac{\partial S}{\partial V}\right)_p = \left(\frac{\partial S}{\partial T}\right)_p \left(\frac{\partial T}{\partial V}\right)_p = \frac{nC_{p,m}}{T}\left(\frac{\partial T}{\partial V}\right)_p$$

所以 $dS = \left(\frac{\partial S}{\partial p}\right)_V dp + \left(\frac{\partial S}{\partial V}\right)_V dV = \frac{nC_{V,m}}{T}\left(\frac{\partial T}{\partial p}\right)_V dp + \frac{nC_{p,m}}{T}\left(\frac{\partial T}{\partial V}\right)_p dV$

（2）理想气体 $T = \dfrac{pV}{nR}$，$\left(\dfrac{\partial T}{\partial p}\right)_V = \dfrac{V}{nR} = \dfrac{T}{p}$，$\left(\dfrac{\partial T}{\partial V}\right)_p = \dfrac{p}{nR} = \dfrac{T}{V}$

所以 $dS = \dfrac{nC_{V,m}}{T}\dfrac{T}{p}dp + \dfrac{nC_{p,m}}{T}\dfrac{T}{V}dV = nC_{V,m}\,\mathrm{d}\ln p + nC_{p,m}\,\mathrm{d}\ln V$

3.45 求证：

（1）$dS = \dfrac{nC_{V,m}}{T}dT + \left(\dfrac{\partial p}{\partial T}\right)_V dV$

（2）对范德华气体，且 $C_{V,m}$ 为定值时，绝热可逆过程方程式为

$$T^{C_{V,m}}(V_m - b)^R = 常数$$

$$\left(p + \frac{a}{V_m^2}\right)^{C_{V,m}}(V_m - b)^{(C_{V,m}+R)} = 常数$$

提示：绝热可逆过程 $\Delta S = 0$。

证明：（1）根据题给方程设：$S = f(T, V)$，则

$$dS = \left(\frac{\partial S}{\partial T}\right)_V dT + \left(\frac{\partial S}{\partial V}\right)_T dV = \frac{nC_{V,m}}{T}dT + \left(\frac{\partial S}{\partial V}\right)_T dV$$

结合麦克斯韦关系式 $\left(\dfrac{\partial S}{\partial V}\right)_T = -\left(\dfrac{\partial p}{\partial T}\right)_V$，得

$$dS = \frac{nC_{V,m}}{T}dT + \left(\frac{\partial p}{\partial T}\right)_V dV$$

（2）对于范德华气体，有 $\left(p + \dfrac{a}{V_m^2}\right)(V_m - b) = RT$，则 $\left(\dfrac{\partial p}{\partial T}\right)_{V_m} = \dfrac{R}{V_m - b}$

故 $dS_m = \dfrac{C_{V,m}}{T}dT + \left(\dfrac{\partial p}{\partial T}\right)_{V_m} dV_m = \dfrac{C_{V,m}}{T}dT + \dfrac{R}{V_m - b}dV_m$

绝热可逆过程 $dS = 0$，因此

$$\frac{C_{V,m}}{T}dT+\frac{R}{V_m-b}dV_m=0$$

即

$$C_{V,m}d\ln T+Rd\ln(V_m-b)=0$$

积分可得

$$T_1^{C_{V,m}}(V_{m,1}-b)^R=T_2^{C_{V,m}}(V_{m,2}-b)^R$$

即

$$T^{C_{V,m}}(V_m-b)^R=常数$$

根据范德华方程

$$T=\frac{(p+a/V_m^2)(V_m-b)}{R}$$

所以

$$(p+a/V_m^2)^{C_{V,m}}(V_m-b)^{(C_{V,m}+R)}=常数$$

3.46 证明

（1）焦耳-汤姆逊系数

$$\mu_{J-T}=\frac{1}{C_{p,m}}\left[T\left(\frac{\partial V_m}{\partial T}\right)_p-V_m\right]$$

（2）对理想气体 $\mu_{J-T}=0$

证明:（1）设 $H=f(T,p)$,有

$$dH=\left(\frac{\partial H}{\partial T}\right)_p dT+\left(\frac{\partial H}{\partial p}\right)_T dp$$

节流膨胀过程 $dH=0$,则

$$\mu_{J-T}=\left(\frac{\partial T}{\partial p}\right)_H=\frac{-\left(\frac{\partial H}{\partial p}\right)_T}{\left(\frac{\partial H}{\partial T}\right)_p}=-\frac{1}{nC_{p,m}}\left(\frac{\partial H}{\partial p}\right)_T=-\frac{1}{nC_{p,m}}\left[T\left(\frac{\partial S}{\partial p}\right)_T+V\right]$$

$$=-\frac{1}{nC_{p,m}}\left[V-T\left(\frac{\partial V}{\partial T}\right)_p\right]=\frac{1}{C_{p,m}}\left[T\left(\frac{\partial V_m}{\partial T}\right)_p-V_m\right]$$

注: $\left(\frac{\partial H}{\partial p}\right)_T=\left[V-T\left(\frac{\partial V}{\partial T}\right)_p\right]$ 的证明见习题 3.42（1）。

（2）对理想气体,有 $T\left(\frac{\partial V_m}{\partial T}\right)_p=T\frac{R}{p}=V_m$

所以

$$\mu_{J-T}=\frac{1}{C_{p,m}}\left[T\left(\frac{\partial V_m}{\partial T}\right)_p-V_m\right]=0$$

3.47 Hg 在 100 kPa 下的熔点为 -38.87 ℃,此时比熔化焓 $\Delta_{fus}h=9.75$ J·g^{-1}; 液态 Hg 和固态 Hg 的密度分别为 $\rho(1)=13.690$ g·cm^{-3} 和 $\rho(s)=14.193$ g·cm^{-3}。求:

（1）压力为 10 MPa 下 Hg 的熔点；

（2）若要 Hg 的熔点为−35 ℃,压力需增大至多少?

解:（1）根据克拉佩龙方程,熔点与外压之间的关系为

$$\frac{\mathrm{d}T}{\mathrm{d}p}=\frac{T\Delta_{\mathrm{fus}}V_{\mathrm{m}}}{\Delta_{\mathrm{fus}}H_{\mathrm{m}}}$$

所以
$$\ln\frac{T}{T_0}=\frac{\Delta_{\mathrm{fus}}V_{\mathrm{m}}}{\Delta_{\mathrm{fus}}H_{\mathrm{m}}}(p-p_0)$$

其中
$$\Delta_{\mathrm{fus}}V_{\mathrm{m}}=V_{\mathrm{m}}(1)-V_{\mathrm{m}}(\mathrm{s})=\frac{M_{\mathrm{Hg}}}{\rho(1)}-\frac{M_{\mathrm{Hg}}}{\rho(\mathrm{s})}$$

$$\Delta_{\mathrm{fus}}H_{\mathrm{m}}=M_{\mathrm{Hg}}\Delta_{\mathrm{fus}}h$$

代入上式得

$$\ln\frac{T}{T_0}=\frac{\frac{1}{\rho(1)}-\frac{1}{\rho(\mathrm{s})}}{\Delta_{\mathrm{fus}}h}(p-p_0)$$

$$=\frac{\left(\frac{1}{13.690}-\frac{1}{14.193}\right)\times10^{-6}}{9.75}\times(10^7-100\times10^3)=2.628\,6\times10^{-3}$$

所以 $T=[(273.15-38.87)\times\exp(2.628\,6\times10^{-3})]\,\mathrm{K}=234.90\,\mathrm{K}=-38.25\,℃$

（2）同理,当 $T=(273.15-35.0)\,\mathrm{K}=238.15\,\mathrm{K}$ 时,

$$p=p_0+\frac{\Delta_{\mathrm{fus}}H_{\mathrm{m}}}{\Delta_{\mathrm{fus}}V_{\mathrm{m}}}\ln\frac{T}{T_0}$$

$$=100\,\mathrm{kPa}+\left(\frac{9.75}{2.588\,6\times10^{-9}}\ln\frac{238.15}{234.28}\right)\mathrm{Pa}=61.81\,\mathrm{MPa}$$

3.48 已知水在 77 ℃时的饱和蒸气压为 41.891 kPa。水在 101.325 kPa 下的正常沸点为 100 ℃。求:

（1）下面表示水的蒸气压与温度关系的方程式中的 A 值和 B 值。
$$\lg p=-A/T+B$$

（2）在此温度范围内水的摩尔蒸发焓。

（3）在多大压力下水的沸点为 105 ℃?

解:（1）将水在 77 ℃和 100 ℃时的饱和蒸气压代入题给方程,得

$$\lg(41.891\times10^3) = -\frac{A}{350.15}+B, \quad \lg(101.325\times10^3) = -\frac{A}{373.15}+B$$

解出 $A=2\ 179.133\ \text{K}, B=10.845\ 55$

（2）根据克劳修斯-克拉佩龙方程：$\ln p = -\dfrac{\Delta_{vap}H_m}{RT}+C$

并与（1）中方程对比，得 $\dfrac{\Delta_{vap}H_m}{RT}=\dfrac{A\times2.303}{T}$

$$\Delta_{vap}H_m = 2.303RA = (2.303\times8.314\times2\ 179.133)\ \text{J}\cdot\text{mol}^{-1} = 41.724\ \text{kJ}\cdot\text{mol}^{-1}$$

（3）将水的沸点为 105 ℃，即 $T=378.15$ K，以及参数 A,B 数值代入题给方程，有

$$\lg(p/\text{Pa}) = -\frac{2\ 179.133}{378.15}+10.845\ 55, \quad p = 121.042\ \text{kPa}$$

试题分析

3.49   水（H_2O）和氯仿（$CHCl_3$）在 101.325 kPa 下的正常沸点分别为 100 ℃ 和 61.5 ℃，摩尔蒸发焓分别为 $\Delta_{vap}H_m(H_2O)=40.668\ \text{kJ}\cdot\text{mol}^{-1}$ 和 $\Delta_{vap}H_m(CHCl_3)=29.50\ \text{kJ}\cdot\text{mol}^{-1}$。求两液体具有相同饱和蒸气压时的温度。

解：设它们具有相同饱和蒸气压时的温度为 T，根据克劳修斯-克拉佩龙方程有

$$\ln\frac{p_2}{p_1} = -\frac{\Delta_{vap}H_m}{R}\left(\frac{1}{T_2}-\frac{1}{T_1}\right)$$

于是

H_2O $$\ln\frac{p}{101.325} = -\frac{40.668\times10^3}{R}\left(\frac{1}{T}-\frac{1}{373.15}\right)$$

$CHCl_3$ $$\ln\frac{p}{101.325} = -\frac{29.5\times10^3}{R}\left(\frac{1}{T}-\frac{1}{334.65}\right)$$

两者具有相同的饱和蒸气压，即

$$-\frac{40.668\times10^3}{R}\left(\frac{1}{T}-\frac{1}{373.15}\right) = -\frac{29.5\times10^3}{R}\left(\frac{1}{T}-\frac{1}{334.65}\right)$$

解出 $T=536.05$ K$=262.9$ ℃

3.50   因同一温度下液体及其饱和蒸气压的摩尔定压热容 $C_{p,m}(1), C_{p,m}(g)$ 不同，故液体的摩尔蒸发焓是温度的函数：

$$\Delta_{vap}H_m = \Delta H_0 + [C_{p,m}(g)-C_{p,m}(1)]T$$

试推导液体饱和蒸气压与温度关系的克劳修斯-克拉佩龙方程的不定积分式。

解:写出克劳修斯-克拉佩龙方程微分式:

$$\frac{\mathrm{dln}\, p}{\mathrm{d}T} = \frac{\Delta_{\mathrm{vap}}H_{\mathrm{m}}}{RT^2}$$

将 $\Delta_{\mathrm{vap}}H_{\mathrm{m}} = \Delta H_0 + [\, C_{p,\mathrm{m}}(\mathrm{g}) - C_{p,\mathrm{m}}(1)\,]\,T$ 代入上式得

$$\mathrm{dln}\, p = \left[\frac{\Delta H_0}{RT^2} + \frac{C_{p,\mathrm{m}}(\mathrm{g}) - C_{p,\mathrm{m}}(1)}{RT}\right]\mathrm{d}T$$

对上式进行积分,得

$$\ln p = -\frac{\Delta H_0}{RT} + \frac{C_{p,\mathrm{m}}(\mathrm{g}) - C_{p,\mathrm{m}}(1)}{R}\ln T + C$$

式中,C 为积分常数。

第四章 多组分系统热力学

§4.1 概念、主要公式及其适用条件

1. 偏摩尔量

定义式：$X_B \xlongequal{\text{def}} \left(\dfrac{\partial X}{\partial n_B} \right)_{T,p,n_C}$

全微分式：$\mathrm{d}X = \left(\dfrac{\partial X}{\partial T} \right)_{p,n_B} \mathrm{d}T + \left(\dfrac{\partial X}{\partial p} \right)_{T,n_B} \mathrm{d}p + \sum_B X_B \mathrm{d}n_B$

加和公式：$X = \sum_B n_B X_B$

2. 吉布斯-杜亥姆方程

在恒温、恒压条件下，$\sum_B n_B \mathrm{d}X_B = 0$ 或 $\sum_B x_B \mathrm{d}X_B = 0$

3. 偏摩尔量之间的关系

热力学广度量之间原有的关系，在广度量取了偏摩尔量后依然成立。例如：

$$H = U + pV \qquad \Rightarrow \qquad H_B = U_B + pV_B$$
$$A = U - TS \qquad \Rightarrow \qquad A_B = U_B - TS_B$$
$$G = H - TS \qquad \Rightarrow \qquad G_B = H_B - TS_B$$
$$\left(\frac{\partial G}{\partial p} \right)_T = V \qquad \Rightarrow \qquad \left(\frac{\partial G_B}{\partial p} \right)_{T,n_B} = V_B$$
$$\left(\frac{\partial G}{\partial T} \right)_p = -S \qquad \Rightarrow \qquad \left(\frac{\partial G_B}{\partial T} \right)_{p,n_B} = -S_B$$

4. 化学势

$$\mu_B \xlongequal{\text{def}} G_B = \left(\frac{\partial G}{\partial n_B} \right)_{T,p,n_C}$$

5. 单相多组分系统的热力学基本方程

$$\mathrm{d}U = T\mathrm{d}S - p\mathrm{d}V + \sum_B \mu_B \mathrm{d}n_B$$

$$\mathrm{d}H = T\mathrm{d}S + V\mathrm{d}p + \sum_B \mu_B \mathrm{d}n_B$$

$$\mathrm{d}A = -S\mathrm{d}T - p\mathrm{d}V + \sum_{\mathrm{B}} \mu_{\mathrm{B}} \mathrm{d}n_{\mathrm{B}}$$

$$\mathrm{d}G = -S\mathrm{d}T + V\mathrm{d}p + \sum_{\mathrm{B}} \mu_{\mathrm{B}} \mathrm{d}n_{\mathrm{B}}$$

则有 $\qquad \mu_{\mathrm{B}} = \left(\dfrac{\partial U}{\partial n_{\mathrm{B}}}\right)_{S,V,n_{\mathrm{C}}} = \left(\dfrac{\partial H}{\partial n_{\mathrm{B}}}\right)_{S,p,n_{\mathrm{C}}} = \left(\dfrac{\partial A}{\partial n_{\mathrm{B}}}\right)_{T,V,n_{\mathrm{C}}} = \left(\dfrac{\partial G}{\partial n_{\mathrm{B}}}\right)_{T,p,n_{\mathrm{C}}}$

按照定义,只有 $\left(\dfrac{\partial G}{\partial n_{\mathrm{B}}}\right)_{T,p,n_{\mathrm{C}}}$ 为偏摩尔量,其余三个为偏导数。

6. 化学势判据

在 $\mathrm{d}T = 0, \mathrm{d}p = 0$ 或 $\mathrm{d}V = 0, W' = 0$ 的条件下

$$\sum_{\alpha} \sum_{\mathrm{B}} \mu_{\mathrm{B}(\alpha)} \mathrm{d}n_{\mathrm{B}(\alpha)} \leqslant 0 \quad \left(\begin{array}{l} < \text{自发} \\ = \text{平衡} \end{array}\right)$$

7. 气体组分的化学势

纯理想气体: $\quad \mu^{*}(\mathrm{pg}) = \mu^{\ominus}(\mathrm{g}) + RT\ln\left(\dfrac{p}{p^{\ominus}}\right)$

理想气体混合物中任一组分 B: $\quad \mu_{\mathrm{B}(\mathrm{pg})} = \mu_{\mathrm{B}(\mathrm{g})}^{\ominus} + RT\ln\left(\dfrac{p_{\mathrm{B}}}{p^{\ominus}}\right)$

纯真实气体: $\quad \mu^{*}(\mathrm{g}) = \mu^{\ominus}(\mathrm{g}) + RT\ln\left(\dfrac{p}{p^{\ominus}}\right) + \int_{0}^{p}\left[V_{\mathrm{m}}^{*}(\mathrm{g}) - \dfrac{RT}{p}\right]\mathrm{d}p$

真实气体混合物中任一组分 B:

$$\mu_{\mathrm{B}(\mathrm{g})} = \mu_{\mathrm{B}(\mathrm{g})}^{\ominus} + RT\ln\left(\dfrac{p_{\mathrm{B}}}{p^{\ominus}}\right) + \int_{0}^{p}\left[V_{\mathrm{B}(\mathrm{g})} - \dfrac{RT}{p}\right]\mathrm{d}p$$

式中,$V_{\mathrm{B}(\mathrm{g})}$ 为组分 B 在混合气体中的偏摩尔体积。

8. 逸度与逸度因子

气体 B 的逸度 $\tilde{p}_{\mathrm{B}}$ 是在温度 T、压力 p 下,满足下列方程式的物理量:

$$\mu_{\mathrm{B}(\mathrm{g})} = \mu_{\mathrm{B}(\mathrm{g})}^{\ominus} + RT\ln\left(\dfrac{\tilde{p}_{\mathrm{B}}}{p^{\ominus}}\right)$$

$\tilde{p}_{\mathrm{B}}$ 具有压力的量纲。

组分 B 的逸度因子: $\quad \varphi_{\mathrm{B}} \xlongequal{\text{def}} \dfrac{\tilde{p}_{\mathrm{B}}}{p_{\mathrm{B}}}$ （量纲为 1）

逸度和逸度因子还可以写为

$$\tilde{p}_{\mathrm{B}} = p_{\mathrm{B}}\exp\left\{\int_{0}^{p}\left[\dfrac{V_{\mathrm{B}(\mathrm{g})}}{RT} - \dfrac{1}{p}\right]\mathrm{d}p\right\}$$

$$\varphi_{\mathrm{B}} = \exp \int_0^p \left[\frac{V_{\mathrm{B(g)}}}{RT} - \frac{1}{p} \right] \mathrm{d}p$$

理想气体的逸度因子恒等于 1。

9. 逸度因子的计算

对于逸度因子,有

$$\ln \varphi_{\mathrm{B}} = \frac{1}{RT} \int_0^p \left[V_{\mathrm{B(g)}} - \frac{RT}{p} \right] \mathrm{d}p$$

对纯真实气体,将其 $V_{\mathrm{m}}^*(\mathrm{g})$ 表示成压力 p 的函数,代替 $V_{\mathrm{B(g)}}$ 代入上式进行积分即可求得 φ。实际应用时常采用普遍化逸度因子图来求 φ。

$$\ln \varphi = \int_0^p \left(\frac{Z-1}{p} \right) \mathrm{d}p = \int_0^{p_{\mathrm{r}}} \left(\frac{Z-1}{p_{\mathrm{r}}} \right) \mathrm{d}p_{\mathrm{r}}$$

10. 路易斯-兰德尔逸度规则

真实气体混合物中组分 B 的逸度,等于纯 B 在该混合气体温度及总压下的逸度与该组分在混合物中摩尔分数的乘积。

$$\tilde{p}_{\mathrm{B}} = \varphi_{\mathrm{B}} p_{\mathrm{B}} = \varphi_{\mathrm{B}} y_{\mathrm{B}} p = \varphi_{\mathrm{B}}^* p y_{\mathrm{B}} = \tilde{p}_{\mathrm{B}}^* y_{\mathrm{B}}$$

适用条件:由几种纯真实气体混合后系统总体积不变,即 $V(\mathrm{g}) = \sum_{\mathrm{B}} n_{\mathrm{B}} V_{\mathrm{B(g)}}^*$。

11. 稀溶液中的经验定律(对非电解质溶液)

(1) 拉乌尔定律: $p_{\mathrm{A}} = p_{\mathrm{A}}^* x_{\mathrm{A}}$

适用于理想液态混合物中的任一组分或理想稀溶液中的溶剂 A。

(2) 亨利定律:

$$p_{\mathrm{B}} = k_{x,\mathrm{B}} x_{\mathrm{B}}$$

$$p_{\mathrm{B}} = k_{b,\mathrm{B}} b_{\mathrm{B}}$$

$$p_{\mathrm{B}} = k_{c,\mathrm{B}} c_{\mathrm{B}}$$

当使用不同的组成标度时,亨利系数的单位不同,其数值也不同。亨利定律适用于理想稀溶液中的溶质。

12. 理想液态混合物

$p_{\mathrm{B}} = p_{\mathrm{B}}^* x_{\mathrm{B}}$(对混合物中每个组分都成立)

理想液态混合物中任一组分 B 的化学势:

$$\mu_{\mathrm{B(l)}} = \mu_{\mathrm{B(l)}}^* + RT \ln x_{\mathrm{B}}$$

$$\mu_{\mathrm{B(l)}} = \mu_{\mathrm{B(l)}}^{\ominus} + RT \ln x_{\mathrm{B}} + \int_{p^{\ominus}}^p V_{\mathrm{m,B(l)}}^* \mathrm{d}p$$

$$\mu_{B(1)} = \mu_{B(1)}^{\ominus} + RT\ln x_B$$

13. 理想液态混合物的混合性质

恒温、恒压下由纯液体混合形成理想液态混合物：

$$\Delta_{mix}G = RT\sum_B (n_B\ln x_B)$$

$$\Delta_{mix}S = -\left(\frac{\partial \Delta_{mix}G}{\partial T}\right)_p = -R\sum_B (n_B\ln x_B)$$

$$\Delta_{mix}A = \Delta_{mix}G = RT\sum_B (n_B\ln x_B)$$

$$\Delta_{mix}V = 0$$

$$\Delta_{mix}H = 0$$

$$\Delta_{mix}U = 0$$

14. 理想稀溶液

（1）溶剂 A 的化学势

$$\mu_{A(1)} = \mu_{A(1)}^{*} + RT\ln x_A$$

$$\mu_{A(1)} = \mu_{A(1)}^{\ominus} + RT\ln x_A$$

$$\mu_{A(1)} = \mu_{A(1)}^{\ominus} - RTM_A\sum_B b_B$$

（2）溶质 B 的化学势

$$\mu_{B(溶质)} = \mu_{B(溶质)}^{\ominus} + RT\ln \frac{b_B}{b^{\ominus}}$$

$$\mu_{B(溶质)} = \mu_{c,B(溶质)}^{\ominus} + RT\ln \frac{c_B}{c^{\ominus}}$$

$$\mu_{B(溶质)} = \mu_{x,B(溶质)}^{\ominus} + RT\ln x_B$$

上述关系式中，溶质 B 的标准态分别为

$\mu_{B(溶质)}^{\ominus}$：标准压力 $p^{\ominus}$、标准质量摩尔浓度 $b^{\ominus} = 1 \ mol \cdot kg^{-1}$ 下具有理想稀溶液性质（即符合亨利定律 $p_B = k_{b,B}b_B$）的状态，此状态为假想态。

$\mu_{c,B(溶质)}^{\ominus}$：标准压力 $p^{\ominus}$、标准浓度 $c^{\ominus} = 1 \ mol \cdot dm^{-1}$ 下具有理想稀溶液性质（$p_B = k_{c,B}c_B$）的假想态。

$\mu_{x,B(溶质)}^{\ominus}$：标准压力 $p^{\ominus}$，$x_B = 1$ 且具有理想稀溶液性质（$p_B = k_{x,B}x_B$）的假想态。

15. 分配定律

$$K = \frac{b_{B(\alpha)}}{b_{B(\beta)}}$$

$$K_c = \frac{c_{B(\alpha)}}{c_{B(\beta)}}$$

16. 真实液态混合物的活度、活度因子

组分 B 的活度 a_B 及活度因子 f_B 由下式定义:

$$\mu_{B(1)} \stackrel{def}{=\!=\!=} \mu_{B(1)}^* + RT\ln a_B$$

$$\mu_{B(1)} \stackrel{def}{=\!=\!=} \mu_{B(1)}^{\ominus} + RT\ln(f_B x_B)$$

式中,$f_B = a_B/x_B$。活度 a_B 相当于"有效的摩尔分数";活度因子 f_B 反映了真实液态混合物中组分 B 偏离理想情况的程度。

若 B 为挥发性物质,液态混合物的气相中 B 的分压为 p_B,则

$$a_B = \frac{p_B}{p_B^*}$$

且

$$f_B = \frac{p_B}{p_B^* x_B}$$

式中,p_B^* 为纯液体 B 在相同温度 T 下的饱和蒸气压。

17. 真实液态混合物、真实溶液中组分 B 的化学势

(1) 真实液态混合物

$$\mu_{B(1)} = \mu_{B(1)}^{\ominus} + RT\ln a_B = \mu_{B(1)}^{\ominus} + RT\ln(f_B x_B)$$

组分 B 的标准态:标准压力 $p^{\ominus}$ 下的纯液体 B。

(2) 真实溶液

溶剂: $\mu_{A(1)} = \mu_{A(1)}^{\ominus} + RT\ln a_A$

溶质: $\mu_{B(溶质)} = \mu_{B(溶质)}^{\ominus} + RT\ln a_B$

$$\mu_{B(溶质)} = \mu_{B(溶质)}^{\ominus} + RT\ln(\gamma_B b_B / b^{\ominus})$$

式中,γ_B 为组分 B 的活度因子,且 $\lim\limits_{\sum b \to 0} \gamma_B = 1$。

对于挥发性溶质: $a_B = \dfrac{p_B}{k_{b,B} b^{\ominus}}$, $\gamma_B = \dfrac{p_B}{k_{b,B} b_B}$

式中,$k_{b,B}$ 为溶质 B 在相同温度 T 下的亨利系数。

18. 稀溶液的依数性

溶剂蒸气压下降: $\Delta p_A = p_A^* - p_A = p_A^* x_B$

凝固点降低(析出固态纯溶剂): $\Delta T_f = K_f b_B$

沸点升高(溶质不挥发): $\Delta T_b = K_b b_B$

渗透压: $\Pi = c_B RT$

式中,凝固点降低系数 $K_f = \dfrac{R(T_f^*)^2 M_A}{\Delta_{fus} H_{m,A}^{\ominus}}$,沸点升高系数 $K_b = \dfrac{R(T_b^*)^2 M_A}{\Delta_{vap} H_{m,A}^{\ominus}}$,它们均仅与溶剂的性质有关。

§4.2 概 念 题

4.2.1 填空题

1. 恒温、恒压、$W'=0$ 条件下,多相多组分系统中的化学势判据为( )。

2. 温度 T 的某理想稀溶液中,若已知溶质 B 的质量摩尔浓度为 b_B,则 B 的化学势 $\mu_{b,B} = ($);若溶质 B 的浓度用物质的量浓度 c_B 来表示,则 B 的化学势 $\mu_{c,B} = ($),且 $\mu_{b,B}/\mu_{c,B} = ($);溶剂 A 的化学势则可表示为 $\mu_A = ($)。

3. 在常温真实溶液中,溶质 B 的化学势可表示为 $\mu_{b,B} = \mu_{b,B}^{\ominus} + RT\ln\left(\dfrac{b_B \gamma_B}{b^{\ominus}}\right)$,式中 B 的标准态为温度 T、压力 $p = p^{\ominus} = 100$ kPa 下,$b_B/b^{\ominus} = ($),$\gamma_B = ($),同时又遵循亨利定律的假想态。

4. 恒温、恒压下的一切相变化必然朝着化学势( )的方向自动进行。

5. 298 K 时,A 和 B 两种气体溶解在某种溶剂中的亨利系数分别为 k_A 和 k_B,且 $k_A > k_B$。当气相中两种气体的分压 $p_A = p_B$ 时,则在 1 mol 该溶剂中溶解的 A 的物质的量( ) B 的物质的量。(选择填入大于、等于或小于)

6. 在 25 ℃时,A 与 B 两种气体均能溶于水形成稀溶液,且不解离、不缔合。若它们在水中溶解的亨利系数 $k_{c,A} = 2k_{c,B}$,且测得两种气体同时在水中溶解达平衡时两者的平衡分压满足 $p_A = 2p_B$。则 A 与 B 在水中的浓度 c_A 与 c_B 间的关系为 $c_A/c_B = ($)。

7. 在一定的温度与压力下,理想稀溶液中挥发性溶质 B 的化学势 $\mu_{B(溶质)}$ 与平衡气相中 B 的化学势 $\mu_{B(g)}$ 的关系是( );$\mu_{B(g)}$ 的表达式是 $\mu_{B(g)} = ($)。

8. 在温度 T 时,某纯液体的蒸气压为 11 732 Pa。当 0.2 mol 不挥发性溶质溶于 0.8 mol 该液体时,溶液的蒸气压为 5 333 Pa。假设蒸气为理想气体,则该溶液中溶剂的活度 $a_A = ($),活度因子 $f_A = ($)。

9. 在 300 K 时,某组成为 $x_B = 0.72$ 的溶液上方 B 的蒸气压是纯 B 的饱和蒸气压的 60%。则该溶液中 B 的活度为(   ),活度因子为(   )。同温度下从此大量溶液中取出 1mol 纯 B(溶液组成可视为不变),则过程的 ΔG 为(   )J。

10. 在 288 K 时纯水的蒸气压为 1 703.6 Pa。当 1 mol 不挥发性溶质溶解在 4.559 mol 水中形成溶液时,溶液的蒸气压为 596.7 Pa。则在溶液及纯水中,水的化学势之差 $\mu_{H_2O} - \mu_{H_2O}^* = ($ $)$。

11. 在一完全密闭的透明恒温箱中放有两个体积相同的杯子。向 A,B 杯中分别倒入 1/3 体积的纯水和蔗糖水溶液,并置于该恒温箱中。假设恒温箱很小,有少量水蒸发时就可达到饱和。那么经足够长时间后,两杯中的现象为:A 杯中(   ),B 杯中(   )。

4.2.2   选择题

1. 由水(1)与乙醇(2)组成的二组分溶液,下列各偏导数中不是乙醇化学势的有(   );不是偏摩尔量的有(   )。

(a) $\left(\dfrac{\partial H}{\partial n_2}\right)_{S,p,n_1}$;   (b) $\left(\dfrac{\partial G}{\partial n_2}\right)_{T,p,n_1}$;   (c) $\left(\dfrac{\partial A}{\partial n_2}\right)_{T,V,n_1}$;   (d) $\left(\dfrac{\partial U}{\partial n_2}\right)_{T,p,n_1}$

2. 二组分(A+B)理想液态混合物常压下开始沸腾,此时 B 组分在气相中的化学势 $\mu_{B(g)}$ 与在液相中的化学势 $\mu_{B(l)}$ 间的关系为:$\mu_{B(g)}($ $)\mu_{B(l)}$。

(a) > ;   (b) < ;   (c) = ;   (d) 无法判断

3. 在 $T = 300$ K,$p = 102.0$ kPa 的外压下,质量摩尔浓度 $b_1 = 0.002$ mol·kg^{-1} 的蔗糖水溶液的渗透压为 Π_1,$b_2 = 0.002$ mol·kg^{-1} 的 KCl 水溶液的渗透压为 Π_2,则必然存在 $\Pi_2($ $)\Pi_1$ 的关系。

(a) > ;   (b) < ;   (c) = ;   (d) ≤

4. 在 101.325 kPa 的压力下将蔗糖稀溶液缓慢降温时会析出纯冰。则相对于纯水而言,加入蔗糖将会出现:蒸气压(   );沸点(   );凝固点(   )。

(a) 升高 ;   (b) 降低 ;   (c) 不变 ;   (d) 无一定变化规律

5. 在恒温、恒压下,理想液态混合物的混合性质有 $\Delta_{mix}V_m($);$\Delta_{mix}H_m$(   );$\Delta_{mix}S_m($);$\Delta_{mix}G_m($);$\Delta_{mix}U_m($);$\Delta_{mix}A_m($)。

(a) > 0 ;   (b) < 0 ;   (c) = 0 ;   (d) 无法确定

6. 在 T,p 及组成一定的真实溶液中,溶质的化学势可表示为:$\mu_B = \mu_B^{\ominus} + RT\ln a_B$。当采用不同的标准态($x_B = 1$,$b_B = b^{\ominus}$,$c_B = c^{\ominus}$,…)时,上式中的 $\mu_B^{\ominus}($ $)$;$a_B($ $)$;$\mu_B($ $)$。

(a) 改变 ;   (b) 不变 ;   (c) 变大 ;   (d) 变小

7. 判断化学势的相对大小:

① 0 ℃,101.325 kPa 下,$\mu_{\text{冰}}$(　　)$\mu_{\text{水}}$;

② -10 ℃,101.325 kPa 下,$\mu_{\text{冰}}$(　　)$\mu_{\text{水}}$;

③ -5 ℃,冰和过冷水在各自的饱和蒸气压下,$\mu_{p_{\text{冰}}^*}$(　　)$\mu_{p_{\text{水}}^*}$。已知冰和过冷水的饱和蒸气压分别为 $p_{\text{冰}}^* = 0.414$ kPa,$p_{\text{水}}^* = 0.422$ kPa。

(a) >;　　　　　　(b) <;　　　　　(c) =;　　　　　(d) ≥

8. 在 1 dm³ 水中含有 1 g 碘。现在恒温条件下加入 50 cm³ CS₂,经充分摇动后,水溶液中碘的质量浓度为 0.032 9 g·dm⁻³。则碘在 CS₂ 和水中的分配系数 K_c 为(　　)。

(a) 587.9;　　　(b) 0.001 7;　　(c) 0.587 9;　　(d) 0.005 9

概念题答案

4.2.1 填空题

1. $\sum_{\alpha} \sum_{\text{B}} \mu_{\text{B}(\alpha)} \mathrm{d}n_{\text{B}(\alpha)} \leqslant 0$

2. $\mu_{b,\text{B}}^{\ominus} + RT\ln\left(\dfrac{b_{\text{B}}}{b^{\ominus}}\right)$;　$\mu_{c,\text{B}}^{\ominus} + RT\ln\left(\dfrac{c_{\text{B}}}{c^{\ominus}}\right)$;　1;　$\mu_{\text{A}(1)}^{\ominus} + RT\ln x_{\text{A}}$

3. 1;1

4. 减小

5. 小于

因为 $p_{\text{A}} = k_{\text{A}}x_{\text{A}} = p_{\text{B}} = k_{\text{B}}x_{\text{B}}$,且 $k_{\text{A}} > k_{\text{B}}$,所以 $x_{\text{A}} < x_{\text{B}}$。

6. 1

因为 $p_{\text{A}} = k_{c,\text{A}}c_{\text{A}}$,$p_{\text{B}} = k_{c,\text{B}}c_{\text{B}}$,$p_{\text{A}} = 2p_{\text{B}}$,$k_{c,\text{A}} = 2k_{c,\text{B}}$,所以

$$\frac{p_{\text{A}}}{p_{\text{B}}} = 2 = \frac{k_{c,\text{A}}c_{\text{A}}}{k_{c,\text{B}}c_{\text{B}}} = \frac{2c_{\text{A}}}{c_{\text{B}}},\text{即}\frac{c_{\text{A}}}{c_{\text{B}}} = 1$$

7. $\mu_{\text{B}(\text{溶质})} = \mu_{\text{B}(\text{g})}$;$\mu_{\text{B}(\text{g})}^{\ominus} + RT\ln(p_{\text{B}}/p^{\ominus})$

当挥发性溶质 B 在气、液两相中达平衡时,其在两相中的化学势相等,$\mu_{\text{B}(\text{溶质})} = \mu_{\text{B}(\text{g})}$。

8. 0.454 6;0.568 2

$$a_{\text{溶剂}} = \frac{p_{\text{溶液}}}{p_{\text{溶剂}}^*} = \frac{5\ 333}{11\ 732} = 0.454\ 6$$

$$f = \frac{a_{溶剂}}{x_{溶剂}} = \frac{a_{溶剂}}{n_{溶剂}/(n_{溶质}+n_{溶剂})} = \frac{0.454\,6}{0.8/(0.8+0.2)} = 0.568\,2$$

9. $0.6;0.833;1\,274.1$

$$a_B = \frac{p_{溶液}}{p_B^*} = \frac{60\% \times p_B^*}{p_B^*} = 0.6$$

$$f = \frac{a_B}{x_B} = \frac{0.6}{0.72} = 0.833$$

$$\Delta G = \mu_B^* - \mu_B = -nRT\ln a_B = (-1 \times 8.314 \times 300 \times \ln 0.6)\,J = 1\,274.1\,J$$

10. $-2\,511.96\,J \cdot mol^{-1}$

$$\mu_{H_2O} - \mu_{H_2O}^* = RT\ln a_{H_2O} = RT\ln \frac{p_{溶液}}{p_{H_2O}^*}$$

$$= \left(8.314 \times 288 \times \ln \frac{596.7}{1\,703.6}\right) J \cdot mol^{-1} = -2\,511.96\,J \cdot mol^{-1}$$

11. 水蒸发完;溶液体积达到2/3。

因为同温度下纯水的蒸气压大于含不挥发溶质的溶液的水蒸气压,故对纯水未达饱和时,对溶液则达饱和,因此水蒸气会不断从纯水液面蒸发,在溶液表面凝结,最终导致 A 杯中水蒸发完,全部转移至 B 杯中。

4.2.2　选择题

1. (a),(c),(d);(a),(c)

$$\mu_B = \left(\frac{\partial U}{\partial n_B}\right)_{S,V,n_C} = \left(\frac{\partial H}{\partial n_B}\right)_{S,p,n_C} = \left(\frac{\partial A}{\partial n_B}\right)_{T,V,n_C} = \left(\frac{\partial G}{\partial n_B}\right)_{T,p,n_C}$$

但只有恒温、恒压条件下的偏导数才是偏摩尔量。

2. (c)

混合物在常压下沸腾时,气、液两相达平衡。按照化学势判据可知,对于其中任一组分在气相和液相中的化学势相等。

3. (a)

稀溶液的依数性仅与质点个数有关,与质点的本性无关。因为一个 KCl 可解离成两个离子,蔗糖分子不会解离,仍为一个质点,故相同质量摩尔浓度的 KCl 水溶液中含的质点数大于蔗糖水溶液中含的质点数。对稀溶液有,

$$\Pi(n_A V_{m,A}^*) \approx \Pi V = n_B RT = (M_A b_B)RT$$

即
$$\Pi_1 V_{m,A}^* = (M_A b_{B,1})RT, \Pi_2 V_{m,A}^* = (M_A b_{B,2})RT$$

所以 $\Pi_1/\Pi_2 = b_{B,1}/b_{B,2} = 0.002/(0.002 \times 2) = 0.5$

4.（b）;（a）;（b）

稀的蔗糖水溶液具有依数性:溶剂蒸气压下降;溶质不挥发时沸点升高;析出固态纯溶剂时凝固点降低。

5.（c）;（c）;（a）;（b）;（c）;（b）

恒温、恒压下,理想液态混合物混合过程满足:

$\Delta_{mix}V_m = 0$;$\Delta_{mix}H_m = 0$;$\Delta_{mix}S_m > 0$;$\Delta_{mix}G_m < 0$;

$\Delta_{mix}U_m = \Delta_{mix}H_m - p\Delta_{mix}V_m = 0$;$\Delta_{mix}A_m = \Delta_{mix}U_m - T\Delta_{mix}S_m < 0$。

6.（a）;（a）;（b）

在 T,p 及组成一定的真实溶液中,溶质的化学势可表示为 $\mu_B = \mu_B^{\ominus} + RT\ln a_B$。当采用不同标准态时,$\mu_B^{\ominus}$ 会随标准态的不同而不同,活度随浓度的不同而不同,但组分的化学势具有唯一确定的值,故 μ_B 相同。

7.① (c);② (b);③ (b)

① 水-冰的固、液两相平衡条件为 0 ℃,101.325 kPa。

② -10 ℃,101.325 kPa 下,水处于热力学不稳定状态,有向冰转化的趋势。

③ 冰在其饱和蒸气压下的化学势 $\mu_{p_{冰}^*} = \mu_{g(p_{冰}^*)}$,过冷水在其饱和蒸气压下的化学势 $\mu_{p_{水}^*} = \mu_{g(p_{水}^*)}$。$p_{冰}^* < p_{水}^*$,由 $\mu_g = \mu^{\ominus}(g) + RT\ln\left(\dfrac{p}{p^{\ominus}}\right)$ 可知,$\mu_{g(p_{冰}^*)} < \mu_{g(p_{水}^*)}$,所以 $\mu_{p_{冰}^*} < \mu_{p_{水}^*}$。

8.（a）

$$K_c = \frac{c_{I_2(CS_2)}}{c_{I_2(H_2O)}} = \frac{(1\ g - 0.032\ 9\ g \cdot dm^{-3} \times 1\ dm^3)/50\ cm^3}{0.032\ 9\ g \cdot dm^{-3}}$$

$$= \frac{(1 - 0.032\ 9)/(50 \times 10^{-3})}{0.032\ 9} = 587.9$$

§ 4.3   习 题 解 答

4.1   由溶剂 A 与溶质 B 形成一定组成的溶液。此溶液浓度为 c_B,质量摩尔浓度为 b_B,密度为 ρ。以 M_A, M_B 分别代表溶剂和溶质的摩尔质量,若溶液的组成用摩尔分数 x_B 表示时,试导出 x_B 与 c_B,x_B 与 b_B 之间的关系。

解:根据各组成表示的定义:

$$c_B = \frac{n_B}{V} = \frac{x_B \sum_C n_C}{\sum_C M_C n_C/\rho} = \frac{\rho x_B}{\sum_C x_C M_C}$$

$$b_B = \frac{n_B}{m_A} = \frac{x_B}{x_A M_A}$$

对于二组分系统：

$$c_B = \frac{\rho x_B}{(x_A M_A + x_B M_B)} = \frac{\rho x_B}{M_A + x_B(M_B - M_A)}$$

$$b_B = \frac{x_B}{x_A M_A} = \frac{x_B}{(1 - x_B)M_A}$$

试题分析

4.2 D-果糖 $C_6H_{12}O_6$（B）溶于水（A）中形成的某溶液，质量分数 $w_B = 0.095$，此溶液在 20 ℃时的密度 $\rho = 1.036\ 5\times10^3\ \mathrm{kg \cdot m^{-3}}$。求此溶液中 D-果糖的摩尔分数、浓度、质量摩尔浓度。

解：$M_A = 18.015\ \mathrm{g \cdot mol^{-1}}$，$M_B = 180.156\ \mathrm{g \cdot mol^{-1}}$

因为

$$w_B = \frac{m_B}{m_A + m_B} = \frac{nx_B M_B}{nx_A M_A + nx_B M_B} = \frac{x_B M_B}{M_A + x_B(M_B - M_A)}$$

所以

$$x_B = \frac{n_B}{n_A + n_B} = \frac{w_B/M_B}{(1 - w_B)/M_A + w_B/M_B} = \frac{w_B M_A}{M_B - w_B(M_B - M_A)}$$

$$= \frac{0.095\times18.015}{180.156 - 0.095\times(180.156 - 18.015)} = 0.010\ 4$$

$$c_B = \frac{w_B/M_B}{1/\rho} = \frac{\rho w_B}{M_B} = \frac{\rho x_B}{M_A + x_B(M_B - M_A)}$$

$$= \left[\frac{(1.036\ 5\times10^3)\times0.010\ 4}{18.015 + 0.010\ 4\times(180.156 - 18.015)}\right] \mathrm{mol \cdot dm^{-3}} = 0.547\ \mathrm{mol \cdot dm^{-3}}$$

$$b_B = \frac{x_B}{(1 - x_B)M_A}$$

$$= \left[\frac{0.010\ 4}{(1 - 0.010\ 4)\times(18.015\times10^{-3})}\right] \mathrm{mol \cdot kg^{-1}} = 0.583\ \mathrm{mol \cdot kg^{-1}}$$

4.3 在 25 ℃，1 kg 水（A）中溶有醋酸（B），当醋酸的质量摩尔浓度 b_B 介于 0.16 mol·kg^{-1} 和 2.5 mol·kg^{-1} 之间时，溶液的总体积

$$V/\mathrm{cm^3} = 1\ 002.935 + 51.832[b_B/(\mathrm{mol \cdot kg^{-1}})] + 0.139\ 4[b_B/(\mathrm{mol \cdot kg^{-1}})]^2$$

求：（1）把水（A）和醋酸（B）的偏摩尔体积分别表示成 b_B 的函数关系式；

（2）$b_B = 1.5$ mol·kg^{-1} 时水和醋酸的偏摩尔体积。

解:(1) 根据定义:

$$V_B = \left(\frac{\partial V}{\partial n_B}\right)_{T,p,n_A} = \left[\frac{\partial V}{\partial(m_A b_B)}\right]_{T,p,n_A}$$

$$= \frac{1}{m_A}\left(\frac{\partial V}{\partial b_B}\right)_{T,p,n_A}$$

而

$$m_A = 1 \text{ kg}$$

所以

$$V_B = \frac{1}{1 \text{ kg}} \cdot$$

$$\left\{\frac{\partial\{1\,002.935+51.832[b_B/(\text{mol}\cdot\text{kg}^{-1})]+0.139\,4[b_B/(\text{mol}\cdot\text{kg}^{-1})]^2\}}{\partial b_B}\right\}_{T,p,n_A}$$

$$= \{51.832+0.278\,8[b_B/(\text{mol}\cdot\text{kg}^{-1})]\}\,\text{cm}^3\cdot\text{mol}^{-1}$$

$$V_A = \frac{V-n_B V_B}{n_A}$$

$$= \frac{V-(1\text{ kg}\times b_B)\cdot V_B}{m_A/M_A}$$

$$= \frac{\{1\,002.935+51.832[b_B/(\text{mol}\cdot\text{kg}^{-1})]+0.139\,4[b_B/(\text{mol}\cdot\text{kg}^{-1})]^2\}\,\text{cm}^3}{(1\,000/18.02)\,\text{mol}}$$

$$- \frac{(1\text{ kg}\times b_B)\{51.832+0.278\,8[b_B/(\text{mol}\cdot\text{kg}^{-1})]\}\,\text{cm}^3\cdot\text{mol}^{-1}}{(1\,000/18.02)\,\text{mol}}$$

$$= \frac{18.02}{1\,000}\{1\,002.935-0.139\,4[b_B/(\text{mol}\cdot\text{kg}^{-1})]^2\}\,\text{cm}^3\cdot\text{mol}^{-1}$$

$$= \{18.067\,9-0.002\,5[b_B/(\text{mol}\cdot\text{kg}^{-1})]^2\}\,\text{cm}^3\cdot\text{mol}^{-1}$$

(2) 当 $b_B = 1.5 \text{ mol}\cdot\text{kg}^{-1}$ 时,

$$V_B = (51.832+0.278\,8\times1.5)\,\text{cm}^3\cdot\text{mol}^{-1} = 52.250\,\text{cm}^3\cdot\text{mol}^{-1}$$

$$V_A = (18.067\,9-0.002\,5\times1.5^2)\,\text{cm}^3\cdot\text{mol}^{-1} = 18.062\,3\,\text{cm}^3\cdot\text{mol}^{-1}$$

4.4 60 ℃时甲醇(A)的饱和蒸气压是 83.4 kPa,乙醇(B)的饱和蒸气压是 47.0 kPa。二者可形成理想液态混合物。若混合物中二者的质量分数均为 0.5,求 60 ℃时此混合物的平衡蒸气组成(以摩尔分数表示)。

试题分析

解:$M_A = 32.042 \text{ g}\cdot\text{mol}^{-1}$,$M_B = 46.069 \text{ g}\cdot\text{mol}^{-1}$

$$x_A = \frac{n_A}{n_A+n_B} = \frac{m_A/M_A}{m_A/M_A+m_B/M_B} = \frac{m\cdot w_A/M_A}{m\cdot w_A/M_A+m\cdot w_B/M_B}$$

$$= \frac{w_A/M_A}{w_A/M_A+w_B/M_B} = \frac{0.5/32.042}{0.5/32.042+0.5/46.069}$$

$$= 0.589\ 8$$

根据拉乌尔定律有

$$y_A = \frac{p_A}{p} = \frac{p_A}{p_A + p_B} = \frac{x_A p_A^*}{x_A p_A^* + (1 - x_A) p_B^*}$$

$$= \frac{0.589\ 8 \times 83.4}{0.589\ 8 \times 83.4 + (1 - 0.589\ 8) \times 47.0} = 0.718\ 4$$

$$y_B = 1 - y_A = 1 - 0.718\ 4 = 0.281\ 6$$

4.5 80 ℃时纯苯的蒸气压为 100 kPa,纯甲苯的蒸气压为 38.7 kPa。两液体可形成理想液态混合物。若有苯-甲苯的气液平衡混合物,80 ℃时气相中苯的摩尔分数 $y_苯 = 0.300$,求液相的组成。

解: 两组分可形成理想液态混合物,则根据拉乌尔定律有

$$p_苯 = p_苯^* x_苯, \quad p_{甲苯} = p_{甲苯}^* x_{甲苯}$$

$$y_苯 = \frac{p_苯}{p_总} = \frac{p_苯^* x_苯}{p_苯^* x_苯 + p_{甲苯}^* x_{甲苯}}$$

$$= \frac{p_苯^* x_苯}{p_苯^* x_苯 + p_{甲苯}^* (1 - x_苯)}$$

即

$$0.3 = \frac{100 x_苯}{100 x_苯 + 38.7 (1 - x_苯)}$$

解出

$$x_苯 = 0.142\ 3$$

$$x_{甲苯} = 1 - x_苯 = 1 - 0.142\ 3$$

$$= 0.857\ 7$$

4.6 在 18 ℃,氧气和氮气均为 101.325 kPa 时,1 dm³ 的水中能溶解 O_2 0.045 g,N_2 0.02 g。现将 1 dm³ 被 202.65 kPa 空气所饱和了的水溶液加热至沸腾,赶出所溶解的 O_2 和 N_2,并干燥之,求此干燥气体在 101.325 kPa,18 ℃下的体积及其组成。设空气为理想气体混合物,其组成的体积分数为 $\varphi_{O_2} = 0.21$,$\varphi_{N_2} = 0.79$。

解: $M_{O_2} = 31.998\ 8$ g·mol⁻¹,$M_{N_2} = 28.013\ 4$ g·mol⁻¹

溶有气体的水可视为稀溶液,遵循亨利定律 $p_B = k_{c,B} c_B$,则有

$$p_{O_2} = k_{c,O_2} c_{O_2}, \quad p_{N_2} = k_{c,N_2} c_{N_2}$$

若 101.325 kPa 下,水中能溶解的 O_2 和 N_2 的浓度分别为 c_{1,O_2} 和 c_{1,N_2};202.65 kPa

下,空气所饱和了的水溶液中 O_2 和 N_2 的浓度分别为 c_{2,O_2} 和 c_{2,N_2}。则有

$$\frac{p_{1,O_2}}{p_{2,O_2}} = \frac{c_{1,O_2}}{c_{2,O_2}}, \text{且 } c_{1,O_2} = \frac{m_{1,O_2}/M_{O_2}}{V}$$

解得

$$c_{2,O_2} = \frac{p_{2,O_2} m_{1,O_2}}{p_{1,O_2} V M_{O_2}} = \frac{(p_2 \cdot \varphi_{O_2}) m_{1,O_2}}{p_{1,O_2} V M_{O_2}}$$

$$= \left(\frac{202.65 \times 10^3 \times 0.21 \times 0.045}{101.325 \times 10^3 \times 1 \times 31.998\,8}\right) \text{mol} \cdot \text{dm}^{-3} = 5.906 \times 10^{-4}\ \text{mol} \cdot \text{dm}^{-3}$$

同理

$$c_{2,N_2} = \frac{(p_2 \cdot \varphi_{N_2}) m_{1,N_2}}{p_{1,N_2} V M_{N_2}} = \left[\frac{(202.65 \times 10^3 \times 0.79) \times 0.02}{(101.325 \times 10^3) \times 1 \times 28.013\,4}\right] \text{mol} \cdot \text{dm}^{-3}$$

$$= 1.128 \times 10^{-3}\ \text{mol} \cdot \text{dm}^{-3}$$

则 $1\ \text{dm}^3$ 水溶液中 O_2 和 N_2 的物质的量之和为

$$n = n_{O_2} + n_{N_2} = c_{2,O_2} V_{H_2O} + c_{2,N_2} V_{H_2O}$$

$$= (5.906 \times 10^{-4} \times 1 + 1.128 \times 10^{-3} \times 1)\ \text{mol} = 1.718\,6 \times 10^{-3}\ \text{mol}$$

干燥气体在 $101.325\ \text{kPa}$，$18\ ℃$下的体积及其组成：

$$V = \frac{nRT}{p} = \left[\frac{(1.718\,6 \times 10^{-3}) \times 8.314 \times 291.15}{101.325 \times 10^3}\right] \text{m}^3 = 41.1 \times 10^{-6}\ \text{m}^3 = 41.1\ \text{cm}^3$$

$$\frac{y_{O_2}}{y_{N_2}} = \frac{p_{O_2}}{p_{N_2}} = \frac{n_{O_2}}{n_{N_2}} = \frac{c_{2,O_2}}{c_{2,N_2}} = \frac{5.906 \times 10^{-4}}{1.128 \times 10^{-3}} = 0.523\,6$$

且

$$y_{O_2} + y_{N_2} = 1$$

故

$$y_{O_2} = 0.343\,4$$

$$y_{N_2} = 1 - y_{O_2} = 1 - 0.343\,4 = 0.656\,6$$

4.7 $20\ ℃$下 HCl 溶于苯中达平衡，当气相中 HCl 的分压为 $101.325\ \text{kPa}$ 时，溶液中 HCl 的摩尔分数为 $0.042\,5$。已知 $20\ ℃$ 时苯的饱和蒸气压为 $10.0\ \text{kPa}$，若 $20\ ℃$ 时 HCl 和苯蒸气总压为 $101.325\ \text{kPa}$，求 $100\ \text{g}$ 苯中溶解多少克 HCl？

试题分析

解： 设 HCl(B) 在苯中的溶解服从亨利定律，溶剂苯(A)服从拉乌尔定律。

因为 $\quad k_{x,B}=\dfrac{p_{B,1}}{x_{B,1}}=\left(\dfrac{101.325\times10^{3}}{0.042\ 5}\right)kPa=2\ 384.12\ kPa$

$$p=p_A+p_B=p_A^*x_A+k_{x,B}x_B$$

所以 $\quad x_B=\dfrac{p-p_A^*}{k_{x,B}-p_A^*}=\dfrac{101.325-10}{2\ 384.12-10}=0.038\ 47$

又 $\quad\dfrac{n_B}{n_B+n_A}=x_B$，则 $\quad n_B=\dfrac{n_Ax_B}{1-x_B}=\dfrac{m_A}{M_A}\dfrac{x_B}{1-x_B}$

所以 $\quad m_B=n_BM_B=\dfrac{x_B}{1-x_B}\dfrac{m_AM_B}{M_A}=\dfrac{0.038\ 47}{1-0.038\ 47}\times\dfrac{100\times36.46}{78.114}g=1.867\ g$

4.8 H_2，N_2 与 100 g 水在 40 ℃时处于平衡，平衡总压为 105.4 kPa。平衡气体经干燥后的体积分数 $\varphi_{H_2}=0.40$。假设溶液的水蒸气压等于纯水的饱和蒸气压，即 40 ℃时的 7.33 kPa。已知 40 ℃时 H_2，N_2 在水中的亨利系数分别为 7.61 GPa 及 10.5 GPa，求 40 ℃时水中能溶解 H_2，N_2 的质量。

解：$M_{H_2}=2.015\ 8\ g\cdot mol^{-1}$，$M_{N_2}=28.013\ 4\ g\cdot mol^{-1}$，$M_{H_2O}=18.015\ 2\ g\cdot mol^{-1}$

水溶液的平衡总压：$\quad p=p_{H_2O}^*+p_{H_2}+p_{N_2}$

且 $\quad\dfrac{p_{H_2}}{p_{N_2}}=\dfrac{\varphi_{H_2}}{\varphi_{N_2}}=\dfrac{0.4}{1-0.4}=\dfrac{2}{3}$

联立得 $\quad p_{H_2}=\dfrac{2(p-p_{H_2O}^*)}{5}$，$\quad p_{N_2}=\dfrac{3(p-p_{H_2O}^*)}{5}$

H_2，N_2 在水中的溶解符合亨利定律，有

$$p_{H_2}=k_{x,H_2}x_{H_2}，\quad p_{N_2}=k_{x,N_2}x_{N_2}$$

所以

$$x_{H_2}=\dfrac{p_{H_2}}{k_{x,H_2}}=\dfrac{2(p-p_{H_2O}^*)}{5k_{x,H_2}}=\dfrac{2\times(105.4-7.33)}{5\times(7.61\times10^{6})}=5.154\ 8\times10^{-6}$$

$$x_{N_2}=\dfrac{p_{N_2}}{k_{x,N_2}}=\dfrac{3(p-p_{H_2O}^*)}{5k_{x,N_2}}=\dfrac{3\times(105.4-7.33)}{5\times(10.5\times10^{6})}=5.604\times10^{-6}$$

又因为

$$x_{H_2}=\dfrac{n_{H_2}}{n_{H_2}+n_{N_2}+n_{H_2O}}\approx\dfrac{n_{H_2}}{n_{H_2O}}=\dfrac{m_{H_2}/M_{H_2}}{n_{H_2O}}=\dfrac{m_{H_2}}{n_{H_2O}M_{H_2}}$$

$$x_{N_2}=\dfrac{n_{N_2}}{n_{H_2}+n_{N_2}+n_{H_2O}}\approx\dfrac{n_{N_2}}{n_{H_2O}}=\dfrac{m_{N_2}}{n_{H_2O}M_{N_2}}$$

所以

$$m_{H_2} = (x_{H_2} n_{H_2O}) M_{H_2} = \left(x_{H_2} \frac{m_{H_2O}}{M_{H_2O}} \right) M_{H_2}$$

$$= \left[\left(5.154\ 8 \times 10^{-6} \times \frac{100}{18.015\ 2} \right) \times 2.015\ 8 \right] g = 57.68 \times 10^{-6}\ g = 57.68\ \mu g$$

同理

$$m_{N_2} = n_{N_2} M_{H_2} = (x_{N_2} n_{H_2O}) M_{N_2} = \left(x_{N_2} \frac{m_{H_2O}}{M_{H_2O}} \right) M_{N_2}$$

$$= \left[\left(5.604 \times 10^{-6} \times \frac{100}{18.015\ 2} \right) \times 28.013\ 4 \right] g = 871.4 \times 10^{-6}\ g = 871.4\ \mu g$$

4.9 已知 20 ℃时,压力为 101.325 kPa 的 $CO_2(g)$ 在 1 kg 水中可溶解 1.7 g,40 ℃时同样压力的 $CO_2(g)$ 在 1 kg 水中可溶解 1.0 g。如果用只能承受 202.65 kPa 的瓶子充装溶有 $CO_2(g)$ 的饮料,则在 20 ℃条件下充装时,CO_2 的最大压力为多少才能保证此瓶装饮料可以在 40 ℃条件下安全存放? 设 CO_2 溶质服从亨利定律。

解:以 B 表示 CO_2。由亨利定律得

$$p_B = k_{x,B} x_B = k_{x,B} \frac{m_B/M_B}{n_{总}} = k_{x,B} \frac{m_B/M_B}{n_A + n_B} \approx k_{x,B} \frac{m_B/M_B}{n_A} = k_{x,B} \frac{m_B}{n_A M_B}$$

而 M_B, n_A 一定,于是有

$$\frac{k_{x,B}(293.15\ K)}{k_{x,B}(313.15\ K)} = \frac{p_B(293.15\ K) n_A M_B / m_B(293.15\ K)}{p_B(313.15\ K) n_A M_B / m_B(313.15\ K)}$$

$$= \frac{p_B(293.15\ K) / m_B(293.15\ K)}{p_B(313.15\ K) / m_B(313.15\ K)} = 1.0/1.7 = 0.588$$

瓶中饮料 x_B 不随温度而变化,为一定值,故

$$\frac{p_B(293.15\ K)}{p_B(313.15\ K)} = \frac{k_{x,B}(293.15\ K) x_B}{k_{x,B}(313.15\ K) x_B} = \frac{k_{x,B}(293.15\ K)}{k_{x,B}(313.15\ K)} = 0.588$$

所以 $p_B(293.15\ K) = p_B(313.15\ K) \times 0.588 = 202.65\ kPa \times 0.588 = 119.2\ kPa$

即在 20 ℃条件下充装时,CO_2 的最大压力为 119.2 kPa。

***4.10** 试用吉布斯-杜亥姆方程证明在稀溶液中若溶质服从亨利定律,则溶剂必服从拉乌尔定律。

证明:设溶剂和溶质分别用 A,B 表示。

根据恒温恒压条件、二组分系统的吉布斯-杜亥姆方程：

$$x_B \mathrm{d}\mu_B = -x_A \mathrm{d}\mu_A \qquad (1)$$

溶质 B 在气、液两相化学势相等，则

$$\mu_B = \mu_{B(溶质)}^\ominus + RT\ln x_B = \mu_{B(g)}^\ominus + RT\ln \frac{p_B}{p^\ominus}$$

若溶质 B 服从亨利定律 $p_B = k_{x,B} x_B$，则

$$\mu_B = \mu_{B(g)}^\ominus + RT\ln \frac{k_{x,B} x_B}{p^\ominus}$$

$$\mathrm{d}\mu_B = \frac{RT}{x_B}\mathrm{d}x_B \qquad (2)$$

联立式（1）和式（2）可得

$$\mathrm{d}\mu_A = -\frac{x_B}{x_A}\frac{RT}{x_B}\mathrm{d}x_B = \frac{RT}{x_A}\mathrm{d}x_A = RT\mathrm{d}\ln x_A$$

对上式等号两边积分：

$$\int_{\mu_A^*}^{\mu_A} \mathrm{d}\mu_A = \int_1^{x_A} RT\mathrm{d}\ln x_A$$

当 $x_A = 1$ 时 $\mu_A = \mu_{A(l)}^*$

得

$$\mu_A = \mu_{A(l)}^* + RT\ln x_A$$

而只有当溶剂服从拉乌尔定律时才满足 $p_A = p_A^* x_A$，此时代入溶剂在气相的化学势表达式，可得

$$\mu_A = \mu_{A(g)}^\ominus + RT\ln \frac{p_A}{p^\ominus} = \mu_{A(g)}^\ominus + RT\ln \frac{p_A^*}{p^\ominus} + RT\ln x_A = \mu_{A(l)}^* + RT\ln x_A \qquad (3)$$

由式（2）和式（3）可知，若稀溶液中的溶质服从亨利定律，则溶剂必服从拉乌尔定律。

试题分析

4.11　A，B 两液体能形成理想液态混合物。已知在温度 t 时纯 A 的饱和蒸气压 $p_A^* = 40$ kPa，纯 B 的饱和蒸气压 $p_B^* = 120$ kPa。

（1）在温度 t 下，于汽缸中将组成为 $y_A = 0.4$ 的 A，B 混合气体恒温缓慢压缩，求凝结出第一滴微小液滴时系统的总压及该液滴的组成（以摩尔分数表示）为多少？

（2）若将 A，B 两液体混合，并使此混合物在 100 kPa，温度 t 下开始沸腾，求该液态混合物的组成及沸腾时饱和蒸气的组成（摩尔分数）。

解：（1）由于形成理想液态混合物，每个组分均服从拉乌尔定律；并且凝结

出第一滴微小液滴时气相组成可视为不变。因此在温度 t 时

$$p_A = y_A p = x_A p_A^*$$

$$p_B = y_B p = x_B p_B^*$$

故 $\quad x_A = x_B \dfrac{y_A p_B^*}{y_B p_A^*} = x_B \dfrac{0.4 \times 120 \text{ kPa}}{0.6 \times 40 \text{ kPa}} = 2x_B = 2(1-x_A)$

即 $\quad\quad\quad\quad\quad\quad\quad\quad\quad x_A = 0.667$

$$x_B = 0.333$$

$$p = \frac{p_A}{y_A} = \frac{x_A p_A^*}{y_A} = \left(\frac{0.667 \times 40}{0.4}\right) \text{kPa} = 66.7 \text{ kPa}$$

（2）混合物在 100 kPa,温度 t 下开始沸腾,则

$$p = p_A + p_B = x_A p_A^* + x_B p_B^* = 100 \text{ kPa}$$

故

$$x_A = \frac{p - p_B^*}{p_A^* - p_B^*} = \frac{(100-120) \text{ kPa}}{(40-120) \text{ kPa}} = 0.25, \quad x_B = 1-x_A = 0.75$$

$$y_A = \frac{p_A}{p} = \frac{x_A p_A^*}{p} = \frac{0.25 \times 40 \text{ kPa}}{100 \text{ kPa}} = 0.1, \quad y_B = 1-y_A = 0.9$$

4.12 25 ℃下,由各为 0.5 mol 的 A 和 B 混合形成理想液态混合物,试求混合过程的 $\Delta_{mix}V,\Delta_{mix}H,\Delta_{mix}S$ 及 $\Delta_{mix}G$。

解:对于理想液态混合物中的每个组分 B,

因为 $\quad\quad\quad\quad\quad\quad\quad\quad V_B = V_{m,B}^*$

$$H_B = H_{m,B}^*$$

所以 $\quad\quad\quad\quad\quad\quad\quad\quad \Delta_{mix}V = 0$

$$\Delta_{mix}H = 0$$

$$\Delta_{mix}S = -R(n_A \ln x_A + n_B \ln x_B)$$

$$= [-8.314 \times (0.5 \times \ln 0.5 + 0.5 \times \ln 0.5)] \text{ J} \cdot \text{K}^{-1} = 5.763 \text{ J} \cdot \text{K}^{-1}$$

$$\Delta_{mix}G = -T\Delta_{mix}S = (-298.15 \times 5.763) \text{ J} = -1.718 \text{ kJ}$$

4.13 液体 B 与液体 C 可形成理想液态混合物。在常压及 25 ℃下,向总量 $n = 10$ mol,组成 $x_C = 0.4$ 的 B,C 液态混合物中加入 14 mol 的纯液体 C,形成新的混合物。求过程的 $\Delta G,\Delta S$。

解:

试题分析

解法一:考虑由纯物质到理想液态混合物的恒温、恒压混合过程。

加入 14 mol 纯液体 C 前,物质 B,C 的物质的量为

$$n_B = nx_B = n(1-x_C) = 10 \text{ mol} \times (1-0.4) = 6 \text{ mol}$$

$$n_C = n - n_B = 10 \text{ mol} - 6 \text{ mol} = 4 \text{ mol}$$

加入 14 mol 纯液体 C 后,物质 C 的物质的量及 B,C 的组成为

$$n'_B = nx_B = n(1-x_C) = 10 \text{ mol} \times (1-0.4) = 6 \text{ mol}$$

$$n'_C = n_C + 14 \text{ mol} = 4 \text{ mol} + 14 \text{ mol} = 18 \text{ mol}$$

$$x'_B = \frac{n_B}{n_B + n'_C} = \frac{6 \text{ mol}}{6 \text{ mol} + 18 \text{ mol}} = 0.25, \quad x'_C = 1 - x'_B = 0.75$$

混合过程图示如下:

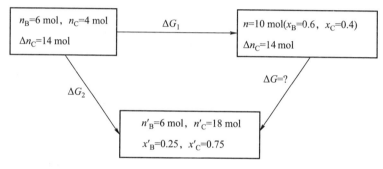

则 $\Delta_{mix}G = \Delta_{mix}G_2 - \Delta_{mix}G_1$。由 $\Delta_{mix}G = RT\sum_B n_B \ln x_B$ 可得

$$\Delta_{mix}G_1 = RT(n_B \ln x_B + n_C \ln x_C)$$

$$= [8.314 \times 298.15(6 \times \ln 0.6 + 4 \times \ln 0.4)] \text{ J} = -16.68 \text{ kJ}$$

$$\Delta_{mix}G_2 = RT(n'_B \ln x'_B + n'_C \ln x'_C)$$

$$= [8.314 \times 298.15(6 \times \ln 0.25 + 18 \times \ln 0.75)] \text{ J} = -33.45 \text{ kJ}$$

有 $\quad \Delta_{mix}G = \Delta_{mix}G_2 - \Delta_{mix}G_1 = -33.45 \text{ kJ} - (-16.68 \text{ kJ}) = -16.77 \text{ kJ}$

由于 $\Delta_{mix}H = 0$ 且恒温,所以

$$\Delta_{mix}S = \frac{\Delta_{mix}H - \Delta_{mix}G}{T} = \frac{[0 - (-16.77)] \text{ kJ}}{298.15 \text{ K}} = 56.25 \text{ J} \cdot \text{K}^{-1}$$

或者利用 $\Delta_{mix}S = R\sum_B n_B \ln x_B$ 计算:

$$\Delta_{mix}S_1 = -R(n_B \ln x_B + n_C \ln x_C)$$

$$= [-8.314(6 \times \ln 0.6 + 4 \times \ln 0.4)] \text{ J} \cdot \text{K}^{-1} = 55.95 \text{ J} \cdot \text{K}^{-1}$$

$$\Delta_{\mathrm{mix}}S_2 = -R(n_B' \ln x_B' + n_C' \ln x_C')$$

$$= [-8.314(6 \times \ln 0.25 + 18 \times \ln 0.75)] \mathrm{J} \cdot \mathrm{K}^{-1} = 112.21 \ \mathrm{J} \cdot \mathrm{K}^{-1}$$

$$\Delta_{\mathrm{mix}}S = \Delta_{\mathrm{mix}}S_2 - \Delta_{\mathrm{mix}}S_1$$

$$= 112.21 \ \mathrm{J} \cdot \mathrm{K}^{-1} - 55.95 \ \mathrm{J} \cdot \mathrm{K}^{-1} = 56.26 \ \mathrm{J} \cdot \mathrm{K}^{-1}$$

解法二: 原液态混合物中 $n_B = 6 \ \mathrm{mol}$, $n_C = 14 \ \mathrm{mol}$, $x_C = 0.4$, $x_B = 1 - x_C = 1 - 0.4 = 0.6$
加入纯液体 C 后: $n_B' = 6 \ \mathrm{mol}$, $n_C' = n_C + \Delta n_C = (4 + 14) \mathrm{mol} = 18 \ \mathrm{mol}$, $x_C' = 0.75$, $x_B' = 0.25$
理想液态混合物中,组分 B 的化学势为 $\mu_B = \mu_B^{\ominus} + RT \ln x_B$
因此,

$$\Delta_{\mathrm{mix}}G = G_2 - G_1 = (n_B' \mu_B' + n_C' \mu_C') - [(n_B \mu_B + n_C \mu_C) + \Delta n_C \mu_C^*]$$

$$= [6 \ \mathrm{mol}(\mu_B^* + RT \ln x_B') + 18 \ \mathrm{mol}(\mu_C^* + RT \ln x_C')]$$

$$- [6 \ \mathrm{mol}(\mu_B^* + RT \ln x_B) + 4 \ \mathrm{mol}(\mu_C^* + RT \ln x_C) + 14 \ \mathrm{mol} \mu_C^*]$$

$$= RT \left[\left(6 \ln \frac{x_B'}{x_B} + 18 \ln x_C' - 4 \ln x_C \right) \mathrm{mol} \right]$$

$$= \left[8.314 \times 298.15 \times \left(6 \ln \frac{0.25}{0.6} + 18 \ln 0.75 - 4 \ln 0.4 \right) \right] \mathrm{J} = -16.77 \ \mathrm{kJ}$$

$$\Delta_{\mathrm{mix}}S = -\left(\frac{\partial \Delta_{\mathrm{mix}}G}{\partial T} \right)_p = -R \left[\left(6 \ln \frac{x_B'}{x_B} + 18 \ln x_C' - 4 \ln x_C \right) \mathrm{mol} \right]$$

$$= \left[-8.314 \times \left(6 \ln \frac{0.25}{0.6} + 18 \ln 0.75 - 4 \ln 0.4 \right) \right] \mathrm{J} \cdot \mathrm{K}^{-1} = 56.25 \ \mathrm{J} \cdot \mathrm{K}^{-1}$$

或根据恒温下 $\Delta_{\mathrm{mix}}H = 0$,得

$$\Delta_{\mathrm{mix}}S = \frac{\Delta_{\mathrm{mix}}H - \Delta_{\mathrm{mix}}G}{T} = \left[\frac{0 - (-16.771)}{298.15} \right] \mathrm{kJ} \cdot \mathrm{K}^{-1} = 56.25 \ \mathrm{J} \cdot \mathrm{K}^{-1}$$

4.14 液体 B 和液体 C 可形成理想液态混合物。在 25 ℃下,向无限大量组成 $x_C = 0.4$ 的混合物中加入 5 mol 的纯液体 C。求过程的 ΔG, ΔS。

解: 由于是向无限大量的溶液中加入有限量的纯液体 C,可认为溶液的组成不变,因此该过程仅是 5 mol 的纯液体 C 变成 $x_C = 0.4$ 的液态混合物的过程:

$$\Delta G = G_2 - G_1 = n(\mu_C^* + RT \ln x_C) - n \mu_C^* = nRT \ln x_C$$

$$= (5 \times 8.314 \times 298.15 \times \ln 0.4) \mathrm{J} = -11.36 \ \mathrm{kJ}$$

$$\Delta S = -\frac{\Delta G}{T} = \left(-\frac{-11.36}{298.15} \right) \mathrm{kJ} \cdot \mathrm{K}^{-1} = 38.10 \ \mathrm{J} \cdot \mathrm{K}^{-1}$$

4.15 在 25 ℃下,向 1 kg 溶剂 A(H_2O)和 0.4 mol 溶质 B 形成的稀溶液中

又加入 1 kg 的纯溶剂,若溶液可视为理想稀溶液,求过程的 ΔG。

解: 加入 1 kg 纯溶剂前,

$$n_{A,1} = \frac{m_{A,1}}{M_A} = \left(\frac{1\,000}{18.015}\right) \text{mol} = 55.51 \text{ mol}$$

$$x_{A,1} = \frac{n_{A,1}}{n_{A,1}+n_B} = \frac{55.51}{55.51+0.4} = 0.992\,8$$

$$b_{B,1} = \frac{n_B}{m_{A,1}} = \left(\frac{0.4}{1}\right) \text{mol} \cdot \text{kg}^{-1} = 0.4 \text{ mol} \cdot \text{kg}^{-1}$$

加入 1 kg 纯溶剂后,

$$n_{A,2} = \frac{m_{A,2}}{M_A} = \left(\frac{2\,000}{18.015}\right) \text{mol} = 111.02 \text{ mol}$$

$$x_{A,2} = \frac{n_{A,2}}{n_{A,2}+n_B} = \frac{111.02}{111.02+0.4} = 0.996\,4$$

$$b_{B,2} = \frac{n_B}{m_{A,2}} = \left(\frac{0.4}{2}\right) \text{mol} \cdot \text{kg}^{-1} = 0.2 \text{ mol} \cdot \text{kg}^{-1}$$

理想稀溶液溶剂和溶质的化学势表达式分别为

$$\mu_A = \mu_A^{\ominus} + RT\ln x_A$$

$$\mu_B = \mu_B^{\ominus} + RT\ln(b_B/b^{\ominus})$$

所以

$$\begin{aligned}
\Delta G &= (n_{A,2}\mu_{A,2} + n_{B,2}\mu_{B,2}) - (n_{A,1}\mu_{A,1} + n_{B,1}\mu_{B,1}) \\
&= (n_{A,2}\mu_{A,2} - n_{A,1}\mu_{A,1}) + (n_{B,2}\mu_{B,2} - n_{B,1}\mu_{B,1}) \\
&= \left\{ (n_{A,2}\ln x_{A,2} - n_{A,1}\ln x_{A,1}) + [n_{B,2}\ln(b_{B,2}/b^{\ominus}) - n_{B,1}\ln(b_{B,1}/b^{\ominus})] \right\} RT \\
&= \left\{ [(111.02 \times \ln 0.996\,4 - 55.51 \times \ln 0.992\,8) + \right. \\
&\quad \left. \left(0.4\ln\frac{0.2}{1} - 0.4\ln\frac{0.4}{1}\right)] \times 8.314 \times 298.15 \right\} \text{J} \\
&= -685.5 \text{ J}
\end{aligned}$$

4.16 (1) 25 ℃ 时将 0.568 g 碘溶于 50 cm³ CCl₄ 中,所形成的溶液与 500 cm³ 水一起摇动,平衡后测得水层中含有 0.233 mmol 的碘。计算碘在两溶剂中的分配系数 K,$K = c_{I_2(H_2O相)}/c_{I_2(CCl_4相)}$。设碘在两种溶剂中均以 I_2 分子形式存在。

(2) 若 25 ℃ I_2 在水中的浓度是 1.33 mmol · dm⁻³,求碘在 CCl₄ 中的浓度。

解:(1) I_2 的相对分子质量为 $M_{I_2} = 253.81$。

平衡时:

$$n_{I_2(CCl_4相)} = \left(\frac{0.568}{253.81} \times 10^3 - 0.233 \right) mmol = 2.005\ mmol$$

$$c_{I_2(H_2O相)} = n_{I_2(H_2O相)} / V_{H_2O相} \approx (0.233/500)\ mmol \cdot cm^{-3}$$
$$= 4.66 \times 10^{-4}\ mmol \cdot cm^{-3}$$

$$c_{I_2(CCl_4相)} = n_{I_2(CCl_4相)} / V_{CCl_4相} \approx (2.005/50)\ mmol \cdot cm^{-3}$$
$$= 4.01 \times 10^{-2}\ mmol \cdot cm^{-3}$$

$$K = \frac{c_{I_2(H_2O相)}}{c_{I_2(CCl_4相)}} = \frac{4.66 \times 10^{-4}\ mmol \cdot cm^{-3}}{4.01 \times 10^{-2}\ mmol \cdot cm^{-3}} = 0.011\ 6$$

$$(2)\ c'_{I_2(CCl_4相)} = \frac{c'_{I_2(H_2O相)}}{K} = \frac{1.33\ mmol \cdot dm^{-3}}{0.011\ 6} = 114.66\ mmol \cdot dm^{-3}$$

4.17 25 ℃时 0.1 mol NH_3 溶于 1 dm^3 三氯甲烷中,此溶液 NH_3 的蒸气分压为 4.433 kPa,同温度下当 0.1 mol NH_3 溶于 1 dm^3 水中时,NH_3 的蒸气分压为 0.887 kPa。求 NH_3 在水与三氯甲烷中的分配系数 $K = c_{NH_3(H_2O相)} / c_{NH_3(CHCl_3相)}$。

解:当 NH_3 在水与三氯甲烷中分配平衡时,也与气相中 NH_3 成平衡,根据亨利定律,三相平衡时气相的分压为

$$p_{NH_3} = k_{c,NH_3(H_2O相)} c_{NH_3(H_2O相)} = k_{c,NH_3(CHCl_3相)} c_{NH_3(CHCl_3相)}$$

式中,亨利系数 $k_{c,NH_3(H_2O相)}$,$k_{c,NH_3(CHCl_3相)}$ 可利用 25 ℃的已知数据计算。
分配系数 K

$$K = \frac{c_{NH_3(H_2O相)}}{c_{NH_3(CHCl_3相)}} = \frac{k_{c,NH_3(CHCl_3相)}}{k_{c,NH_3(H_2O相)}} = \frac{p'_{NH_3(CHCl_3相)} / c'_{NH_3(CHCl_3相)}}{p'_{NH_3(H_2O相)} / c'_{NH_3(H_2O相)}}$$

$$= \frac{4.433 \times 10^3 / (0.1/1)}{0.887 \times 10^3 / (0.1/1)} = 5$$

4.18 20 ℃某有机酸在水和乙醚中的分配系数为 0.4。将该有机酸 5 g 溶于 100 cm^3 水中形成溶液。

(1) 若用 40 cm^3 乙醚一次萃取(所用乙醚已事先被水饱和,因此萃取时不会有水溶于乙醚),求水中还剩下多少有机酸?

(2) 将 40 cm^3 乙醚分为两份,每次用 20 cm^3 乙醚萃取,连续萃取两次,问水中还剩下多少有机酸?

解:初始有机酸为 m_0,设分配平衡时,水中的有机酸还剩 m。有机酸的摩尔

质量为 M。

$$c_{酸(水相)} \approx \frac{m}{V_水 M}$$

$$c_{酸(乙醚相)} \approx \frac{m_0 - m}{V_醚 M}$$

根据能斯特分配定律

$$K = \frac{c_{酸(水相)}}{c_{酸(乙醚相)}} = \frac{V_醚}{V_水} \frac{m}{m_0 - m} = 0.4 \quad 则 \quad m_1 = \frac{0.4 m_0}{0.4 + V_醚/V_水}$$

同样体积的乙醚萃取第 2 次时，

$$m_2 = \frac{0.4 m_1}{0.4 + V_醚/V_水} = \left(\frac{0.4}{0.4 + V_醚/V_水} \right)^2 m_0$$

以此类推，同样体积的乙醚萃取第 n 次，则有

$$m_n = \frac{0.4 m_{n-1}}{0.4 + V_醚/V_水} = \left(\frac{0.4}{0.4 + V_醚/V_水} \right)^n m_0$$

（1）用 40 cm³ 乙醚萃取一次：

$$m = \frac{0.4 m_0}{0.4 + V_醚/V_水} = \left(\frac{0.4 \times 5}{0.4 + 40/100} \right) \text{g} = 2.5 \text{ g}$$

（2）每次用 20 cm³ 乙醚萃取，连续萃取两次：

$$m' = \left(\frac{0.4}{0.4 + V'_醚/V_水} \right)^2 m_0 = \left[\left(\frac{0.4}{0.4 + 20/100} \right)^2 \times 5 \right] \text{g} = 2.22 \text{ g}$$

4.19　25 ℃ 下测得 CS_2（B）和丙酮（C）形成的混合溶液在不同浓度时 CS_2（B）的分压为

x_B	0.071 1	0.350 2	0.919 1	1
p_B/kPa	16.41	47.77	65.42	68.30

已知 CS_2 的亨利系数 $k_{x,B} = 267.98$ kPa，请分别用拉乌尔定律和亨利定律计算 CS_2 的活度与活度因子，并讨论结果说明了什么。

解:（1）用拉乌尔定律计算。

$$x_B = 0.071 \ 1 \ 时, a_B = \frac{p_B}{p_B^*} = \frac{16.41}{68.30} = 0.240 \ 3, f_B = \frac{a_B}{x_B} = \frac{0.240 \ 3}{0.071 \ 1} = 3.380$$

同理，$x_B = 0.350\,2$ 时，$a_B = 0.699\,4$，$f_B = 1.997$

　　$x_B = 0.919\,1$ 时，$a_B = 0.957\,8$，$f_B = 1.042$

（2）用亨利定律计算。

$$x_B = 0.071\,1 \text{ 时}，a_B = \frac{p_B}{k_{x,B}} = \frac{16.41}{267.98} = 0.061\,24，\gamma_B = \frac{a_B}{x_B} = \frac{0.061\,24}{0.071\,1} = 0.861\,3$$

同理，$x_B = 0.350\,2$ 时，$a_B = 0.178\,3$，$\gamma_B = 0.509\,1$

　　$x_B = 0.919\,1$ 时，$a_B = 0.244\,1$，$\gamma_B = 0.265\,6$

由计算结果可知，在 B 的浓度很低时，B 的真实分压与由亨利定律计算的结果比较接近，γ_B 趋近于 1；而在 B 的浓度很高时，B 的真实分压与由拉乌尔定律算出的结果更接近，f_B 趋近于 1。

4.20　在某一温度下，将碘溶解于 CCl_4 中。当碘的摩尔分数 x_{I_2} 在 $0.01 \sim$ 0.04时，此溶液符合稀溶液规律。今测得平衡时气相中碘的蒸气压与液相中碘的摩尔分数的两组数据如下：

$p_{I_2(g)}$/kPa	1.638	16.72
x_{I_2}	0.03	0.5

求 $x_{I_2} = 0.5$ 时溶液中碘的活度及活度因子。

解：由于 x_{I_2} 在 $0.01 \sim 0.04$ 时，此溶液符合稀溶液规律，即溶质碘服从亨利定律：

$$p_{I_2,1} = k_{x,I_2} x_{I_2,1}$$

$$k_{x,I_2} = \frac{p_{I_2,1}}{x_{I_2,1}} = \frac{1.638 \text{ kPa}}{0.03} = 54.6 \text{ kPa}$$

当 $x_{I_2,2} = 0.5$ 时，亨利定律形式为 $p_{I_2,2} = k_{x,I_2} a_{I_2}$。

$$a_{I_2} = \frac{p_{I_2,2}}{k_{x,I_2}} = \frac{16.72}{54.6} = 0.306\,2$$

$$\gamma_{I_2} = \frac{a_{I_2}}{x_{I_2,2}} = \frac{0.306\,2}{0.5} = 0.612\,4$$

4.21　实验测得 50 ℃ 时乙醇（A）–水（B）液态混合物的液相组成 $x_B = 0.556\,1$，平衡气相组成 $y_B = 0.428\,9$ 及气相总压 $p = 24.832$ kPa，试计算水的活度及活度因子。假设水的摩尔蒸发焓在 $50 \sim 100$ ℃ 可按常数处理。已知 $\Delta_{vap}H_{m,H_2O,l} = 42.23 \text{ kJ} \cdot \text{mol}^{-1}$。

解：50 ℃ 时水的饱和蒸气压 p_B^*（323.15 K）可由克劳修斯–克拉佩龙方程进

行计算。

$$\ln \frac{p_2}{p_1} = -\frac{\Delta_{vap} H_m}{R}\left(\frac{1}{T_2} - \frac{1}{T_1}\right)$$

已知 100 ℃时水的饱和蒸气压 $p_B^*(373.15\ K) = 101.325\ kPa$，

则　　　　　$\ln \dfrac{101.325\ kPa}{p_B^*(323.15\ K)} = -\dfrac{42.23\times10^3}{8.314}\left(\dfrac{1}{373.15} - \dfrac{1}{323.15}\right)$

得　　　　　　　　$p_B^*(323.15\ K) = 12.33\ kPa$

323.15 K 时

$$a_B = \frac{p_B(323.15\ K)}{p_B^*(323.15\ K)} = \frac{p(323.15\ K)\cdot y_B}{p_B^*(323.15\ K)} = \frac{24.832\times0.428\ 9}{12.33} = 0.863\ 8$$

$$f_B = \frac{a_B}{x_B} = \frac{0.863\ 8}{0.556\ 1} = 1.553$$

试题分析

4.22 25 g 的 CCl_4 中溶有 0.545 5 g 某溶质，与此溶液成平衡的 CCl_4 的蒸气分压为 11.188 8 kPa，而在同一温度时纯 CCl_4 的饱和蒸气压为 11.400 8 kPa。

（1）求此溶质的相对分子质量；

（2）根据元素分析结果，溶质中含 C 为 94.34%，含 H 为 5.66%（质量分数），确定溶质的化学式。

解:（1）设该溶液为理想稀溶液，则溶剂服从拉乌尔定律：

$$x_A = \frac{p_A}{p_A^*}$$

且　　　　　　　　$x_A = \dfrac{m_A/M_A}{m_B/M_B + m_A/M_A}$

两式联立得　　　　$\dfrac{m_B}{M_B} = \dfrac{m_A}{M_A}\left(\dfrac{1}{x_A} - 1\right) = \dfrac{m_A}{M_A}\left(\dfrac{p_A^*}{p_A} - 1\right)$

所以

$$M_B = \frac{m_B}{m_A}\frac{p_A}{p_A^* - p_A}M_A = \left(\frac{0.545\ 5}{25}\times\frac{11.188\ 8}{11.400\ 8 - 11.188\ 8}\times153.822\right)g\cdot mol^{-1}$$

$$= 177.14\ g\cdot mol^{-1}$$

即溶质的相对分子质量为 177.14。

（2）设该物质的化学式为 $C_n H_m$，则 C 的质量分数为

$$\frac{12.011n}{12.011n + 1.007\ 9m} = 0.943\ 4$$

该物质的相对分子质量为 $12.011n+1.007\ 9m=177.14$

联立可得

$$n=\frac{0.943\ 4\times177.142}{12.011}=13.91\approx14$$

$$m=\frac{0.056\ 6\times177.142}{1.007\ 9}=9.95\approx10$$

即化学式为 $C_{14}H_{10}$。

4.23 10 g 葡萄糖($C_6H_{12}O_6$)溶于 400 g 乙醇中,溶液的沸点较纯乙醇的上升 0.142 8 ℃。另外有 2 g 有机物溶于 100 g 乙醇中,此溶液的沸点则上升 0.125 0 ℃。求此有机物的相对分子质量。

解:10 g 葡萄糖($C_6H_{12}O$)溶于 400 g 乙醇中:

$$\Delta T_{b,糖}=K_b b_{B,糖}$$

$$K_b=\frac{\Delta T_{b,糖}}{b_{B,糖}}=\frac{\Delta T_{b,糖}}{(m_{B,糖}/M_{B,糖})/m_{A,醇}}$$

$$=\left[\frac{0.142\ 8}{(10/180.16)/400}\right]K\cdot mol^{-1}\cdot g=1.029\ 1\times10^3\ K\cdot mol^{-1}\cdot g$$

2 g 有机物溶于 100 g 乙醇中,乙醇的沸点升高系数不变,则有

$$b_{B,有机物}=\frac{m_{有机物}/M_{有机物}}{m_{醇}}=\frac{\Delta T_{b,有机物}}{K_b}$$

解得 $M_{有机物}=\frac{K_b m_{有机物}}{m_{醇}\Delta T_{b,有机物}}=\left[\frac{(1.029\ 1\times10^3)\times2}{100\times0.125\ 0}\right]g\cdot mol^{-1}=164.66\ g\cdot mol^{-1}$

此有机物的相对分子质量为 164.66。

4.24 在 100 g 苯中加入 13.76 g 联苯($C_6H_5C_6H_5$),所形成溶液的沸点为 82.4 ℃。已知纯苯的沸点为 80.1 ℃。

求:(1) 苯的沸点升高系数;

(2) 苯的摩尔蒸发焓。

解:(1) $\Delta T_b=(82.4-80.1)℃=2.3\ ℃=2.3\ K$,$M_{联苯}=154.211\ g\cdot mol^{-1}$

$$K_b=\frac{\Delta T_b}{b_{联苯}}=\frac{\Delta T_b}{(m_{联苯}/M_{联苯})/m_{苯}}$$

$$=\frac{2.3\ K}{(13.76/154.211)mol/(100\times10^{-3}\ kg)}=2.578\ K\cdot mol^{-1}\cdot kg$$

(2) 由 $K_b=\frac{R(T_b^*)^2M_{苯}}{\Delta_{vap}H_{m,苯}^*}$可得

$$\Delta_{vap}H_{m,苯}^* = \frac{R(T_b^*)^2 M_苯}{K_b}$$

$$= \left[\frac{8.314\times(273.15+80.1)^2\times78.114\times10^{-3}}{2.578}\right]J\cdot mol^{-1} = 31.44\ kJ\cdot mol^{-1}$$

4.25 已知 0 ℃,101.325 kPa 时,O_2 在水中的溶解度为 4.49 cm^3/100g;N_2 在水中的溶解度为 2.35 cm^3/100 g。试计算被 101.325 kPa 的空气所饱和了的水的凝固点较纯水的凝固点降低了多少。已知空气的体积分数 $\varphi_{N_2} = 0.79$,$\varphi_{O_2} = 0.21$。

解: 先计算被空气饱和了的水中气体的质量摩尔浓度 b。有两种解法:

解法一: 被 101.325 kPa 的空气所饱和了的水中溶解的 O_2 和 N_2 均服从亨利定律:

$$p_{O_2} = k_{b,O_2}b_{O_2}$$

$$p_{N_2} = k_{b,N_2}b_{N_2}$$

则对于 O_2 有　$\dfrac{b_{O_2,2}}{b_{O_2,1}} = \dfrac{p_{O_2,2}}{p_{O_2,1}}$

$$b_{O_2,1} = \frac{n_{O_2,1}}{m_{H_2O}} = \frac{p_{O_2,1}V_{O_2,1}}{RTm_{H_2O}} = \left[\frac{(101.325\times10^3)\times(4.49\times10^{-6})}{8.314\times273.15\times(100\times10^{-3})}\right]mol\cdot kg^{-1}$$

$$= 2.003\ 3\times10^{-3}\ mol\cdot kg^{-1}$$

$$b_{O_2,2} = \frac{p_{O_2,2}}{p_{O_2,1}}b_{O_2,1} = \left[\frac{(101.325\times10^3)\times0.21}{101.325\times10^3}\times(2.003\ 3\times10^{-3})\right]mol\cdot kg^{-1}$$

$$= 4.207\times10^{-4}\ mol\cdot kg^{-1}$$

或者

$$b_{O_2,2} = \frac{p_{O_2,2}V_{O_2,1}}{RTm_{H_2O}} = \left[\frac{(101.325\times10^3)\times0.21\times(4.49\times10^{-6})}{8.314\times273.15\times(100\times10^{-3})}\right]mol\cdot kg^{-1}$$

$$= 4.207\times10^{-4}\ mol\cdot kg^{-1}$$

同理,对于 N_2,有

$$b_{N_2,2} = \frac{p_{N_2,2}V_{N_2,1}}{RTm_{H_2O}} = \left[\frac{(101.325\times10^3)\times0.79\times(2.35\times10^{-6})}{8.314\times273.15\times(100\times10^{-3})}\right]mol\cdot kg^{-1}$$

$$= 8.283\times10^{-4}\ mol\cdot kg^{-1}$$

所以　$b = b_{O_2,2}+b_{N_2,2} = [(4.207+8.283)\times10^{-4}]mol\cdot kg^{-1} = 1.249\times10^{-3}\ mol\cdot kg^{-1}$

解法二：

$$b = b_{O_2,2} + b_{N_2,2} = \frac{n_{O_2,2} + n_{N_2,2}}{m_{H_2O}} = \frac{p(V_{O_2,2} + V_{N_2,2})/(RT)}{m_{H_2O}} = \frac{p(V_{O_2,1}\varphi_{O_2} + V_{N_2,1}\varphi_{N_2})}{RT m_{H_2O}}$$

$$= \left[\frac{(101.325 \times 10^3) \times (0.21 \times 4.49 + 0.79 \times 2.35) \times 10^{-6}}{8.314 \times 273.15 \times (100 \times 10^{-3})} \right] mol \cdot kg^{-1}$$

$$= 1.249 \times 10^{-3} \ mol \cdot kg^{-1}$$

水的凝固点降低系数为 $K_f = 1.86 \ K \cdot mol^{-1} \cdot kg$，因此

$$\Delta T_f = K_f b = [1.86 \times (1.249 \times 10^{-3})] \ K = 2.323 \times 10^{-3} \ K$$

4.26 已知樟脑（$C_{10}H_{16}O$）的凝固点降低系数为 $40 \ K \cdot mol^{-1} \cdot kg$。

（1）某一溶质相对分子质量为 210，溶于樟脑形成质量分数为 5% 的溶液，求凝固点降低多少？

（2）另一溶质相对分子质量为 9 000，溶于樟脑形成质量分数为 5% 的溶液，求凝固点降低多少？

解： 质量分数和质量摩尔浓度间的关系：

$$w_B = \frac{m_B}{m_A + m_B} = \frac{b_B M_B m_A}{m_A + b_B M_B m_A} = \frac{b_B M_B}{1 + b_B M_B}$$

$$b_B = \frac{w_B}{M_B(1 - w_B)}$$

因此，（1）$\Delta T_f = k_f b_B = \frac{K_f w_B}{M_B(1 - w_B)} = \left[\frac{40 \times 0.05}{(210 \times 10^{-3}) \times (1 - 0.05)} \right] K = 10.03 \ K$

（2）$\Delta T_f' = k_f b_B' = \frac{K_f w_B'}{M_B'(1 - w_B')} = \left[\frac{40 \times 0.05}{(9\ 000 \times 10^{-3}) \times (1 - 0.05)} \right] K = 0.234 \ K$

4.27 现有蔗糖（$C_{12}H_{22}O_{11}$）溶于水形成某一浓度的稀溶液，其凝固点为 $-0.200 \ ℃$，计算此溶液在 25 ℃ 时的蒸气压。已知水的 $K_f = 1.86 \ K \cdot mol^{-1} \cdot kg$，纯水在 25 ℃ 时的蒸气压为 $p^* = 3.167 \ kPa$。

试题分析

解： 首先由凝固点降低公式计算蔗糖的质量摩尔浓度：

$$b_B = \frac{\Delta T_f}{K_f} = \left(\frac{0.2}{1.86} \right) mol \cdot kg^{-1} = 0.107\ 5 \ mol \cdot kg^{-1}$$

由习题 4.1 结论知，$b_B = \dfrac{x_B}{(1 - x_B) M_A}$

则

$$x_B = \frac{b_B M_A}{1 + b_B M_A} = \frac{0.107\ 5 \times (18.015 \times 10^{-3})}{1 + 0.107\ 5 \times (18.015 \times 10^{-3})} = 1.933 \times 10^{-3}$$

假设溶剂服从拉乌尔定律,溶质为非挥发性物质,则 25 ℃时溶液的蒸气压为

$$p = p_A = p_A^* x_A = p_A^*(1-x_B) = [3.167\times(1-1.933\times10^{-3})]\,kPa = 3.161\ kPa$$

4.28　在 25 ℃时,10 g 某溶质溶于 1 dm^3 溶剂中,测出该溶液的渗透压为 $\Pi = 0.400\ 0$ kPa,试确定该溶质的相对分子质量。

解:稀溶液的渗透压公式为

$$\Pi = c_B RT = \frac{n_B}{V}RT \approx \frac{m_B/M_B}{V_A}RT$$

所以　$M_B = \dfrac{m_B RT}{\Pi V_A} = \left[\dfrac{10\times8.314\times298.15}{0.400\ 0\times10^3\times(1\times10^{-3})}\right]g\cdot mol^{-1} = 6.197\times10^4\ g\cdot mol^{-1}$

即溶质的相对分子质量为 6.197×10^4。

4.29　在 20 ℃下将 68.4 g 蔗糖($C_{12}H_{22}O_{11}$)溶于 1 kg 的水中。

求:(1) 此溶液的蒸气压;

(2) 此溶液的渗透压。

已知 20 ℃下此溶液的密度为 1.024 g·cm^{-3}。纯水的饱和蒸气压 $p^* = 2.339$ kPa。

解:以 A 表示水,以 B 表示蔗糖。

(1) 溶液的蒸气压:

$$
\begin{aligned}
p &= p_A = p_A^* x_A = p_A^*\frac{m_A/M_A}{m_A/M_A + m_B/M_B}\\
&= \left(2.339\times\frac{1\ 000/18.015}{1\ 000/18.015 + 68.4/342.3}\right)kPa = 2.33\ kPa
\end{aligned}
$$

(2) 溶液的渗透压:

$$\Pi = c_B RT = \frac{n_B}{V}RT = \frac{m_B/M_B}{(m_A+m_B)/\rho}RT$$

$$= \left[\frac{68.4/342.3}{(1\ 000+68.4)/(1.024\times10^{-6})}\times8.314\times293.15\right]Pa = 466.8\ kPa$$

4.30　人的血液(可视为水溶液)在 101.325 kPa 下于 −0.56 ℃凝固。已知水的 $K_f = 1.86$ K·mol^{-1}·kg。

求:(1) 血液在 37 ℃时的渗透压;

(2) 在同温度下,1 dm^3 蔗糖($C_{12}H_{22}O_{11}$)水溶液中需含有多少克蔗糖才能与血液有相同的渗透压?

解:(1) 设血液的质量摩尔浓度为 b_B,则

$$b_B = \frac{\Delta T_f}{K_f} = \left(\frac{0.56}{1.86}\right) \text{mol} \cdot \text{kg}^{-1} = 0.301\ 1\ \text{mol} \cdot \text{kg}^{-1}$$

稀水溶液条件下 $c_B/(\text{mol} \cdot \text{dm}^{-3}) \approx b_B/(\text{mol} \cdot \text{kg}^{-1})$

因此 $c_B = 0.301\ 1\ \text{mol} \cdot \text{dm}^{-3}$

$$\Pi = c_B RT = \left[(0.301\ 1 \times 10^3) \times 8.314 \times 310.15\right] \text{Pa} = 776.4\ \text{kPa}$$

（2）水溶液的渗透压与溶质的种类无关,所以渗透压相同时两水溶液中溶质的浓度相等,即蔗糖水溶液的浓度为 $0.301\ 1\ \text{mol} \cdot \text{dm}^{-3}$。

$$m_B = c_B V M_B = (0.301\ 1 \times 1 \times 342.3)\,\text{g} = 103.1\ \text{g}$$

即水溶液中含有 103.1 g 蔗糖才能与血液有相同的渗透压。

第五章 化学平衡

§5.1 概念、主要公式及其适用条件

1. 化学反应方向及平衡条件

在 T,p 恒定时,反应自发进行的热力学判据为

$$dG = \sum_B \mu_B dn_B < 0$$

达到平衡时

$$dG = \sum_B \mu_B dn_B = 0$$

2. 摩尔反应吉布斯函数

$$(\partial G/\partial \xi)_{T,p} = \sum_B \nu_B \mu_B = \Delta_r G_m$$

式中,$(\partial G/\partial \xi)_{T,p}$ 表示在一定温度、压力和组成的条件下,反应进行了 $d\xi$ 的微量进度折合成每摩尔进度时所引起系统吉布斯函数的变化;也可以说是在反应系统为无限大量时进行了 1 mol 进度化学反应时所引起系统吉布斯函数的改变,简称为摩尔反应吉布斯函数,通常用 $\Delta_r G_m$ 表示。

3. 理想气体反应等温方程

$$\Delta_r G_m = \Delta_r G_m^{\ominus} + RT \ln J_p$$

式中,$\Delta_r G_m^{\ominus} = \sum_B \nu_B \mu_B^{\ominus}$,称为标准摩尔反应吉布斯函数;$J_p = \prod_B (p_B/p^{\ominus})^{\nu_B}$,称为反应的压力商,其量纲为 1。

等温方程可用于计算理想气体(或低压下的真实气体)在 T,p 及组成一定,反应进度为 1 mol 时的吉布斯函数变化,用于反应方向的判断。

4. 标准平衡常数

定义式:

$$K^{\ominus} \stackrel{\text{def}}{=\!=\!=} \exp[-\Delta_r G_m^{\ominus}/(RT)]$$

或者

$$\Delta_r G_m^{\ominus} = -RT \ln K^{\ominus}$$

计算式:

$$K^{\ominus} = \prod_B (p_B^{eq}/p^{\ominus})^{\nu_B} \quad (\text{理想气体})$$

$K^\ominus$的量纲为1。若已知平衡时参加反应的任一种物质的量 n_B、摩尔分数 y_B、系统的总压 p，也可采用下式计算 $K^\ominus$：

$$K^\ominus = \prod_B n_B^{\nu_B} \left[p/(p^\ominus \sum n_B) \right]^{\Sigma \nu_B} = \prod_B y_B^{\nu_B} (p/p^\ominus)^{\Sigma \nu_B}$$

此式只适用于理想气体。

5. 理想气体反应平衡常数的不同表示法

$$K_p = \prod_B p_B^{\nu_B}$$

$$K_c^\ominus = \prod_B (c_B/c^\ominus)^{\nu_B}$$

$$K_y = \prod_B y_B^{\nu_B}$$

$$K_n = \prod_B n_B^{\nu_B}$$

各平衡常数之间的关系：

$$K^\ominus = K_p (p^\ominus)^{-\Sigma \nu_{B(g)}} = K_c^\ominus \left(\frac{c^\ominus RT}{p^\ominus} \right)^{\Sigma \nu_{B(g)}} = K_y \left(\frac{p}{p^\ominus} \right)^{\Sigma \nu_{B(g)}} = K_n \left(\frac{p}{p^\ominus \sum n_B} \right)^{\Sigma \nu_{B(g)}}$$

各平衡常数中，$K^\ominus$，K_p 和 $K_c^\ominus$ 都只是温度的函数；K_y 和 K_n 除了是温度的函数外，还是总压力 p 的函数；而 K_n 还与系统中总的气相组分物质的量 $\sum n_{B(g)}$ 有关。当反应方程式中气体的计量系数之和 $\sum \nu_{B(g)} = 0$ 时，

$$K^\ominus = K_p = K_c^\ominus = K_y = K_n$$

6. $K^\ominus$ 的计算

计算 $K^\ominus$ 有两条思路。其一是通过热力学量 $\Delta_r G_m^\ominus$ 来计算 $K^\ominus$：$\Delta_r G_m^\ominus = -RT\ln K^\ominus$。计算 $\Delta_r G_m^\ominus$ 的方法常用的有三种：

（1）通过化学反应的 $\Delta_r H_m^\ominus$ 和 $\Delta_r S_m^\ominus$ 来计算 $\Delta_r G_m^\ominus$

$$\Delta_r G_m^\ominus = \Delta_r H_m^\ominus - T\Delta_r S_m^\ominus$$

式中，$\Delta_r H_m^\ominus = \sum_B \nu_B \Delta_f H_m^\ominus(B) = -\sum_B \nu_B \Delta_c H_m^\ominus(B)$，$\Delta_r S_m^\ominus = \sum_B \nu_B S_m^\ominus(B)$。

（2）通过 $\Delta_f G_m^\ominus$ 计算 $\Delta_r G_m^\ominus$

$$\Delta_r G_m^\ominus = \sum_B \nu_B \Delta_f G_m^\ominus(B)$$

（3）通过相关反应计算

其一，如果一个反应可由其他反应线性组合得到，那么该反应的 $\Delta_r G_m^\ominus$ 也可

由相应反应的 $\Delta_r G_m^{\ominus}$ 线性组合得到。

其二,可由实验测得的平衡组成的数据计算 $K^{\ominus}$:

$$K^{\ominus} = \prod_{B} (p_B^{eq}/p^{\ominus})^{\nu_B}\ (理想气体)$$

7. 温度对 $K^{\ominus}$ 的影响——范特霍夫方程

微分式

$$\frac{\mathrm{d}\ln K^{\ominus}}{\mathrm{d}T} = \frac{\Delta_r H_m^{\ominus}}{RT^2}$$

定积分式

$$\ln \frac{K_2^{\ominus}}{K_1^{\ominus}} = -\frac{\Delta_r H_m^{\ominus}}{R}\left(\frac{1}{T_2} - \frac{1}{T_1}\right)$$

不定积分式

$$\ln K^{\ominus} = -\frac{\Delta_r H_m^{\ominus}}{RT} + C$$

理想气体反应 $\Delta_r H_m^{\ominus} = \Delta_r H_m$。定积分式只适用于 $\Delta_r H_m^{\ominus}$ 为常数的理想气体恒压反应。若 $\Delta_r H_m^{\ominus}$ 是 T 的函数,则需将其函数关系代入微分式进行积分,以得到 $\ln K^{\ominus}$ 与 T 的关系式。

8. 压力、惰性组分及反应物的量对理想气体反应平衡移动的影响

(1) 压力的影响

利用 $K^{\ominus} = K_y (p/p^{\ominus})^{\Sigma \nu_B}$ 进行判断。增大总压 p,平衡向生成气体物质的量较小($\sum \nu_B < 0$)的方向移动。

(2) 惰性组分的影响(注意不限于惰性气体)

T, p 一定时,加入惰性组分,平衡向生成气体物质的量较大($\sum \nu_B > 0$)的方向移动;若是 T, V 一定,加入惰性组分,平衡将不发生移动。

(3) 反应物的量的影响

T, V 一定时,增加反应物的量则平衡向右移动,对产物的生成有利;T, p 一定时,加入反应物却不一定总使平衡向右移动。当起始原料气中两组分 A,B 的物质的量之比等于其计量数之比,即 $r = \dfrac{n_B}{n_A} = \dfrac{b}{a}$ 时,产物在混合气中的含量(摩尔分数)最大。

9. 真实气体的化学平衡

$$K^{\ominus} = \prod_{B} (\tilde{p}_B^{eq}/p^{\ominus})^{\nu_B} = \prod_{B} (\varphi_B^{eq})^{\nu_B} \prod_{B} (p_B^{eq}/p^{\ominus})^{\nu_B} = K_{\varphi} K_p^{\ominus}$$

式中,$K^{\ominus}$ 为用逸度表示的标准平衡常数,与 $\Delta_r G_m^{\ominus}$ 相关,$\Delta_r G_m^{\ominus} = -RT\ln K^{\ominus} = -RT\ln \prod_{B} (\tilde{p}_B^{eq}/p^{\ominus})^{\nu_B}$;$K_p^{\ominus}$ 为用平衡分压表示的标准平衡常数。

§5.2 概 念 题

5.2.1 填空题

1. 在 T,p 及组成一定的条件下,反应 $0 = \sum \nu_B B$ 的 $\Delta_r G_m$ 与反应进度 $\xi, K^\ominus$, $J_p, \Delta_r H_m, \Delta_r S_m$ 及化学势 μ_B 之间的定量关系为

$$\Delta_r G_m = (\quad) = (\quad) = (\quad) = (\quad)$$

2. 温度为 T 的某抽空容器中,$NH_4HCO_3(s)$ 发生下列分解反应:

$$NH_4HCO_3(s) \Longrightarrow NH_3(g) + CO_2(g) + H_2O(g)$$

反应达到平衡时,气体的总压力为 60 kPa,则此反应的标准平衡常数 $K^\ominus = (\quad)$。

3. 温度为 T 的某抽空容器中,反应 $B_3(s) \Longrightarrow 3B(g)$ 达平衡时总压力为 60 kPa,则此反应的标准平衡常数 $K^\ominus = (\quad)$。

4. 某反应的 $\Delta_r H_m^\ominus$ 与 T 的关系为 $\Delta_r H_m^\ominus/(J \cdot mol^{-1}) = 83.14T/K - 0.831\,4$,则此反应的 $d\ln K^\ominus/dT = (\quad)$。

5. 已知反应 $B_2(g) \Longrightarrow 2B(g)$ 的 $\Delta_r G_m^\ominus$ 与 T 的关系为

$$\Delta_r G_m^\ominus = 8.0 \times 10^3 R \ K - 10RT\ln(T/K) + 55RT$$

则此反应的 $\Delta_r H_m^\ominus$ 与 T 之间的函数关系为 $\Delta_r H_m^\ominus = (\quad)$;$\Delta_r S_m^\ominus$ 与 T 之间的函数关系为 $\Delta_r S_m^\ominus = (\quad)$;$\ln K^\ominus$ 与 T 之间的函数关系为 $\ln K^\ominus = (\quad)$。若 $T = 1\,000$ K,$p = 200$ kPa,则题给反应的标准平衡常数 $K^\ominus$ 和 $B_2(g)$ 的平衡转化率 α 分别为 $K^\ominus = (\quad)$,$\alpha = (\quad)$。

6. 在一定的温度范围内,某反应的标准平衡常数与 T 的关系为 $\ln K^\ominus = A/(T/K) + B$,其中 A 和 B 的量纲均为 1。则在此温度范围内,反应的 $\Delta_r H_m^\ominus = (\quad)$;$\Delta_r S_m^\ominus = (\quad)$;$\Delta_r G_m^\ominus = (\quad)$;$\Delta_r C_{p,m} = (\quad)$。

7. 已知 1 000 K 时反应:

(1) $CO(g) + \frac{1}{2}O_2(g) \Longrightarrow CO_2(g)$ 的 $K_1^\ominus = 1.659 \times 10^{10}$;

(2) $C(s) + CO_2(g) \Longrightarrow 2CO(g)$ 的 $K_2^\ominus = 1.719$;

则此温度下反应(3) $C(s) + \frac{1}{2}O_2(g) \Longrightarrow CO(g)$ 的 $K_3^\ominus = (\quad)$。

8. 298.15 K 时,水蒸气的标准摩尔生成吉布斯函数 $\Delta_f G_m^\ominus(H_2O, g) = -228.572$ kJ $\cdot$ mol^{-1}。在同样温度下,反应 $2H_2O(g) \Longrightarrow 2H_2(g) + O_2(g)$ 的标准

平衡常数 $K^{\ominus}=($ 　　 $)$。

9. 在 $T=600\ K$，总压 $p=3\times10^5\ Pa$ 下，反应 $A(g)+B(g)\Longrightarrow 2C(g)$ 达平衡时，各气体的物质的量之比为 $n_A/n_B=n_B/n_C=1$，则此反应的 $\Delta_r G_m=($ 　　 $)$；$\Delta_r G_m^{\ominus}=($ 　　 $)$；$K^{\ominus}=($ 　　 $)$。

10. 一定温度下的某化学反应的标准平衡常数 $K^{\ominus}$ 的计算有三种方法，分别是（ 　 ）、（ 　 ）和（ 　 ）。

11. 某化学反应 $\Delta_r C_{p,m}=0,298.15\ K$ 时 $\Delta_r H_m^{\ominus}<0,\Delta_r S_m^{\ominus}>0$，那么：

$$\left(\frac{\partial \Delta_r H_m^{\ominus}}{\partial T}\right)_p (\qquad)$$

$$\left(\frac{\partial \Delta_r S_m^{\ominus}}{\partial T}\right)_p (\qquad)$$

$$\left(\frac{\partial \ln K^{\ominus}}{\partial T}\right)_p (\qquad)$$

（选择填入：$>0,<0,=0$。）

12. 一定条件下反应 $2NO(g)+O_2(g)\Longrightarrow 2NO_2(g)$ 达到平衡。已知该反应的 $\Delta_r H_m^{\ominus}<0$。若保持温度不变、增大压力，则平衡（ 　 ）；若保持温度、体积不变，加入惰性组分，则平衡（ 　 ）；若保持压力不变、降低温度，则平衡（ 　 ）。（选择填入：向左移动、向右移动、不发生移动。）

13. 在 $T=380\ K$，总压 $p=2.0\ kPa$ 下，反应 $C_6H_5C_2H_5(g)\Longrightarrow C_6H_5C_2H_3(g)+H_2(g)$ 达到平衡。此时，向反应系统中加入一定量的惰性组分 $H_2O(g)$，则标准平衡常数 $K^{\ominus}($ 　 $)$，$C_6H_5C_2H_5(g)$ 的平衡转化率 $\alpha($ 　 $)$，$C_6H_5C_2H_3(g)$ 的摩尔分数 $y(C_6H_5C_2H_3)($ 　 $)$。（选择填入：增大、减小、不变。）

5.2.2　选择题

1. 恒温、恒压下化学反应达到平衡时，$\Delta_r G_m^{\ominus}($ 　 $)$，$\Delta_r G_m($ 　 $)$，$\sum \nu_B \mu_B($ 　 $)$。

（a）>0；　　（b）$=0$；　　（c）<0；　　（d）无法确定

2. 某化学反应 $2A(g)+B(s)\Longrightarrow 3D(g)$ 在一定温度条件下达到平衡，则各物质的化学势之间应满足的关系是（ 　 ）。

（a）$\mu_D(g)-2\mu_A(g)-\mu_B(s)=0$；　　（b）$3\mu_D(g)-2\mu_A(g)=0$；
（c）$3\mu_D(g)-2\mu_A(g)+\mu_B(s)=0$；　　（d）$3\mu_D(g)-2\mu_A(g)-\mu_B(s)=0$

3. 在 $T=600\ K$ 下，理想气体反应（1）$A(g)+B(g)\Longrightarrow D(g)$ 的 $K_1^{\ominus}=0.25$；

则反应(2) D(g)══A(g)+B(g)的 $K_2^{\ominus}$ = (   );反应(3) 2A(g)+2B(g)══2D(g)的 $K_3^{\ominus}$ = (   )。

(a) 0.25;   (b) 0.062 5;   (c) 4.0;   (d) 0.50

4. 300 K 下,某抽空容器中通入 A,B 和 C 三种理想气体,使 $p_A = p_B = p_C = 100$ kPa。已知反应 A(g)+2B(g)══C(g) 在 300 K 时的 $K^{\ominus} = 1$。则上述条件下,反应(   )。

(a) 向左进行;   (b) 向右进行;

(c) 处于平衡状态;   (d) 无法确定

5. 在 $T = 293.15$ K,$V = 2.4$ dm³ 的抽空容器中装有过量的 $NH_4HS(s)$,发生分解反应 $NH_4HS(s)$══$NH_3(g)+H_2S(g)$,平衡压力为 45.30 kPa。则此反应的 $K^{\ominus}$ = (   )。

(a) 0.062 7;   (b) 0.102 6;   (c) 0.135 4;   (d) 0.051 3

6. 已知下列反应的标准平衡常数与温度的关系为

(1) A(g)+B(g)══2C(g),$\ln K_1^{\ominus} = 3\ 134/(T/K) - 5.43$

(2) C(g)+D(g)══B(g),$\ln K_2^{\ominus} = -1\ 638/(T/K) - 6.02$

(3) A(g)+D(g)══C(g),$\ln K_3^{\ominus} = A/(T/K) + B$

式中 A 和 B 的量纲为 1,则(   )。

(a) $A = 4\ 772, B = 0.95$;   (b) $A = 1\ 496, B = -11.45$;

(c) $A = -4\ 772, B = -0.95$;   (d) $A = -542, B = 17.45$

7. 298.15 K 时,反应 $2Ag_2O(s)$══$4Ag(s)+O_2(g)$ 的 $\Delta_r G_m^{\ominus} = 22.40$ kJ·mol⁻¹,同样温度下 $\Delta_f G_m^{\ominus}(Ag_2O,s)$ = (   );$\Delta_f G_m^{\ominus}(Ag,s)$ = (   )。

(a) 11.20,11.20;   (b) -22.40,0;

(c) -11.20,11.20;   (d) -11.20,0

8. 已知 300~400 K 范围内,某化学反应的标准平衡常数与温度的关系为 $\ln K^{\ominus} = 3\ 444.7/(T/K) - 26.365$。在此温度范围内,降低温度,则 $K^{\ominus}$(   );$\Delta_r H_m^{\ominus}$(   )。

(a)变大,变小; (b) 变大,不变; (c)变小,不变; (d) 变小,变小

9. 在温度 T 时,某化学反应的 $\Delta_r H_m^{\ominus} < 0, \Delta_r S_m^{\ominus} > 0$,则该反应的标准平衡常数 $K^{\ominus}$(   )1,且随温度升高而(   )。

(a)大于,变小; (b)小于,不变; (c)大于,不变; (d)小于,变大

10. 温度恒定为 400 K,在一个带活塞的汽缸中存在下列反应:

$$A(g)+B(g)══C(g)$$

平衡时体积为 V,压力为 p,C(g)的物质的量为 $n_0(C)$。

(1) 在恒温、恒压下,向上述平衡系统中通入惰性气体 D(g),使系统的体积

变大,达到新的平衡时 C(g)的物质的量为 $n_1(C)$,则 $n_0(C)$(   )$n_1(C)$;

(2)将通入惰性气体后的平衡系统,恒温压缩到原来的体积 V,达到平衡态时 C(g)的物质的量为 $n_2(C)$。则 $n_2(C)$(   )$n_1(C)$,$n_2(C)$(   )$n_0(C)$。

(a) >;   (b) = ;   (c) <;   (d) ≤

概念题答案

5.2.1 填空题

1. $(\partial G/\partial \xi)_{T,p}$;$\sum\limits_{B} \nu_B \mu_B$;$\Delta_r H_m - T\Delta_r S_m$;$RT\ln(J_p/K^\ominus)$

2. 8.0×10^{-3}

$K^\ominus = (p/3p^\ominus)^3 = (60/300)^3 = 8.0\times10^{-3}$

3. 0.216

$K^\ominus = (p/p^\ominus)^3 = (60/100)^3 = 0.216$

4. $10/T-0.1\mathrm{K}/T^2$

$\mathrm{dln}\, K^\ominus/\mathrm{d}T = \Delta_r H_m^\ominus/(RT^2) = (83.14T/\mathrm{K}-0.831\,4)\mathrm{J}\cdot\mathrm{mol}^{-1}/RT^2 = 10/T-0.1\,\mathrm{K}/T^2$

5. $8\times10^3 R\mathrm{K}+10RT$; $10R\ln(T/\mathrm{K})-45R$; $-8\times10^3\mathrm{K}/T+10\ln(T/\mathrm{K})-55$;

436.16; 0.991

因为 $-\left[\dfrac{\partial(\Delta_r G_m^\ominus/T)}{\partial T}\right]_p = \dfrac{R\mathrm{dln}\, K^\ominus}{\mathrm{d}T} = \dfrac{\Delta_r H_m^\ominus}{T^2}$,所以

$\Delta_r H_m^\ominus = -T^2\left[\dfrac{\partial(\Delta_r G_m^\ominus/T)}{\partial T}\right]_p = -T^2\left(-\dfrac{8\times10^3 R\ \mathrm{K}}{T^2} - \dfrac{10R}{T}\right) = 8\times10^3 R\ \mathrm{K}+10RT$

$\Delta_r S_m^\ominus = -(\partial\Delta_r G_m^\ominus/\partial T)_p = 10R\ln(T/\mathrm{K})-45R$

$\ln K^\ominus = -\Delta_r G_m^\ominus/RT = -8\times10^3\mathrm{K}/T+10\ln(T/\mathrm{K})-55$

$T = 1\,000$ K 时,$\ln K^\ominus = 6.078, K^\ominus = 436.16$

$\alpha = [K^\ominus/(K^\ominus+4p/p^\ominus)]^{1/2} = (436.16/444.16)^{1/2} = 0.991$

6. $-AR\mathrm{K}$;BR;$-(A\mathrm{K}+BT)R$;0

$\ln K^\ominus = A/(T/\mathrm{K})+B = (A+BT/\mathrm{K})/(T/\mathrm{K})$

$\ln K^\ominus = -\Delta_r G_m^\ominus/(RT) = -\Delta_r H_m^\ominus/(RT)+\Delta_r S_m^\ominus/R$

比较两式可知:

$\Delta_r G_m^\ominus = -(A\mathrm{K}+BT)R$

$\Delta_r H_m^\ominus = -AR\mathrm{K}$

$\Delta_r S_m^\ominus = BR$

$$\Delta_r C_{p,m} = (\partial \Delta_r H_m^{\ominus} / \partial T)_p = 0$$

7. 2.852×10^{10}

式(3)=式(1)+式(2),所以 $K_3^{\ominus} = K_1^{\ominus} K_2^{\ominus} = 2.852 \times 10^{10}$

8. 8.080×10^{-81}

此反应的 $\Delta_r G_m^{\ominus} = -2 \Delta_f G_m^{\ominus}(H_2O, g)$,所以

$$\ln K^{\ominus} = 2 \Delta_f G_m^{\ominus}(H_2O, g) / (RT) = 2 \times (-228.572 \times 10^3) / (298.15 \times 8.314) = -184.420$$

$$K^{\ominus} = 8.080 \times 10^{-81}$$

9. $0; 0; 1$

$A(g) + B(g) \rightleftharpoons 2C(g), p = 3 \times 10^5 \ Pa$

平衡时各气体的分压相等,$p_A = p_B = p_C = p/3 = 100 \ kPa$。所以

$$K^{\ominus} = p_C^2 / (p_A p_B) = 1; \Delta_r G_m = \Delta_r G_m^{\ominus} + RT \ln K^{\ominus} = 0; \Delta_r G_m^{\ominus} = -RT \ln K^{\ominus} = 0$$

10. 由平衡组成计算;由热力学函数计算 $\Delta_r G_m^{\ominus} = -RT \ln K^{\ominus}$;由相关反应组合得到。

11. $= 0; = 0; < 0$

由于 $\left(\dfrac{\partial \Delta_r H_m^{\ominus}}{\partial T} \right)_p = \Delta_r C_{p,m}$, $\left(\dfrac{\partial \Delta_r S_m^{\ominus}}{\partial T} \right)_p = \dfrac{\Delta_r C_{p,m}}{T}$, $\left(\dfrac{\partial \ln K^{\ominus}}{\partial T} \right)_p = \dfrac{\Delta_r H_m^{\ominus}}{RT^2}$, 因此

$\left(\dfrac{\partial \Delta_r H_m^{\ominus}}{\partial T} \right)_p = 0$; $\left(\dfrac{\partial \Delta_r S_m^{\ominus}}{\partial T} \right)_p = 0$; $\left(\dfrac{\partial \ln K^{\ominus}}{\partial T} \right)_p < 0$。

12. 向右移动;不发生移动;向右移动

在温度不变的条件下,增大总压 p,平衡向生成气体物质的量较小的方向移动,所以平衡向右移动。

若是温度、体积一定,加入惰性组分,平衡将不发生移动。

由于该反应的 $\Delta_r H_m^{\ominus} < 0$,即反应为放热反应。降低温度,平衡向放热方向移动,因此平衡向右移动。

13. 不变;增大;减小

指定反应的 $K^{\ominus}$ 只是 T 的函数,T 不变则 $K^{\ominus}$ 不变。

由 $K^{\ominus} = \dfrac{[\alpha^2 / (1-\alpha)] (p/p^{\ominus})}{1 + \alpha + n(H_2O)}$ 可知,在 T, p 恒定下,加入 $H_2O(g)$ 使气体的物质的量增大,α 必须增大才能保证 $K^{\ominus}$ 不变。

由 $y(C_6H_5C_2H_3) = \dfrac{\alpha}{1 + \alpha + n(H_2O)}$ 可知,$H_2O(g)$ 的稀释作用使其减小。

5.2.2 选择题

1. (d);(b);(b)

$\Delta_r G_m^{\ominus}$ 无法确定,$\Delta_r G_m = 0$,$\sum \nu_B \mu_B = 0$。

2.(d)

化学反应平衡条件为 $\sum \nu_B \mu_B = 0$,即 $\sum \nu_B \mu_B = 3\mu_D - 2\mu_A - \mu_B = 0$。

3.(c);(b)

反应(2)为反应(1)的逆反应,所以 $K_2^{\ominus} = 1/K_1^{\ominus} = 1/0.25 = 4.0$

反应(1)×2 = 反应(3),所以 $K_3^{\ominus} = (K_1^{\ominus})^2 = 0.25^2 = 0.062\ 5$

4.(c)

因反应的 $J_p = \prod_B (p_B/p^{\ominus})^{\nu_B} = 1$,$J_p/K^{\ominus} = 1$,$\Delta_r G_m = RT\ln(J_p/K^{\ominus}) = 0$,故反应处于平衡态。

5.(d)

$$NH_4HS(s) \Longrightarrow NH_3(g) + H_2S(g)$$

$$K^{\ominus} = \left(\frac{p}{2p^{\ominus}}\right)^2 = \left(\frac{45.30}{200}\right)^2 = 0.051\ 3$$

6.(b)

反应(1)+反应(2) = 反应(3),所以 $K_3^{\ominus} = K_1^{\ominus} K_2^{\ominus}$,即

$\ln K_3^{\ominus} = \ln K_1^{\ominus} + \ln K_2^{\ominus} = 1\ 496/(T/K) - 11.45$,$A = 1\ 496$,$B = -11.45$。

7.(d)

$\Delta_f G_m^{\ominus}(Ag_2O,s)$ 等于反应 $2Ag(s) + 1/2 O_2(g) \Longrightarrow Ag_2O(s)$ 的 $\Delta_r G_m^{\ominus}$

所以 $\Delta_f G_m^{\ominus}(Ag_2O,s) = \left[\frac{1}{2} \times (-22.40)\right] kJ \cdot mol^{-1} = -11.20\ kJ \cdot mol^{-1}$

$$\Delta_f G_m^{\ominus}(Ag,s) = 0$$

8.(b)

$\ln K^{\ominus} = -\Delta_r G_m^{\ominus}/(RT) = -\Delta_r H_m^{\ominus}/(RT) + \Delta_r S_m^{\ominus}/R$,与 $\ln K^{\ominus} = 3\ 444.7/(T/K) - 26.365$ 对比可知,$\Delta_r H_m^{\ominus} = (-3\ 444.7\ K)R < 0$,即反应为放热反应。降低温度平衡向放热方向移动,所以降低温度 $K^{\ominus}$ 变大。$\Delta_r H_m^{\ominus} = (-3\ 444.7\ K)R$ 为定值,$(\partial \Delta_r H_m^{\ominus}/\partial T)_p = 0$,所以,温度降低 $\Delta_r H_m^{\ominus}$ 不变。

9.(a)

$\ln K^{\ominus} = -\Delta_r G_m^{\ominus}/RT = -\Delta_r H_m^{\ominus}/RT + \Delta_r S_m^{\ominus}/R$,$\Delta_r H_m^{\ominus} < 0$,$\Delta_r S_m^{\ominus} > 0$,则 $\ln K^{\ominus} > 0$,$K^{\ominus} > 1$;$\Delta_r H_m^{\ominus} < 0$,放热反应,因温度升高时平衡向吸热方向移动,所以 $K^{\ominus}$ 随温度升高而减小。

10.(1)(a);(2)(c),(b)

$$K^{\ominus} = \frac{n(C)}{n(A)n(B)} \sum \frac{n_B(g)}{p/p^{\ominus}}$$,由此可知,

（1）在恒温、恒压下，通入惰性组分使系统中气体的总物质的量增大，$n(C)$ 变小，即 $n_0(C) > n_1(C)$；

（2）$K^{\ominus} = \dfrac{n(C)}{n(A) \cdot n(B)} \sum \dfrac{n_B(g)}{p/p^{\ominus}} = \dfrac{n(C)}{n(A)n(B)} \dfrac{p^{\ominus} V}{RT}$

由此式可知，恒温压缩时压力 p 变大，$n(C)$ 变大，所以 $n_2(C) < n_1(C)$；对于始态的平衡而言，相当于恒温、恒容加入惰性组分，$n(C)$ 不变，所以 $n_2(C) = n_0(C)$。

§ 5.3　习 题 解 答

5.1　在某恒定的温度和压力下，取 $n_0 = 1$ mol 的 A(g) 进行如下化学反应：

$$A(g) \Longrightarrow B(g)$$

若 $\mu_B^{\ominus} = \mu_A^{\ominus}$，试证明，当反应进度 $\xi = 0.5$ mol 时，系统的吉布斯函数 G 值为最小，这时 A，B 间达化学平衡。

解：设系统为理想气体，则反应系统的吉布斯函数为

$$G = n_A \mu_A + n_B \mu_B = n_A \left(\mu_A^{\ominus} + RT \ln \frac{p_A}{p^{\ominus}} \right) + n_B \left(\mu_B^{\ominus} + RT \ln \frac{p_B}{p^{\ominus}} \right)$$

因为 $\mu_B^{\ominus} = \mu_A^{\ominus}$，$n_B = n_0 - n_A$，所以

$$G = (n_A + n_B) \mu_A^{\ominus} + n_A RT \ln \frac{p_A}{p^{\ominus}} + (n_0 - n_A) RT \ln \frac{p_B}{p^{\ominus}}$$

而　　　　　　　$p_A = \dfrac{n_A}{n_0} p, \quad p_B = \dfrac{n_0 - n_A}{n_0} p$

于是　　　$G = n_0 \mu_A^{\ominus} + n_A RT \ln \dfrac{n_A p}{n_0 p^{\ominus}} + (n_0 - n_A) RT \ln \dfrac{(n_0 - n_A) p}{n_0 p^{\ominus}}$

恒温、恒压下 G 只是 n_A 的函数，其极值求解如下：

$$\left(\frac{\partial G}{\partial n_A} \right)_{T,p} = RT \ln \frac{n_A p}{n_0 p^{\ominus}} + RT - RT \ln \frac{(n_0 - n_A) p}{n_0 p^{\ominus}} - RT$$

$$= RT \left[\ln \frac{n_A p}{n_0 p^{\ominus}} - \ln \frac{(n_0 - n_A) p}{n_0 p^{\ominus}} \right] = 0$$

于是　　　　　$\ln \dfrac{n_A p}{n_0 p^{\ominus}} = \ln \dfrac{(n_0 - n_A) p}{n_0 p^{\ominus}}$

$$n_A = \frac{n_0}{2}, \quad \xi = \frac{\Delta n_A}{\nu_B} = \frac{n_0/2 - n_0}{-1} = 0.5 n_0 = 0.5 \text{ mol}$$

试题分析

5.2　已知四氧化二氮的分解反应如下：

$$N_2O_4(g) \Longrightarrow 2NO_2(g)$$

在 298.15 K 时，$\Delta_r G_m^{\ominus} = 4.75 \text{ kJ} \cdot \text{mol}^{-1}$。试判断在此温度及下列条件下，反应进行的方向。

（1）$N_2O_4(100 \text{ kPa})$，$NO_2(1\,000 \text{ kPa})$；

（2）$N_2O_4(1\,000 \text{ kPa})$，$NO_2(100 \text{ kPa})$；

（3）$N_2O_4(300 \text{ kPa})$，$NO_2(200 \text{ kPa})$。

解： 由 J_p 进行判断。根据 $\Delta_r G_m^{\ominus} = -RT\ln K^{\ominus}$，得

$$K^{\ominus} = \exp\left(-\frac{\Delta_r G_m^{\ominus}}{RT}\right) = \exp\left(-\frac{4.75 \times 10^3}{8.314 \times 298.15}\right) = 0.147\,2$$

$$J_p = \frac{[p(NO_2)/p^{\ominus}]^2}{[p(N_2O_4)/p^{\ominus}]}$$

（1）$J_p = \dfrac{(1\,000/100)^2}{100/100} = 100$，　$J_p > K^{\ominus}$，反应向左进行；

（2）$J_p = \dfrac{(100/100)^2}{1\,000/100} = 0.1$，　$J_p < K^{\ominus}$，反应向右进行；

（3）$J_p = \dfrac{(200/100)^2}{300/100} = 1.333$，　$J_p > K^{\ominus}$，反应向左进行。

5.3　一定条件下，Ag 与 H_2S 可能发生下列反应：

$$2Ag(s) + H_2S(g) \Longrightarrow Ag_2S(s) + H_2(g)$$

25 ℃，100 kPa 下，将 Ag 置于体积比为 10∶1 的 $H_2(g)$ 与 $H_2S(g)$ 混合气体中。

（1）Ag 是否会发生腐蚀而生成 Ag_2S?

（2）混合气体中 $H_2S(g)$ 的体积分数为多少时，Ag 不会发生腐蚀生成 Ag_2S?

已知 25 ℃ 时，$H_2S(g)$ 和 $Ag_2S(s)$ 的标准摩尔生成吉布斯函数分别为 $-33.56 \text{ kJ} \cdot \text{mol}^{-1}$ 和 $-40.26 \text{ kJ} \cdot \text{mol}^{-1}$。

解：（1）对于反应 $2Ag(s) + H_2S(g) \Longrightarrow Ag_2S(s) + H_2(g)$，有

$$\Delta_r G_m^{\ominus} = \sum_B \nu_B \Delta_f G_m^{\ominus}(B, \beta)$$

$$= \Delta_f G_m^{\ominus}(Ag_2S, s) + \Delta_f G_m^{\ominus}(H_2, g) - 2\Delta_f G_m^{\ominus}(Ag, s) - \Delta_f G_m^{\ominus}(H_2S, g)$$

$$= (-40.26 + 33.56)\text{kJ} \cdot \text{mol}^{-1} = -6.7 \text{ kJ} \cdot \text{mol}^{-1}$$

根据化学反应等温方程

$$\Delta_r G_m = \Delta_r G_m^{\ominus} + RT\ln \prod_B (p_B/p^{\ominus})^{\nu_B}$$

在混合气体中，$p(H_2, g) = 10p(H_2S, g)$，所以

试题分析

$$\Delta_r G_m = \Delta_r G_m^{\ominus} + RT\ln\frac{p(\mathrm{H_2,g})/p^{\ominus}}{p(\mathrm{H_2S,g})/p^{\ominus}} = \Delta_r G_m^{\ominus} + RT\ln 10$$

$$= (-6.7 + 8.314\times298.15\times10^{-3}\ln 10)\,\mathrm{kJ\cdot mol^{-1}}$$

$$= -0.992\ \mathrm{kJ\cdot mol^{-1}} < 0$$

$\Delta_r G_m < 0$，反应正向进行，即 Ag 会发生腐蚀，生成 $\mathrm{Ag_2S}$。

（2）要使上述反应不能进行，则需 $\Delta_r G_m \geqslant 0$。设反应总压为 p，混合气体中 $\mathrm{H_2S(g)}$ 的体积分数为 $\varphi(\mathrm{H_2S})$，则

$$\Delta_r G_m = \Delta_r G_m^{\ominus} + RT\ln\frac{p(\mathrm{H_2,g})/p^{\ominus}}{p(\mathrm{H_2S,g})/p^{\ominus}} = \Delta_r G_m^{\ominus} + RT\ln\frac{[1-\varphi(\mathrm{H_2S})]p/p^{\ominus}}{\varphi(\mathrm{H_2S})p/p^{\ominus}}$$

$$= \left[-6.7\times10^3 + 298.15\times8.314\ln\frac{1-\varphi(\mathrm{H_2S})}{\varphi(\mathrm{H_2S})}\right]\mathrm{J\cdot mol^{-1}} \geqslant 0$$

解出　　　　　　　　　　　　$\varphi(\mathrm{H_2S}) \leqslant 0.062\,8$

即混合气体中 $\mathrm{H_2S(g)}$ 的体积分数 $\varphi(\mathrm{H_2S}) \leqslant 0.062\,8$ 时，Ag 不会发生腐蚀生成 $\mathrm{Ag_2S}$。

5.4　已知同一温度，两反应方程及其标准平衡常数如下：

$$\mathrm{CH_4(g) + CO_2(g) === 2CO(g) + 2H_2(g)}\qquad K_1^{\ominus}$$

$$\mathrm{CH_4(g) + H_2O(g) === CO(g) + 3H_2(g)}\qquad K_2^{\ominus}$$

求下列反应的 $K^{\ominus}$。

$$\mathrm{CH_4(g) + 2H_2O(g) === CO_2(g) + 4H_2(g)}$$

解：题目给出三个反应方程：

（1）$\mathrm{CH_4(g) + CO_2(g) === 2CO(g) + 2H_2(g)}$

（2）$\mathrm{CH_4(g) + H_2O(g) === CO(g) + 3H_2(g)}$

（3）$\mathrm{CH_4(g) + 2H_2O(g) === CO_2(g) + 4H_2(g)}$

三个反应之间的关系为

$$反应（3）= 反应（2）\times2 - 反应（1），$$

因此　　　　　　　　　　$\Delta_r G_m^{\ominus} = 2\Delta_r G_{m,2}^{\ominus} - \Delta_r G_{m,1}^{\ominus}$

根据　　　　　　　　　　$\Delta_r G_m^{\ominus} = -RT\ln K^{\ominus}$

容易推出　　　　　　　　$K^{\ominus} = (K_2^{\ominus})^2 / K_1^{\ominus}$

5.5　在一个抽空的恒容容器中引入氯和二氧化硫，若它们之间没有发生反应，则在 375.3 K 时的分压分别为 47.836 kPa 和 44.786 kPa。将容器保持在 375.3 K，经一定时间后，总压力减少至 86.096 kPa，且维持不变。求下列反应的 $K^{\ominus}$。

试题分析

$$SO_2Cl_2(g) \Longrightarrow SO_2(g) + Cl_2(g)$$

解：设所有气体均可视为理想气体。首先进行反应各组分的物料衡算。各组分的分压为

$$SO_2Cl_2(g) \Longrightarrow SO_2(g) + \quad Cl_2(g)$$

反应前 $\qquad\qquad\qquad\quad p_0(SO_2) \quad p_0(Cl_2)$

平衡时 $\qquad\qquad p_x \qquad p_0(SO_2) - p_x \quad p_0(Cl_2) - p_x$

反应平衡时，系统总压力

$$p_{总} = p_x + p_0(SO_2) - p_x + p_0(Cl_2) - p_x = p_0(SO_2) + p_0(Cl_2) - p_x$$

所以

$$p_x = p_0(SO_2) + p_0(Cl_2) - p_{总}$$
$$= (47.836 + 44.786 - 86.096)\,kPa = 6.526\ kPa$$

上述反应的标准平衡常数

$$K^{\ominus} = K_p(p^{\ominus})^{-\Sigma\nu_B} = \frac{[p_0(SO_2) - p_x][p_0(Cl_2) - p_x]}{p_x}(p^{\ominus})^{-1}$$

$$= \frac{(47.836 - 6.526)(44.786 - 6.526)}{6.526} \times (100)^{-1}$$

$$= 2.42$$

5.6 900 ℃，3×10^6 Pa 下，使一定量摩尔比为 3∶1 的氢、氮混合气体通过铁催化剂来合成氨。反应达到平衡时，测得混合气体的体积相当于 273.15 K，101.325 kPa 的干燥气体(不含水蒸气) 2.024 dm³，其中氨气所占的体积分数为 2.056×10^{-3}。求此温度下反应的 $K^{\ominus}$。

$$3H_2(g) + N_2(g) \Longrightarrow 2NH_3(g)$$

解：先求出平衡时混合气体中各组分的物质的量：

$$n_{总} = \frac{pV}{RT} = \left(\frac{101.325 \times 10^3 \times 2.024 \times 10^{-3}}{8.314 \times 273.15} \right)\,mol = 9.031 \times 10^{-2}\ mol$$

其中氨气的物质的量为

$$n_{NH_3} = y_{NH_3} n_{总} = (2.056 \times 10^{-3} \times 9.031 \times 10^{-2})\,mol = 1.857 \times 10^{-4}\ mol$$

由于氢气与氮气的摩尔比为 3∶1，等于其反应计量数之比，因此

$$n_{N_2} = \frac{n_{总} - n_{NH_3}}{4} = \left(\frac{9.032 \times 10^{-2} - 1.857 \times 10^{-4}}{4} \right)\,mol = 2.253 \times 10^{-2}\ mol$$

$$n_{H_2} = 3n_{N_2} = (3 \times 2.253 \times 10^{-2})\,mol = 6.759 \times 10^{-2}\ mol$$

又 $p_{\text{总}} = 3\,000 \text{ kPa}, p^{\ominus} = 100 \text{ kPa}, \sum \nu_B = 2 - 1 - 3 = -2$

所以

$$K^{\ominus} = K_n \left(\frac{p}{p^{\ominus} \sum n_B} \right)^{\sum \nu_B} = \frac{(n_{\text{NH}_3})^2}{(n_{\text{N}_2})(n_{\text{H}_2})^3} \left(\frac{p}{p^{\ominus} \sum n_B} \right)^{\sum \nu_B}$$

$$= \frac{(1.857 \times 10^{-4})^2}{(2.253 \times 10^{-2})(6.759 \times 10^{-2})^3} \times \left(\frac{3 \times 10^3}{100 \times 9.031 \times 10^{-2}} \right)^{-2}$$

$$= 4.49 \times 10^{-8}$$

5.7 五氯化二磷(PCl_5)分解反应

$$\text{PCl}_5(g) \Longrightarrow \text{PCl}_3(g) + \text{Cl}_2(g)$$

在 200 ℃ 时的 $K^{\ominus} = 0.312$,计算:

(1) 200 ℃,200 kPa 下 PCl_5 的解离度;

(2) 摩尔比为 1∶5 的 PCl_5 与 Cl_2 的混合物,在 200 ℃,100 kPa 下达到平衡时 PCl_5 的解离度。

解:

解法一:借助于物质的量表示的平衡常数 K_n 来求解。

(1) 设 200 ℃,200 kPa 下 PCl_5 的初始的物质的量为 1 mol,解离度为 α,则

$$\text{P Cl}_5(g) \Longrightarrow \text{PCl}_3(g) + \text{Cl}_2(g)$$

初始时 n_B/mol	1	0	0
平衡时 n_B/mol	$1-\alpha$	α	α $\sum n_B/\text{mol} = 1+\alpha$

$$\sum \nu_B = 1 + 1 - 1 = 1$$

反应的标准平衡常数

$$K^{\ominus} = K_n \left(\frac{p}{p^{\ominus} \sum_B n_B} \right)^{\sum \nu_B} = \frac{\alpha^2}{1-\alpha} \frac{p}{p^{\ominus}(1+\alpha)} = \frac{\alpha^2}{1-\alpha^2} \frac{p}{p^{\ominus}}$$

代入数据,$\dfrac{\alpha^2}{1-\alpha^2} \dfrac{200 \text{ kPa}}{100 \text{ kPa}} = \dfrac{2\alpha^2}{1-\alpha^2} = 0.312$ 得 $\alpha = 0.367 = 36.7\%$

(2) 设开始时 PCl_5 的物质的量为 1 mol,解离度为 α,则

$$\text{P Cl}_5(g) \Longrightarrow \text{PCl}_3(g) + \text{Cl}_2(g)$$

初始时 n_B/mol	1	0	5
平衡时 n_B/mol	$1-\alpha$	α	$5+\alpha$ $\sum n_B/\text{mol} = 6+\alpha$

$$\sum \nu_B = 1 + 1 - 1 = 1$$

反应的标准平衡常数

$$K^{\ominus} = K_n \left(\frac{p}{p^{\ominus} \sum\limits_{B} n_B} \right)^{\Sigma \nu_B} = \frac{\alpha(5+\alpha)}{1-\alpha} \frac{p}{(6+\alpha)p^{\ominus}}$$

将各数据代入,得 $\qquad 1.307\,9\alpha^2 + 6.539\,6\alpha - 1.847\,5 = 0$

解出 $\qquad\qquad\qquad\qquad \alpha = 0.268 = 26.8\%$

解法二:利用标准平衡常数定义式求解。

(1) 设 200 ℃,200 kPa 下 PCl_5 的初始的物质的量为 1 mol,解离度为 α,则

$$PCl_5(g) \Longrightarrow PCl_3(g) + Cl_2(g)$$

初始时 n_B/mol	1	0	0	
平衡时 n_B/mol	$1-\alpha$	α	α	$\sum n_B/mol = 1+\alpha$
平衡时分压	$\dfrac{1-\alpha}{1+\alpha}p$	$\dfrac{\alpha}{1+\alpha}p$	$\dfrac{\alpha}{1+\alpha}p$	

反应的标准平衡常数

$$K^{\ominus} = \prod_{B}(p_B^{eq}/p^{\ominus})^{\nu_B} = \frac{[p(PCl_3)/p^{\ominus}][p(Cl_2)/p^{\ominus}]}{p(PCl_5)/p^{\ominus}}$$

$$= \frac{\left(\dfrac{\alpha}{1+\alpha}p/p^{\ominus}\right)^2}{\left(\dfrac{1-\alpha}{1+\alpha}\right)p/p^{\ominus}} = \frac{\alpha^2}{1-\alpha^2}\frac{p}{p^{\ominus}}$$

代入数据,$\dfrac{\alpha^2}{1-\alpha^2}\dfrac{200\ kPa}{100\ kPa} = \dfrac{2\alpha^2}{1-\alpha^2} = 0.312$ 得 $\alpha = 0.367 = 36.7\%$

(2) 设开始时 PCl_5 的物质的量为 1 mol,解离度为 α,则

$$PCl_5(g) \Longrightarrow PCl_3(g) + Cl_2(g)$$

初始时 n_B/mol	1	0	5	
平衡时 n_B/mol	$1-\alpha$	α	$5+\alpha$	$\sum n_B/mol = 6+\alpha$
平衡时分压	$\dfrac{1-\alpha}{6+\alpha}p$	$\dfrac{\alpha}{6+\alpha}p$	$\dfrac{5+\alpha}{6+\alpha}p$	

反应的标准平衡常数

$$K^{\ominus} = \prod_{B}(p_B^{eq}/p^{\ominus})^{\nu_B} = \frac{[p(PCl_3)/p^{\ominus}][p(Cl_2)/p^{\ominus}]}{p(PCl_5)/p^{\ominus}}$$

$$= \frac{\left(\dfrac{\alpha}{6+\alpha}\dfrac{p}{p^{\ominus}}\right) \times \left(\dfrac{5+\alpha}{6+\alpha}\dfrac{p}{p^{\ominus}}\right)}{\dfrac{1-\alpha}{6+\alpha}\dfrac{p}{p^{\ominus}}} = \frac{\alpha(5+\alpha)}{(1-\alpha)(6+\alpha)}\frac{p}{p^{\ominus}}$$

将各数据代入,得 $\qquad 1.307\,9\alpha^2+6.539\,6\alpha-1.847\,5=0$

解出 $\qquad\qquad\qquad \alpha=0.268=26.8\%$

分析:求解平衡组成通常需借助平衡常数来完成。此时可直接用标准平衡常数的定义式,利用各组分的分压进行物料衡算,如本题解法二;也可以利用物质的量表示的平衡常数 K_n,通过 n_B 的变化进行物料衡算,见本题解法一。对于恒压反应,采用解法一的方法不必求算平衡时各组分的分压,计算过程比较简单。

5.8 在 994 K,使纯氢气慢慢通过过量的 CoO(s),则氧化物部分地被还原为 Co(s)。出来的平衡气体中氢的体积分数 $\varphi(H_2)=0.025$。在同一温度,若用 CO 还原 CoO(s),平衡后气体中一氧化碳的体积分数 $\varphi(CO)=0.019\,2$。求等物质的量的 CO 和 $H_2O(g)$ 的混合物,在 994 K 下通过适当催化剂进行反应,其平衡转化率为多少?

解:首先写出两还原反应的化学计量方程式:

$$CoO(s)+H_2(g)===Co(s)+H_2O(g) \qquad\qquad (1)$$

$$CoO(s)+CO(g)===Co(s)+CO_2(g) \qquad\qquad (2)$$

一氧化碳与水蒸气的反应为

$$CO(g)+H_2O(g)===H_2(g)+CO_2(g) \qquad\qquad (3)$$

显然,反应(3)= 反应(2)- 反应(1),因此 $K_3^\ominus=K_2^\ominus/K_1^\ominus$。

对于反应(1),混合气中氢的体积分数 $\varphi(H_2)=0.025$,则另一气体组分水蒸气的体积分数 $\varphi(H_2O)=0.975$。

于是

$$K_1^\ominus=\frac{p(H_2O)/p^\ominus}{p(H_2)/p^\ominus}=\frac{y(H_2O)}{y(H_2)}=\frac{\varphi(H_2O)}{\varphi(H_2)}=\frac{0.975}{0.025}=39$$

同理,对于反应(2),平衡后气体中 CO 的体积分数 $\varphi(CO)=0.019\,2$,另一组分 CO_2 的体积分数 $\varphi(CO_2)=1-0.019\,2=0.980\,8$,于是

$$K_2^\ominus=\frac{p(CO_2)/p^\ominus}{p(CO)/p^\ominus}=\frac{y(CO_2)}{y(CO)}=\frac{\varphi(CO_2)}{\varphi(CO)}=\frac{0.980\,8}{0.019\,2}=51.083$$

所以

$$K_3^\ominus=\frac{K_2^\ominus}{K_1^\ominus}=\frac{51.083}{39}=1.309\,8$$

设初始时一氧化碳和水蒸气的物质的量分别为 1 mol,平衡转化率为 α,则

$$CO(g) + H_2O(g) \Longrightarrow H_2(g) + CO_2(g)$$

初始时 n_B/mol	1	1	0	0	
平衡时 n_B/mol	$1-\alpha$	$1-\alpha$	α	α	$\sum n_B/mol = 2$
					$\sum \nu_B = 0$

所以

$$K_3^\ominus = K_n \left(\frac{p}{p^\ominus \sum n_B} \right)^{\sum \nu_B} = K_n = \frac{\alpha^2}{(1-\alpha)^2} = 1.309\ 8$$

即

$$\frac{\alpha}{1-\alpha} = 1.144\ 5$$

解得

$$\alpha = 0.534 = 53.4\%$$

5.9 在真空的容器中放入 $NH_4HS(s)$,于 25 ℃下分解为 $NH_3(g)$ 与 $H_2S(g)$,平衡时容器内的压力为 66.66 kPa。

(1) 当放入 $NH_4HS(s)$ 时容器内已有 39.99 kPa 的 $H_2S(g)$,求平衡时容器中的压力;

(2) 容器内原有 6.666 kPa 的 $NH_3(g)$,问 H_2S 压力为多大时才能形成 $NH_4HS(s)$?

解:反应的化学计量方程式为

$$NH_4HS(s) \Longrightarrow NH_3(g) + H_2S(g)$$

由题给条件,25 ℃下反应达平衡时,分解产生的气体的总压力

$$p = p(NH_3) + p(H_2S) = 66.66 \text{ kPa}$$

所以,

$$p(NH_3) = p(H_2S) = p/2 = 33.33 \text{ kPa}$$

于是

$$K^\ominus = \frac{p(NH_3)p(H_2S)}{(p^\ominus)^2} = \left(\frac{33.33}{100} \right)^2 = 0.111\ 1$$

(1) 设反应前 H_2S 的压力为 p_0,平衡时 NH_3 的分压为 p_1,进行物料衡算

$$NH_4HS(s) \xrightarrow{T, V 一定} NH_3(g) + H_2S(g)$$

反应前		$p_0(H_2S) = 39.99$ kPa
平衡时	p_1	$p_1 + p_0$

温度一定,$K^\ominus$ 一定,于是

$$K^\ominus = \frac{p_1(p_1+p_0)}{(p^\ominus)^2} = \frac{p_1(p_1+39.99 \text{ kPa})}{(100 \text{ kPa})^2} = 0.111\ 1$$

即,

$$p_1^2 + 39.99 \text{ kPa} \times p_1 - 0.111\ 1 \times 10^4 \text{ (kPa)}^2 = 0$$

解得

$$p_1 = 18.87 \text{ kPa}$$

平衡时系统总压

$$p = p_0 + 2p_1 = (39.99 + 2 \times 18.87) \text{ kPa} = 77.73 \text{ kPa}$$

（2）$NH_4HS(s) \xrightarrow{\hspace{1cm}} H_2S(g) + NH_3(g)$

开始时　　　　　　　　　　$p(H_2S)$　$p(NH_3) = 6.666 \text{ kPa}$

当反应的 $J_p > K^\ominus$ 时反应才能逆向进行，生成 $NH_4HS(s)$。

$$J_p = \frac{p(NH_3)p(H_2S)}{(p^\ominus)^2} = \frac{6.666 \text{ kPa} \times p(H_2S)}{(100 \text{ kPa})^2} > K^\ominus = 0.111\ 1$$

解得

$$p(H_2S) > \frac{(p^\ominus)^2}{p(NH_3)} = \frac{0.111\ 1 \times (100 \text{ kPa})^2}{6.666 \text{ kPa}} = 166.67 \text{ kPa}$$

即通入的 $H_2S(g)$ 的压力 $p(H_2S) > 166.67 \text{ kPa}$ 才能有 $NH_4HS(s)$ 生成。

　　通常所说的在一定条件下 $J_p < K^\ominus$ 反应才能进行，是对正向反应而言，若将反应写成

$$H_2S(g) + NH_3(g) \xrightarrow{\hspace{1cm}} NH_4HS(s)$$

此反应的平衡常数 $K_1^\ominus = 1/K^\ominus = 1/0.111\ 1 = 9.000\ 9$，反应的吉布斯函数变则为

$$\Delta_r G_m = RT \ln(J_p/K_1^\ominus) < 0$$

由此可知，在一定 T, p 下 $J_p < K_1^\ominus$ 才可能有 $NH_4HS(s)$ 生成。即

$$J_p = \frac{(p^\ominus)^2}{p(NH_3)p(H_2S)} < K^\ominus = 9.000\ 9$$

$$p(H_2S) > \frac{(p^\ominus)^2}{9.000\ 9 \times p(NH_3)} = \frac{(100 \text{ kPa})^2}{6.666 \text{ kPa} \times 9.000\ 9} = 166.67 \text{ kPa}$$

答案与上述求法相同。

5.10　25 ℃，200 kPa 下，将 4 mol 的纯 A(g) 放入带活塞的密闭容器中，达到如下化学平衡：$A(g) \xrightarrow{\hspace{1cm}} 2B(g)$。已知平衡时 $n_A = 1.697 \text{ mol}$，$n_B = 4.606 \text{ mol}$。

（1）求该温度下反应的 $K^\ominus$ 和 $\Delta_r G_m^\ominus$；

（2）若总压为 50 kPa，求平衡时 A，B 的物质的量。

试题分析

解：（1）　　　　　　　$A(g) \xrightarrow{\hspace{1cm}} 2B(g)$

初始时 n_B/mol　　　　　4　　　　　0

平衡时 n_B/mol　　　　n_A　　　n_B

$$\sum n_B = n_A + n_B = (1.697 + 4.606) \text{ mol} = 6.303 \text{ mol}$$

$$\sum \nu_B = 2 - 1 = 1$$

$$K^\ominus = K_n \times \left(\frac{p}{p^\ominus \sum n_B}\right)^{\sum \nu_B} = \frac{n_B^2}{n_A} \times \frac{p}{p^\ominus \sum n_B} = \frac{4.606^2}{1.697} \times \frac{200}{100 \times 6.303} = 3.967$$

$$\Delta_r G_m^\ominus = -RT\ln K^\ominus = (-8.314\times298.15\times\ln3.967)\,\text{J}\cdot\text{mol}^{-1} = -3.42\ \text{kJ}\cdot\text{mol}^{-1}$$

（2）设达到新平衡时 A 反应掉 x mol，

$$A(g) ＝＝ 2B(g)$$

初始时 n_B/mol　　　　　4　　　　　　0

平衡时 n_B/mol　　　　$4-x$　　　　$2x$　　　　　$\sum n_B$/mol$=4+x$

$$K^\ominus = K_n\times\left(\frac{p}{p^\ominus\sum n_B}\right)^{\sum \nu_B} = \frac{n_B^2}{n_A}\times\frac{p}{p^\ominus\sum n_B} = \frac{(2x)^2}{4-x}\times\frac{50}{100\times(4+x)} = 3.967$$

所以　　　　　$\dfrac{2x^2}{16-x^2}=3.967\quad x=3.261\,5$

达到新平衡时，　$n_A=(4-x)\,\text{mol}=(4-3.262)\,\text{mol}=0.738\ \text{mol}$

$$n_B=(2x)\,\text{mol}=(2\times3.262)\,\text{mol}=6.524\ \text{mol}$$

5.11　已知下列数据（298.15 K）：

物质	C（石墨）	$H_2(g)$	$N_2(g)$	$O_2(g)$	$CO(NH_2)_2(s)$
$S_m^\ominus/(\text{J}\cdot\text{mol}^{-1}\cdot\text{K}^{-1})$	5.740	130.68	191.6	205.14	104.6
$\Delta_c H_m^\ominus/(\text{kJ}\cdot\text{mol}^{-1})$	−393.51	−285.83	0	0	−631.66
物质	$NH_3(g)$		$CO_2(g)$		$H_2O(g)$
$\Delta_f G_m^\ominus/(\text{kJ}\cdot\text{mol}^{-1})$	−16.5		−394.36		−228.57

求 298.15 K 下，$CO(NH_2)_2(s)$ 的标准摩尔生成吉布斯函数 $\Delta_f G_m^\ominus$，以及下列反应的 $K^\ominus$。

$$CO_2(g)+2\,NH_3(g) ＝＝ H_2O(g)+CO(NH_2)_2(s)$$

解：首先写出 $CO(NH_2)_2(s)$ 的生成反应：

$$C（石墨）+\frac{1}{2}O_2(g)+N_2(g)+2H_2(g) ＝＝ CO(NH_2)_2(s)$$

有

$$\Delta_f S_m^\ominus = \sum_B \nu_B S_m^\ominus(B,\beta)$$

$$= S_m^\ominus[CO(NH_2)_2,s]-S_m^\ominus(C,s)-\frac{1}{2}S_m^\ominus(O_2,g)-S_m^\ominus(N_2,g)-2S_m^\ominus(H_2,g)$$

$$= (104.6-5.740-\frac{1}{2}\times205.14-191.6-2\times130.68)\,\text{J}\cdot\text{mol}^{-1}\cdot\text{K}^{-1}$$

$$= -456.67 \text{ J} \cdot \text{mol}^{-1} \cdot \text{K}^{-1}$$

$$\Delta_f H_m^{\ominus} [\text{CO}(\text{NH}_2)_2, s] = -\sum_B \nu_B \Delta_c H_m^{\ominus}(B, \beta)$$

$$= 2\Delta_c H_m^{\ominus}(\text{H}_2, g) + \Delta_c H_m^{\ominus}(\text{C}, s) - \Delta_c H_m^{\ominus}[\text{CO}(\text{NH}_2)_2, s]$$

$$= (-2 \times 285.83 - 393.58 + 631.66) \text{ kJ} \cdot \text{mol}^{-1}$$

$$= -333.58 \text{ kJ} \cdot \text{mol}^{-1}$$

于是对 $\text{CO}(\text{NH}_2)_2(s)$ 有

$$\Delta_f G_m^{\ominus} = \Delta_f H_m^{\ominus} - T\Delta_f S_m^{\ominus}$$

$$= [-333.58 - 298.15 \times (-456.67 \times 10^{-3})] \text{ kJ} \cdot \text{mol}^{-1}$$

$$= -197.42 \text{ kJ} \cdot \text{mol}^{-1}$$

对于化学反应

$$\text{CO}_2(g) + 2\text{NH}_3(g) = \!=\!= \text{H}_2\text{O}(g) + \text{CO}(\text{NH}_2)_2(s)$$

标准摩尔反应吉布斯函数

$$\Delta_r G_m^{\ominus} = \sum_B \nu_B \Delta_f G_m^{\ominus}(B, \beta)$$

$$= \Delta_f G_m^{\ominus}[\text{CO}(\text{NH}_2)_2, s] + \Delta_f G_m^{\ominus}(\text{H}_2\text{O}, g) - 2 \times \Delta_f G_m^{\ominus}(\text{NH}_3, g) - \Delta_f G_m^{\ominus}(\text{CO}_2, g)$$

$$= [-197.42 - 228.57 - 2 \times (-16.5) - (-394.36)] \text{ kJ} \cdot \text{mol}^{-1}$$

$$= 1.37 \text{ kJ} \cdot \text{mol}^{-1}$$

而
$$\Delta_r G_m^{\ominus} = -RT\ln K^{\ominus}$$

所以
$$K^{\ominus} = \exp\left(-\frac{\Delta_r G_m^{\ominus}}{RT}\right) = \exp\left(-\frac{1.37 \times 10^3}{8.314 \times 298.15}\right) = 0.575$$

5.12 已知 298.15 K,$\text{CO}(g)$ 和 $\text{CH}_3\text{OH}(g)$ 的 $\Delta_f H_m^{\ominus}$ 分别为 $-110.525 \text{ kJ} \cdot \text{mol}^{-1}$ 及 $-200.66 \text{ kJ} \cdot \text{mol}^{-1}$,$\text{CO}(g)$,$\text{H}_2(g)$,$\text{CH}_3\text{OH}(l)$ 的 $S_m^{\ominus}$ 分别为 $197.674 \text{ J} \cdot \text{mol}^{-1} \cdot \text{K}^{-1}$,$130.684 \text{ J} \cdot \text{mol}^{-1} \cdot \text{K}^{-1}$ 及 $126.8 \text{ J} \cdot \text{mol}^{-1} \cdot \text{K}^{-1}$。又知 298.15 K 甲醇的饱和蒸气压为 16.59 kPa,$\Delta_{vap} H_m = 38.0 \text{ kJ} \cdot \text{mol}^{-1}$,蒸气可视为理想气体。求 298.15 K 时,下列反应的 $\Delta_r G_m^{\ominus}$ 及 $K^{\ominus}$。

$$\text{CO}(g) + 2\text{H}_2(g) = \!=\!= \text{CH}_3\text{OH}(g)$$

解:利用下列过程,先求出 298.15 K 时 CH_3OH 由液体变为气体的熵变 ΔS。

因为压力对液体熵的影响可忽略不计，$\Delta S_1 \approx 0$，所以

$$\Delta S = \Delta S_2 + \Delta S_3 = \frac{\Delta_{vap} H_m}{T} - R\ln\frac{p^{\ominus}}{p^{*}}$$

又　　　　　　　$\Delta S = S_m^{\ominus}(CH_3OH, g) - S_m^{\ominus}(CH_3OH, l)$

所以

$$S_m^{\ominus}(CH_3OH, g) = S_m^{\ominus}(CH_3OH, l) + \Delta S$$

$$= S_m^{\ominus}(CH_3OH, l) + \frac{\Delta_{vap} H_m}{T} - R\ln\frac{p^{\ominus}}{p^{*}}$$

$$= \left(126.8 + \frac{38.0 \times 10^3}{298.15} - 8.314 \times \ln\frac{100}{16.59}\right) J \cdot mol^{-1} \cdot K^{-1}$$

$$= 239.318 \ J \cdot mol^{-1} \cdot K^{-1}$$

因此

$$\Delta_r H_m^{\ominus} = \sum_B \nu_B \Delta_f H_m^{\ominus}(B, \beta)$$

$$= \Delta_f H_m^{\ominus}(CH_3OH, g) - \Delta_f H_m^{\ominus}(CO, g) - 2\Delta_f H_m^{\ominus}(H_2, g)$$

$$= \left[-200.66 - (-110.525) - 2 \times 0\right] kJ \cdot mol^{-1} = -90.135 \ kJ \cdot mol^{-1}$$

$$\Delta_r S_m^{\ominus} = \sum_B \nu_B S_m^{\ominus}(B, \beta) = S_m^{\ominus}(CH_3OH, g) - S_m^{\ominus}(CO, g) - 2S_m^{\ominus}(H_2, g)$$

$$= (239.318 - 197.674 - 2 \times 130.684) J \cdot mol^{-1} \cdot K^{-1} = -219.724 \ J \cdot mol^{-1} \cdot K^{-1}$$

$$\Delta_r G_m^{\ominus} = \Delta_r H_m^{\ominus} - T\Delta_r S_m^{\ominus}$$

$$= (-90.135 \times 10^3 + 298.15 \times 219.724 \times 10^{-3}) kJ \cdot mol^{-1} = -24.62 \ kJ \cdot mol^{-1}$$

$$K^{\ominus} = \exp\left(-\frac{\Delta_r G_m^{\ominus}}{RT}\right) = \exp\left(\frac{24.62 \times 10^3}{8.314 \times 298.15}\right) = 2.06 \times 10^4$$

5.13　已知 25 ℃时 AgCl(s)，水溶液中 Ag^+，Cl^- 的 $\Delta_f G_m^{\ominus}$ 分别为 -109.789 kJ·mol^{-1}，77.107 kJ·mol^{-1} 和 -131.228 kJ·mol^{-1}。求 25 ℃下 AgCl(s) 在水溶液中的标准溶度积 $K^{\ominus}$ 及溶解度 s。

解: 写出 AgCl 的解离反应

$$AgCl(s) \rightleftharpoons Ag^+ + Cl^-$$

因此有

$$\Delta_r G_m^{\ominus} = \sum_B \nu_B \Delta_f G_m^{\ominus}(B) = \Delta_f G_m^{\ominus}(Ag^+) + \Delta_f G_m^{\ominus}(Cl^-) - \Delta_f G_m^{\ominus}(AgCl)$$

$$= (77.107 - 131.228 + 109.789) \, kJ \cdot mol^{-1} = 55.668 \, kJ \cdot mol^{-1}$$

$$K^{\ominus} = \exp\left(-\frac{\Delta_r G_m^{\ominus}}{RT}\right) = \exp\left(-\frac{55.668 \times 10^3}{8.314 \times 298.15}\right) = 1.765 \times 10^{-10}$$

AgCl(s)解离度为 s,则有

$$K^{\ominus} = \prod_B (a_B^{eq})^{\nu_B} \approx \prod_B (b_B^{eq}/b^{\ominus})^{\nu_B} = \left(\frac{b}{b^{\ominus}}\right)^2$$

$$b = (K^{\ominus})^{1/2} b^{\ominus} = (\sqrt{1.765 \times 10^{-10}} \times 1) \, mol \cdot kg^{-1} = 1.329 \times 10^{-5} \, mol \cdot kg^{-1}$$

又知,$M(AgCl) = 143.32 \, g \cdot mol^{-1}$

则 AgCl 在水中的溶解度用 100 g 水中所溶解的 AgCl 的质量来表示,有

$$s = (143.32 \times 1.329 \times 10^{-5} \, g/10)/100 \, g = 0.190 \, 5 \, mg/100 \, g$$

5.14 体积为 1 dm^3 的抽空密闭容器中放有 0.034 58 mol $N_2O_4(g)$,发生如下分解反应:

$$N_2O_4(g) = 2 \, NO_2(g)$$

50 ℃时分解反应的平衡总压为 130.0 kPa。已知 25 ℃时 $N_2O_4(g)$ 和 $NO_2(g)$ 的 $\Delta_f H_m^{\ominus}$ 分别为 9.16 $kJ \cdot mol^{-1}$ 和 33.18 $kJ \cdot mol^{-1}$。设反应的 $\Delta_r C_{p,m} = 0$。

(1) 计算 50 ℃时 $N_2O_4(g)$ 的解离度及分解反应的 $K^{\ominus}$;

(2) 计算 100 ℃时反应的 $K^{\ominus}$。

解:(1) 设 50 ℃时 $N_2O_4(g)$ 的解离度为 α。

$$N_2O_4(g) = 2 \, NO_2(g)$$

初始时 n_B	n_0	0	
平衡时 n_B	$n_0(1-\alpha)$	$2 n_0\alpha$	$\sum n_B = n_0(1+\alpha)$
			$\sum \nu_B = 2 - 1 = 1$

题目给出分解反应达平衡时系统的总压 $p_{总}$,由 $p_{总} V = \sum n_B RT$,得

$$\sum n_B = \frac{p_{总} V}{RT} = n_0(1+\alpha)$$

代入数据

$$\frac{130.0 \times 10^3 \times 1 \times 10^{-3}}{8.314 \times 323.15} = 0.034 \, 58(1+\alpha)$$

解出

$$\alpha = 0.399 \, 3$$

此温度下分解反应的平衡常数

$$K^{\ominus} = K_n \times \left(\frac{p}{p^{\ominus} \sum n_B}\right)^{\sum \nu_B} = \frac{(2n_0\alpha)^2}{n_0(1-\alpha)} \frac{p_{总}}{n_0(1+\alpha)p^{\ominus}} = \frac{4\alpha^2}{1-\alpha^2} \frac{p_{总}}{p^{\ominus}}$$

即
$$K^{\ominus} = \frac{4 \times 0.399\ 3^2}{1 - 0.399\ 3^2} \times \frac{130}{100} = 0.986\ 4$$

（2）计算 100 ℃时反应的 $K^{\ominus}$，需要知道反应的 $\Delta_r H_m^{\ominus}$。

由题给条件，25 ℃时

$$\Delta_r H_m^{\ominus} = \sum \nu_B \Delta_f H_m^{\ominus}(B) = 2\Delta_f H_m^{\ominus}(NO_2,g) - \Delta_f H_m^{\ominus}(N_2O_4,g)$$

$$= (2 \times 33.18 - 9.16)\ kJ \cdot mol^{-1} = 57.2\ kJ \cdot mol^{-1}$$

$\Delta_r C_{p,m} = 0$，所以 $\Delta_r H_m^{\ominus}$ 与温度无关，根据范特霍夫方程的积分式

$$\ln \frac{K_2^{\ominus}}{K_1^{\ominus}} = -\frac{\Delta_r H_m^{\ominus}}{R}\left(\frac{1}{T_2} - \frac{1}{T_1}\right)$$

代入数据，得

$$\ln \frac{K^{\ominus}(373.15\ K)}{0.986\ 4} = -\frac{57.2 \times 10^3}{8.314}\left(\frac{1}{373.15} - \frac{1}{323.15}\right)$$

解出
$$K^{\ominus}(373.15\ K) = 17.10$$

5.15　已知 25 ℃时的下列数据：

物质	$Ag_2O(s)$	$CO_2(g)$	$Ag_2CO_3(s)$
$\Delta_f H_m^{\ominus}/(kJ \cdot mol^{-1})$	−31.05	−393.509	−505.8
$S_m^{\ominus}/(kJ \cdot mol^{-1} \cdot K^{-1})$	121.3	213.74	167.4

求 110 ℃时 $Ag_2CO_3(s)$ 的分解压。设 $\Delta_r C_{p,m} = 0$。

解：写出 $Ag_2CO_3(s)$ 分解反应方程式

$$Ag_2CO_3(s) = Ag_2O(s) + CO_2(g)$$

25 ℃时，

$$\Delta_r H_m^{\ominus}(298.15\ K) = \sum_B \nu_B \Delta_f H_m^{\ominus}(B,\beta)$$

$$= \Delta_f H_m^{\ominus}(Ag_2O,s) + \Delta_f H_m^{\ominus}(CO_2,g) - \Delta_f H_m^{\ominus}(Ag_2CO_3,s)$$

$$= [-31.05 - 393.509 - (-505.8)]kJ \cdot mol^{-1} = 81.241\ kJ \cdot mol^{-1}$$

$$\Delta_r S_m^{\ominus}(298.15\ K) = \sum_B \nu_B S_m^{\ominus}(B,\beta)$$

$$= S_m^{\ominus}(Ag_2O,s) + S_m^{\ominus}(CO_2,g) - S_m^{\ominus}(Ag_2CO_3,s)$$

$$= (121.3 + 213.74 - 167.4)J \cdot mol^{-1} \cdot K^{-1} = 167.64\ J \cdot mol^{-1} \cdot K^{-1}$$

因为 $\Delta_r C_{p,m} = 0$，所以 $\Delta_r H_m^{\ominus}$ 和 $\Delta_r S_m^{\ominus}$ 与温度无关。

110 ℃时，

$$\Delta_r H_m^{\ominus}(383.15\ \text{K}) = 81.241\ \text{kJ} \cdot \text{mol}^{-1}$$

$$\Delta_r S_m^{\ominus}(383.15\ \text{K}) = 167.64\ \text{J} \cdot \text{mol}^{-1} \cdot \text{K}^{-1}$$

$$\Delta_r G_m^{\ominus}(383.15\ \text{K}) = \Delta_r H_m^{\ominus}(383.15\ \text{K}) - T\Delta_r S_m^{\ominus}(383.15\ \text{K})$$

$$= (81.241 - 383.15 \times 167.64 \times 10^{-3})\text{kJ} \cdot \text{mol}^{-1} = 17.01\ \text{kJ} \cdot \text{mol}^{-1}$$

因为 $\Delta_r G_m^{\ominus} = -RT\ln K^{\ominus}$，所以

$$K^{\ominus}(383.15\ \text{K}) = \exp\left[-\frac{\Delta_r G_m^{\ominus}(383.15\ \text{K})}{RT}\right] = \exp\left(-\frac{17.01 \times 10^3}{8.314 \times 383.15}\right) = 4.80 \times 10^{-3}$$

$Ag_2CO_3(s)$ 的分解压 $p(CO_2)$ 与标准平衡常数的关系为

$$K^{\ominus} = p(CO_2)/p^{\ominus}$$

所以 $p(CO_2) = K^{\ominus} p^{\ominus} = 4.80 \times 10^{-3} \times 100\ \text{kPa} = 0.480\ \text{kPa}$

5.16 100 ℃时下列反应的 $K^{\ominus} = 8.1 \times 10^{-9}$，$\Delta_r S_m^{\ominus} = 125.6\ \text{J} \cdot \text{mol}^{-1} \cdot \text{K}^{-1}$。

试题分析

计算：

$$COCl_2(g) \Longrightarrow CO(g) + Cl_2(g)$$

（1）100 ℃，总压为 200 kPa 时 $COCl_2$ 的解离度；

（2）100 ℃下上述反应的 $\Delta_r H_m^{\ominus}$；

（3）总压为 200 kPa，$COCl_2$ 的解离度为 0.1% 时的温度，设 $\Delta_r C_{p,m} = 0$。

解：（1）设初始时 $COCl_2$ 的物质的量为 1 mol，给定条件下的解离度为 α，系统总压为 p，则

$$COCl_2(g) \Longrightarrow CO(g) + Cl_2(g)$$

初始时 n_B/mol	1	0	0
平衡时 n_B/mol	$1-\alpha$	α	α

$$\sum n_B = (1+\alpha)\ \text{mol}$$

$$\sum \nu_B = 2 - 1 = 1$$

于是

$$K^{\ominus} = K_n \left(\frac{p}{p^{\ominus}\sum n_B}\right)^{\sum \nu_B} = \frac{\alpha^2}{1-\alpha}\frac{p}{p^{\ominus}(1+\alpha)} = \frac{\alpha^2}{1-\alpha^2}\frac{p}{p^{\ominus}}$$

代入数据，得

$$\frac{2\alpha^2}{1-\alpha^2} = 8.1 \times 10^{-9}$$

解得

$$\alpha = 6.36 \times 10^{-5}$$

（2）求 100 ℃下上述反应的 $\Delta_r H_m^{\ominus}$。

$$\Delta_r H_m^{\ominus} = \Delta_r G_m^{\ominus} + T\Delta_r S_m^{\ominus} = -RT\ln K^{\ominus} + T\Delta_r S_m^{\ominus} = T(-R\ln K^{\ominus} + \Delta_r S_m^{\ominus})$$

$$= \{373.15 \times [-8.314 \times \ln(8.1 \times 10^{-9}) + 125.6]\}\text{J} \cdot \text{mol}^{-1}$$

$$= 104.67 \text{ kJ} \cdot \text{mol}^{-1}$$

（3）总压为 $p = 200 \text{ kPa}$，$COCl_2$ 的解离度为 $\alpha' = 0.1\% = 0.001$，由（1）知

$$K^{\ominus} = \frac{(\alpha')^2}{1-(\alpha')^2} \frac{p}{p^{\ominus}} = \frac{0.001^2}{1-0.001^2} \times 2 = 2 \times 10^{-6}$$

$\Delta_r C_{p,m} = 0$，所以 $\Delta_r H_m^{\ominus}$ 为常数，由范特霍夫方程的积分式

$$\ln \frac{K_2^{\ominus}}{K_1^{\ominus}} = -\frac{\Delta_r H_m^{\ominus}}{R}\left(\frac{1}{T_2} - \frac{1}{T_1}\right)$$

得

$$\ln \frac{2 \times 10^{-6}}{8.1 \times 10^{-9}} = -\frac{104.67 \times 10^3 \text{ J} \cdot \text{mol}^{-1}}{8.314 \text{ J} \cdot \text{mol}^{-1} \cdot \text{K}^{-1}}\left(\frac{1}{T_2} - \frac{1}{373.15 \text{ K}}\right)$$

解得
$$T_2 = 446 \text{ K}$$

5.17　在 $500 \sim 1\,000$ K 温度范围内，反应 $A(g) + B(s) \Longrightarrow 2C(g)$ 的标准平衡常数 $K^{\ominus}$ 与温度 T 的关系为 $\ln K^{\ominus} = -\frac{7\,100}{T/K} + 6.875$。已知原料中只有反应物 $A(g)$ 和过量的 $B(s)$。

（1）计算 800 K 时反应的 $K^{\ominus}$；若反应系统的平衡压力为 200 kPa，计算产物 $C(g)$ 的平衡分压；

（2）计算 800 K 时反应的 $\Delta_r H_m^{\ominus}$ 和 $\Delta_r S_m^{\ominus}$。

解：（1）800 K 时，$\ln K^{\ominus} = -\frac{7\,100}{T/K} + 6.875 = -\frac{7\,100}{800} + 6.875 = -2$

求出
$$K^{\ominus} = 0.135\,3$$

下面计算产物 $C(g)$ 的平衡分压。

解法一：设 $A(g)$ 初始的物质的量为 1mol，转化率为 α，

$$A(g) + B(s) \Longrightarrow 2C(g)$$

初始时 n_B/mol	1	0
平衡时 n_B/mol	$1-\alpha$	2α

$\sum n_B = (1+\alpha) \text{ mol}$

$\sum \nu_{B(g)} = 2-1 = 1$

$$K^{\ominus} = K_n\left(\frac{p}{p^{\ominus}\sum n_B}\right)^{\sum \nu_B} = \frac{(2\alpha)^2}{1-\alpha}\frac{p}{p^{\ominus}(1+\alpha)} = \frac{4\alpha^2}{1-\alpha^2}\frac{p}{p^{\ominus}}$$

代入数据
$$0.135\,3 = \frac{8\alpha^2}{1-\alpha^2}$$

解得
$$\alpha = 0.129$$

则产物 $C(g)$ 的平衡分压　$p_C = \frac{2\alpha}{1+\alpha}p = \left(\frac{2 \times 0.129}{1+0.129} \times 200\right) \text{ kPa} = 45.7 \text{ kPa}$

解法二:设 C(g)的平衡分压为 p_C,

$$A(g)+B(s) \Longrightarrow 2C(g)$$

平衡时气体组分分压分别为 p_A, p_C,其中 $p_A = p - p_C$

$$K^\ominus = \prod_B \left(\frac{p_B}{p^\ominus}\right)^{\nu_B} = \frac{(p_C/p^\ominus)^2}{p_A/p^\ominus} = \frac{p_C^2}{p^\ominus(p - p_C)}$$

代入数据

$$0.135\ 3 = \frac{p_C^2}{p^\ominus(p-p_C)} = \frac{p_C^2}{100\ \text{kPa} \times (200\ \text{kPa} - p_C)}$$

解得

$$p_C = 45.7\ \text{kPa}$$

（2）计算 800 K 时反应的 $\Delta_r H_m^\ominus$ 和 $\Delta_r S_m^\ominus$。

根据 $\Delta_r G_m^\ominus = \Delta_r H_m^\ominus - T\Delta_r S_m^\ominus, \Delta_r G_m^\ominus = -RT\ln K^\ominus$

有

$$\ln K^\ominus = -\frac{\Delta_r H_m^\ominus}{RT} + \frac{\Delta_r S_m^\ominus}{R}$$

与 $\ln K^\ominus = -\dfrac{7\ 100}{T/K} + 6.875$ 对比可知,$\dfrac{\Delta_r H_m^\ominus}{R} = 7\ 100$ K,$\dfrac{\Delta_r S_m^\ominus}{R} = 6.875$

则　　$\Delta_r H_m^\ominus = 7\ 100\ \text{K} \times R = 7\ 100\ \text{K} \times 8.314\ \text{J} \cdot \text{mol}^{-1} \cdot \text{K}^{-1} = 59.03\ \text{kJ} \cdot \text{mol}^{-1}$

　　$\Delta_r S_m^\ominus = 6.875R = 6.875 \times 8.314\ \text{J} \cdot \text{mol}^{-1} \cdot \text{K}^{-1} = 57.16\ \text{J} \cdot \text{mol}^{-1} \cdot \text{K}^{-1}$

5.18 反应

$$2\ \text{NaHCO}_3(s) \Longrightarrow \text{Na}_2\text{CO}_3(s) + \text{H}_2\text{O}(g) + \text{CO}_2(g)$$

在不同温度时的平衡总压如下:

$t/℃$	30	50	70	90	100	110
p/kPa	0.827	3.999	15.90	55.23	97.47	167.0

设反应的 $\Delta_r H_m^\ominus$ 与温度无关。求:

（1）上述反应的 $\Delta_r H_m^\ominus$;

（2）$\lg(p/\text{kPa})$ 与 T 的函数关系式;

（3）NaHCO_3 的分解温度。

解:（1）由上述反应可知,平衡时 $p(\text{H}_2\text{O}) = p(\text{CO}_2) = \dfrac{1}{2}p$

所以平衡常数　　　　$K^\ominus = \dfrac{p(\text{H}_2\text{O})}{p^\ominus} \dfrac{p(\text{CO}_2)}{p^\ominus} = \dfrac{p^2}{4\ (p^\ominus)^2}$

将数据处理如下:

$T^{-1}/10^{-3}\mathrm{K}^{-1}$	3.299	3. 095	2.914	2.754	2. 680	2.610
$-\ln K^{\ominus}$	10.976 5	7.824 5	5.064 0	2.573 6	1.437 5	0.360 6

对 $\ln K^{\ominus}-1/T$ 关系进行线性拟合,如图 5.1 所示,得到

$$\ln K^{\ominus}=-\frac{15\ 413}{T/\mathrm{K}}+39.865$$

反应的 $\Delta_r H_m^{\ominus}$ 与温度无关,由范特霍夫方程不定积分式

$$\ln K^{\ominus}=-\frac{\Delta_r H_m^{\ominus}}{RT}+C$$

对比两式可得

$$\Delta_r H_m^{\ominus}=15\ 413\ \mathrm{K}\cdot R=15\ 413\ \mathrm{K}\times8.314\ \mathrm{J}\cdot\mathrm{mol}^{-1}\cdot\mathrm{K}^{-1}=128.14\ \mathrm{kJ}\cdot\mathrm{mol}^{-1}$$

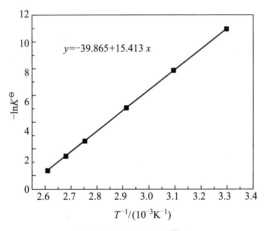

图 5.1　习题 5.18 附图

(2) 由 $K^{\ominus}=\dfrac{p^2}{4\left(p^{\ominus}\right)^2}$ 得

$$\ln K^{\ominus}=2\ln(p/\mathrm{kPa})-2\ln(2p^{\ominus}/\mathrm{kPa})=2\ln(p/\mathrm{kPa})-10.596\ 6$$

$$\ln(p/\mathrm{kPa})=\frac{\ln K^{\ominus}+10.596\ 6}{2}$$

$$=\left(-\frac{15\ 413}{T/\mathrm{K}}+39.865+10.596\ 6\right)\Big/2=-\frac{7\ 707}{T/\mathrm{K}}+25.231$$

所以　　　　　　　　$$\lg(p/\mathrm{kPa})=\frac{\ln(p/\mathrm{kPa})}{2.303}=-\frac{3\ 347}{T/\mathrm{K}}+10.958$$

（3）101.325 kPa 下 $NaHCO_3$ 的分解温度为

$$\lg(p/kPa) = \lg 101.325 = -\frac{3\,347}{T/K} + 10.956$$

解得

$$T = \left(\frac{3\,347}{10.956 - \lg 101.325}\right) K = 374\ K$$

5.19 已知下列数据：

物质	$\dfrac{\Delta_f H_m^\ominus(25\ ℃)}{kJ \cdot mol^{-1}}$	$\dfrac{S_m^\ominus(25\ ℃)}{J \cdot mol^{-1} \cdot K^{-1}}$	$C_{p,m} = a + bT + cT^2$		
			$\dfrac{a}{J \cdot mol^{-1} \cdot K^{-1}}$	$\dfrac{b}{J \cdot mol^{-1} \cdot K^{-2}}$	$\dfrac{c}{J \cdot mol^{-1} \cdot K^{-3}}$
$CO(g)$	-110.52	197.67	26.537	7.683 1	-1.172
$H_2(g)$	0	130.68	26.88	4.347	$-0.326\ 5$
$CH_3OH(g)$	-200.7	239.8	18.40	101.56	-28.68

求下列反应的 $\lg K^\ominus$ 与 T 的函数关系式及 300 ℃ 时的 $K^\ominus$。

$$CO(g) + 2H_2(g) \Longrightarrow CH_3OH(g)$$

解：$T_1 = 298.15K$ 时，题给反应的

$$\Delta_r H_m^\ominus = \sum_B \nu_B \Delta_f H_m^\ominus(B, \beta) = \Delta_f H_m^\ominus(CH_3OH, g) - \Delta_f H_m^\ominus(CO, g) - 2\Delta_f H_m^\ominus(H_2, g)$$

$$= -200.7\ kJ \cdot mol^{-1} - (-110.52\ kJ \cdot mol^{-1}) - 0 = -90.18\ kJ \cdot mol^{-1}$$

$$\Delta_r S_m^\ominus = \sum_B \nu_B S_m^\ominus(B, \beta) = S_m^\ominus(CH_3OH, g) - S_m^\ominus(CO, g) - 2S_m^\ominus(H_2, g)$$

$$= (239.8 - 197.67 - 2 \times 130.68) J \cdot mol^{-1} \cdot K^{-1} = -219.23\ J \cdot mol^{-1} \cdot K^{-1}$$

$$\Delta_r G_m^\ominus = \Delta_r H_m^\ominus - T\Delta_r S_m^\ominus$$

$$= -90.18\ kJ \cdot mol^{-1} - 298.15\ K \times (-219.23) \times 10^{-3}\ kJ \cdot mol^{-1} \cdot K^{-1}$$

$$= -24.816\ 6\ kJ \cdot mol^{-1}$$

$$\ln K^\ominus(298.15\ K) = -\Delta_r G_m^\ominus/(RT)$$

$$= 24.816\ 6 \times 10^3/(8.314 \times 298.15) = 10.011\ 5$$

反应的

$$\Delta a/(J \cdot mol^{-1} \cdot K^{-1}) = 18.40 - 26.537 - 2 \times 26.88 = -61.897$$

$$\Delta b/(J \cdot mol^{-1} \cdot K^{-2}) = (101.56 - 7.683\ 1 - 2 \times 4.347) \times 10^{-3} = 85.182\ 9 \times 10^{-3}$$

$$\Delta c/(J \cdot mol^{-1} \cdot K^{-3}) = (-28.68 + 1.172 + 2 \times 0.326\ 5) \times 10^{-6} = -26.855 \times 10^{-6}$$

$$\Delta_r H_m^\ominus(T) = \Delta_r H_m^\ominus(T_1) + \int_{T_1}^{T}(\Delta a + \Delta bT + \Delta cT^2)dT$$

$$= \Delta H_0 + \Delta aT + \Delta bT^2/2 + \Delta cT^3/3 \tag{1}$$

将 $T_1 = 298.15$ K，$\Delta_r H_m^{\ominus}(T_1) = -90.18$ kJ·mol^{-1}代入上式可求出积分常数

$$\Delta H_0 = \Delta_r H_m^{\ominus}(T) - \Delta aT - \Delta bT^2/2 - \Delta cT^3/3$$

$$\Delta H_0/(\text{J·mol}^{-1}) = -90.18 \times 10^3 - (-61.897) \times 298.15 - 85.182\ 9 \times 10^{-3} \times 298.15^2/2$$

$$- (-26.855 \times 10^{-6}) \times 298.15^3/3$$

$$= -7.527\ 4 \times 10^4$$

$$\int \mathrm{dln}\ K^{\ominus} = \int \frac{\Delta_r H_m^{\ominus}(T)}{RT^2}\mathrm{d}T \tag{2}$$

将式（1）代入式（2）积分可得

$$\ln K^{\ominus}(T) = -\frac{\Delta H_0}{RT} + \frac{\Delta a}{R}\ln T + \frac{\Delta b}{2R}T + \frac{\Delta c}{6R}T^2 + I \tag{3}$$

将 $T_1 = 298.15$ 时 $\ln K^{\ominus}(298.15\ \text{K}) = 10.011\ 5$，$R = 8.314$ J·mol^{-1}·K^{-1}，$\Delta H_0 = -7.527\ 4 \times 10^4$ J·mol^{-1}及 $\Delta a, \Delta b, \Delta c$ 的值代入上式，可得积分常数 $I = 20.587\ 7$，再将 $\ln K^{\ominus} = 2.303\lg K^{\ominus}$代入式（3），可得

$$\lg K^{\ominus}(T) = \frac{3\ 932}{T/\text{K}} - 7.445\lg(T/\text{K}) + 2.225 \times 10^{-3}(T/\text{K}) - 0.233\ 8 \times 10^{-6}(T/\text{K})^2 + 8.940$$

当 $T = 573.15$ K 时

$$\lg K^{\ominus}(573.15\ \text{K}) = \frac{3\ 932}{573.15} - 7.445\lg 573.15 + 2.225 \times 10^{-3} \times 573.15$$

$$- 0.233\ 8 \times 10^{-6} \times (573.15)^2 + 8.940$$

$$= -3.536\ 5$$

$$K^{\ominus}(573.15\ \text{K}) = 2.907 \times 10^{-4}$$

5.20 工业上用乙苯脱氢制苯乙烯

$$\mathrm{C_6H_5C_2H_5(g)} \xrightleftharpoons{\hspace{1cm}} \mathrm{C_6H_5C_2H_3(g)} + \mathrm{H_2(g)}$$

如反应在 900 K 下进行，其 $K^{\ominus} = 1.51$。试分别计算在下述情况下，乙苯的平衡转化率：

（1）反应压力为 100 kPa；

（2）反应压力为 10 kPa；

（3）反应压力为 100 kPa，且加入水蒸气使原料气中水蒸气与乙苯的物质的量之比为 10∶1。

解:该反应为恒温、恒压反应。设乙苯初始物质的量为 1 mol,平衡转化率为 α,则

$$C_6H_5C_2H_5(g) =\!\!=\!\!= C_6H_5C_2H_3(g) + H_2(g)$$

初始时 n_B/mol 1   0   0

平衡时 n_B/mol $1-\alpha$ α α $\sum n_B = (1+\alpha)\,\text{mol}$

$\sum \nu_{B(g)} = 2 - 1 = 1$

$$K^\ominus = K_n \left(\frac{p}{p^\ominus \sum n_B} \right)^{\sum \nu_B} = \frac{\alpha^2}{1-\alpha} \frac{p}{p^\ominus(1+\alpha)} = \frac{\alpha^2}{1-\alpha^2} \frac{p}{p^\ominus}$$

将 $K^\ominus = 1.51, p = 100\ \text{kPa}$ 代入上式,得

$$\frac{\alpha^2}{1-\alpha^2} = 1.51$$

解得 $\alpha_1 = 0.775\,6 = 77.56\%$

同理,$K^\ominus = 1.51, p = 10\ \text{kPa}$ 时可解得

$$\alpha_2 = 0.968\,4 = 96.84\%$$

系统中加入水蒸气后,平衡时系统总的物质的量为 $(1+\alpha+10)\,\text{mol} = (11+\alpha)\,\text{mol}$。

$$K^\ominus = K_n \left(\frac{p}{p^\ominus \sum n_B} \right)^{\sum \nu_B} = \frac{\alpha^2}{1-\alpha} \frac{p}{p^\ominus(11+\alpha)} = \frac{\alpha^2}{(1-\alpha)(11+\alpha)} \frac{p}{p^\ominus}$$

将 $p = 100\ \text{kPa}, K^\ominus = 1.51$ 代入上式,化简得到 $\alpha^2 + 6.015\,9\alpha - 6.617\,5 = 0$

解得 $\alpha_3 = 0.950 = 95.0\%$

5.21 在一个抽空的容器中放入很多的 $NH_4Cl(s)$,当加热到 340 ℃时,容器中仍有过量的 $NH_4Cl(s)$存在,此时系统的平衡压力为 104.67 kPa。在同样的条件下,若放入的是 $NH_4I(s)$,则测得的平衡压力为 18.864 kPa,试求当 $NH_4Cl(s)$ 和 $NH_4I(s)$同时存在时,反应系统在 340 ℃下达平衡时的总压。设 HI(g)不分解,且此两种盐类不形成固溶体。

解:题给在 340 ℃时 $NH_4Cl(s)$,$NH_4I(s)$ 单独存在时的分解压分别为 $p_1 = 104.67\ \text{kPa}, p_2 = 18.846\ \text{kPa}$,由此可求出两个分解反应的 $K^\ominus$。当两个反应同时存在时,系统的总压 $p \neq p_1 + p_2$。因两个反应皆有 $NH_3(g)$产生,由平衡移动原理可知,反应必然向消耗 $NH_3(g)$的方向移动,其结果必然存在 $p < p_1 + p_2$。本题可有多种解法。

解法一:设两反应同时存在且都达到平衡时,HCl(g) 和 HI(g) 的分压分别为 x 和 y,则 $p(NH_3) = x+y$

$$K_1^\ominus = \frac{x(x+y)}{(p^\ominus)^2} = \left(\frac{p_1}{2p^\ominus} \right)^2$$

$$K_2^\ominus = \frac{y(x+y)}{(p^\ominus)^2} = \left(\frac{p_2}{2p^\ominus}\right)^2$$

两式相加得

$$K_1^\ominus + K_2^\ominus = \frac{(x+y)^2}{(p^\ominus)^2} = \frac{p_1^2 + p_2^2}{(2p^\ominus)^2}$$

即

$$x+y = \frac{1}{2}(p_1^2 + p_2^2)^{1/2}$$

系统的平衡总压

$$p = p(\mathrm{HCl}) + p(\mathrm{HI}) + p(\mathrm{NH}_3) = 2p(\mathrm{NH}_3) = 2(x+y)$$

$$= (p_1^2 + p_2^2)^{1/2} = (104.67^2 + 18.846^2)^{1/2}\,\mathrm{kPa} = 106.35\ \mathrm{kPa}$$

解法二: 设在一定条件下两反应都达到平衡时,HCl(g)和 HI(g)的物质的量分别为 x 和 y,系统总压为 p。

$$\mathrm{NH_4Cl(s)} =\!=\!= \mathrm{NH_3(g)} + \mathrm{HCl(g)}$$

平衡时$\mathrm{NH_4Cl(s)}$过量 $\qquad\qquad\qquad x+y \qquad x$

$$\mathrm{NH_4I(s)} =\!=\!= \mathrm{NH_3(g)} + \mathrm{HI(g)}$$

平衡时$\mathrm{NH_4I(s)}$过量 $\qquad\qquad\qquad x+y \qquad y$

$$n_{\mathrm{g}}(总) = n(\mathrm{NH}_3) + n(\mathrm{HCl}) + n(\mathrm{HI}) = 2(x+y)$$

$$K_1^\ominus = K_{n,1}\left(\frac{p}{p^\ominus \sum n_\mathrm{B}}\right)^{\Sigma \nu_{\mathrm{B(g)}}} = [x(x+y)]\left[\frac{p}{p^\ominus 2(x+y)}\right]^{(1+1)} = \frac{x(x+y)}{4(x+y)^2}\left(\frac{p}{p^\ominus}\right)^2$$

$$K_2^\ominus = K_{n,2}\left(\frac{p}{p^\ominus \sum n_\mathrm{B}}\right)^{\Sigma \nu_{\mathrm{B(g)}}} = [y(x+y)]\left[\frac{p}{p^\ominus 2(x+y)}\right]^{(1+1)} = \frac{y(x+y)}{4(x+y)^2}\left(\frac{p}{p^\ominus}\right)^2$$

上述两式相加可得

$$K_1^\ominus + K_2^\ominus = \frac{1}{4}\left(\frac{p}{p^\ominus}\right)^2$$

因为 $p(\mathrm{NH}_3) = p(\mathrm{HCl}) = p_1/2, p(\mathrm{NH}_3) = p(\mathrm{HI}) = p_2/2$

所以系统的总压

$$p = p^\ominus(4K_1^\ominus + 4K_2^\ominus)^{1/2} = p^\ominus\left[4\frac{p(\mathrm{NH}_3)}{p^\ominus}\frac{p(\mathrm{HCl})}{p^\ominus} + 4\frac{p(\mathrm{NH}_3)}{p^\ominus}\frac{p(\mathrm{HI})}{p^\ominus}\right]^{1/2}$$

$$= (p_1^2 + p_2^2)^{1/2} = (104.67^2 + 18.846^2)^{1/2}\,\mathrm{kPa} = 106.35\ \mathrm{kPa}$$

解法三: 在 340 ℃,$\mathrm{NH_4Cl(s)}$和$\mathrm{NH_4I(s)}$单独存在时

$$\mathrm{NH_4Cl(s)} =\!=\!= \mathrm{NH_3(g)} + \mathrm{HCl(g)}$$

平衡时 $NH_4Cl(s)$ 过量,则 $p(NH_3)=p(HCl)=p_1/2$

$$K_1^\ominus=\frac{p(NH_3)}{p^\ominus}\frac{p(HCl)}{p^\ominus}=\left(\frac{p_1}{2p^\ominus}\right)^2=\left(\frac{104.67\ kPa}{2\times100\ kPa}\right)^2=0.273\ 9$$

$$NH_4I(s)\Longrightarrow NH_3(g)+HI(g)$$

平衡时 $NH_4I(s)$ 过量,则 $p(NH_3)=p(HI)=p_2/2$

$$K_2^\ominus=\frac{p(NH_3)}{p^\ominus}\frac{p(HI)}{p^\ominus}=\left(\frac{p_2}{2p^\ominus}\right)^2=\left(\frac{18.846\ kPa}{2\times100\ kPa}\right)^2=8.879\times10^{-3}$$

当两反应同时存在时,系统中的 $NH_3(g)$ 应同时满足两个平衡,即

$$K_1^\ominus=\frac{p(NH_3)}{p^\ominus}\times\frac{p(HCl)}{p^\ominus}=0.273\ 9 \tag{1}$$

$$K_2^\ominus=\frac{p(NH_3)}{p^\ominus}\times\frac{p(HI)}{p^\ominus}=8.879\times10^{-3} \tag{2}$$

式(1)÷式(2)得 $\qquad p(HCl)=30.848p(HI) \tag{3}$

$$p(NH_3)=p(HCl)+p(HI)=31.848p(HI) \tag{4}$$

将式(4)代入式(2)可得

$$31.848p(HI)^2=K_2^\ominus(p^\ominus)^2=8.879\times10^{-3}\times(100\ kPa)^2$$

解得 $\qquad p(HI)=1.669\ 7\ kPa$

$$p(NH_3)=31.848p(HI)=(31.848\times1.669\ 7)kPa=53.177\ kPa$$

系统的总压

$$p=p(NH_3)+p(HCl)+p(HI)=2p(NH_3)=(2\times53.177)kPa=106.35\ kPa$$

5.22 在 600 ℃,100 kPa 时下列反应达到平衡:

$$CO(g)+H_2O(g)\Longrightarrow CO_2(g)+H_2(g)$$

现在把压力提高到 5×10^4kPa,问:

(1)若各气体均视为理想气体,平衡是否移动?

(2)若各气体的逸度因子分别为 $\varphi(CO_2)=1.09,\varphi(H_2)=1.10,\varphi(CO)=1.20,\varphi(H_2O)=0.75$,与理想气体反应相比,平衡向哪个方向移动?

解:(1)各气体视为理想气体,上述反应 $\sum\nu_B=1+1-1-1=0$

$$K^\ominus=K_y^*\left(\frac{p}{p^\ominus}\right)^{\Sigma\nu_B}=K_y=\prod_B y_B^{\nu_B}$$

温度一定时 $K^\ominus$ 为定值,所以增大压力时平衡不发生移动。

(2)各气体为真实气体

$$K^{\ominus} = \prod_{B} \varphi_B^{\nu_B} \times \prod_{B} (p_B/p^{\ominus})^{\nu_B}$$

对于真实气体化学反应 $CO(g) + H_2O(g) \Longrightarrow CO_2(g) + H_2(g)$

$$\prod_{B} \varphi_B^{\nu_B} = \frac{\varphi(CO_2)\varphi(H_2)}{\varphi(CO)\varphi(H_2O)} = \frac{1.09 \times 1.10}{1.20 \times 0.75} = 1.33$$

真实气体化学反应,温度一定时 $K^{\ominus}$ 为定值,$\prod_{B} \varphi_B^{\nu_B} > 1$,所以,与理想气体相比,

$\prod_{B} (p_B/p^{\ominus})^{\nu_B}$ 将减小,平衡向反应物方向移动。

*5.23 已知 25 ℃水溶液中甲酸 HCOOH 和乙酸 CH_3COOH 的标准解离常数 $K^{\ominus}$ 分别为 1.82×10^{-4} 和 1.74×10^{-5}。求下列溶液中氢离子的质量摩尔浓度 $b(H^+)$。

(1) $b = 1 \text{ mol} \cdot \text{kg}^{-1}$ 的甲酸水溶液;

(2) $b = 1 \text{ mol} \cdot \text{kg}^{-1}$ 的乙酸水溶液;

(3) 质量摩尔浓度均为 $b = 1 \text{ mol} \cdot \text{kg}^{-1}$ 的甲酸和乙酸的混合溶液。计算结果说明什么?

解:(1) 设平衡时溶液中氢离子的质量摩尔浓度为 $b(H^+)$,甲酸的解离反应

$$HCOOH \Longrightarrow HCOO^- + H^+$$

初始时 $\qquad\qquad\qquad b \qquad\qquad 0 \qquad 0$

平衡时 $\qquad\qquad b - b_1(H^+) \quad b_1(H^+) \quad b_1(H^+)$

$$K_1^{\ominus} = \frac{[b_1(H^+)/b^{\ominus}]^2}{[b - b_1(H^+)]/b^{\ominus}} = 1.82 \times 10^{-4}$$

即 $\qquad [b_1(H^+)]^2 + 1.82 \times 10^{-4} b_1(H^+) b^{\ominus} - 1.82 \times 10^{-4} b^{\ominus} = 0$

解得 $\qquad\qquad b_1(H^+) = 1.34 \times 10^{-2} \text{ mol} \cdot \text{kg}^{-1}$

(2) 对乙酸的解离反应

$$CH_3COOH \Longrightarrow CH_3COO^- + H^+$$

初始时 $\qquad\qquad\qquad b \qquad\qquad 0 \qquad 0$

平衡时 $\qquad\qquad b - b_2(H^+) \quad b_2(H^+) \quad b_2(H^+)$

$$K_2^{\ominus} = \frac{[b_2(H^+)/b^{\ominus}]^2}{[b - b_2(H^+)]/b^{\ominus}} = 1.74 \times 10^{-5}$$

$$[b_2(H^+)]^2 + 1.74 \times 10^{-4} b_2(H^+) b^{\ominus} \doteq 1.74 \times 10^{-4} b^{\ominus} = 0$$

解得 $\qquad\qquad b_2(H^+) = 4.16 \times 10^{-3} \text{ mol} \cdot \text{kg}^{-1}$

(3) 这是一个同时平衡的问题。当两个反应都达到平衡时,设 HCOOH 反应掉 x,乙酸 CH_3COOH 反应掉 y,则

$$HCOOH \Longrightarrow HCOO^- + H^+ \qquad\qquad K_1^{\ominus}$$

平衡时　　　　　　　　$b-x$　　　　x　　$x+y$

$$CH_3COOH \Longrightarrow CH_3COO^- + H^+ \qquad\qquad K_2^{\ominus}$$

平衡时　　　　　　　　$b-y$　　　　y　　$x+y$

$$K_1^{\ominus} = \frac{x(x+y)}{(b-x)b^{\ominus}} \tag{1}$$

$$K_2^{\ominus} = \frac{y(x+y)}{(b-y)b^{\ominus}} \tag{2}$$

由于上述两个反应的平衡常数均很小,因此,$b-x \approx b$,$b-y \approx b$,所以,由式(1)和式(2)可得

$$\frac{K_1^{\ominus}}{K_2^{\ominus}} = \frac{x}{y} = \frac{1.82\times10^{-4}}{1.74\times10^{-5}} = 10.46$$

即　　　　　　　　　　　　$x = 10.46y$ \tag{3}

将式(3)代入式(2),并代入有关数据,可得

$$1.74\times10^{-5} = \frac{11.46y^2}{(1-y)b^{\ominus}}$$

解得　　　　　　　　　　$y = 1.231\times10^{-3}\ \text{mol}\cdot\text{kg}^{-1}$

于是　　$x = 10.46y = (10.46\times1.231\times10^{-3})\ \text{mol}\cdot\text{kg}^{-1} = 1.288\times10^{-2}\ \text{mol}\cdot\text{kg}^{-1}$

所以　　　　　　　$b_3(\text{H}^+) = x+y = 1.41\times10^{-2}\ \text{mol}\cdot\text{kg}^{-1}$

以上结果可以看到,$b_3(\text{H}^+) < b_1(\text{H}^+) + b_2(\text{H}^+)$,说明混合溶液中,一种酸解离产生的 H$^+$,使另一种酸的解离平衡向左移动了,即对另一种酸的解离起到抑制作用。

5.24　(1) 应用路易斯-兰德尔规则及逸度因子图,求 250 ℃,20.265 MPa 下,合成甲醇反应的 K_φ:

$$CO(g) + 2H_2(g) \Longrightarrow CH_3OH(g)$$

(2) 已知 250 ℃时上述反应的 $\Delta_r G_m^{\ominus} = 25.899\ \text{kJ}\cdot\text{mol}^{-1}$,求此反应的 $K^{\ominus}$;

(3) 化学计量比的原料气,在上述条件下达平衡时,求混合物中甲醇的摩尔分数。

解:(1) 先求出各气体在 $T = 523.15$ K,$p = 20.265$ MPa 下的对比温度及对比压力,再由普遍化逸度因子图,查出各气体组分的逸度因子 φ。查表得各气体的临界温度、临界压力分别为

$$CO: T_c = 132.92\ \text{K}, \quad p_c = 3.499\ \text{MPa}$$

$$H_2: T_c = 33.25 \text{ K}, \quad p_c = 1.297 \text{ MPa}$$

$$CH_3OH: T_c = 512.58 \text{ K}, \quad p_c = 8.10 \text{ MPa}$$

计算各组分在 523.15 K,20.265 MPa 下的对比参数:

$$CO: T_r = T/T_c = 523.15 \text{ K}/132.92 \text{ K} = 3.936$$

$$p_r = p/p_c = 20.265 \text{ MPa}/3.499 \text{ MPa} = 5.792$$

$$H_2: T_r = (T/\text{K})/(T_c/\text{K}+8 \text{ K}) = 523.15 \text{ K}/(33.25+8)\text{K} = 12.7$$

$$p_r = (p/\text{MPa})/(p_c/\text{MPa}+0.810\ 7) = 20.265/(1.297+0.810\ 7) = 9.61$$

$$CH_3OH: T_r = T/T_c = 523.15 \text{ K}/512.58 \text{ K} = 1.021$$

$$p_r = p/p_c = 20.265 \text{ MPa}/8.10 \text{ MPa} = 2.501\ 9$$

查逸度因子图,得 $\varphi(CO) = 1.09, \varphi(H_2) = 1.08, \varphi(CH_3OH) = 0.38$

$$K_\varphi = \frac{\varphi(CH_3OH)}{\varphi^2(H_2)\varphi(CO)} = \frac{0.38}{1.08^2 \times 1.09} = 0.299$$

(2) $\Delta_r G_m^\ominus = -RT\ln K^\ominus$

$$K^\ominus = \exp\left(-\frac{\Delta_r G_m^\ominus}{RT}\right) = \exp\left(-\frac{25.899 \times 10^3}{8.314 \times 523.15}\right) = 2.595 \times 10^{-3}$$

注: H_2 的 T_r, p_r 的计算式见教材 225 页例 5.7.1。

(3) 设 $CO(g)$ 和 $H_2(g)$ 初始时物质的量分别为 1 mol 和 2 mol,混合物中甲醇的物质的量为 x mol。

$$CO(g) + 2H_2(g) \Longrightarrow CH_3OH(g)$$

初始时 n_B/mol　　　　1　　　2　　　　　0

平衡时 n_B/mol　　　$1-x$　$2(1-x)$　　　x　　　　　$\sum n_B = (3-2x) \text{ mol}$

$$\sum \nu_B = 1 - 1 - 2 = -2$$

$$K_p^\ominus = K_n \times \left(\frac{p}{p^\ominus \sum n_B}\right)^{\sum \nu_B} = \frac{x}{4(1-x)^3} \times \frac{(3-2x)^2}{(p/p^\ominus)^2} \tag{1}$$

因为 $K^\ominus = K_\varphi K_p^\ominus$,所以

$$K_p^\ominus = K^\ominus/K_\varphi = 2.595 \times 10^{-3}/0.299 = 8.679 \times 10^{-3}$$

式(1)可整理为

$$f(x) = \frac{x(3-2x)^2}{(1-x)^3} = 4 \times K_p^\ominus(p/p^\ominus)^2$$

$$= 4 \times (20.265 \times 10^3/100)^2 \times 8.679 \times 10^{-3} = 1\ 425.7$$

　　用尝试法可求出上式的近似根。因 $0 < x < 1$ mol,故可从 0.5 mol 试起。当 $x = 0.903\ 37$ mol 时,$f(x) = 1\ 426$,满足上式。进一步计算出混合气体中甲醇的摩尔分数:

$$y(\mathrm{CH_3OH}) = \frac{x}{3-2x} = \frac{0.903\ 37}{3-2\times0.903\ 37} = 0.757\ 1$$

第六章 相 平 衡

§6.1 概念、主要公式及其适用条件

1. 相律

$$F = C - P + 2$$

式中,F 为系统的自由度(即独立变量数);P 为相数;"2"表示 T, p 两个变量,温度、压力两个影响因素。C 是独立组分数,$C = S - R - R'$,S 为物种数,即系统中含有的化学物质数;R 为独立的平衡化学反应数;R' 为独立的浓度限制条件数。

使用相律时必须注意:

(1)相律只能用于热力学平衡系统。

(2)相律表达式中的"2"代表温度、压力两个因素,若考虑磁场、电场或重力场等因素对平衡系统的影响,则相律的表达式应为 $F = C - P + n$,n 为影响因素的个数。

(3)正确使用相律的关键是正确判断平衡系统的组分数 C 和相数 P,组分数 C 的计算取决于对 R 和 R' 的正确判断。相数 P 的判断有一定的规律可循,如气体物质通常可均匀混合,相数为 1;固态物质通常不能均匀混合,所以有几种物质一般即有几个固相;多个液态物质需要考虑彼此能否互溶,存在几个液相需要视情况而定。

2. 杠杆规则

杠杆规则描述了相平衡系统中,平衡两相(或两部分)相对量的关系。温度为 T 的平衡系统,共存的相分别为 α 相和 β 相(如图 6.1 所示)。

图 6.1 中 o, a, b 分别表示系统点和两相的相点;$x_B, x_B(\alpha)$ 和 $x_B(\beta)$ 分别表示系统、α 相和 β 相的组成(以 B 的摩尔分数表示);$n, n(\alpha), n(\beta)$ 则分别为系统点,α 相和 β 相的物质的量。由质量衡算可得

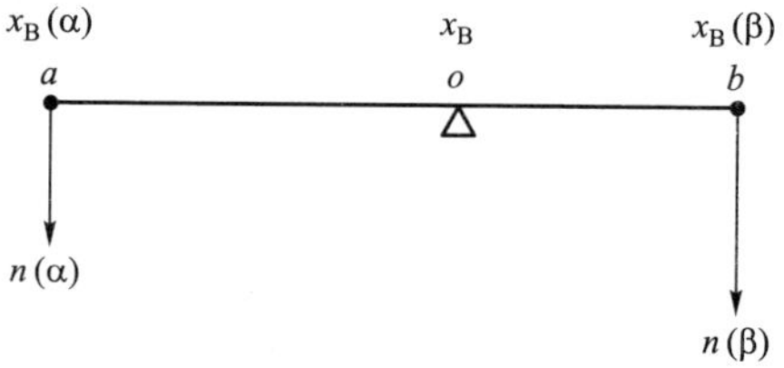

图 6.1 杠杆规则示意图

$$n(\alpha)[x_B - x_B(\alpha)] = n(\beta)[x_B(\beta) - x_B]$$

或

$$\frac{n(\alpha)}{n(\beta)} = \frac{x_B(\beta) - x_B}{x_B - x_B(\alpha)}$$

此二式称为杠杆规则。

同样,还可以得到

$$\frac{n(\alpha)}{n} = \frac{x_B(\beta) - x_B}{x_B(\beta) - x_B(\alpha)}$$

$$\frac{n(\beta)}{n} = \frac{x_B - x_B(\alpha)}{x_B(\beta) - x_B(\alpha)}$$

若组成采用质量分数表示,将式中的摩尔分数 x_B, $x_B(\alpha)$ 和 $x_B(\beta)$ 换成质量分数 w_B, $w_B(\alpha)$ 和 $w_B(\beta)$,同时将式中的物质的量 n, $n(\alpha)$, $n(\beta)$ 换成质量 m, $m(\alpha)$, $m(\beta)$,上述关系式依然成立。

3. 典型相图

(1)单组分系统相图(见图 6.2)

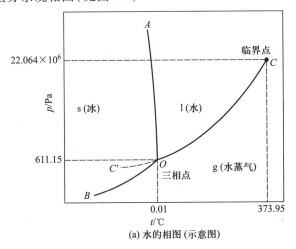

(a) 水的相图(示意图)

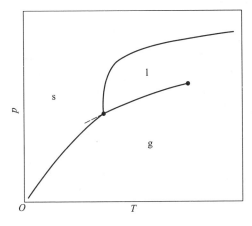

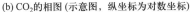

(b) CO_2的相图(示意图,纵坐标为对数坐标)

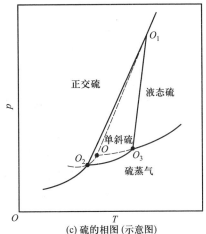

(c) 硫的相图(示意图)

图 6.2 单组分系统相图

（2）二组分液态完全互溶系统的气-液平衡相图示意图（见图 6.3）

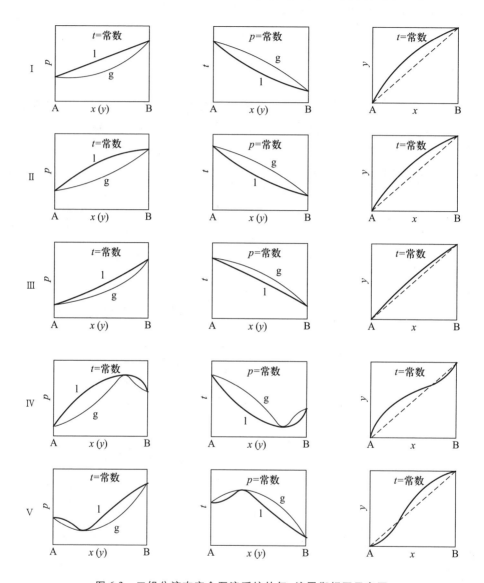

图 6.3　二组分液态完全互溶系统的气-液平衡相图示意图

其中，Ⅰ：理想系统；Ⅱ：具有一般正偏差的真实系统；Ⅲ：具有一般负偏差的真实系统；Ⅳ：具有最大正偏差的真实系统；Ⅴ：具有最大负偏差的真实系统。

（3）二组分液态部分互溶系统的气–液平衡相图示意图（见图 6.4）

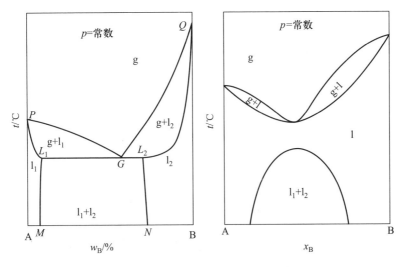

(a) 气相组成介于两液相组成之间的系统

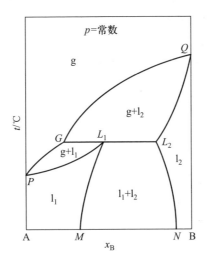

(b) 气相组成位于两液相组成同侧的系统

图 6.4　二组分液态部分互溶系统的气–液平衡相图示意图

（4）二组分液态完全不互溶系统的气-液平衡相图示意图（见图6.5）

（5）二组分固态不互溶系统的液-固平衡相图示意图（见图6.6）

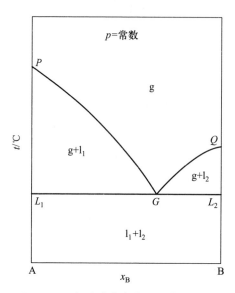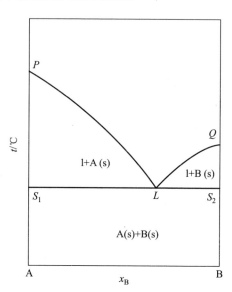

图 6.5　二组分液态完全不互溶系统的
气-液平衡相图示意图

图 6.6　二组分固态不互溶系统的
液-固平衡相图示意图

（6）生成化合物的二组分凝聚系统相图示意图（见图6.7）

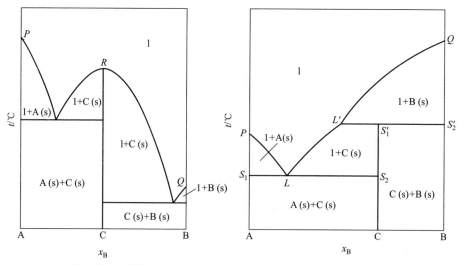

（a）生成稳定化合物系统　　　　　（b）生成不稳定化合物系统

图 6.7　生成化合物的二组分凝聚系统相图示意图

（7）二组分固态完全互溶系统的液–固平衡相图示意图（见图 6.8）

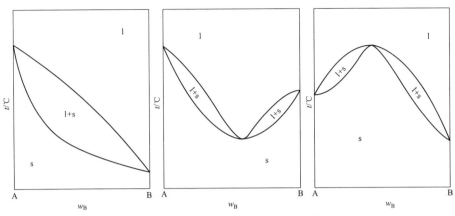

图 6.8 二组分固态完全互溶系统的液–固平衡相图示意图

（8）二组分固态部分互溶系统的液–固平衡相图示意图（见图 6.9）

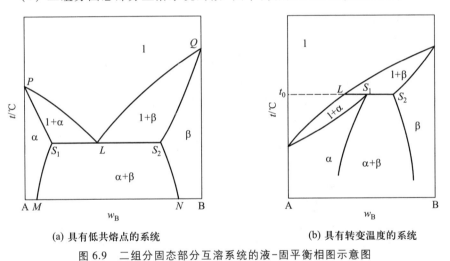

(a) 具有低共熔点的系统   (b) 具有转变温度的系统

图 6.9 二组分固态部分互溶系统的液–固平衡相图示意图

§6.2 概 念 题

6.2.1 填空题

1. 在 100 ℃下，于装有 $NH_3(g)$ 的密封容器中放入过量的 $NH_4Cl(s)$，$NH_4Cl(s)$ 发生分解反应：

$$NH_4Cl(s) \Longrightarrow NH_3(g) + HCl(g)$$

则系统的组分数 $C=($　　　$)$，相数 $P=($　　　$)$，自由度 $F=($　　　$)$。

2. 将足量的固态氨基甲酸铵（NH_2COONH_4）放在抽空容器内恒温下发生分解反应并达平衡：

$$NH_2COONH_4(s) \Longrightarrow 2NH_3(g) + CO_2(g)$$

则此平衡系统的组分数 $C=($　　　$)$，相数 $P=($　　　$)$，自由度 $F=($　　　$)$。

3. 若在题 2 中已达平衡的系统中加入 $NH_3(g)$，当系统达到新平衡时，系统的组分数 $C=($　　　$)$，相数 $P=($　　　$)$，自由度 $F=($　　　$)$。

4. 真空密闭容器中放入过量的 $NH_4I(s)$ 与 $NH_4Cl(s)$，发生以下分解反应：

$$NH_4Cl(s) \Longrightarrow NH_3(g) + HCl(g)$$

$$NH_4I(s) \Longrightarrow NH_3(g) + HI(g)$$

达平衡后，系统的组分数 $C=($　　　$)$，相数 $P=($　　　$)$，自由度 $F=($　　　$)$。

5. 水蒸气通过灼热的 C（石墨）发生下列反应：

$$H_2O(g) + C(石墨) \Longrightarrow CO(g) + H_2(g)$$

此平衡系统的组分数 $C=($　　　$)$，相数 $P=($　　　$)$，自由度 $F=($　　　$)$。这说明生成的 $CO(g)$，$H_2(g)$ 在气相中的摩尔分数与（　　　）有关。

6. 由 A(l)，B(l) 形成的二组分液态完全互溶的气-液平衡系统中，在外压一定的条件下，向系统中加入 B(l) 后系统的沸点下降，则该组分在平衡气相中的组成 y_B（　　　）其在液相中的组成 x_B。（选择填入：大于、等于或小于）

7. A(l) 与 B(l) 形成理想液态混合物。温度 T 下，纯 A(l) 的饱和蒸气压为 p_A^*，纯 B(l) 的饱和蒸气压为 $p_B^* = 5p_A^*$。在同样温度下，将 A(l) 与 B(l) 混合形成气-液平衡系统，测得其总压为 $2p_A^*$，此平衡系统气相中 B 的摩尔分数 $y_B=$（　　　）。（填入具体数值）

8. 温度 T 下，A，B 两组分液态完全互溶，其饱和蒸气压分别为 p_A^* 和 p_B^*，且 $p_A^* > p_B^*$。在 A，B 组成的气-液平衡系统中，当系统组成 $x_B < 0.3$ 时，向系统中加入 B(l) 会使系统压力增大；当系统组成 $x_B > 0.3$ 时，向系统中加入 B(l) 则系统压力降低，则该系统具有（　　　）恒沸点。

9. 某物质液态蒸气压与温度的关系为 $\lg\dfrac{p_1}{Pa} = -\dfrac{3\,063}{T/K} + 24.38$，固态的蒸气压与温度的关系为 $\lg\dfrac{p_s}{Pa} = -\dfrac{3\,754}{T/K} + 27.92$，则该物质的三相点对应的温度 $T=$（　　　），压力 $p=$（　　　），该物质液态的摩尔蒸发焓 $\Delta_{vap}H_m=$（　　　）。

10. 由 60 g A 和 40 g B 组成的二元液态完全互溶系统，在一定温度下加热至某一温度达到气-液平衡，测得气相组成 $w_{B(g)}=0.6$，液相组成 $w_{B(l)}=0.2$，此时气相质量为(　　), 液相质量为(　　)。

6.2.2　选择题

1. 将过量的 $NH_4HCO_3(s)$ 放入一真空密闭容器中, 80 ℃时发生下列分解反应:

$$NH_4HCO_3(s) \Longrightarrow NH_3(g) + CO_2(g) + H_2O(g)$$

系统达平衡后, 其组分数 $C = ($　　$)$; 自由度 $F = ($　　$)$。

(a) 3, 2;　　　　(b) 3, 1;　　　　(c) 1, 0;　　　　(d) 2, 1

2. 向题 1 已达平衡的系统中加入 $NH_3(g)$, 系统达到新平衡后, 组分数 $C = ($　　$)$; 自由度 $F = ($　　$)$。

(a) 3, 2;　　　　(b) 3, 1;　　　　(c) 2, 0;　　　　(d) 2, 1

3. 温度 T 下, $CaCO_3(s)$ 发生的分解反应 $CaCO_3(s) \Longrightarrow CaO(s) + CO_2(g)$, 平衡系统的压力为 p, 若向该平衡系统中加入 $CO_2(g)$, 达到新平衡时系统的压力将(　　)。

(a) 增大;　　　(b) 减小;　　　(c) 不变;　　　(d) 增大或减小

4. 已知 $CuSO_4(s)$ 和 $H_2O(g)$ 能形成三种水合物:

$$CuSO_4(s) + H_2O(g) \Longrightarrow CuSO_4(s) \cdot H_2O(s)$$

$$CuSO_4(s) \cdot H_2O(s) + 2H_2O(g) \Longrightarrow CuSO_4(s) \cdot 3H_2O(s)$$

$$CuSO_4(s) \cdot 3H_2O(s) + 2H_2O(g) \Longrightarrow CuSO_4(s) \cdot 5H_2O(s)$$

在 101.325 kPa 下, 与 $H_2O(g)$ 平衡共存的盐最多有(　　)种。

(a) 1;　　　　(b) 2;　　　　(c) 3;　　　　(d) 4

5. 冰的熔点随压力的增大而(　　)。

(a) 升高;　　　(b) 降低;　　　(c) 不变;　　　(d) 不确定

6. A, B 两种液体组成液态完全互溶的气-液平衡系统, 已知 A 的沸点低于 B 的沸点。在一定温度下, 向平衡系统中加入 B(l), 测得系统的压力增大, 说明此系统(　　)。

(a) 一定具有最大正偏差;

(b) 一定具有最大负偏差;

(c) 可能具有最大正偏差也可能具有最大负偏差;

(d) 无法判断

7. 在 318 K 下, 丙酮(A)和氯仿(B)组成液态混合物的气-液平衡系统, 测得 $x_B = 0.3$ 时气相中丙酮的平衡分压 $p_A = 26.77$ kPa, 已知同温度下丙酮的饱和蒸气压 $p_A^* = 43.063$ kPa, 则此液态混合物为(　　)。

（a）理想液态混合物；　　　　　（b）对丙酮产生正偏差；

（c）对丙酮产生负偏差；　　　　（d）无法判断系统的特征

8. 温度 T 下，A(l) 与 B(l) 形成理想液态混合物的气-液平衡系统，已知在该温度下，A(l) 与 B(l) 的饱和蒸气压之比 $p_A^*/p_B^* = 1/5$。若该气-液平衡系统的气相组成 $y_B = 0.5$，则平衡液相的组成 $x_B = ($　　　$)$。

（a）0.152；　　（b）0.167；　　（c）0.174；　　（d）0.185

9. A，B 两种液体可形成理想液态混合物，已知 A 的沸点低于 B 的沸点。现在体积分别为 V_1 和 V_2 的真空密闭容器中，分别放有组成为 $x_{B,1}$ 和 $x_{B,2}$ 的液态混合物，且 $x_{B,1} < x_{B,2}$。设某温度下两容器均处于气-液平衡，而且压力相等，则容器 1 中气相组成 $y_{B,1}($　　　$)$容器 2 中的气相组成 $y_{B,2}$；容器 1 中气相量与液相量之比 $n_{g,1}/n_{l,1}($　　　$)$容器 2 中气相量与液相量之比 $n_{g,2}/n_{l,2}$。

（a）大于；　　　　　　　　　　（b）小于；

（c）等于；　　　　　　　　　　（d）可能大于也可能小于

概念题答案

6.2.1　填空题

1. 2；2；1

该系统中物种数 $S = 3$，独立的化学反应数 $R = 1$，无独立的浓度限制条件数，$R' = 0$，因此，组分数 $C = S - R - R' = 2$；相数 $P = 2$；又温度恒定，则自由度 $F = (3 - 1 - 0) - 2 + 1 = 1$。

2. 1；2；0

该系统中物种数 $S = 3$，独立的化学反应数 $R = 1$，独立的浓度限制条件数 $R' = 1$，因为 $p(NH_3) = 2p(CO_2)$。故组分数 $C = 3 - 1 - 1 = 1$，相数 $P = 2$，温度恒定，所以自由度 $F = 1 - 2 + 1 = 0$。

3. 2；2；1

加入 $NH_3(g)$ 使得 $p(NH_3) \neq 2p(CO_2)$，所以 $R' = 0$，$C = 3 - 1 - 0 = 2$。

4. 2；3；1

系统中 $p(NH_3) = p(HI) + p(HCl)$，故 $R' = 1$；两个独立的化学反应，$R = 2$，于是 $C = 5 - 2 - 1 = 2$；$P = 3$，故 $F = 2 - 3 + 2 = 1$。

5. 2；2；2；温度、压力

系统的物种数 $S = 4$，$R = 1$，$R' = 1$，所以 $C = 2$；因为 $P = 2$（气相、固相），于是自由度 $F = 2 - 2 + 2 = 2$；说明气体混合物的组成（CO，H_2 和 H_2O 三种物质的摩尔分

数)及温度、压力这四个量中只有两个可以自由变化。所以 CO(g),H_2(g)在气相中的摩尔分数与温度、压力有关。

6. 大于

加入 B(1)后沸点下降,即加入该液体后液体的饱和蒸气总压增加,根据柯诺瓦洛夫-吉布斯定律:"假如在液态混合物中增加某组分后蒸气总压增加,则该组分在气相中的含量大于它在平衡液相中的含量",即 $y_B > x_B$。

7. 0.625

根据 $p_总 = p_A + p_B = p_A^* x_A + p_B^* x_B = p_A^* + (p_B^* - p_A^*) x_B$,求得 $x_B = 0.25$。再由 $p_B = y_B p_总$,解得 $y_B = 0.625$。

8. 最低

由 $p-x$ 图分析,当 $x_B < 0.3$ 时,加入 B 使系统压力增大,而 $x_B > 0.3$ 时,加入 B 后系统压力降低,说明在 $x_B = 0.3$ 时系统总压最大,即该系统具有最大正偏差,也就具有最低恒沸点。

9. 195.2 K;5.95 kPa;25.47 kJ·mol^{-1}

三相点时物质的气、液、固三相平衡,此时三相的压力、温度相同。于是,

$\lg \dfrac{p_1}{Pa} = -\dfrac{3\,063}{T/K} + 24.38$ 与 $\lg \dfrac{p_s}{Pa} = -\dfrac{3\,754}{T/K} + 27.92$ 同时成立,可以解出 $T = 195.2$ K;

$p = 5.95$ kPa。

对于气-液平衡,有克-克方程

$$\lg \frac{p_1}{[p]} = -\frac{\Delta_{vap} H_m}{RT} + C$$

与题给方程 $\lg \dfrac{p_1}{Pa} = -\dfrac{3\,063}{T/K} + 24.38$ 对比,可知 $\dfrac{\Delta_{vap} H_m}{R} = 3\,063$ K,所以

$$\Delta_{vap} H_m = 3\,063R \text{ K} = (3\,063 \times 8.314) \text{ J·mol}^{-1} = 25.47 \text{ kJ·mol}^{-1}$$

10. 50 g;50 g

系统组成 $w_{B,0} = \dfrac{m_B}{m_A + m_B} = \dfrac{40}{40+60} = 0.4$,根据杠杆规则

```
w_B(1)=0.2          w_B,0=0.4          w_B(g)=0.6
|——————————————————|——————————————————|
m(1)               m                  m(g)
```

有　　　　　$\dfrac{m(1)}{m(g)} = \dfrac{w_{B(g)} - w_{B,0}}{w_{B,0} - w_{B(1)}} = \dfrac{0.6 - 0.4}{0.4 - 0.2} = 1$

又　　　　　$m(1) + m(g) = 40 \text{ g} + 60 \text{ g} = 100 \text{ g}$

所以 $m(1) = m(g) = (0.5 \times 100) \text{ g} = 50 \text{ g}$。

6.2.2　选择题

1. (c)

$C = 4-1-2 = 1, F = 1-2+1 = 0$。

2. (d)

$C = 4-1-1 = 2, F = 2-2+1 = 1$。

3. (c)

因为 $F = 2-3+1 = 0$,所以系统压力不变。

4. (b)

假设有 n 种盐与 $H_2O(g)$ 平衡共存。则 $S = 1+n, R = n-1, R' = 0, P = 1+n$(水蒸气,$n$ 个盐),$F = C-P+1 = S-R-R'-P+1 = 1+n-(n-1)-0-(1+n)+1 = 2-n$(压力固定)。

由于 $F \geqslant 0$,因此 $n \leqslant 2$,即在 101.325 kPa 下,与 $H_2O(g)$ 平衡共存的盐最多有 2 种。

5. (b)

由水的相图(见教材)可知,表示冰水平衡的 OA 线(熔点曲线)斜率为负值,说明随压力增大冰的熔点降低。这是因为冰融化成水时体积减小,根据勒·夏特列(Le Chatelier)原理,增加压力有利于体积减小过程的进行,即利于融化,因此冰的熔点降低。

6. (c)

B(1)沸点高,为难挥发组分。一定温度下加入 B 后系统总压增大,按照柯诺瓦洛夫-吉布斯定律,其液相组成 y_B 应大于其液相组成 x_B,这在 $p_A^* > p_B^*$ 的一般正偏差和一般负偏差系统的 p-x 图中不可能出现,而只能存在于 p-x 图有极值点,即最大正偏差或最大负偏差的系统中。

7. (c)

气相中丙酮的平衡分压小于同温度下丙酮的饱和蒸气压,所以此混合物对丙酮产生负偏差。

8. (b)

根据 $p = p_A^* x_A + p_B^* x_B = p_A^* + (p_B^* - p_A^*) x_B$,有 $y_B = \dfrac{p_B}{p} = \dfrac{p_B^* x_B}{p_A^* + (p_B^* - p_A^*) x_B} =$

$\dfrac{5 p_A^* x_B}{p_A^* + 4 p_A^* x_B} = \dfrac{5 x_B}{1+4 x_B} = \dfrac{1}{2}$,解得 $x_B = 0.167$。

9. (c);(a)

两容器中物质种类、温度、压力都相同,故气-液平衡相图相同,只是两系统的初始组成不同。平衡时两容器中的气相组成相同,即 $y_{B,1} = y_{B,2}$。根据杠杆规

则可得到 $n_{g,1}/n_{l,1} > n_{g,2}/n_{l,2}$。

§6.3 习题解答

相关资料

6.1 指出下列平衡系统中的组分数 C,相数 P 及自由度 F。

(1) $I_2(s)$ 与其蒸气成平衡;

(2) $MgCO_3(s)$ 与其分解产物 $MgO(s)$ 和 $CO_2(g)$ 成平衡;

(3) $NH_4Cl(s)$ 放入一抽空的容器中,与其分解产物 $NH_3(g)$ 和 $HCl(g)$ 成平衡;

(4) 任意量的 $NH_3(g)$ 和 $H_2S(g)$ 与 $NH_4HS(s)$ 成平衡;

(5) 过量的 $NH_4HCO_3(s)$ 与其分解产物 $NH_3(g)$,$H_2O(g)$ 和 $CO_2(g)$ 成平衡;

(6) I_2 作为溶质在两不互溶液体 H_2O 和 CCl_4 中达到分配平衡(凝聚系统)。

解:应用相律计算自由度 F,关键是确定系统的组分数 C,$C = S - R - R'$,难点是如何判断平衡系统中的 R',即独立的浓度限制条件数,解题时要注意总结规律。

(1) $C = 1$,$P = 2$,$F = 1$

纯物质 $I_2(s)$ 与其蒸气成平衡,既无化学反应,也无独立的限制条件。所以

$$C = S - R - R' = 1 - 0 - 0 = 1$$

$$P = 2(固相和气相)$$

$$F = C - P + 2 = 1 - 2 + 2 = 1$$

$F = 1$ 说明该平衡系统的温度、压力两个变量中只有一个是独立的,即 p,T 之间有一个函数关系存在。

(2) $C = 2$,$P = 3$,$F = 1$

该平衡系统物种数 $S = 3$,三种物质之间存在一个化学反应,故 $R = 1$;$MgCO_3(s)$,$CO_2(g)$ 及 $MgO(s)$ 分属三个相,所以每一相均由纯物质构成,也即不存在独立的限制条件,故 $R' = 0$。因此

$$C = S - R - R' = 3 - 1 - 0 = 2$$

$$P = 3(两个固相和一个气相)$$

$$F = C - P + 2 = 2 - 3 + 2 = 1$$

$F = 1$ 说明上述系统虽然由三种物质组成,但该系统的温度、压力之间只有一个是独立的。若系统的温度一定,系统的压力(即 CO_2 的压力)就有确定的值。

(3) $C = 1$,$P = 2$,$F = 1$

根据题给条件,系统中存在以下反应:

$$NH_4Cl(s) \Longrightarrow NH_3(g) + HCl(g)$$

系统的物种数 $S=3$,有一独立的反应方程式,$R=1$。该系统中,纯固相 $NH_4Cl(s)$ 与 $NH_3(g)$ 和 $HCl(g)$ 两种气体组成的气相成平衡,而 $NH_3(g)$ 和 $HCl(g)$ 均由 $NH_4Cl(s)$ 分解而来,所以 $p_{NH_3(g)} = p_{HCl(g)}$,即存在一个独立的浓度关系式,所以 $R'=1$,于是

$$C = 3-1-1 = 1$$
$$P = 2$$
$$F = C-P+2 = 1-2+2 = 1$$

$F=1$ 表示该系统的 p,T 及气相组成这些变量中,只有一个是独立的。当系统的温度取确定值时,系统的压力及气相组成均为定值。

(4) $C=2,P=2,F=2$

由小题(3)可知,系统内存在一个化学平衡

$$NH_4HS(s) \Longrightarrow NH_3(g) + H_2S(g)$$

故 $R=1$。但系统中的 $NH_3(g)$ 和 $H_2S(g)$ 是任意量的,不存在量的关系,所以 $R'=0$,于是

$$C = 3-1-0 = 2$$
$$P = 2$$
$$F = C-P+2 = 2-2+2 = 2$$

$F=2$ 说明上述系统的 p,T 及气相组成这些变量中,有两个可以独立改变。若只确定其中的一个,系统的状态仍不能确定。

(5) $C=1,P=2,F=1$

根据题给条件,系统中存在以下反应:

$$NH_4HCO_3(s) \Longrightarrow NH_3(g) + H_2O(g) + CO_2(g)$$

系统的物种数 $S=4$,有一独立的反应方程式,$R=1$。存在两个独立的浓度关系式,即 $p_{NH_3(g)} = p_{H_2O(g)} = p_{CO_2(g)}$,$R'=2$,$P=2$(气相、固相)。所以,

$$C = 4-1-2 = 1$$
$$P = 2$$
$$F = 1-2+2 = 1$$

$F=1$ 表示该系统的 p,T 及气相组成这些变量中,只有一个是独立的。当系统的温度取确定值时,系统的压力及气相组成均为定值。

(6) $C=3,P=2,F=2$

该系统是溶质 I_2 分别溶于两不互溶液体 H_2O 和 CCl_4 中并处于分配平衡。即

$$I_2(H_2O) \rightleftharpoons I_2(CCl_4)$$

根据相平衡条件,存在以下关系式:

$$\mu_{I_2}(H_2O) = \mu_{I_2}(CCl_4)$$

但是,在相律推导中计算关系式时已经将这样的关系式计算在内,故不能再次记入 R',因此,该系统 $R=0$,$R'=0$。题目所给系统为凝聚系统,则

$$C = 3-0-0 = 3$$

$$P = 2$$

$$F = C-P+1 = 3-2+1 = 2$$

6.2 常见的 $Na_2CO_3(s)$ 水合物有 $Na_2CO_3 \cdot H_2O(s)$,$Na_2CO_3 \cdot 7H_2O(s)$ 和 $Na_2CO_3 \cdot 10H_2O(s)$。

(1) 101.325 kPa 下,与 Na_2CO_3 溶液及冰平衡共存的水合物最多能有几种?

(2) 20 ℃时,与水蒸气平衡共存的水合物最多可能有几种?

解:(1) 假设有 n 种水合物与冰和 Na_2CO_3 溶液平衡共存。

物种数:$S = 2+n$(水、Na_2CO_3、n 个水合物)

独立化学反应数:$R = n$(每一个水合物对应一个独立反应)

无独立的浓度限制条件:$R' = 0$

相数:$P = 2+n$(溶液、冰、n 个水合物)

因此,$F = C-P+1 = S-R-R'-P+1 = 2+n-n-0-(2+n)+1 = 1-n$(压力固定)。

由于 $F \geqslant 0$,因此 $n \leqslant 1$。即,101.325 kPa 下,与 Na_2CO_3 水溶液及冰平衡共存的水合物最多能有 1 种。

(2) 假设有 n 种水合物与水蒸气平衡共存。

物种数:$S = 1+n$(水、n 种水合物)

独立化学反应数:$R = n-1$(选取 1 种水合物,则其他 $n-1$ 种水合物可看成是由该水合物和水反应而成)

无独立的浓度限制条件:$R' = 0$

相数:$P = 1+n$(水蒸气、n 个水合物)

因此,$F = C-P+1 = S-R-R'-P+1 = 1+n-(n-1)-0-(1+n)+1 = 2-n$(温度固定)。

由于 $F \geqslant 0$,因此 $n \leqslant 2$。即,20℃时,与水蒸气平衡共存的水合物最多能有 2 种。

注:读者可能对第二个问题中的独立化学反应数有疑问。在该系统中不存在 Na_2CO_3。如果水蒸气与 $Na_2CO_3 \cdot H_2O(s)$ 和 $Na_2CO_3 \cdot 7H_2O(s)$ 成平衡,则

$$Na_2CO_3(s) \cdot H_2O(s) + 6H_2O(1) \rightleftharpoons Na_2CO_3(s) \cdot 7H_2O(s)$$

存在一个独立的化学反应。

6.3　醋酸水溶液包含 H_2O，CH_3COOH，CH_3COO^-，OH^- 和 H^+ 5 个组分，为何其为二组分系统？

解：该醋酸水溶液中包含 H_2O，CH_3COOH，CH_3COO^-，OH^- 和 H^+ 5 个组分，存在以下反应：

$$H_2O \Longrightarrow H^+ + OH^-$$

$$CH_3COOH \Longrightarrow H^+ + CH_3COO^-$$

因为 H_2O 分子每解离出一个 H^+ 的同时都解离出一个 OH^-，CH_3COOH 分子每解离出一个 H^+ 的同时也解离出一个 CH_3COO^-，因此，存在一个独立的浓度关系式，即 $c_{H^+} = c_{OH^-} + c_{CH_3COO^-}$。

于是，物种数：$S = 5$

独立化学反应数：$R = 2$

独立的浓度限制条件：$R' = 1$

组分数 $C = S - R - R' = 5 - 2 - 1 = 2$，故该系统为二组分系统。

试题分析

6.4　已知液体甲苯（A）和液体苯（B）在 90℃时的饱和蒸气压分别为 $p_A^* = 54.22$ kPa 和 $p_B^* = 136.12$ kPa。两者可形成理想液态混合物。今有系统组成为 $x_{B,0} = 0.3$ 的甲苯–苯混合物 5 mol，在 90 ℃下成气–液两相平衡，若气相组成为 $y_B = 0.455\ 6$，求：

（1）平衡时液相组成 x_B 及系统的压力 p；

（2）平衡时气、液两相的物质的量 $n(g)$，$n(l)$。

解：（1）对于理想液态混合物，每个组分服从拉乌尔定律，因此

$$y_B = \frac{x_B p_B^*}{x_A p_A^* + x_B p_B^*} = \frac{x_B p_B^*}{p_A^* + (p_B^* - p_A^*) x_B}$$

$$x_B = \frac{y_B p_A^*}{p_B^* - (p_B^* - p_A^*) x_B} = \frac{0.455\ 6 \times 54.22}{136.12 - (136.12 - 54.22) \times 0.455\ 6} = 0.250$$

$$p = x_A p_A^* + x_B p_B^* = 0.75 \times 54.22\ \text{kPa} + 0.25 \times 136.12\ \text{kPa} = 74.70\ \text{kPa}$$

（2）系统组成 $x_{B,0} = 0.3$，根据杠杆规则，有

$x_B = 0.25$	$x_{B,0} = 0.3$		$y_B = 0.455\ 6$
$n(l)$	n		$n(g)$

$$\frac{n(l)}{n(g)} = \frac{y_B - x_{B,0}}{x_{B,0} - x_B} \text{或者} \frac{n(l)}{n} = \frac{y_B - x_{B,0}}{y_B - x_B}$$

而 $n = 5$ mol

所以
$$n(1) = n \times \left(\frac{y_B - x_{B,0}}{y_B - x_B} \right) = 5 \text{ mol} \times \frac{0.455\ 6 - 0.3}{0.455\ 6 - 0.25} = 3.784 \text{ mol}$$

$$n(\text{g}) = 5 \text{ mol} - n(1) = 5 \text{ mol} - 3.784 \text{ mol} = 1.216 \text{ mol}$$

6.5 单组分系统碳的相图示意图如图 6.10 所示。

（1）分析图中各点、线、面的相平衡关系及自由度；

（2）25 ℃，101.325 kPa 下，碳以什么状态稳定存在？

（3）增加压力可以使石墨转变为金刚石。已知石墨的摩尔体积大于金刚石的摩尔体积，那么加压使石墨转变为金刚石的过程是吸热还是放热？

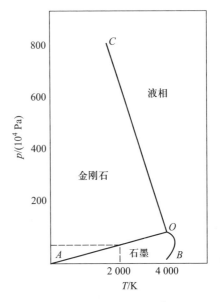

图 6.10 习题 6.5 附图

解:（1）单相区已标于图 6.10 上，各单相区的自由度 $F = 2$。

二相线（$F = 1$）：

OA：　C（金刚石）$\Longrightarrow$ C（石墨）

OB：　C（石墨）$\Longrightarrow$ C（l）

OC：　C（金刚石）$\Longrightarrow$ C（l）

三相点（$F = 0$）：

C（金刚石）$\Longrightarrow$ C（石墨）$\Longrightarrow$ C（l）

（2）25 ℃，101.325 kPa 下物系点在石墨相区，所以碳以石墨状态稳定存在。

（3）C（石墨）$\longrightarrow$ C（金刚石）

$$\frac{\mathrm{d}p}{\mathrm{d}T} = \frac{\Delta H}{T(V_{\text{金刚石}} - V_{\text{石墨}})}$$

OA 线斜率为正，$\dfrac{\mathrm{d}p}{\mathrm{d}T} > 0$ 而 $V_{\text{金刚石}} - V_{\text{石墨}} < 0$，故 $\Delta H < 0$。金刚石转变为石墨为放热过程。

6.6 已知甲苯、苯在 90 ℃ 下纯液体的饱和蒸气压分别为 54.22 kPa 和 136.12 kPa。两者可形成理想液态混合物。取 200.0 g 甲苯和 200.0 g 苯置于带活塞的导热容器中，始态为一定压力下 90 ℃ 的液态混合物。在恒温 90 ℃ 下逐渐降低压力，问：

（1）压力降到多少时，开始产生气相，此气相的组成如何？

（2）压力降到多少时，液相开始消失，最后一滴液相的组成如何？

（3）压力为 92.00 kPa 时，系统内气-液两相平衡，两相的组成如何？ 两相的物质的量各为多少？

解：甲苯和苯形成理想液态混合物，故两者蒸气分压 p_A，p_B 均可用拉乌尔定律进行计算。设甲苯为 A，苯为 B。$M_A = 92.14\ \text{g} \cdot \text{mol}^{-1}$，$M_B = 78.11\ \text{g} \cdot \text{mol}^{-1}$。

原始溶液的组成为

$$x_B = \frac{m_B/M_B}{m_B/M_B + m_A/M_A} = \frac{M_A}{M_B + M_A} = \frac{92.14}{78.11 + 92.14} = 0.541\ 2$$

$$x_A = 1 - x_B = 1 - 0.541\ 2 = 0.458\ 8$$

（1）原来系统为液体状态，当开始出现气相时，气相的量极微，故可认为液相的组成等于原溶液组成。此时系统的压力 p 可按拉乌尔定律计算，即

$$p = x_B p_B^* + x_A p_A^*$$

$$= 0.541\ 2 \times 136.12\ \text{kPa} + 0.458\ 8 \times 54.22\ \text{kPa} = 98.54\ \text{kPa}$$

$$y_B = \frac{x_B p_B^*}{p} = \frac{0.541\ 2 \times 136.12}{98.54} = 0.747\ 6$$

（2）压力降低，液体不断汽化，当压力降至某一数值时，系统只剩最后一滴液体，此时可认为气相的组成等于原始溶液的组成，即 $y_B' = 0.541\ 2$。

$$y_B' = \frac{x_B' p_B^*}{p_A^* + (p_B^* - p_A^*) x_B'}$$

$$x_B' = \frac{y_B' p_A^*}{p_B^* - (p_B^* - p_A^*) y_B'} = \frac{0.541\ 2 \times 54.22}{136.12 - (136.12 - 54.22) \times 0.541\ 2} = 0.319\ 7$$

$$p = p_A^* + (p_B^* - p_A^*) x_B'$$

$$= 54.22\ \text{kPa} + (136.12 - 54.22)\ \text{kPa} \times 0.319\ 7 = 80.40\ \text{kPa}$$

（3）当系统总压已知时，根据 $p = p_A^* + (p_B^* - p_A^*) x_B$ 计算液相组成，即

$$p = p_A^* x_A + p_B^* x_B = p_A^* - p_A^* x_B + p_B^* x_B$$

所以

$$x_B = \frac{p - p_A^*}{p_B^* - p_A^*} = \frac{92.00 - 54.22}{136.12 - 54.22} = 0.461\ 3$$

$$y_B = \frac{x_B p_B^*}{p} = \frac{0.461\ 3 \times 136.12}{92.00} = 0.682\ 5$$

求两相的物质的量则需要用杠杆规则,其关系示意如下:

$$x_B=0.461\ 3 \qquad x_{B,0}=0.541\ 2 \qquad\qquad\qquad y_B=0.682\ 5$$
$$\underbrace{\qquad\qquad}_{n(l)}\ \underbrace{\qquad\qquad\qquad\qquad}_{n}\ \underbrace{\qquad\qquad}_{n(g)}$$

$$\frac{n(g)}{n(l)}=\frac{x_{B,0}-x_B}{y_B-x_{B,0}}=\frac{0.541\ 2-0.461\ 3}{0.682\ 5-0.541\ 2}=0.565\ 5$$

$$n=n(g)+n(l)=\frac{m(g)}{M(g)}+\frac{m(l)}{M(l)}=\left(\frac{200.0}{78.11}+\frac{200}{92.14}\right)\ \text{mol}=4.731\ \text{mol}$$

解出 $n(l)=3.022\ \text{mol}, n(g)=n-n(l)=4.731\ \text{mol}-3.022\ \text{mol}=1.709\ \text{mol}.$

6.7 101.325 kPa 下水(A)-醋酸(B)系统的气-液平衡数据如下:

$t/℃$	100	102.1	104.4	107.5	113.8	118.1
x_B	0	0.300	0.500	0.700	0.900	1.000
y_B	0	0.185	0.374	0.575	0.833	1.000

(1)画出气-液平衡的温度-组成图;

(2)从图上找出组成为 $x_B=0.800$ 的液相的泡点;

(3)从图上找出组成为 $y_B=0.800$ 的气相的露点;

(4)105.0 ℃时气-液平衡两相的组成是多少?

(5)9 kg 水与 30 kg 醋酸组成的系统在 105.0 ℃达到平衡时,气、液两相的质量各为多少?

解:(1)气-液平衡的温度-组成图见图 6.11。

(2)在图 6.11 中由 $x_B=0.800$ 处作垂线与液相线相交,从纵轴读出温度为 110.3 ℃,此即所求液相的泡点。

(3)在横轴上找 $x_B(y_B)=0.800$,作垂线与气相线相交,从纵轴读出对应的温度,得到气相的露点为 112.7 ℃。

(4)在纵轴 105.0 ℃处作水平线与气、液相线相交,由交点读出气-液平衡两相的组成分别为 $x_B=0.560, y_B=0.414$。

(5)水的摩尔质量为 $M_A=18.015$ g·mol^{-1},醋酸的摩尔质量为 $M_B=60.052$ g·mol^{-1}。系统点组成为

$$w_B=\frac{m_B}{m_A+m_B}=\frac{30}{30+9}=0.769\ 2$$

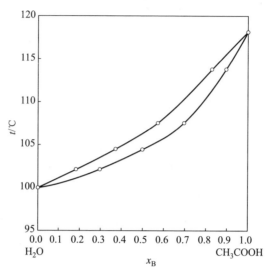

图 6.11 习题 6.7 附图

$$w_B(1) = \frac{x_B M_B}{M_A + x_B(M_B - M_A)} = \frac{0.560 \times 60.052}{18.015 + 0.560 \times (60.052 - 18.015)} = 0.809\,3$$

$$w_B(g) = \frac{0.414 \times 60.052}{18.015 + 0.414 \times (60.052 - 18.015)} = 0.701\,9$$

应用杠杆规则：

$$
\begin{array}{ccc}
w_B(g) = 0.701\,9 & w_B = 0.769\,2 & w_B(1) = 0.809\,3 \\
\vdash\!\!\!\!\!-\!\!\!\!\!-\!\!\!\!\!-\!\!\!\!\!-\!\!\!\!\!-\!\!\!\!\!-\!\!\!\!\!\dashv & & \dashv \\
m(g) & m & m(1)
\end{array}
$$

$$\frac{m(g)}{m} = \frac{w_B(1) - w_B}{w_B(1) - w_B(g)} = \frac{0.809\,3 - 0.769\,2}{0.809\,3 - 0.701\,9} = 0.373\,4$$

$$m(g) = 0.373\,4m = 0.373\,4 \times 39 \text{ kg} = 14.6 \text{ kg}$$

$$m(1) = 39 \text{ kg} - m(g) = (39 - 14.6) \text{ kg} = 24.4 \text{ kg}$$

6.8 已知水-苯酚系统在 30 ℃ 液-液平衡时共轭溶液的组成 w(苯酚)为：L_1(苯酚溶于水),8.75%；L_2(水溶于苯酚),69.9%。

(1) 在 30 ℃,100 g 苯酚和 200 g 水形成的系统达液-液平衡时,两液相的质量各为多少?

(2) 在上述系统中若再加入 100 g 苯酚,又达到相平衡时,两液相的质量各变到多少?

解:设水为 A,苯酚为 B。

(1) 30 ℃平衡时系统组成

$$w_{B,0} = \frac{100}{100+200} = 0.333$$

两平衡液相的组成分别为 $w_B(L_1) = 0.087\,5$ 和 $w_B(L_2) = 0.699$。系统点与此二液相相点符合杠杆规则:

$$w_B(L_1)=0.087\,5 \qquad w_{B,0}=0.333 \qquad w_B(L_2)=0.699$$
$$m(l_1) \qquad\qquad m \qquad\qquad m(l_2)$$

即有

$$\frac{m(l_1)}{m} = \frac{w_B(L_2)-w_{B,0}}{w_B(L_2)-w_B(L_1)} = \frac{0.699-0.333}{0.699-0.087\,5} = 0.598\,5$$

而
$$m = m(l_1)+m(l_2) = 100\ g+200\ g = 300\ g$$

所以
$$m(l_1) = 0.598\,5m = 0.598\,5\times300\ g = 179.6\ g$$

$$m(l_2) = m-m(l_1) = 300\ g-179.6\ g = 120.4\ g$$

(2) 系统中再加入 100 g 苯酚时,系统组成变成

$$w_B = \frac{m_B}{m_A+m_B} = \frac{200}{200+200} = 0.5$$

与小题(1)类似,有

$$\frac{m(l_1)}{m} = \frac{w_B(L_2)-w_B}{w_B(L_2)-w_B(L_1)} = \frac{0.699-0.5}{0.699-0.087\,5} = 0.325\,4$$

而
$$m = m(l_1)+m(l_2) = 200\ g+200\ g = 400\ g$$

所以
$$m(l_1) = 0.325\,4m = 0.325\,4\times400\ g = 130.2\ g$$

$$m(l_2) = m-m(l_1) = 400\ g-130.2\ g = 269.8\ g$$

6.9 水-异丁醇系统液相部分互溶。在 101.325 kPa 下,系统的共沸点为 89.7 ℃。气(G)、液(L_1)、液(L_2)三相平衡时的组成 w(异丁醇)依次为:70.0%,8.7%,85.0%。今由 350 g 水和 150 g 异丁醇形成的系统在 101.325 kPa 压力下由室温加热。问:

(1) 温度刚要达到共沸点时,系统处于相平衡时存在哪些相?其质量各为多少?

(2) 当温度由共沸点刚有上升趋势时,系统处于相平衡时存在哪些相?其质量各为多少?

解:相图见图 6.12。

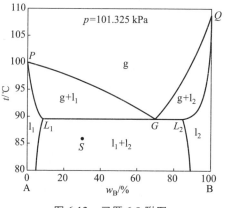

图 6.12 习题 6.9 附图

(1) 温度刚要达到（还未达到）共沸点时，系统中尚无气相出现，只存在两个共轭液相 L_1 和 L_2。

设水为 A，异丁醇为 B，系统点组成为

$$w_{B,0} = \frac{m_B}{m_B + m_A} = \frac{150\ g}{350\ g + 150\ g} = 0.3$$

平衡时两液相组成分别为 $w_B(L_1) = 0.087$ 和 $w_B(L_2) = 0.85$，两液相及系统组成符合杠杆规则：

$$w_B(L_1)=0.087 \qquad w_{B,0}=0.3 \qquad\qquad\qquad w_B(L_2)=0.85$$
$$m(l_1) \qquad\qquad m \qquad\qquad\qquad\qquad m(l_2)$$

即 $$\frac{m(l_1)}{m} = \frac{w_B(L_2) - w_{B,0}}{w_B(L_2) - w_B(L_1)} = \frac{0.85 - 0.3}{0.85 - 0.087} = 0.720\ 8$$

解出 $$m(l_1) = 0.720\ 8m = 0.720\ 8 \times 500\ g = 360.4\ g$$
$$m(l_2) = m - m(l_1) = 500\ g - 360.4\ g = 139.6\ g$$

(2) 当温度由共沸点刚有上升趋势时，L_2 相消失，系统处于气-液两相平衡，两相组成分别为 $w_B(L_1) = 0.087$ 和 $w_B(G) = 0.70$，由杠杆规则：

$$w_B(L_1)=0.087 \qquad w_{B,0}=0.3 \qquad\qquad\qquad w_B(G)=0.70$$
$$m(l_1) \qquad\qquad m \qquad\qquad\qquad\qquad m(g)$$

有 $$\frac{m(l_1)}{m} = \frac{w_B(G) - w_{B,0}}{w_B(G) - w_B(L_1)} = \frac{0.70 - 0.3}{0.70 - 0.087} = 0.652\ 5$$

解出 $$m(l_1) = 0.652\ 5m = 0.652\ 5 \times 500\ g = 326.2\ g$$

$$m(\text{g}) = m - m(l_1) = 500 \text{ g} - 326.2 \text{ g} = 173.8 \text{ g}$$

6.10　恒压下二组分液态部分互溶系统气-液平衡的温度-组成图如附图,指出四个区域的平衡相及自由度。

解:各区域平衡相已标于图 6.13 中。各区域自由度:

　g 相区:　　$F = 2$

　g+l 相区:　$F = 1$

　l 相区:　　$F = 2$

　$l_1 + l_2$ 相区:　$F = 1$

试题分析

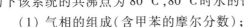

图 6.13　习题 6.10 附图

6.11　为了将含非挥发性杂质的甲苯提纯,在 86.0 kPa 压力下用水蒸气蒸馏。已知:在此压力下该系统的共沸点为 80 ℃,80 ℃时水的饱和蒸气压为 47.3 kPa。试求:

（1）气相的组成(含甲苯的摩尔分数);

（2）欲蒸出 100 kg 纯甲苯,需要消耗水蒸气多少千克?

解:$M(\text{H}_2\text{O}) = 18.015 \text{ g} \cdot \text{mol}^{-1}$,$M(\text{C}_7\text{H}_8) = 92.14 \text{ g} \cdot \text{mol}^{-1}$。

（1）甲苯与水完全不互溶,所以,一定温度下水-甲苯平衡系统达沸腾时,蒸气相的压力为水和甲苯的饱和蒸气压之和。即

$$p = p^*(\text{H}_2\text{O}) + p^*(\text{C}_7\text{H}_8) = 86.0 \text{ kPa}$$

所以　　　$$y(\text{C}_7\text{H}_8) = \frac{p^*(\text{C}_7\text{H}_8)}{p} = \frac{p - p^*(\text{H}_2\text{O})}{p} = \frac{86.0 - 47.3}{86.0} = 0.45$$

（2）由于甲苯与水完全不互溶,所以两者共沸时,气相中水与甲苯之比始终等于 $p^*(\text{H}_2\text{O})/p^*(\text{C}_7\text{H}_8)$,也等于混合蒸气冷凝所得的水与甲苯的物质的量之比。即

$$\frac{p^*(\text{H}_2\text{O})}{p^*(\text{C}_7\text{H}_8)} = \frac{n(\text{H}_2\text{O})}{n(\text{C}_7\text{H}_8)} = \frac{m(\text{H}_2\text{O})/M(\text{H}_2\text{O})}{m(\text{C}_7\text{H}_8)/M(\text{C}_7\text{H}_8)}$$

$$m(\text{H}_2\text{O}) = \frac{p^*(\text{H}_2\text{O}) m(\text{C}_7\text{H}_8) M(\text{H}_2\text{O})}{p^*(\text{C}_7\text{H}_8) M(\text{C}_7\text{H}_8)}$$

所以,消耗水蒸气的量:

$$m(\text{H}_2\text{O}) = \left(\frac{47.3 \times 100 \times 18.015}{38.7 \times 92.14} \right) \text{ kg} = 23.9 \text{ kg}$$

6.12　A–B 二组分液态部分互溶系统的液–固平衡相图见图 6.14,试指出各个相区的相平衡关系,各条线所代表的意义,以及三相线所代表的相平衡关系。

解: 单相区:1:A 和 B 的混合溶液 l;

两相区:2:l_1+l_2;3:l_2+B(s);4:l_1+A(s);

5:l_1+B(s);6:A(s)+B(s)。

各条线代表的意义:

LJ:A 的凝固点降低曲线;

JM:B 的凝固点降低曲线;

NV:B 的凝固点降低曲线;

MUN:溶解度曲线。

三相线:MNO:l_1+B(s) $\Longrightarrow$ l_2

IJK:A(s)+B(s) $\Longrightarrow$ l_1

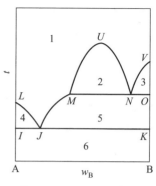

图 6.14　习题 6.12 附图

6.13　固态完全互溶、具有最高熔点的 A–B 二组分凝聚系统相图见图 6.15。指出各相区的相平衡关系、各条线的意义,并绘出状态点为 a,b 的样品的冷却曲线。

解: 单相区:1:A+B,液态溶液 l;

4:A+B,固态溶液 s。

两相区:2:l+s;3:l+s。

上方曲线:液相线,表示开始有固溶体产生;

下方曲线:固相线,表示液态溶液开始消失。

冷却曲线如图 6.15 所示。

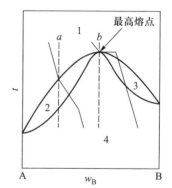

图 6.15　习题 6.13 附图

6.14　低温时固态部分互溶、高温时固态完全互溶且具有最低熔点的 A–B 二组分凝聚系统相图。指出各相区的稳定相及各条线所代表的意义。

解: 各相区的稳定相及各条线的意义见图 6.16。即相区从上向下依次为 1,l+s,s,s_1+s_2 或者 α+β。

各条线依次为液相线、固相线和固态时 A,B 相溶解度曲线。

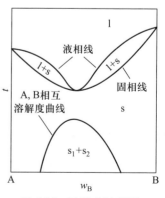

图 6.16　习题 6.14 附图

6.15　某二组分凝聚系统相图见图 6.17。

（1）指出图中各相区的稳定相;

（2）绘出图中状态点为 a 的样品的冷却曲线,并指明冷却过程相变化情况。

解:各相区的稳定相、状态点为 a 的样品的冷却曲线及冷却过程相变化如图
6.17 所示。

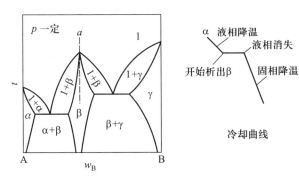

图 6.17　习题 6.15 附图

6.16　二元凝聚系统 Hg–Cd 相图见图6.18。指出各相区的稳定相,三相线
上的相平衡关系。

解:各相区的稳定相标注见图 6.18。

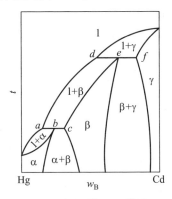

图 6.18　习题 6.16 附图

三相线上的相平衡关系为

abc:　$l+\beta \rightleftharpoons \alpha$

def:　$l+\gamma \rightleftharpoons \beta$

6.17　某 A–B 二组分凝聚系统相图见图 6.19。

（1）指出各相区的稳定相,三相线上的相平衡关系;

（2）绘出图中状态点为 a,b,c 三个样品的冷却曲线,并注明各阶段时的相变化。

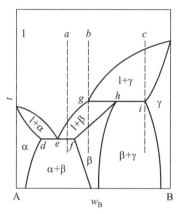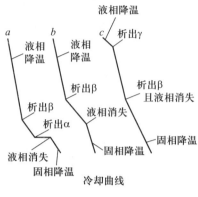

图 6.19　习题 6.17 附图

解:（1）各相区的稳定相标注在图 6.19 中。

三相线上的相平衡关系为

def:　　$\alpha+\beta \rightleftharpoons l$

ghi:　　$l+\gamma \rightleftharpoons \beta$

（2）冷却曲线见图 6.19。

6.18　某 A-B 二组分凝聚系统相图见图 6.20。指出各相区的稳定相和三相线上的相平衡关系。

解:各相区的稳定相标注见图 6.20。

三相线上的相平衡关系为

abc:　　$\alpha+\beta \rightleftharpoons l$

def:　　$\alpha+l_2 \rightleftharpoons l_1$

6.19　利用下列数据,粗略地描绘出 Mg-Cu 二组分凝聚系统相图,并标出各区的稳定相。

Mg 与 Cu 的熔点分别为 648 ℃,1 085 ℃。两者可形成两种稳定化合物 Mg_2Cu,$MgCu_2$,其熔点依次为 580 ℃,800 ℃。两种金属与两种化合物四者之间形成三种低共熔混合物。低共熔混合物的组成 $w(Cu)$ 及低共熔点对应为:35%,380 ℃;66%,560 ℃;90.6%,680 ℃。

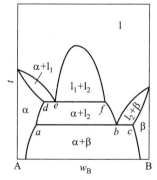

图 6.20　习题 6.18 附图

解:两稳定化合物 $Mg_2Cu(1)$,$MgCu_2(2)$ 的组成 $w(Cu)$ 分别为

$$w_1(\mathrm{Cu}) = \frac{63.546}{2 \times 24.305 + 63.546} = 0.566\,6$$

$$w_2(\mathrm{Cu}) = \frac{2 \times 63.546}{24.305 + 2 \times 63.546} = 0.839\,5$$

所绘制相图见图 6.21。

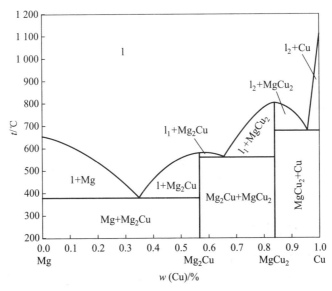

图 6.21　习题 6.19 附图

6.20　某生成不稳定化合物系统的液-固平衡相图见图 6.22,绘出图中状态点为 a, b, c, d, e 的样品的冷却曲线。

解:冷却曲线见图 6.22。

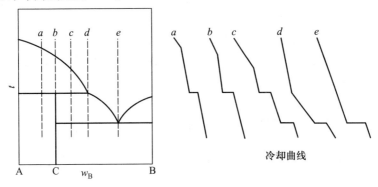

图 6.22　习题 6.20 附图

6.21 SiO_2-Al_2O_3系统高温区间的相图示意图见图 6.23。高温下，SiO_2 有白硅石和鳞石英两种晶形，AB 是其转晶线，AB 线之上为白硅石，之下为鳞石英。化合物 M 组成为 $3SiO_2 \cdot 2Al_2O_3$。

（1）指出各相区的稳定相及三相线的相平衡关系；

（2）绘出图中状态点为 a, b, c 的样品的冷却曲线。

解:（1）各相区的稳定相:1:l; 2:SiO_2+l; 3:l+M;4:SiO_2+M;5:SiO_2+M;6:l+Al_2O_3;7:M+ Al_2O_3。

三相线上的相平衡关系:

左：　SiO_2+M $\rightleftharpoons$ l

右：　l+Al_2O_3 $\rightleftharpoons$ M

（2）冷却曲线见图 6.23。

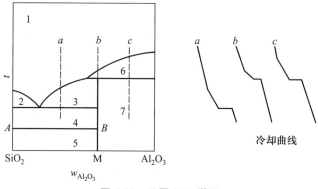

图 6.23　习题 6.21 附图

6.22 某 A–B 二组分凝聚系统相图如图 6.24 所示,其中 C 为不稳定化合物。

（1）标出图中各相区的稳定相和自由度；

（2）指出图中的三相线及相平衡关系；

（3）绘出图中状态点为 a, b 的样品的冷却曲线,注明冷却过程相变化情况；

（4）将 5 kg 处于 b 点的样品冷却至 t_1,系统中液态物质与析出固态物质的质量各为多少?

解:（1）两组分系统自由度 $F = C - P + 1 = 2 - P + 1 = 3 - P$,先确定各相区平衡共存相的个数,依上式可计算自由度。各相区稳定相和自由度见下表:

相区	稳定相	自由度	相区	稳定相	自由度
1	l	2	3	α	2
2	l +α	1	4	α+C(s)	1

续表

相区	稳定相	自由度	相区	稳定相	自由度
5	$l+\beta$	1	7	$C(s)+\beta$	1
6	$l+C(s)$	1	8	β	2

（2）三相线上相平衡关系为

cde: $\alpha+C(s)\rightleftharpoons l$

fgh: $l+\beta\rightleftharpoons C(s)$

（3）冷却曲线见图 6.24。

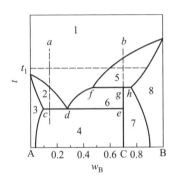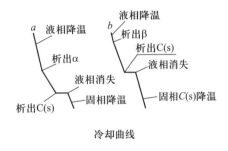

图 6.24 习题 6.22 附图

（4）b 点样品冷却到 t_1，l，β 两相平衡共存，由图读出两相的组成：
$w_B(l)=0.6$，$w_B(s)=0.9$，而系统点组成为 $w_B(b)=0.7$。于是

$$\frac{m(l)}{m(s)}=\frac{0.9-0.7}{0.7-0.6}=\frac{2}{1}$$

又 $$m(l)+m(s)=5\ \text{kg}$$

计算可得 $$m(l)=\left(5\times\frac{2}{3}\right)\text{kg}=3.33\ \text{kg}, m(s)=(5-3.33)\text{kg}=1.67\ \text{kg}$$

6.23 某 A-B 二组分凝聚系统相图见图 6.25。标出各相区的稳定相，三相线上的相平衡关系。

解：各相区稳定相标注如图 6.25 所示。三相线上的相平衡关系为

abc: $\alpha+C_1(s)\rightleftharpoons l$

def: $l+C_2(s)\rightleftharpoons C_1(s)$

ghi: $C_2(s)+B(s)\rightleftharpoons l$

6.24 某 A-B 二组分凝聚系统相图见图 6.26。指出各相区的稳定相，三相

线上的相平衡关系。

解:各相区稳定相标注于图 6.26 中。

三相线上的相平衡关系为

abc: A(s)+l $\Longrightarrow$ C(s)

def: C(s)+α $\Longrightarrow$ l

ghi: l+β $\Longrightarrow$ α

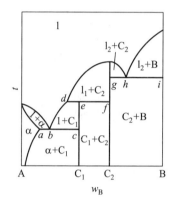

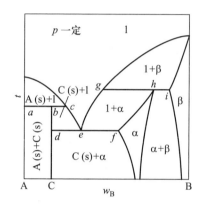

图 6.25 习题 6.23 附图　　　　图 6.26 习题 6.24 附图

6.25 指出图 6.27 中二组分凝聚系统相图内各相区的稳定相,指出三相线上的相平衡关系。

解:各相区稳定相标注于图 6.27 中。

三相线上的相平衡关系为

abc: l+C(s) $\Longrightarrow$ α

def: l₁+C(s) $\Longrightarrow$ l₂

ghi: l_2+B(s) $\Longrightarrow$ C(s)

6.26 A-B 二组分凝聚系统相图见图 6.28。

(1)标出各相区的稳定相;指出各三相平衡线的相平衡关系;

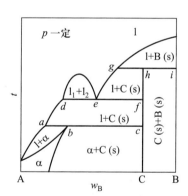

(2)绘出图中状态点为 *a*、*b* 的样品的冷却曲线,并指明冷却过程相变化情况。

解:(1)各相区的稳定相标注于图 6.28(a)中。各三相线的相平衡关系为

cde: β+ C(s) $\Longrightarrow$ l

图 6.27 习题 6.25 附图

fgh： $l_1 + C(s) \rightleftharpoons l_2$

ijk： $\alpha + l \rightleftharpoons D(s)$

mnq： $D(s) + B(s) \rightleftharpoons l$

（2）两系统点的冷却曲线见图 6.28(b)。

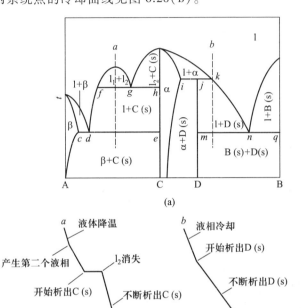

(a)

(b)

图 6.28　习题 6.26 附图

6.27　二组分凝聚系统 Ga-Sr 在 101.325 kPa 下的相图见图 6.29。

（1）标明 C_1, C_2, C_3 是稳定化合物还是不稳定化合物；

（2）标出各相区的稳定相,写出三相线上的相平衡关系；

（3）绘出图中状态点为 *a* 的样品的冷却曲线,并指明冷却过程相变化情况。

解：（1）C_1 和 C_3 为不稳定化合物,C_2 为稳定化合物。

（2）各稳定相区标注见图 6.29(a)。

三相线上的相平衡关系分别为

bcd： $l_1 + \alpha \rightleftharpoons C_1(s)$

efg： $C_2(s) + l_2 \rightleftharpoons C_3(s)$

hij： $C_3(s) + Sr \rightleftharpoons l$

（3）状态点为 *a* 的样品的冷却曲线见图 6.29(b)。

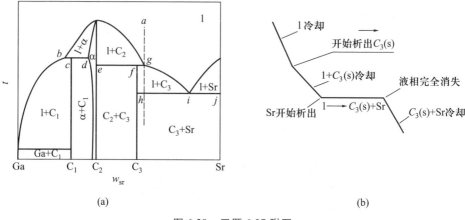

(a)　　　　　　　　　　　　　　　　　　　(b)

图 6.29　习题 6.27 附图

6.28　25 ℃时,苯–水–乙醇系统的相互溶解度数据如下:

苯	0.1	0.4	1.3	4.4	9.2	12.8	17.5	20.0	30.0
水	80.0	70.0	60.0	50.0	40.0	35.0	30.0	27.7	20.5
乙醇	19.9	29.6	38.7	45.6	50.8	52.2	52.5	52.3	49.5
苯	40.0	50.0	53.0	60.0	70.0	80.0	90.0	95.0	
水	15.2	11.0	9.8	7.5	4.6	2.3	0.8	0.2	
乙醇	4 408	39.0	37.2	32.5	25.4	17.7	9.2	4.8	

(1) 绘出三组分液–液平衡相图;

(2) 在 1 kg 质量比为 42 : 58 的苯与水的混合液(两相)中,加入多少克的纯乙醇才能使系统成为单一的液相,此时溶液的组成是什么?

(3) 为了萃取乙醇,向 1 kg,$w(苯) = 60\%$,$w(乙醇) = 40\%$ 的溶液中加入1 kg 水,此时系统分成两层。苯层的组成为:$w(苯) = 95.7\%$,$w(水) = 0.2\%$,$w(乙醇) = 4.1\%$。问水层中能萃取出乙醇多少千克? 萃取效率(已萃取出的乙醇占乙醇总量的分数)为多少?

解:(1) 三组分系统相图见图 6.30(a) 。

(2) 质量比为 42 : 58 的苯与水的混合液,系统点为图 6.30(b) 中的 S 点。若加入纯乙醇,则系统点沿 SS_1 线向乙醇顶点方向移动,超过 S_1 点即进入单相区。S_1 点的组成为 $w(苯) = 20.0\%$,$w(水) = 28.0\%$,$w(乙醇) = 52.0\%$。

为使系统成为单一液相,设需要加入乙醇的量为 m:

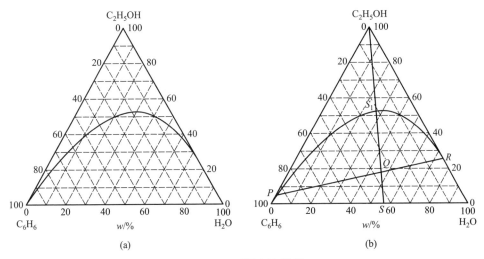

图 6.30 习题 6.28 附图

$$w(\text{乙醇}) = \frac{m}{1+m} \times 100\% = 52\%$$

$$m = 1.08 \text{ kg}$$

（3）向 1 kg w（苯）= 60%，w（乙醇）= 40% 的溶液中加入 1 kg 水，此时系统组成为

$$w(\text{苯}) = \frac{1 \text{ kg} \times 0.6}{2 \text{ kg}} \times 100\% = 30\%$$

$$w(\text{乙醇}) = \frac{1 \text{ kg} \times 0.4}{2 \text{ kg}} \times 100\% = 20\%$$

$$w(\text{水}) = 1-30\%-20\% = 50\%$$

系统点为图 6.30（b）中的 Q 点。

由题知，此时平衡苯层的组成为：w（苯）= 95.7%，w（水）= 0.2%，w（乙醇）= 4.1%，相点为图中的 P 点。

PQ 线与液相线相交于 R 点，此为与苯层平衡的水层的相点，该水层的组成由图中读出：w（苯）= 0.1%，w（水）= 72.9%，w（乙醇）= 27%。

根据杠杆规则，有

$$\frac{m(\text{水层})}{m(\text{总})} = \frac{\overline{PQ}}{\overline{PR}}$$

$$m(\text{水层}) = m(\text{总}) \times \frac{\overline{PQ}}{\overline{PR}} = 2 \text{ kg} \times \frac{50.0-0.2}{72.9-0.2} = 1.370 \text{ kg}$$

$$m(\text{乙醇}) = m(\text{水层}) \times w(\text{乙醇}) = 1.370 \text{ kg} \times 0.27 = 0.370 \text{ kg}$$

$$\text{萃取效率}: r = \frac{0.370}{1 \times 0.4} \times 100\% = 92.5\%$$

第七章 电化学

§7.1 概念、主要公式及其适用条件

1. 迁移数 t_B

$$t_+ = \frac{I_+}{I_+ + I_-} = \frac{v_+}{v_+ + v_-} = \frac{u_+}{u_+ + u_-}$$

$$t_- = \frac{I_-}{I_+ + I_-} = \frac{v_-}{v_+ + v_-} = \frac{u_-}{u_+ + u_-}$$

式中，u_+ 与 u_- 分别表示电势梯度为 $1\ V \cdot m^{-1}$ 时阳、阴离子的运动速度，称为电迁移率。两式适用于温度及外电场一定，而且只含有一种正离子和一种负离子的电解质溶液。

在 KCl，KI，KNO_3 和 NH_4NO_3 溶液中，阳、阴离子的迁移数大致相等，所以常用于制备盐桥，以消除原电池中的液体接界电势。

2. 电导 G、电导率 κ

$$G = \frac{1}{R} = \kappa \frac{A_s}{l}$$

3. 摩尔电导率 Λ_m

$$\Lambda_m = \frac{\kappa}{c}$$

式中，Λ_m 是单位浓度的电解质溶液的电导率，单位为 $S \cdot m^2 \cdot mol^{-1}$。$\Lambda_m$ 反映出物质的量相同的条件下电解质的导电能力大小。注意，式中 c 的单位为 $mol \cdot m^{-3}$。

Λ_m 是衡量电解质导电能力应用最多的量，求取 Λ_m 要利用电导率 κ，κ 又常需依靠电导 G 的测定而获得。

对于强电解质的稀溶液，$\Lambda_m = \Lambda_m^\infty - A\sqrt{c}$。其中，$\Lambda_m^\infty$ 是无限稀释时的摩尔电导率，或称极限摩尔电导率，是电解质的重要特性数据。

4. 离子独立运动定律

$$\Lambda_m^\infty = \nu_+ \Lambda_{m,+}^\infty + \nu_- \Lambda_{m,-}^\infty$$

式中，$\Lambda_{m,+}^{\infty}$ 与 $\Lambda_{m,-}^{\infty}$ 为阳、阴离子的无限稀释摩尔电导率。可通过实验测出电解质在无限稀释时的 Λ_m^{∞} 与迁移数 t_B^{∞}，再由下式计算：

$$t_+^{\infty} = \frac{\nu_+ \Lambda_{m,+}^{\infty}}{\Lambda_m^{\infty}}, \qquad t_-^{\infty} = \frac{\nu_- \Lambda_{m,-}^{\infty}}{\Lambda_m^{\infty}}$$

利用离子独立运动定律，可由离子的无限稀释摩尔电导率计算电解质的无限稀释摩尔电导率，以及利用强电解质的无限稀释摩尔电导率计算弱电解质的无限稀释摩尔电导率，并进一步计算弱电解质的解离度：

$$a = \frac{\Lambda_m}{\Lambda_m^{\infty}}$$

离子和电解质的 Λ_m 均需指明涉及的基本单元，如 $\Lambda_m(Ba^{2+}) = 2\Lambda_m\left(\frac{1}{2}Ba^{2+}\right)$。

5. 电解质溶液的平均离子活度 $a_{\pm}$ 和平均离子活度因子 $\gamma_{\pm}$

平均离子活度 $\qquad\qquad a_{\pm} \overset{\text{def}}{=\!=\!=} (a_+^{\nu_+} a_-^{\nu_-})^{1/\nu}$

平均离子活度因子 $\qquad\quad \gamma_{\pm} \overset{\text{def}}{=\!=\!=} (\gamma_+^{\nu_+} \gamma_-^{\nu_-})^{1/\nu}$

平均离子质量摩尔浓度 $\quad b_{\pm} \overset{\text{def}}{=\!=\!=} (b_+^{\nu_+} b_-^{\nu_-})^{1/\nu}$

式中，$\gamma_+ \overset{\text{def}}{=\!=\!=} \dfrac{a_+}{b_+/b^{\ominus}}$，$\gamma_- \overset{\text{def}}{=\!=\!=} \dfrac{a_-}{b_-/b^{\ominus}}$，$\nu = \nu_+ + \nu_-$。

整体活度、平均离子活度、离子活度的关系：

$$a = a_{\pm}^{\nu} = a_+^{\nu_+} a_-^{\nu_-}$$

平均离子活度、平均离子质量摩尔浓度、平均离子活度因子之间的关系：

$$a_{\pm} = \frac{\gamma_{\pm} b_{\pm}}{b^{\ominus}}$$

6. 离子强度

$$I \overset{\text{def}}{=\!=\!=} \frac{1}{2} \sum b_B z_B^2$$

I 值大小反映了电解质溶液中离子的电荷所形成的静电场的强弱。I 的定义适用于强电解质溶液。若溶液中有弱电解质时，需将弱电解质解离部分的离子计算在内。

7. 德拜-休克尔极限公式

单个离子活度因子 $\qquad\quad \lg \gamma_i = -A z_i^2 \sqrt{I}$

平均离子活度因子 $\qquad\quad \lg \gamma_{\pm} = -A z_+ |z_-| \sqrt{I}$

式中，A 为常数，在 25 ℃ 的水溶液中 $A = -0.509(\text{mol} \cdot \text{kg}^{-1})^{-1/2}$。两式只适用于

稀溶液。

8. 可逆电池及其电动势

可逆电池:充、放电时进行的任何反应和过程都是可逆的电池称为可逆电池。

电池的电动势 E:无电流通过的情况下电池两端的电势差称为电池的电动势。获取原电池的电动势通常有实验测定和理论计算两条途径。实验测定常采用波根多夫对消法,以保证测定过程的电流无限接近于零。计算原电池的电动势要利用能斯特方程。

9. 原电池热力学计算

电池反应的摩尔吉布斯函数变　　　$\Delta_r G_m = -zFE$

摩尔熵变　　　$$\Delta_r S_m = zF\left(\frac{\partial E}{\partial T}\right)_p$$

摩尔焓变　　　$$\Delta_r H_m = \Delta_r G_m + T\Delta_r S_m = -zFE + zFT\left(\frac{\partial E}{\partial T}\right)_p$$

可逆放电时的反应热　　　$$Q_r = T\Delta_r S_m = zFT\left(\frac{\partial E}{\partial T}\right)_p$$

式中,$\left(\dfrac{\partial E}{\partial T}\right)_p$ 为电池电动势的温度系数。

10. 能斯特方程

对于电池反应 $0 = \sum\limits_B \nu_B B$,能斯特方程为

$$E = E^{\ominus} - \frac{RT}{zF}\ln\prod a_B^{\nu_B}$$

式中,$E^{\ominus}$ 为标准电动势,$E^{\ominus} = E^{\ominus}(阴) - E^{\ominus}(阳)$。

11. 原电池电动势及有关的计算

(1) 直接利用能斯特方程计算 E

$$E = E^{\ominus} - \frac{RT}{zF}\ln\prod a_B^{\nu_B}$$

式中,$E^{\ominus} = E^{\ominus}(阴) - E^{\ominus}(阳)$。

(2) 利用电极电势计算 E

$$E = E(右) - E(左)$$

式中,$E(电极) = E^{\ominus}(电极) - \dfrac{RT}{zF}\ln\dfrac{[a(R)]^{\nu_R}}{[a(O)]^{\nu_O}}$。

(3) 计算电池反应的标准平衡常数

$$\ln K^{\ominus} = \frac{zFE^{\ominus}}{RT}$$

（4）计算电解质溶液离子平均活度因子、pH 等

将 $a_{\pm} = \dfrac{\gamma_{\pm} b_{\pm}}{b^{\ominus}}$, $\text{pH} = -\lg a(\text{H}^+)$ 与能斯特方程相结合，可求出 $\gamma_{\pm}$、pH 等。

12. 原电池设计

原则上，任何 $\Delta G < 0$ 的反应都可设计成原电池。

设计方法：将给定反应分解成两个电极反应，一个发生氧化反应作阳极，一个发生还原反应作阴极，两个电极反应之和应等于总反应。

一般可先写出一个电极反应，然后从总反应中减去这个反应，即得到另一个电极反应。注意写出的电极反应应符合三类电极的特征。

写出电池图示，按顺序从左到右依次列出阳极至阴极之间各个相，相与相之间用垂线隔开，若为双液电池，在两溶液间用双（虚）垂线表示加盐桥。

13. 电极的极化、超电势

极化：电流通过电极时，电极电势将偏离平衡电极电势称为电极的极化。

极化分类：浓差极化和电化学极化。

超电势 η：

$$\eta(\text{阳}) = E(\text{阳}) - E(\text{阳,平})$$
$$\eta(\text{阴}) = E(\text{阴,平}) - E(\text{阴})$$

极化的结果：阳极电极电势变得更正，阴极电极电势变得更负。极化使得电解池消耗的能量增多、原电池对外所做电功减少。

14. 电解时的电极反应顺序

阳极：极化电极电势最低的反应优先进行；

阴极：极化电极电势最高的反应优先进行。

极化电极电势分别为：$E(\text{阳}) = E(\text{阳,平}) + \eta(\text{阳})$，$E(\text{阴}) = E(\text{阴,平}) - \eta(\text{阴})$

§7.2 概 念 题

7.2.1 填空题

1. 用两个银电极电解 $AgNO_3$ 水溶液时，当电路中通过的电荷量为 $1F$ 时，在阴极会析出（　　）mol 的银。

2. 无限稀释的 HCl，KCl 和 NaCl 三种溶液，在相同温度、相同浓度、相同电

位梯度下,溶液中 Cl^- 的迁移速率(　　　),迁移数(　　　)。(选择填入相同或不同。)

3. 25 ℃时,在一电导池中盛以电导率 $\kappa = 0.141$ S·m^{-1} 的 KCl 溶液,测得其电阻为 525 Ω。换成浓度为 0.002 mol·dm^{-3} 的 $NH_3 \cdot H_2O$ 溶液,测得电阻为 2 035 Ω,则 $NH_3 \cdot H_2O$ 的摩尔电导率 $\Lambda_m(NH_3 \cdot H_2O) = ($ 　　　$)$S·m^2·mol^{-1}。

4. 柯尔劳施(Kohlrausch)公式 $\Lambda_m = \Lambda_m^\infty - A\sqrt{c}$ 适用于(　　　)。

5. 25 ℃下纯水的电导率 $\kappa(H_2O) = 5.5 \times 10^{-6}$ S·m^{-1},同样温度下 HCl,NaOH 和 NaCl 的极限摩尔电导率分别为 $\Lambda_m^\infty(HCl) = 426.16 \times 10^{-4}$ S·m^2·mol^{-1},$\Lambda_m^\infty(NaOH) = 248.11 \times 10^{-4}$ S·m^2·mol^{-1},$\Lambda_m^\infty(NaCl) = 126.45 \times 10^{-4}$ S·m^2·mol^{-1}。则纯水的解离度 $\alpha = ($ 　　　$)$。

6. 25 ℃时,$b(NaOH) = 0.01$ mol·kg^{-1} 的水溶液,$\gamma_\pm = 0.899$,则 NaOH 的整体活度 $a(NaOH) = ($ 　　　$)$;阴、阳离子的平均活度 $a_\pm = ($ 　　　$)$。

7. 质量摩尔浓度为 b 的 $Al_2(SO_4)_3$ 水溶液的离子强度是(　　　)。

8. 稀的电解质水溶液的离子平均活度因子受多种因素影响。当温度一定时,主要影响因素有(　　　)和(　　　)。

9. 已知 25 ℃时 Ag_2SO_4 饱和水溶液的电导率 $\kappa(Ag_2SO_4) = 0.759\ 8$ S·m^{-1},配制溶液所用水的电导率 $\kappa(H_2O) = 1.6 \times 10^{-4}$ S·m^{-1}。离子极限摩尔电导率 $\Lambda_m^\infty(Ag^+)$ 和 $\Lambda_m^\infty\left(\frac{1}{2}SO_4^{2-}\right)$ 分别为 61.9×10^{-4} S·m^2·mol^{-1} 和 80.0×10^{-4} S·m^2·mol^{-1}。此温度下 Ag_2SO_4 的活度积 $K_{sp} = ($ 　　　$)$。

相关资料

10. 原电池 $Ag(s) \mid AgCl(s) \mid HCl(a) \mid Cl_2(g, p) \mid Pt$ 的电池反应可写成以下两种方式:

$$Ag(s) + \frac{1}{2}Cl_2(g) = AgCl(s) \qquad (1) \qquad \Delta_r G_m(1), E(1)$$

$$2Ag(s) + Cl_2(g) = 2AgCl(s) \qquad (2) \qquad \Delta_r G_m(2), E(2)$$

则 $\Delta_r G_m(1)$ (　　　) $\Delta_r G_m(2)$,$E(1)$ (　　　) $E(2)$。

11. 在一定的温度下,为使电池

$$Pt \mid H_2(g, p_1) \mid H^+(a) \mid H_2(g, p_2) \mid Pt$$

的电动势 E 为正值,则必须使氢电极中 $H_2(g)$ 的分压 p_1 (　　　) p_2。(填>,<,=。)

12. 原电池和电解池极化的结果,都将使阳极的电极电势(　　　),阴极的电极电势(　　　)。从而随着电流密度增加,电解池消耗的能量(　　　),原电池对外所做电功(　　　)。

相关资料

7.2.2 选择题

1. 用两个铂电极电解 KOH 水溶液。当析出 1 mol 氢气和 0.5 mol 氧气时，通过的电荷量是（   ）C·mol^{-1}。

(a) 96 485；   (b) 192 970；   (c) 48 242.5；   (d) 385 940

2. 298.15 K 时，某电导池中盛有浓度为 0.005 mol·dm^{-3} 的 CaCl$_2$ 水溶液，测得其电阻为 1 050 Ω。已知该电导池的电导池系数为 125.4 m^{-1}，则该 CaCl$_2$ 水溶液的电导率 κ =（   ）S·m^{-1}。

(a) 1.316 7×10^5；(b) 0.119 4；   (c) 0.023 88；   (d) 8.373 2

3. 用同一电导池分别测定浓度为 0.1 mol·dm^{-3} 和 1.0 mol·dm^{-3} 的不同电解质(但类型相同)溶液的电导，测得电阻分别为 1 000 Ω 和 250 Ω，则两种电解质溶液的摩尔电导率之比为（   ）。

(a) 25∶1；   (b) 1∶25；   (c) 40∶1；   (d) 1∶40

4. 在 25 ℃ 无限稀释的水溶液中，摩尔电导率最大的正离子是（   ）。

(a) Na$^+$；   (b) $\frac{1}{2}$Cu^{2+}；   (c) $\frac{1}{3}$La^{3+}；   (d) H$^+$

5. Na$_2$SO$_4$ 水溶液中，平均离子活度因子与离子活度因子的关系为（   ）。

(a) $\gamma_\pm = (\gamma_+^2\gamma_-)^{1/3}$；   (b) $\gamma_\pm = (\gamma_+\gamma_-)^{1/2}$；

(c) $\gamma_\pm = (\gamma_+^2\gamma_-)^{1/2}$；   (d) $\gamma_\pm = (\gamma_+\gamma_-)^{1/3}$

6. 相同质量摩尔浓度的下列电解质溶液，离子平均活度因子最小的是（   ）。

(a) ZnSO$_4$；   (b) CaCl$_2$；   (c) KCl；   (d) NaCl

7. 电池 Pt│Cu^{2+},Cu$^+$‖Cu^{2+}│Cu 和电池 Pt│Cu^{2+},Cu$^+$‖Cu$^+$│Cu 的电池反应均可以写成 2Cu$^+$══Cu^{2+}+Cu，则一定温度下，两电池的 $\Delta_rG_m^\ominus$（   ），$E^\ominus$（   ）。

(a) 不同；   (b) 相同；

(c) 可能相同也可能不同；   (d) 无法确定

8. 恒 T,p 下，某原电池可逆放电时的反应热为 $Q_{r,m}$。同样温度、压力下反应在巨大刚性容器中进行时，系统与环境交换的热为 Q_m，则 $|Q_{r,m}|$（   ）$|Q_m|$。

(a) ＞；   (b) ＜；   (c) ＝；   (d) ＞或＜

9. 可通过电动势的测定来求难溶盐的活度积 K_{sp}。下列电池中的（   ）可用于求 AgBr(s) 的 K_{sp}。

(a) Ag(s)│AgBr(s)│KBr(b)│Br$_2$(l)│Pt；

(b) Ag(s)│Ag$^+$[a(Ag$^+$)]‖Br$^-$[a(Br$^-$)]│Br$_2$(l)│Pt；

(c) Ag(s)│Ag$^+$[a(Ag$^+$)]‖Br$^-$[a(Br$^-$)]│AgBr(s)│Ag(s)；

（d）$\text{Pt} \mid \text{Br}_2(1) \mid \text{Br}^- [\, a(\text{Br}^-)\,] \parallel \text{Ag}^+ [\, a(\text{Ag}^+)\,] \mid \text{Ag}(s)$

10. 用金属铂(Pt)作电极,电解 H_2SO_4 水溶液或 NaOH 水溶液,都可以得到 $\text{H}_2(\text{g})$ 和 $\text{O}_2(\text{g})$。这二者的理论分解电压的关系是(　　)。

（a）相等；　　　　　　　　（b）前者大于后者；

（c）后者大于前者；　　　　　（d）无法确定

11. 电解金属盐的水溶液时,在阴极上,(　　)的反应优先进行。

（a）标准电极电势最高；　　　（b）标准电极电势最低；

（c）极化电极电势最高；　　　（d）极化电极电势最低

概念题答案

7.2.1　填空题

1. 1

电解 AgNO_3 水溶液时,阴极发生的反应为 $\text{Ag}^+ + e^- \longrightarrow \text{Ag}$,根据法拉第定律 $Q = zF\xi$,当电路中通过的电荷量为 $1F$ 时,反应进度 $\xi = 1$,因此阴极析出的 Ag 为 1mol。

2. 相同;不同

无限稀溶液中离子独立运动,互不影响,所以三种溶液中 Cl^- 的迁移速率相同。而电解质溶液中离子的迁移数不仅与该离子的迁移速率有关,还与溶液中其他离子的迁移速率有关。正离子 H^+,Na^+ 和 K^+ 的迁移速率是不相等的,所以三种溶液中 Cl^- 的迁移数不同。

3. 0.018 2

电解质的摩尔电导率 $\Lambda_m = \kappa/c$,求 Λ_m 需要先求电导率 κ。采用电导池测定溶液的电导率时,$\kappa = G \dfrac{l}{A_s} = \dfrac{K_{\text{cell}}}{R}$,故 $\dfrac{\kappa(\text{NH}_3 \cdot \text{H}_2\text{O})}{\kappa(\text{KCl})} = \dfrac{R(\text{KCl})}{R(\text{NH}_3 \cdot \text{H}_2\text{O})}$,求得 $\text{NH}_3 \cdot \text{H}_2\text{O}$ 的电导率 $\kappa = 0.036\ 4\ \text{S} \cdot \text{m}^{-1}$,而 $c = 0.002 \times 10^3\ \text{mol} \cdot \text{m}^{-3}$,进而求得 $\Lambda_m(\text{NH}_3 \cdot \text{H}_2\text{O}) = 0.018\ 2\ \text{S} \cdot \text{m}^2 \cdot \text{mol}^{-1}$。

4. 强电解质稀溶液

柯尔劳施根据实验结果指出:很稀的溶液中,强电解质的摩尔电导率与浓度的平方根呈直线关系。

5. 1.809×10^{-9}

计算纯水的解离度时,将水视为弱电解质,浓度为

$$c = \frac{n}{V} = \frac{1\,000 \times 10^3 \text{ g}/(18 \text{ g} \cdot \text{mol}^{-1})}{1 \text{ m}^3} = 5.55 \times 10^4 \text{mol} \cdot \text{m}^{-3}$$

于是，

$$\Lambda_m = \kappa(\text{H}_2\text{O})/c = 5.5 \times 10^{-6} \text{ S} \cdot \text{m}^{-1}/(5.55 \times 10^4 \text{ mol} \cdot \text{m}^{-3}) = 0.991 \times 10^{-10} \text{ S} \cdot \text{m}^2 \cdot \text{mol}^{-1}$$

$$\Lambda_m^\infty(\text{H}_2\text{O}) = \Lambda_m^\infty(\text{HCl}) + \Lambda_m^\infty(\text{NaOH}) - \Lambda_m^\infty(\text{NaCl}) = 547.82 \times 10^{-4} \text{ S} \cdot \text{m}^2 \cdot \text{mol}^{-1}$$

$$\alpha = \Lambda_m/\Lambda_m^\infty = 1.809 \times 10^{-9}$$

6. $8.082 \times 10^{-5}; 8.99 \times 10^{-3}$

基本关系式有 $a = a_\pm^\nu = a_+^{\nu_+} a_-^{\nu_-}$，$a_\pm = \gamma_\pm b_\pm/b^\ominus$ 及 $b_\pm = (b_+^{\nu_+} b_-^{\nu_-})^{1/\nu}$，对于 NaOH，$b_\pm = (b_+^1 b_-^1)^{1/2} = b$，于是，$a_\pm = 0.899 \times 0.01 = 8.99 \times 10^{-3}$，$a = a_\pm^2 = 8.082 \times 10^{-5}$

7. $15b$

离子强度 $I = \dfrac{1}{2}\sum b_B z_B^2$，其中 b_B 为离子浓度。

8. 离子浓度；离子价数

9. 7.7×10^{-5}

求出 Ag_2SO_4 在水中的溶解度便可求得活度积。利用电导法求难溶盐的溶解度，先求 Λ_m 和 κ，根据关系式 $\Lambda_m = \kappa/c$ 求出 c，进而利用 $K_{sp} = \left[\dfrac{c(\text{Ag}^+)}{c^\ominus}\right]^2 \cdot \left[\dfrac{c(\text{SO}_4^{2-})}{c^\ominus}\right]$ 求出 K_{sp}。难溶盐在水中的溶解度很小，故其饱和水溶液可视为无限稀释，$\Lambda_m(\text{Ag}_2\text{SO}_4) \approx \Lambda_m^\infty(\text{Ag}_2\text{SO}_4)$，而

$$\Lambda_m^\infty(\text{Ag}_2\text{SO}_4) = 2\Lambda_m^\infty(\text{Ag}^+) + 2\Lambda_m^\infty\left(\frac{1}{2}\text{SO}_4^{2-}\right)$$

$$= [2(61.9 + 80.0) \times 10^{-4}] \text{S} \cdot \text{m}^2 \cdot \text{mol}^{-1} = 283.8 \times 10^{-4} \text{ S} \cdot \text{m}^2 \cdot \text{mol}^{-1}$$

$$c(\text{Ag}_2\text{SO}_4) = \frac{\kappa(\text{Ag}_2\text{SO}_4)}{\Lambda_m(\text{Ag}_2\text{SO}_4)} \approx \frac{\kappa(\text{Ag}_2\text{SO}_4)}{\Lambda_m^\infty(\text{Ag}_2\text{SO}_4)} = \frac{\kappa(\text{溶液}) - \kappa(\text{水})}{\Lambda_m^\infty(\text{Ag}_2\text{SO}_4)}$$

$$= \frac{(0.759\,8 - 1.6 \times 10^{-4}) \text{S} \cdot \text{m}^{-1}}{283.8 \times 10^{-4} \text{ S} \cdot \text{m}^2 \cdot \text{mol}^{-1}} = 26.8 \text{ mol} \cdot \text{m}^{-3} = 0.026\,8 \text{ mol} \cdot \text{dm}^{-3}$$

$$K_{sp} = \left[\frac{c(\text{Ag}^+)}{c^\ominus}\right]^2 \left[\frac{c(\text{SO}_4^{2-})}{c^\ominus}\right] = 4\left[\frac{c(\text{Ag}_2\text{SO}_4)}{c^\ominus}\right]^3 = 4 \times \left(\frac{0.026\,8}{1}\right)^3 = 7.7 \times 10^{-5}$$

10. $= \dfrac{1}{2}; =$

电池反应写法不同，但仍为同一电池，所以原电池电动势只有一个值，即 $E(1) = E(2)$；但电池反应写法不同时，发生 1 mol 反应转移的电子数不同，对于反应(1)，$\xi = 1$ mol 反应时 $z = 1$，而对于反应(2)，$\xi = 1$mol 反应时 $z = 2$，所以

$\Delta_r G_m(2) = 2\Delta_r G_m(1)$。

11. >

写出电极反应：

阳极　　　$H_2(g, p_1) \longrightarrow 2H^+ + 2e^-$

阴极　　　$2H^+ + 2e^- \longrightarrow H_2(g, p_2)$

电池反应　$H_2(g, p_1) =\!=\!= H_2(g, p_2)$

电动势　　$E = -\dfrac{RT}{2F}\ln\dfrac{p_2}{p_1}$ 　　当 $p_1 > p_2$ 时，$E > 0$

12. 变得更正;变得更负;增多;减少

极化的结果是阳极的电极电势变得更正,阴极的电极电势变得更负。电解池消耗的能量增多,原电池对外所做电功减少。

7.2.2　选择题

1. (b)

电解水的反应为 $H_2O =\!=\!= H_2(g) + \dfrac{1}{2}O_2(g)$，析出 1 mol 氢气和 0.5 mol 氧气时 $\xi = 1$。根据法拉第定律，$Q = zF\xi = 2 \times 96\,485 \times 1$ C·mol^{-1} = 192 970 C·mol^{-1}。

2. (b)

采用电导池测定溶液的电导率时，$\kappa = G\dfrac{l}{A_s} = \dfrac{K_{cell}}{R} = \dfrac{125.4 \text{ m}^{-1}}{1\,050 \text{ } \Omega} = 0.119\,4$ S·m^{-1}。

3. (b)

电解质溶液的摩尔电导率 $\Lambda_m = \kappa/c$，同一电导池 $\kappa = G\dfrac{l}{A_s} = \dfrac{K_{cell}}{R}$，$\dfrac{\kappa_2}{\kappa_1} = \dfrac{R_1}{R_2}$，故

$\dfrac{\Lambda_{m,2}}{\Lambda_{m,1}} = \dfrac{\kappa_2/c_2}{\kappa_1/c_1} = \dfrac{R_1 c_1}{R_2 c_2} = \dfrac{1\,000 \times 0.01}{250 \times 1.0} = \dfrac{1}{25}$。

4. (d)

H^+ 的摩尔电导率远大于其他离子,这是因为质子在水分子间进行链式传递的缘故。

5. (a)

定义式 $\gamma_{\pm} = (\gamma_+^{\nu_+} \gamma_-^{\nu_-})^{1/\nu}$，而 Na_2SO_4 的 $\nu_+ = 2$，$\nu_- = 1$，$\nu = \nu_+ + \nu_- = 2+1 = 3$。

6. (a)

稀溶液范围内 $\lg \gamma_{\pm} \propto \sqrt{I}$，无限稀溶液中 $\lg \gamma_{\pm} = -Az_+|z_-|\sqrt{I}$，KCl，NaCl 的 $I = b$，$CaCl_2$ 的 $I = 3b$，$ZnSO_4$ 的 $I = 4b$，可推算出 2-2 型的 $ZnSO_4$ 离子平均活度因子最小。

7.（b）；（a）

两电池的电池反应相同,则 $\Delta_r G_m^{\ominus}$ 相同;但 $\xi = 1$ mol 反应时转移的电子数不同, $z_1 = 2, z_2 = 1$,故 $2E_1^{\ominus} = E_2^{\ominus}$ 。

8.（b）

原电池可逆放电时,其与环境交换的热 $Q_{r,m} = T\Delta_r S_m$;在普通容器中进行反应时,恒压反应热 $Q_m = \Delta_r H_m$,且 $W' = 0$,这部分能量以热的形式传到环境中,故 $|Q_{r,m}| < |Q_m|$ 。

9.（c）

电池 $Ag(s) \mid Ag^+ [a(Ag^+)] \mathbin{\vdots\vdots} Br^- [a(Br^-)] \mid AgBr(s) \mid Ag(s)$,其反应为

$AgBr(s) \Longrightarrow Ag^+ + Br^-$,其电动势 $E = E^{\ominus} - \dfrac{RT}{F} \ln[a(Ag^+) a(Br^-)]$,其中 $E^{\ominus} =$

$E^{\ominus}(Br^- \mid AgBr(s) \mid Ag) - E^{\ominus}(Ag^+ \mid Ag)$ 。反应达到平衡时 $E = 0$,所以 $E^{\ominus} = \dfrac{RT}{F} \ln K_{sp}$,

故可由两电极的标准电极电势计算难溶盐 $AgBr$ 的 K_{sp} 。

10.（a）

当用金属铂（Pt）作电极,电解 H_2SO_4 水溶液和 $NaOH$ 水溶液时,实质上都是电解水,因此这二者的理论分解电压相等。

11.（c）

电解时,阳极上发生的是极化电极电势最低的氧化反应,阴极上发生的是极化电极电势最高的还原反应。

§7.3 习题解答

7.1 用铂电极电解 $CuCl_2$ 溶液。通过的电流为 20 A,经过 15 min 后,问:（1）在阴极上能析出多少质量的 Cu？（2）在 27 ℃,100 kPa 下,阳极上能析出多少体积的 $Cl_2(g)$？

解:先写出铂电极电解 $CuCl_2$ 溶液时的电极反应,为

阳极 $2Cl^- \longrightarrow Cl_2 + 2e^-$

阴极 $Cu^{2+} + 2e^- \longrightarrow Cu$

电极反应的反应进度为 $\quad \xi = \dfrac{Q}{zF} = \dfrac{It}{zF}$

因此, $\quad m(Cu) = M(Cu)\xi = \dfrac{M(Cu)It}{zF} = \left(\dfrac{63.546 \times 20 \times 15 \times 60}{2 \times 96\,485} \right) g = 5.927$ g

$$V(Cl_2) = \frac{\xi RT}{p} = \frac{It}{zF} \frac{RT}{p} = \left(\frac{20 \times 15 \times 60}{2 \times 96\ 485} \times \frac{8.314 \times 300.15}{100 \times 10^3}\right) m^3 = 2.328\ dm^3$$

7.2 用 Pb(s) 电极电解 Pb(NO$_3$)$_2$ 溶液,已知电解前溶液浓度为 1 g 水中含有 Pb(NO$_3$)$_2$ 1.66×10^{-2} g。通电一段时间后,测得与电解池串联的银库仑计中有 0.165 8 g 银沉积。阳极区的溶液质量为 62.50 g,其中含有 Pb(NO$_3$)$_2$ 1.151 g。试计算 Pb^{2+} 的迁移数。

解:
$$M(Ag) = 107.9\ g \cdot mol^{-1}$$
$$M[Pb(NO_3)_2] = 331.22\ g \cdot mol^{-1}$$

用 Pb(s) 电极电解 Pb(NO$_3$)$_2$ 溶液时的阳极反应为

$$Pb \longrightarrow Pb^{2+} + 2e^-$$

设电解过程中水量保持不变,电解前阳极区 Pb(NO$_3$)$_2$ 的物质的量为

$$n_{电解前} = \frac{m[Pb(NO_3)_2]}{M[Pb(NO_3)_2]} = \frac{\left[\dfrac{1.66 \times 10^{-2}}{1} \times (62.50 - 1.151)\right] g}{331.22\ g \cdot mol^{-1}} = \left(\frac{1.018\ 4}{331.22}\right) mol$$

$$= 3.075 \times 10^{-3}\ mol$$

电解后阳极区 Pb(NO$_3$)$_2$ 的物质的量为

$$n_{电解后} = \frac{m[Pb(NO_3)_2]}{M[Pb(NO_3)_2]} = \left(\frac{1.151}{331.22}\right) mol = 3.475 \times 10^{-3}\ mol$$

电解过程中因电极反应溶解下来的 Pb^{2+} 的物质的量为

$$n_{反应} = \frac{1}{2}n(Ag) = \left(\frac{1}{2} \times \frac{0.165\ 8}{107.9}\right) mol = 0.768\ 3 \times 10^{-3}\ mol$$

Pb^{2+} 迁移的物质的量为

$$n_{迁移} = n_{电解前} + n_{反应} - n_{电解后}$$

$$= [(3.075 + 0.768\ 3 - 3.475) \times 10^{-3}]\ mol = 3.683 \times 10^{-4}\ mol$$

于是,$t(Pb^{2+}) = \dfrac{n_{迁移}}{n_{反应}} = \dfrac{3.683 \times 10^{-4}\ mol}{0.768\ 3 \times 10^{-3}\ mol} = 0.479$

7.3 用银电极电解 AgNO$_3$ 溶液。通电一段时间后,阴极上有 0.078 g 的 Ag(s) 析出,阳极区溶液中有水 23.14g,AgNO$_3$ 0.236 g。已知原来溶液浓度为 1 kg 水中溶有 AgNO$_3$ 7.39 g。求 Ag$^+$ 和 NO$_3^-$ 的迁移数。

解: $M(Ag) = 107.9\ g \cdot mol^{-1}$

$M(AgNO_3) = 169.94\ g \cdot mol^{-1}$

用银电极电解 AgNO$_3$ 溶液时,电极反应为

阳极 $Ag \longrightarrow Ag^+ + e^-$

阴极　　　　$Ag^+ + e^- \longrightarrow Ag$

电解过程中水量保持不变,电解前阳极区 $AgNO_3$ 的物质的量为

$$n_{\text{电解前}} = \frac{m(AgNO_3)}{M(AgNO_3)} = \frac{\left(23.14 \times \dfrac{7.39}{1\,000}\right) g}{169.94\ g \cdot mol^{-1}} = \left(\frac{0.171}{169.94}\right) mol = 1.006 \times 10^{-3}\ mol$$

电解后阳极区 $AgNO_3$ 的物质的量为

$$n_{\text{电解后}} = \frac{m(AgNO_3)}{M(AgNO_3)} = \left(\frac{0.236}{169.94}\right) mol = 1.389 \times 10^{-3}\ mol$$

电解过程中,阳极反应溶解 Ag 的物质的量为

$$n_{\text{反应}} = \frac{m(Ag)}{M(Ag)} = \frac{0.078\ g}{107.9\ g \cdot mol^{-1}} = 7.229 \times 10^{-4}\ mol$$

Ag^+ 迁移阳极区的物质的量为

$$n_{\text{迁移}} = n_{\text{电解前}} + n_{\text{反应}} - n_{\text{电解后}} = \left[(1.006 + 0.722\,9 - 1.389) \times 10^{-3}\right] mol = 3.399 \times 10^{-4}\ mol$$

$$t(Ag^+) = \frac{n_{\text{迁移}}}{n_{\text{反应}}} = \frac{3.399 \times 10^{-4}\ mol}{7.229 \times 10^{-4}\ mol} = 0.47$$

$$t(NO_3^+) = 1 - t(Ag^+) = 1 - 0.47 = 0.53$$

*7.4　在一个细管中,于 $0.033\,27\ mol \cdot dm^{-3}$ 的 $GdCl_3$ 溶液的上面放入 $0.073\ mol \cdot dm^{-3}$ 的 LiCl 溶液,使它们之间有一个明显的界面。令 5.594 mA 的电流自上而下通过该管,界面不断向下移动,并且一直保持清晰。3 976 s 以后,界面在管内向下移动的距离相当于 $1.002\ cm^3$ 的溶液在管中所占的长度。计算在实验温度 25 ℃ 下,$GdCl_3$ 溶液中的 $t(Gd^{3+})$ 和 $t(Cl^-)$。

解:此为用界面移动法测量(并计算)离子迁移数的问题。

$1.002\ cm^3$ 溶液中所含 Gd^{3+} 的物质的量为 $n(Gd^{3+}) = cV$。

离子的迁移数为

$$t(Gd^{3+}) = \frac{I(Gd^{3+})}{I} = \frac{n(Gd^{3+})zF/t}{I} = \frac{cVzF}{It}$$

$$= \frac{1.002 \times 10^{-3} \times 0.033\,27 \times 3 \times 96\,485}{5.594 \times 10^{-3} \times 3\,976} = 0.434$$

$$t(Cl^-) = 1 - t(Gd^{3+}) = 1 - 0.434 = 0.566$$

7.5 已知 25 ℃时 0.02 mol·dm^{-3} KCl 溶液的电导率为 0.276 8 S·m^{-1}。在一电导池中充以此溶液,25 ℃时测得其电阻为 453 Ω。在同一电导池中装入同样体积的质量浓度为 0.555 g·dm^{-3} 的 CaCl$_2$ 溶液,测得电阻为 1 050 Ω。计算(1)电导池系数;(2)CaCl$_2$ 溶液的电导率;(3)CaCl$_2$ 溶液的摩尔电导率。

解: $M(CaCl_2) = 110.983$ g·mol^{-1}

(1)电导池系数

$$K_{cell} = \kappa_1 R_1 = 0.276\ 8\ \text{S·m}^{-1} \times 453\ \Omega = 125.4\ \text{m}^{-1}$$

(2)CaCl$_2$ 溶液的电导率

$$\kappa_2 = \frac{K_{cell}}{R_2} = \frac{125.4\ \text{m}^{-1}}{1\ 050\ \Omega} = 0.119\ 4\ \text{S·m}^{-1}$$

(3)CaCl$_2$ 溶液的摩尔电导率

CaCl$_2$ 溶液的浓度

$$c = \left(\frac{0.555}{110.983}\right) \text{mol·dm}^{-3} = 5\ \text{mol·m}^{-3}$$

$$\Lambda_m = \frac{\kappa_2}{c} = \left(\frac{0.119\ 4}{5}\right) \text{S·m}^2·\text{mol}^{-1} = 0.023\ 88\ \text{S·m}^2·\text{mol}^{-1}$$

*7.6 已知 25 ℃时 $\Lambda_m^\infty(NH_4Cl) = 0.012\ 625$ S·m^2·mol^{-1},$t(NH_4^+) = 0.490\ 7$。试计算 $\Lambda_m^\infty(NH_4^+)$ 及 $\Lambda_m^\infty(Cl^-)$。

解: 本题给出离子摩尔电导率的计算方法。

离子的无限稀释电导率与迁移数有如下关系:

$$t_+^\infty = \frac{\nu_+ \Lambda_{m,+}^\infty}{\Lambda_m^\infty}, \qquad t_-^\infty = \frac{\nu_- \Lambda_{m,-}^\infty}{\Lambda_m^\infty}$$

$$\Lambda_m^\infty(NH_4^+) = \frac{t^\infty(NH_4^+)\Lambda_m^\infty(NH_4Cl)}{\nu(NH_4^+)}$$

$$= \left(\frac{0.490\ 7 \times 0.012\ 625}{1}\right) \text{S·m}^2·\text{mol}^{-1} = 6.195 \times 10^{-3}\ \text{S·m}^2·\text{mol}^{-1}$$

根据 $\Lambda_m^\infty(NH_4^+) + \Lambda_m^\infty(Cl^-) = \Lambda_m^\infty(NH_4Cl)$,得

$$\Lambda_m^\infty(Cl^-) = \Lambda_m^\infty(NH_4Cl) - \Lambda_m^\infty(NH_4^+)$$

$$= [(12.625 - 6.195) \times 10^{-3}] \text{S·m}^2·\text{mol}^{-1} = 6.43 \times 10^{-3}\ \text{S·m}^2·\text{mol}^{-1}$$

7.7　25 ℃时将电导率为 0.141 S·m^{-1} 的 KCl 溶液装入一电导池中,测得其电阻为525 Ω。在同一电导池中装入 0.1 mol·dm^{-3} 的 NH$_4$OH 溶液,测得电阻为 2 030 Ω。利用教材表 7.3.2 中的数据计算 NH$_4$OH 的解离度 α 及解离常数 $K^{\ominus}$。

解:NH$_4$OH 溶液的电导率:

$$\kappa = \frac{K_{cell}}{R(NH_4OH)} = \frac{\kappa(KCl)\,R(KCl)}{R(NH_4OH)} = \left(\frac{0.141 \times 525}{2\ 030}\right) S \cdot m^{-1} = 0.036\ 47\ S \cdot m^{-1}$$

摩尔电导率:$\Lambda_m = \dfrac{\kappa}{c} = \dfrac{0.036\ 49\ S \cdot m^{-1}}{0.1 \times 10^3\ mol \cdot m^{-3}} = 3.649 \times 10^{-4}\ S \cdot m^2 \cdot mol^{-1}$

查表知有关离子的无限稀释摩尔电导为 $\Lambda_m^{\infty}(NH_4^+) = 73.5 \times 10^{-4} S \cdot m^2 \cdot mol^{-1}$,
$\Lambda_m^{\infty}(OH^-) = 198.0 \times 10^{-4} S \cdot m^2 \cdot mol^{-1}$,于是

$$\Lambda_m^{\infty}(NH_4OH) = \Lambda_m^{\infty}(NH_4^+) + \Lambda_m^{\infty}(OH^-)$$
$$= (73.5 \times 10^{-4} + 198.0 \times 10^{-4})\, S \cdot m^2 \cdot mol^{-1} = 271.5 \times 10^{-4}\ S \cdot m^2 \cdot mol^{-1}$$

计算 NH$_4$OH 的解离度 α:

$$\alpha = \frac{\Lambda_m(NH_4OH)}{\Lambda_m^{\infty}(NH_4OH)} = \frac{3.649 \times 10^{-4}\ S \cdot m^2 \cdot mol^{-1}}{271.5 \times 10^{-4}\ S \cdot m^2 \cdot mol^{-1}} = 0.013\ 44$$

而　　　　$K^{\ominus} = \dfrac{c(NH_4^+)\,c(OH^-)}{c(NH_4OH)}\,\dfrac{1}{c^{\ominus}} = \dfrac{\alpha^2}{1-\alpha}\dfrac{c}{c^{\ominus}} = \dfrac{0.013\ 44^2 \times 0.1}{1 - 0.013\ 44} = 1.831 \times 10^{-5}$

7.8　25 ℃时纯水的电导率为 5.5×10^{-6} S·m^{-1},密度为 997.0 kg·m^{-3}。H$_2$O中存在下列平衡:H$_2$O $\Longrightarrow$ H$^+$ + OH$^-$,计算此时 H$_2$O 的摩尔电导率、解离度和 H$^+$ 的浓度。

解:设纯水解离度为 α,水发生解离时,

$$H_2O \Longrightarrow H^+ + OH^-$$

未解离时浓度　　　　　　　　　c　　　　0　　0

解离平衡时浓度　　　　　　$c(1-\alpha)$　　$c\alpha$　$c\alpha$

水的解离度很小,所以水溶液的浓度近似为纯水的浓度,即 $c = \rho/M$,所以

$$\Lambda_m = \frac{\kappa}{c} = \frac{\kappa}{\rho/M} = \left(\frac{5.5 \times 10^{-6}}{997.0/0.018}\right) S \cdot m^2 \cdot mol^{-1} = 9.93 \times 10^{-11}\ S \cdot m^2 \cdot mol^{-1}$$

$$\alpha = \frac{\Lambda_m}{\Lambda_m^{\infty}} = \frac{\Lambda_m}{\Lambda_m^{\infty}(H^+) + \Lambda_m^{\infty}(OH^-)}$$

$$= \frac{9.93 \times 10^{-11}\ S \cdot m^2 \cdot mol^{-1}}{(349.82 + 198.0) \times 10^{-4}\ S \cdot m^2 \cdot mol^{-1}} = 1.813 \times 10^{-9}$$

$$c(\mathrm{H}^+) = c\alpha = \frac{\rho}{M}\alpha = \frac{997.0}{0.018} \times 1.813 \times 10^{-9} \times 10^{-3}\ \mathrm{mol \cdot dm^{-3}} = 1.004 \times 10^{-7}\ \mathrm{mol \cdot dm^{-3}}$$

7.9 已知 25 ℃时水的离子积 $K_w = 1.008 \times 10^{-14}$，NaOH，HCl 和 NaCl 的 Λ_m^∞ 分别等于 0.024 811 S·m²·mol⁻¹，0.042 616 S·m²·mol⁻¹和 0.012 645 S·m²·mol⁻¹。

相关资料

（1）求 25 ℃时纯水的电导率；

（2）利用上述纯水配制 AgBr 饱和水溶液，测得溶液的电导率 $\kappa(溶液) = 1.664 \times 10^{-5}\ \mathrm{S \cdot m^{-1}}$，求 AgBr(s) 在纯水中的溶解度。

解：（1）水的无限稀释摩尔电导率为

$$\Lambda_m^\infty(\mathrm{H_2O}) = \Lambda_m^\infty(\mathrm{HCl}) + \Lambda_m^\infty(\mathrm{NaOH}) - \Lambda_m^\infty(\mathrm{NaCl})$$

$$= (0.042\ 616 + 0.024\ 811 - 0.012\ 645)\ \mathrm{S \cdot m^2 \cdot mol^{-1}}$$

$$= 0.054\ 782\ \mathrm{S \cdot m^2 \cdot mol^{-1}}$$

纯水的电导率 $\kappa(\mathrm{H_2O}) = c(\mathrm{H_2O})\Lambda_m(\mathrm{H_2O})$。

设纯水的解离度为 α，由上题结果可知：

$$\Lambda_m(\mathrm{H_2O}) = \alpha\Lambda_m^\infty(\mathrm{H_2O})$$

$$c(\mathrm{H}^+) = c(\mathrm{OH}^-) = c\alpha$$

于是

$$\kappa(\mathrm{H_2O}) = c(\mathrm{H_2O})\alpha\Lambda_m^\infty(\mathrm{H_2O})$$

$$= \sqrt{K_w}\,c^\ominus\,\Lambda_m^\infty(\mathrm{H_2O})$$

$$= (\sqrt{1.008 \times 10^{-14}} \times 10^3 \times 0.054\ 782)\ \mathrm{S \cdot m^{-1}}$$

$$= 5.500 \times 10^{-6}\ \mathrm{S \cdot m^{-1}}$$

（2）AgBr 饱和水溶液的电导率 $\kappa(溶液) = 1.664 \times 10^{-5}\ \mathrm{S \cdot m^{-1}}$，则

$$\kappa(\mathrm{AgBr}) = \kappa(溶液) - \kappa(\mathrm{H_2O})$$

$$= 1.664 \times 10^{-5}\ \mathrm{S \cdot m^{-1}} - 5.500 \times 10^{-6}\ \mathrm{S \cdot m^{-1}} = 1.114 \times 10^{-5}\ \mathrm{S \cdot m^{-1}}$$

AgBr 为难溶盐，其在水中的溶解度很小，因此

$$\Lambda_m(\mathrm{AgBr}) \approx \Lambda_m^\infty(\mathrm{AgBr}) = \Lambda_m^\infty(\mathrm{Ag}^+) + \Lambda_m^\infty(\mathrm{Br}^-)。$$

查教材中表 7.3.2 知离子的无限稀释摩尔电导率

$$\Lambda_m^\infty(\mathrm{Ag}^+) = 61.9 \times 10^{-4}\ \mathrm{S \cdot m^2 \cdot mol^{-1}}$$

$$\Lambda_m^\infty(\mathrm{Br}^-) = 78.1 \times 10^{-4}\ \mathrm{S \cdot m^2 \cdot mol^{-1}}$$

则　$\Lambda_m^\infty(\mathrm{AgBr}) = \Lambda_m^\infty(\mathrm{Ag}^+) + \Lambda_m^\infty(\mathrm{Br}^-)$

$$= (61.9 \times 10^{-4} + 78.1 \times 10^{-4}) \ \text{S} \cdot \text{m}^2 \cdot \text{mol}^{-1} = 140.0 \times 10^{-4} \ \text{S} \cdot \text{m}^2 \cdot \text{mol}^{-1}$$

$$\Lambda_m(\text{AgBr}) \approx \Lambda_m^{\infty}(\text{AgBr}) = 140.0 \times 10^{-4} \ \text{S} \cdot \text{m}^2 \cdot \text{mol}^{-1}$$

由 $\Lambda_m = \kappa/c$ 即可计算出 AgBr 的溶解度:

$$c(\text{AgBr}) = \frac{\kappa(\text{AgBr})}{\Lambda_m(\text{AgBr})} = \frac{1.114 \times 10^{-5} \ \text{S} \cdot \text{m}^{-1}}{140.0 \times 10^{-4} \ \text{S} \cdot \text{m}^2 \cdot \text{mol}^{-1}} = 7.957 \times 10^{-4} \ \text{mol} \cdot \text{m}^{-3}$$

相关资料

7.10 应用德拜-休克尔极限公式计算 25 ℃时 $0.002 \ \text{mol} \cdot \text{kg}^{-1}$ CaCl_2 溶液中 $\gamma(\text{Ca}^{2+})$, $\gamma(\text{Cl}^-)$ 和 $\gamma_{\pm}$。

解: 离子强度

$$I = \frac{1}{2}\sum_B b_B z_B^2 = \left\{ \frac{1}{2}\left[0.002 \times 2^2 + 0.004 \times (-1)^2 \right] \right\} \text{mol} \cdot \text{kg}^{-1} = 0.006 \ \text{mol} \cdot \text{kg}^{-1}$$

对于单个离子,德拜-休克儿极限公式为 $\lg \gamma_i = -A z_i^2 \sqrt{I}$,于是

$$\lg \gamma(\text{Ca}^{2+}) = -A z^2(\text{Ca}^{2+})\sqrt{I} = -0.509 \times 2^2 \times \sqrt{0.006} = -0.157\ 7$$

$$\gamma(\text{Ca}^{2+}) = 0.695\ 5$$

$$\lg \gamma(\text{Cl}^-) = -A z^2(\text{Cl}^-)\sqrt{I} = -0.509 \times (-1)^2 \times \sqrt{0.006} = -0.039\ 43$$

$$\gamma(\text{Cl}^-) = 0.913\ 2$$

平均离子活度因子为

$$\lg \gamma_{\pm} = -A z_+ |z_-| \sqrt{I} = -0.509 \times 2 \times |-1| \times \sqrt{0.006} = -0.078\ 85; \quad \gamma_{\pm} = 0.834\ 0$$

7.11 现有 25 ℃时, $0.01 \ \text{mol} \cdot \text{kg}^{-1}$ 的 BaCl_2 水溶液。计算溶液的离子强度 I 及 BaCl_2 的平均离子活度因子 $\gamma_{\pm}$ 和平均离子活度 $a_{\pm}$。

解: (1) $b = 0.01 \ \text{mol} \cdot \text{kg}^{-1}$ BaCl_2 水溶液, $b_+ = b$, $b_- = 2b$, $z_+ = 2$, $z_- = -1$。

$$I = \frac{1}{2}\sum b_B z_B^2 = \frac{1}{2}\left[b(2)^2 + 2b(-1)^2 \right] = 3b = 0.03 \ \text{mol} \cdot \text{kg}^{-1}$$

(2) 由德拜-休克尔极限公式计算离子活度因子 $\gamma_{\pm}$。

25 ℃水溶液中 $A = 0.509 (\text{mol} \cdot \text{kg}^{-1})^{-1/2}$

$$\lg \gamma_{\pm} = -A z_+ |z_-| \sqrt{I} = -0.509 \times 2 \times 1 \times \sqrt{0.03} = -0.176\ 3$$

故 $\gamma_{\pm} = 0.666$

计算平均离子活度 $a_{\pm}$:

对于 BaCl_2, $\nu_+ = 1$, $\nu_- = 2$, $\nu = \nu_+ + \nu_- = 2 + 1 = 3$, $b_+ = b$, $b_- = 2b$

于是

$$b_{\pm} = (b_+^{\nu_+} b_-^{\nu_-})^{1/\nu} = \left[b(2b)^2 \right]^{1/3} = 4^{1/3} b = (4^{1/3} \times 0.01) \ \text{mol} \cdot \text{kg}^{-1} = 0.015\ 87 \ \text{mol} \cdot \text{kg}^{-1}$$

而 $\gamma_{\pm} = 0.666$，于是 $a_{\pm} = \gamma_{\pm}(b_{\pm}/b^{\ominus}) = 0.666 \times 0.015\ 87 = 0.010\ 57$

*7.12 25 ℃时碘酸钡 $Ba(IO_3)_2$ 在纯水中的溶解度为 5.46×10^{-4} mol·dm⁻³。假定可以应用德拜-休克尔极限公式，试计算该盐在 0.01 mol·dm⁻³ $CaCl_2$ 溶液中的溶解度。

解: 当溶液中有其他离子（如此题中的 Ca^{2+}，Cl^-）存在时，与纯水相比，$Ba(IO_3)_2$ 的溶解度因离子静电作用力发生改变而改变。但一定温度下，$Ba(IO_3)_2$ 的活度积 K_{sp} 并不因溶液是否存在其他离子而变化，利用这一点可计算 $Ba(IO_3)_2$ 在不同溶液中的溶解度。

先利用 25 ℃时碘酸钡 $Ba(IO_3)_2$ 在纯水中的溶解度求其在该温度下的活度积。由于是稀溶液，可近似认为 $b_B \approx c_B$，因此，离子强度为

$$I_0 = \frac{1}{2}\sum_B b_{B,0} z_{B,0}^2 = \left\{\frac{1}{2}[5.46 \times 10^{-4} \times 2^2 + 5.46 \times 2 \times 10^{-4} \times (-1)^2]\right\} \text{mol·kg}^{-1}$$

$$= 1.638 \times 10^{-3} \text{ mol·kg}^{-1}$$

于是 $\lg \gamma_{\pm,0} = -A z_+ |z_-| \sqrt{I_0} = -0.509 \times 2 \times |-1| \times \sqrt{1.638 \times 10^{-3}} = -0.041\ 20$

$$\gamma_{\pm,0} = 0.909\ 5$$

$$K_{sp} = a(Ba^{2+}) a^2(IO_3^-) = 4\gamma_{\pm}^3 (b_0/b^{\ominus})^3 = 4 \times 0.909\ 5^3 \times (5.46 \times 10^{-4})^3$$

$$= 4.898\ 3 \times 10^{-10}$$

设在 0.01 mol·dm⁻³ 的 $CaCl_2$ 溶液中 $Ba(IO_3)_2$ 的溶解度为 b，则 $CaCl_2$ 溶液的离子强度

$$I = \frac{1}{2}\sum_B b_B z_B^2$$

$$= \left\{\frac{1}{2}[0.01 \times 2^2 + 0.01 \times 2 \times (-1)^2 + (b/b^{\ominus}) \times\right.$$

$$\left. 2^2 + 2 \times (b/b^{\ominus}) \times (-1)^2]\right\} \text{mol·kg}^{-1}$$

$$= [3(0.01 + b/b^{\ominus})] \text{ mol·kg}^{-1}$$

$$\lg \gamma_{\pm} = -A z_+ |z_-| \sqrt{I}$$

$$= -0.509 \times 2 \times |-1| \times \sqrt{3[0.01 + (b/b^{\ominus})]}$$

$$= -1.763\ 2\sqrt{0.01 + (b/b^{\ominus})}$$

$$b = \sqrt[3]{\frac{K_{sp}}{4}} \frac{b^{\ominus}}{\gamma_{\pm}} = \sqrt[3]{\frac{4.898\ 3 \times 10^{-10}}{4}} \frac{b^{\ominus}}{\gamma_{\pm}} = \frac{4.965\ 9 \times 10^{-4} b^{\ominus}}{\gamma_{\pm}}$$

整理得 $\qquad$ $\lg \gamma_\pm = -1.763\,2\sqrt{0.01+4.965\,9\times10^{-4}/\gamma_\pm}$

采用迭代法求解该方程,得 $\gamma_\pm = 0.656\,3$

所以,在 $0.01\ \mathrm{mol \cdot dm^{-3}}$ $\mathrm{CaCl_2}$ 溶液中 $\mathrm{Ba(IO_3)_2}$ 的溶解度为

$$b = \sqrt[3]{\frac{K_{sp}^{\ominus}}{4}}\frac{b^{\ominus}}{\gamma_\pm} = \frac{4.965\,9\times10^{-4}b^{\ominus}}{0.656\,3} = 7.567\times10^{-4}\ \mathrm{mol \cdot kg^{-1}}$$

$$c \approx 7.567\times10^{-4}\ \mathrm{mol \cdot dm^{-3}}$$

试题分析

7.13 电池 $\mathrm{Pt\,|\,H_2(101.325\ kPa)\,|\,HCl(0.1\ mol \cdot kg^{-1})\,|\,Hg_2Cl_2(s)\,|\,Hg}$ 的电动势 E 与温度 T 的关系为 $E/\mathrm{V} = 0.069\,4+1.881\times10^{-3}T/\mathrm{K}-2.9\times10^{-6}(T/\mathrm{K})^2$

(1) 写出电极反应和电池反应;

(2) 计算 25 ℃ 时该反应的 $\Delta_r G_m$,$\Delta_r S_m$,$\Delta_r H_m$ 及电池恒温可逆放电时过程可逆热 $Q_{r,m}$;

(3) 若反应在电池外于同样温度下恒压进行,计算系统与环境交换的热。

解:(1) 题给反应由氢电极(阳极)与甘汞电极(阴极)构成,两极的电极反应为

阳极 $\qquad \dfrac{1}{2}\mathrm{H_2(g,}p) \longrightarrow \mathrm{H^+}(b) + \mathrm{e^-}$

阴极 $\qquad \dfrac{1}{2}\mathrm{Hg_2Cl_2(s)} + \mathrm{e^-} \longrightarrow \mathrm{Hg(l)} + \mathrm{Cl^-}(b)$

电池反应 $\qquad \dfrac{1}{2}\mathrm{H_2(g)} + \dfrac{1}{2}\mathrm{Hg_2Cl_2(s)} =\!=\!= \mathrm{Hg(l)} + \mathrm{HCl}(b)$

(2) 计算 25 ℃ 时电池的 $\Delta_r G_m$,$\Delta_r S_m$,$\Delta_r H_m$ 与 $Q_{r,m}$,需要知道此温度下电池的电动势 E 及其温度系数 $\left(\dfrac{\partial E}{\partial T}\right)_p$。利用题给公式计算:

$$E/\mathrm{V} = 0.069\,4+1.881\times10^{-3}T/\mathrm{K}-2.9\times10^{-6}(T/\mathrm{K})^2$$

298.15 K 时,$E = (0.069\,4+1.881\times10^{-3}\times298.15-2.9\times10^{-6}\times298.15^2)\,\mathrm{V} = 0.372\,4\ \mathrm{V}$

$$\left(\frac{\partial E}{\partial T}\right)_p \Big/ (\mathrm{V \cdot K^{-1}}) = 1.881\times10^{-3}-2\times2.9\times10^{-6}T/\mathrm{K}$$

$$= 1.881\times10^{-3}-5.8\times10^{-6}\times298.15 = 1.517\times10^{-4}$$

因此,$z=1$ 时

$$\Delta_r G_m = -zFE = (-1\times96\,485\times0.372\,4)\,\mathrm{J \cdot mol^{-1}} = -35.93\ \mathrm{kJ \cdot mol^{-1}}$$

$$\Delta_r S_m = zF\left(\frac{\partial E}{\partial T}\right)_p = (1\times96\,485\times1.517\times10^{-4})\,\mathrm{J \cdot mol^{-1} \cdot K^{-1}} = 14.64\ \mathrm{J \cdot mol^{-1} \cdot K^{-1}}$$

$$\Delta_r H_m = \Delta_r G_m + T\Delta_r S_m = (-35.93\times10^3 + 298.15\times14.64) \text{ J}\cdot\text{mol}^{-1} = -31.57 \text{ kJ}\cdot\text{mol}^{-1}$$

$$Q_{r,m} = T\Delta_r S_m = (298.15\times14.64) \text{ J}\cdot\text{mol}^{-1} = 4.365 \text{ kJ}\cdot\text{mol}^{-1}$$

（3）反应在电池外于同样温度下恒压进行时，

$$Q_{p,m} = \Delta_r H_m = -31.57 \text{ kJ}\cdot\text{mol}^{-1}$$

7.14 25 ℃时，电池 $\text{Zn}\,|\,\text{ZnCl}_2(0.555 \text{ mol}\cdot\text{kg}^{-1})\,|\,\text{AgCl(s)}\,|\,\text{Ag}$ 的电动势 $E = 1.015$ V。已知 $E^{\ominus}(\text{Zn}^{2+}\,|\,\text{Zn}) = -0.762\,0$ V，$E^{\ominus}[\text{Cl}^-\,|\,\text{AgCl(s)}\,|\,\text{Ag}] = 0.222\,2$ V，电池电动势的温度系数 $\left(\dfrac{\partial E}{\partial T}\right)_p = -4.02\times10^{-4}$ V $\cdot$ K^{-1}。

试题分析

（1）写出电池反应；
（2）计算反应的标准平衡常数 $K^{\ominus}$；
（3）计算电池反应可逆热 $Q_{r,m}$；
（4）求溶液中 ZnCl_2 的平均离子活度因子 $\gamma_{\pm}$。

解：（1）电极反应：

阳极 $\text{Zn(s)} \longrightarrow \text{Zn}^{2+}(b) + 2e^-$

阴极 $2\text{AgCl(s)} + 2e^- \longrightarrow 2\text{Ag(s)} + 2\text{Cl}^-(b)$

电池反应 $\text{Zn} + 2\text{AgCl(s)} = 2\text{Ag(s)} + \text{Zn}^{2+}(b) + 2\text{Cl}^-(b)$

（2）计算平衡常数，由 $-RT\ln K^{\ominus} = \Delta_r G_m^{\ominus} = -zFE^{\ominus}$，有

$$\ln K^{\ominus} = \frac{zFE^{\ominus}}{RT} = \frac{2\times96\,485\times(0.222\,2 + 0.762\,0)}{8.314\times298.15} = 76.62$$

$$K^{\ominus} = 1.89\times10^{33}$$

（3）电池反应的可逆热

$$Q_{r,m} = T\Delta_r S_m = zFT\left(\frac{\partial E}{\partial T}\right)_p$$

$$= 2\times298.15 \text{ K}\times96\,485 \text{ C}\cdot\text{mol}^{-1}\times(-4.02\times10^{-4}) \text{ V}\cdot\text{K}^{-1} = -2.313\times10^4 \text{ J}\cdot\text{mol}^{-1}$$

（4）计算平均离子活度因子

对于 ZnCl_2，$a(\text{ZnCl}_2) = a_{\pm}^3$

$$b_{\pm} = (b_+^{\nu^+} b_-^{\nu^-})^{1/\nu} = [b\,(2b)^2]^{1/3} = 4^{1/3}b$$

$$= (4^{1/3}\times0.555\,5) \text{ mol}\cdot\text{kg}^{-1} = 0.881\,8 \text{ mol}\cdot\text{kg}^{-1}$$

25 ℃时，对上述电池反应应用能斯特方程：

$$E = E^{\ominus} - \frac{RT}{zF}\ln a(\text{ZnCl}_2) = E^{\ominus} - \frac{0.059\,16\times3}{2}\lg a_{\pm}$$

即 $1.015 = (0.222\,2 + 0.762\,0) - \dfrac{0.059\,16\times3}{2}\lg a_{\pm}$ $a_{\pm} = 0.449\,7$

$$a_{\pm} = \frac{\gamma_{\pm} b_{\pm}}{b^{\ominus}} \qquad \gamma_{\pm} = \frac{a_{\pm}}{b_{\pm}/b^{\ominus}} = \frac{0.449\,7}{0.881\,8} = 0.510$$

7.15 甲烷燃烧过程可设计成燃料电池,当电解质为酸性溶液时,电极反应和电池反应分别为

阳极 $CH_4(g) + 2H_2O(l) \longrightarrow CO_2(g) + 8H^+ + 8e^-$

阴极 $2O_2(g) + 8H^+ + 8e^- \longrightarrow 4H_2O(l)$

电池反应 $CH_4(g) + 2O_2(g) == CO_2(g) + 2H_2O(l)$

已知,25 ℃时有关物质的标准摩尔生成吉布斯函数 $\Delta_f G_m^{\ominus}$ 为

物质	$CH_4(g)$	$CO_2(g)$	$H_2O(l)$
$\Delta_f G_m^{\ominus}/(kJ \cdot mol^{-1})$	-50.72	-394.359	-237.129

计算 25 ℃时该电池的标准电动势。

解:对于题给电池反应,有

$$\Delta_r G_m^{\ominus} = \sum_B \nu_B \Delta_f G_m^{\ominus}(B, \beta) = \Delta_f G_m^{\ominus}(CO_2, g) + 2\Delta_f G_m^{\ominus}(H_2O, l) - \Delta_f G_m^{\ominus}(CH_4, g)$$

$$= [-394.359 + 2 \times (-237.129) - (-50.72)] kJ \cdot mol^{-1}$$

$$= -817.897\ kJ \cdot mol^{-1}$$

电池的标准电动势: $E^{\ominus} = -\dfrac{\Delta_r G_m^{\ominus}}{zF} = \left(-\dfrac{-817.897 \times 10^3}{8 \times 96\,485}\right) V = 1.059\,6\ V$

相关资料

7.16 写出下列各电池的电池反应,应用表 7.7.1 中的数据计算 25 ℃时各电池的电动势,各电池反应的摩尔吉布斯函数变及标准平衡常数,并指明各电池反应能否自发进行。

(1) $Pt \mid H_2(g, 100\ kPa) \mid HCl[a(HCl) = 0.8] \mid Cl_2(g, 100\ kPa) \mid Pt$

(2) $Zn \mid ZnCl_2[a(ZnCl_2) = 0.6] \mid AgCl(s) \mid Ag$

(3) $Cd \mid Cd^{2+}[a(Cd^{2+}) = 0.01] \,\vdots\vdots\, Cl^-[a(Cl^-) = 0.5] \mid Cl_2(g, 100\ kPa) \mid Pt$

解:(1) 电池反应

$$H_2(g, 100\ kPa) + Cl_2(g, 100\ kPa) == 2HCl[a(HCl) = 0.8]$$

$$E^{\ominus} = E^{\ominus}[Cl^- \mid Cl_2(g) \mid Pt] - E^{\ominus}[H^+ \mid H_2(g) \mid Pt] = (1.357\,9 - 0) V = 1.357\,9\ V$$

$$E = E^{\ominus} - \frac{RT}{zF} \ln \frac{a^2(HCl)}{[p(H_2)/p^{\ominus}][p(Cl_2)/p^{\ominus}]} = E^{\ominus} - \frac{RT}{2F} \ln a^2(HCl)$$

$$= E^{\ominus} - \frac{RT}{F} \ln a(HCl) = \left(1.357\,9 - \frac{8.314 \times 298.15}{96\,485} \ln 0.8\right) V = 1.363\,6\ V$$

$$\Delta_r G_m = -zFE = (-2\times 96\ 485\times 1.363\ 6)\ \mathrm{J\cdot mol^{-1}} = -263.13\ \mathrm{kJ\cdot mol^{-1}}$$

$$K^{\ominus} = \exp\left(\frac{zFE^{\ominus}}{RT}\right) = \exp\left(\frac{2\times 96\ 485\times 1.357\ 9}{8.314\times 298.15}\right) = 8.108\times 10^{45}$$

$\Delta_r G_m < 0$，反应可自发进行。

（2）电池反应 $\mathrm{Zn(s)} + 2\mathrm{AgCl(s)} =\!\!=\!\!= 2\mathrm{Ag(s)} + \mathrm{ZnCl_2}\,[\,a(\mathrm{ZnCl_2}) = 0.6\,]$

$$E^{\ominus} = E^{\ominus}[\,\mathrm{Cl^-}\mid\mathrm{AgCl(s)}\mid\mathrm{Ag}\,] - E^{\ominus}(\mathrm{Zn^{2+}}\mid\mathrm{Zn})$$

$$= [\,0.222\ 16 - (-0.762\ 0)\,]\,\mathrm{V} = 0.984\ 16\ \mathrm{V}$$

$$E = E^{\ominus} - \frac{RT}{zF}\ln\frac{a^2(\mathrm{Ag})\,a(\mathrm{ZnCl_2})}{a(\mathrm{Zn})\,a(\mathrm{AgCl})} = E^{\ominus} - \frac{RT}{2F}\ln a(\mathrm{ZnCl_2})$$

$$= \left(0.984\ 16 - \frac{8.314\times 298.15}{2\times 96\ 485}\ln 0.6\right)\mathrm{V} = 0.990\ 7\ \mathrm{V}$$

$$\Delta_r G_m = -zFE = (-2\times 96\ 485\times 0.990\ 7)\ \mathrm{J\cdot mol^{-1}} = -191.18\ \mathrm{kJ\cdot mol^{-1}}$$

$$K^{\ominus} = \exp\left(\frac{zFE^{\ominus}}{RT}\right) = \exp\left(\frac{2\times 96\ 485\times 0.984\ 16}{8.314\times 298.15}\right) = 1.876\times 10^{33}$$

$\Delta_r G_m < 0$，反应可自发进行。

（3）电池反应

$$\mathrm{Cd(s)} + \mathrm{Cl_2(g, 100\ kPa)} =\!\!=\!\!= \mathrm{Cd^{2+}}[\,a(\mathrm{Cd^{2+}}) = 0.01\,] + 2\ \mathrm{Cl^-}\,[\,a(\mathrm{Cl^-}) = 0.5\,]$$

$$E^{\ominus} = E^{\ominus}[\,\mathrm{Cl^-}\mid\mathrm{Cl_2(g)}\mid\mathrm{Pt}\,] - E^{\ominus}(\mathrm{Cd^{2+}}\mid\mathrm{Cd}) = [\,1.357\ 9 - (-0.403\ 2)\,]\,\mathrm{V} = 1.761\ 1\ \mathrm{V}$$

根据能斯特方程：

$$E = E^{\ominus} - \frac{RT}{zF}\ln\frac{a(\mathrm{Cd^{2+}})\,a^2(\mathrm{Cl^-})}{a(\mathrm{Cd})\,[\,p(\mathrm{Cl_2})/p^{\ominus}\,]} = E^{\ominus} - \frac{RT}{2F}\ln[\,a(\mathrm{Cd^{2+}})\,a^2(\mathrm{Cl^-})\,]$$

$$= 1.761\ 1\ \mathrm{V} - \left[\frac{8.314\times 298.15}{2\times 96\ 485}\ln(0.01\times 0.5^2)\right]\mathrm{V}$$

$$= (1.761\ 1 + 0.077\ 0)\,\mathrm{V} = 1.838\ 1\ \mathrm{V}$$

$$\Delta_r G_m = -zFE = (-2\times 96\ 485\times 1.838\ 1)\ \mathrm{J\cdot mol^{-1}} = -354.70\ \mathrm{kJ\cdot mol^{-1}}$$

$$K^{\ominus} = \exp\left(\frac{zFE^{\ominus}}{RT}\right) = \exp\left(\frac{2\times 96\ 485\times 1.761\ 1}{8.314\times 298.15}\right) = 3.472\times 10^{59}$$

$\Delta_r G_m < 0$，反应可自发进行。

7.17 应用教材中表 7.4.1 的数据计算 25 ℃时下列电池的电动势。

$$Cu \mid CuSO_4(b_1 = 0.01 \ mol \cdot kg^{-1}) \; \| \; CuSO_4(b_2 = 0.1 \ mol \cdot kg^{-1}) \mid Cu$$

解: 该电池为浓差电池,电池反应为

$$Cu^{2+}(b_2 = 0.1 \ mol \cdot kg^{-1}) =\!=\!= Cu^{2+}(b_1 = 0.01 \ mol \cdot kg^{-1})$$

由于单个离子的活度因子无法测定,故近似采用 $\gamma_+ \approx \gamma_\pm$。查表知,25 ℃时

$$\gamma_\pm(CuSO_4, 0.01 \ kg \cdot mol^{-1}) = 0.41, \quad \gamma_\pm(CuSO_4, 0.1 \ kg \cdot mol^{-1}) = 0.16$$

所以 $\gamma_+(Cu^{2+}, 0.01 \ kg \cdot mol^{-1}) \approx 0.41, \quad \gamma_+(Cu^{2+}, 0.1 \ kg \cdot mol^{-1}) \approx 0.16$

对于 $CuSO_4$, $b_+ = b$,浓差电池的标准电动势 $E^\ominus = 0$

故上述电池的电动势

$$E = -\frac{RT}{zF}\ln\frac{a_1}{a_2} = -\frac{RT}{2F}\ln\left(\frac{\gamma_{+,1}b_{+,1}/b^\ominus}{\gamma_{+,2}b_{+,2}/b^\ominus}\right) = \left(-\frac{8.314 \times 298.15}{2 \times 96\ 485}\ln\frac{0.41 \times 0.01}{0.16 \times 0.1}\right) V$$

$$= 0.017\ 49 \ V$$

7.18 25 ℃时,电池 $Pt \mid H_2(g, 100 \ kPa) \mid HCl(b = 0.1 \ mol \cdot kg^{-1}) \mid Cl_2(g, 100 \ kPa) \mid Pt$ 的电动势为 1.488 1 V,计算 HCl 溶液中 HCl 的平均离子活度因子。

解: 该电池的电池反应为

$$H_2(g, 100 \ kPa) + Cl_2(g, 100 \ kPa) =\!=\!= 2HCl(b = 0.1 \ mol \cdot kg^{-1})$$

$$E^\ominus = E^\ominus[Cl^- \mid Cl_2(g) \mid Pt] - E^\ominus[H^+ \mid H_2(g) \mid Pt] = (1.357\ 9 - 0) V = 1.357\ 9 \ V$$

根据能斯特方程:

$$E = E^\ominus - \frac{RT}{zF}\ln\frac{a^2(HCl)}{[p(H_2)/p^\ominus][p(Cl_2)/p^\ominus]} = E^\ominus - \frac{RT}{F}\ln a(HCl)$$

所以

$$a(HCl) = \exp\frac{(E^\ominus - E)F}{RT} = \exp\frac{(1.357\ 9 - 1.488\ 1) \times 96\ 485}{8.314 \times 298.15} = 6.296 \times 10^{-3}$$

而 $a(HCl) = (\gamma_\pm b_\pm / b^\ominus)^2$

于是 $$\gamma_\pm(HCl) = \frac{\sqrt{a(HCl)}}{b_\pm/b^\ominus} = \frac{\sqrt{6.296 \times 10^{-3}}}{0.1} = 0.793\ 5$$

7.19 25 ℃时,实验测得电池 $Pb \mid PbSO_4(s) \mid H_2SO_4(0.01 \ mol \cdot kg^{-1}) \mid H_2(g, p^\ominus) \mid Pt$ 的电动势为 0.170 5 V。已知 25 ℃时,$\Delta_f G_m^\ominus(H_2SO_4, 水溶液) = \Delta_f G_m^\ominus(SO_4^{2-}, 水溶液) = -744.53 \ kJ \cdot mol^{-1}$,$\Delta_f G_m^\ominus(PbSO_4, s) = -813.0 \ kJ \cdot mol^{-1}$。

（1）写出上述电池的电极反应和电池反应;

（2）求 25 ℃时的 $E^{\ominus}[\,SO_4^{2-}\,|\,PbSO_4(s)\,|\,Pb\,]$；

（3）计算 $0.01\ mol\cdot kg^{-1}\ H_2SO_4$ 溶液的 $a_{\pm}$ 和 $\gamma_{\pm}$。

解：（1）电极反应

阳极　　$Pb(s)+SO_4^{2-}(b)\longrightarrow PbSO_4(s)+2e^{-}$

阴极　　$2H^{+}(2b)+2e^{-}\longrightarrow H_2(g)$

电池反应　　$Pb(s)+H_2SO_4(0.01\ mol\cdot kg^{-1})\Longrightarrow PbSO_4(s)+H_2(g)$

（2）对于上述电池反应

$$\Delta_r G_m^{\ominus}=\sum_B \Delta_f G_m^{\ominus}(B,\beta)$$

$$=\Delta_f G_m^{\ominus}(PbSO_4,s)+\Delta_f G_m^{\ominus}(H_2,g)-\Delta_f G_m^{\ominus}(SO_4^{2-},水溶液)-\Delta_f G_m^{\ominus}(Pb,s)$$

$$=[\,-813.0+0-(-744.53)-0\,]kJ\cdot mol^{-1}=-68.47\ kJ\cdot mol^{-1}$$

25 ℃时，电池的电动势

$$E^{\ominus}=-\frac{\Delta_r G_m^{\ominus}}{zF}=\left(-\frac{-68.47\times10^3}{2\times96\ 485}\right)V=0.354\ 8\ V$$

上述电池 $E^{\ominus}=E^{\ominus}[\,H^{+}\,|\,H_2(g)\,|\,Pt\,]-E^{\ominus}[\,SO_4^{2-}\,|\,PbSO_4(s)\,|\,Pb\,]$

所以 $E^{\ominus}[\,SO_4^{2-}\,|\,PbSO_4(s)\,|\,Pb\,]=E^{\ominus}[\,H^{+}\,|\,H_2(g)\,|\,Pt\,]-E^{\ominus}=-E^{\ominus}=-0.354\ 8\ V$

（3）对上述反应应用能斯特方程，有

$$E=E^{\ominus}-\frac{RT}{zF}\ln\frac{a(PbSO_4)p[\,H_2(g)\,]/p^{\ominus}}{a^2(H^{+})a(SO_4^{2-})a(Pb)}=E^{\ominus}+\frac{RT}{2F}\ln[\,a^2(H^{+})a(SO_4^{2-})\,]$$

$$=E^{\ominus}+\frac{RT}{2F}\ln a_{\pm}^3$$

代入数据：$0.170\ 5=0.354\ 8+\dfrac{8.314\times298.15}{2\times96\ 485}\ln a_{\pm}^3$，$a_{\pm}=8.376\times10^{-3}$

$$b_{\pm}=(b_{+}^{\nu_+}b_{-}^{\nu_-})^{1/\nu}=[\,(2b)^2b\,]^{1/3}=4^{1/3}b=(4^{1/3}\times0.01)\ mol\cdot kg^{-1}$$

$$=1.587\times10^{-2}\ mol\cdot kg^{-1}$$

所以　　　　　　　　　　　　　　$a_{\pm}=\dfrac{\gamma_{\pm}b_{\pm}}{b^{\ominus}}$

$$\gamma_{\pm}=\frac{a_{\pm}b^{\ominus}}{b_{\pm}}=\frac{8.376\times10^{-3}}{1.587\times10^{-2}}=0.528$$

7.20　浓差电池 $Pb\,|\,PbSO_4(s)\,|\,CdSO_4(b_1,\gamma_{\pm,1})\ \vdots\ CdSO_4(b_2,\gamma_{\pm,2})$

$|PbSO_4(s)|Pb$，其中 $b_1 = 0.2\ mol \cdot kg^{-1}$，$\gamma_{\pm,1} = 0.1$；$b_2 = 0.02\ mol \cdot kg^{-1}$，$\gamma_{\pm,2} = 0.32$。已知在两液体接界处 Cd^{2+} 的迁移数的平均值为 $t(Cd^{2+}) = 0.37$。

（1）写出电池反应；

（2）计算 25 ℃时液体接界电势 E（液接）及电池电动势 E。

解：（1）电极反应为

阳极 $Pb(s) + SO_4^{2-}(a_1) + Cd^{2+}(a_1) \longrightarrow PbSO_4(s) + Cd^{2+}(a_1) + 2e^-$

阴极 $PbSO_4(s) + Cd^{2+}(a_2) + 2e^- \longrightarrow Pb(s) + Cd^{2+}(a_2) + SO_4^{2-}(a_2)$

电池反应 $CdSO_4(a_{\pm,1}) =\!=\!= CdSO_4(a_{\pm,2})$

（2）题中电池为双液电池，在两溶液接界处形成液体接界电势 E（液接）类似于教材中式 7.7.5，可导出 $E(液接) = (t_+ - t_-)\dfrac{RT}{zF}\ln\dfrac{a_{\pm,1}}{a_{\pm,2}} = (2t_+ - 1)\dfrac{RT}{zF}\ln\dfrac{a_{\pm,1}}{a_{\pm,2}}$

对于 $CdSO_4$，$b_\pm = (b_+^\nu b_-^\nu)^{1/\nu} = (b^1 b^1)^{1/2} = b$，于是

$$a_{\pm,1} = \gamma_{\pm,1} b_{\pm,1}/b^\ominus = \gamma_{\pm,1} b_1/b^\ominus = 0.1 \times 0.2 = 0.02$$

$$a_{\pm,2} = \gamma_{\pm,2} b_{\pm,2}/b^\ominus = \gamma_{\pm,2} b_2/b^\ominus = 0.32 \times 0.02 = 0.006\ 4$$

又 $t(Cd^{2+}) = 0.37$，$z = 2$，所以

$$E(液接) = \left[(0.37 \times 2 - 1)\frac{8.314 \times 298.15}{2 \times 96\ 485}\ln\frac{0.02}{0.006\ 4}\right] V = -0.003\ 806\ V$$

当不考虑液体接界电势时，浓差电池的电动势为

$$E(浓差) = \frac{RT}{zF}\ln\frac{a_{\pm,1}}{a_{\pm,2}}$$

存在液体接界电势，所以电池电动势为

$$E = E(浓差) + E(液接) = \frac{RT}{zF}\ln\frac{a_{\pm,1}}{a_{\pm,2}} + (2t_+ - 1)\frac{RT}{zF}\ln\frac{a_{\pm,1}}{a_{\pm,2}}$$

$$= 2t_+\frac{RT}{zF}\ln\frac{a_{\pm,1}}{a_{\pm,2}} = \left(2 \times 0.37 \times \frac{8.314 \times 298.15}{2 \times 96\ 485}\ln\frac{0.02}{0.006\ 4}\right) V = 0.010\ 83\ V$$

7.21   为了确定亚汞离子在水溶液中是以 Hg^+ 还是以 Hg_2^{2+} 形式存在，设计了如下电池：

$$Hg \left|\begin{array}{c} HNO_3\ 0.1\ mol \cdot dm^{-3} \\ 硝酸亚汞\ 0.263\ mol \cdot dm^{-3} \end{array}\right|\left|\begin{array}{c} HNO_3\ 0.1\ mol \cdot dm^{-3} \\ 硝酸亚汞\ 2.63\ mol \cdot dm^{-3} \end{array}\right| Hg$$

测得 18 ℃时的 $E = 29\ mV$，求亚汞离子的形式。

解：题中已给出电池的电动势，所以，可分别设电池中亚汞离子的存在形式为 Hg^+ 和 Hg_2^{2+}，计算其电动势。比较计算结果与实测值，即可确定电池中亚汞离子的存在形式。

（1）设亚汞离子以 Hg^+ 形式存在，则电极反应与电池反应为

阳极　$Hg(l) \longrightarrow Hg^+(a_1) + e^-$

阴极　$Hg^+(a_2) + e^- \longrightarrow Hg(l)$

电池反应　$Hg^+(a_2) \Longrightarrow Hg^+(a_1)$　　$z=1$

所以
$$E_1 = -\frac{RT}{F}\ln\frac{a_{1,Hg^+}}{a_{2,Hg^+}} \approx -\frac{RT}{F}\ln\frac{b_{1,Hg^+}}{b_{2,Hg^+}}$$

根据题给的硝酸亚汞浓度，可得
$$\frac{b_{1,Hg^+}}{b_{2,Hg^+}} = \frac{0.263}{2.63} = \frac{1}{10}$$

故
$$E_1 = \left(\frac{8.314 \times 298.15}{96\,485}\ln 10\right)V = 0.059\,16\ V$$

所求出的 E_1 与实测值不符，故亚汞离子不是 Hg^+。

（2）设亚汞离子以 Hg_2^{2+} 形式存在，则电池反应为
$$Hg_2^{2+}(a_{2,Hg_2^{2+}}) \Longrightarrow Hg_2^{2+}(a_{1,Hg_2^{2+}})\quad z=2$$

所以
$$E_2 = -\frac{RT}{zF}\ln\frac{a_{1,Hg_2^{2+}}}{a_{2,Hg_2^{2+}}} \approx -\frac{RT}{zF}\ln\frac{b_{1,Hg_2^{2+}}}{b_{2,Hg_2^{2+}}}$$
$$= \left(-\frac{8.314 \times 298.15}{2 \times 96\,485}\ln\frac{1}{10}\right)V = 0.029\,58\ V = 29.58\ mV$$

电动势的计算值与实测值一致，所以亚汞离子为 Hg_2^{2+} 形式。

7.22　电池 $Pt\,|\,H_2(g,100\ kPa)\,|$ 待测 pH 的溶液 $\,\vdots\,$ 1 mol $\cdot$ dm^{-3} KCl $|\,Hg_2Cl_2(s)\,|\,Hg$ 在 25 ℃时测得电池电动势 $E = 0.664\ V$，试计算待测溶液的 pH。

解：电极反应和电池反应为

阳极　$H_2(g,100\ kPa) \longrightarrow 2H^+ + 2e^-$

阴极　$Hg_2Cl_2(s) + 2e^- \longrightarrow 2Hg + 2Cl^-$

电池反应　$H_2(g,100\ kPa) + Hg_2Cl_2(s) \Longrightarrow 2Hg(s) + 2Cl^- + 2H^+$

查教材表 7.8.1 知，KCl 浓度为 1 mol $\cdot$ dm^{-3} 的甘汞电极的电极电势为 0.279 9 V，于是
$$E_{阴} = E_{甘汞} = 0.279\,9\ V$$
$$E_{阳} = E_{阳}^{\ominus} - \frac{RT}{zF}\ln\frac{p(H_2)/p^{\ominus}}{a^2(H^+)} = E_{阳}^{\ominus} + \frac{RT}{F}\ln a(H^+)$$

25 ℃时，
$$E = E_{阴} - E_{阳} = E_{阴} - E_{阳}^{\ominus} - \frac{RT}{F}\ln a(H^+) = E_{阴} - E_{阳}^{\ominus} - 0.059\,16\lg a(H^+)$$
$$pH = -\lg a(H^+) = \frac{E - E_{阴} + E_{阳}^{\ominus}}{0.059\,16} = \frac{0.664 - 0.279\,9 + 0}{0.059\,16} = 6.49$$

7.23 在电池 $Pt \mid H_2(g, 100\ kPa) \mid HI$ 溶液 $[a(HI)=1] \mid I_2(s) \mid Pt$ 中,进行如下两个电池反应:

(1) $H_2(g, 100\ kPa) + I_2(s) \Longrightarrow 2HI[a(HI)=1]$

(2) $\dfrac{1}{2}H_2(g, 100\ kPa) + \dfrac{1}{2}I_2(s) \Longrightarrow HI[a(HI)=1]$

应用教材表 7.7.1 的数据计算两个电池反应的 $E^\ominus$,$\Delta_r G_m^\ominus$ 和 $K^\ominus$。

解: 题给电池若按反应(1)进行时,电极反应为

阳极　　　　$H_2(g, 100\ kPa) \longrightarrow 2H^+[a(H^+)] + 2e^-$

阴极　　　　$I_2(s) + 2e^- \longrightarrow 2I^-[a(I^-)]$

电池反应　　$H_2(g, 100\ kPa) + I_2(s) \Longrightarrow 2HI[a(HI)=1]$

由能斯特方程 $E = E^\ominus - \dfrac{RT}{2F}\ln\dfrac{a^2(HI)}{p(H_2)/p^\ominus \cdot a(I_2)} = E^\ominus$

$E^\ominus(1) = E^\ominus[I^- \mid I_2(s) \mid Pt] - E^\ominus[H^+ \mid H_2(g) \mid Pt] = (0.535\ 3 - 0)\ V = 0.535\ 3\ V$

$z = 2$,所以

$\Delta_r G_m^\ominus(1) = -zFE^\ominus(1) = (-2 \times 96\ 485 \times 0.535\ 3)\ J \cdot mol^{-1} = -103.30\ kJ \cdot mol^{-1}$

$$\Delta_r G_m^\ominus = -RT\ln K^\ominus$$

$$K^\ominus(1) = \exp\left[-\dfrac{\Delta_r G_m^\ominus(1)}{RT}\right] = \exp\left(-\dfrac{-103.30 \times 10^3}{8.314 \times 298.15}\right) = 1.25 \times 10^{18}$$

同理,电池反应写成题中(2)时,电极反应和电池反应为

阳极　　　　$\dfrac{1}{2}H_2(g, 100\ kPa) \longrightarrow H^+[a(H^+)] + e^-$

阴极　　　　$\dfrac{1}{2}I_2(s) + e^- \longrightarrow I^-[a(I^-)]$

电池反应　　$\dfrac{1}{2}H_2(g, 100\ kPa) + \dfrac{1}{2}I_2(s) \Longrightarrow HI[a(HI)=1]$

能斯特方程　$E = E^\ominus - \dfrac{RT}{F}\ln\dfrac{a(HI)}{p^{1/2}(H_2)/p^\ominus \cdot a^{1/2}(I_2)} = E^\ominus$

$$E^\ominus(2) = 0.535\ 3\ V$$

$z = 1$,所以

$\Delta_r G_m^\ominus(2) = -zFE^\ominus(2) = (-1 \times 96\ 485 \times 0.535\ 3)\ J \cdot mol^{-1} = -51.65\ kJ \cdot mol^{-1}$

$$K^\ominus(2) = \exp[-\Delta_r G_m^\ominus(2)/(RT)] = \exp\left(\dfrac{51.65 \times 10^3}{8.314 \times 298.15}\right) = 1.12 \times 10^9$$

分析: 由上述计算可以看出,对于确定的原电池而言,电池的电动势 E 与电池反应计量式的写法无关,但具有广度性质的热力学函数变化值则与反应计量

式的写法有关。

7.24 将下列反应设计成原电池,并应用教材中表 7.7.1 的数据计算 25 ℃时电池反应的 $\Delta_r G_m^{\ominus}$ 及 $K^{\ominus}$。

(1) $2Ag^+ + H_2(g) = 2Ag + 2H^+$

(2) $Cd + Cu^{2+} = Cd^{2+} + Cu$

(3) $Sn^{2+} + Pb^{2+} = Sn^{4+} + Pb$

(4) $2Cu^+ = Cu + Cu^{2+}$

解: (1) $2Ag^+ + H_2(g) = 2Ag + 2H^+$ 设计成原电池,电极反应为

阳极 $\qquad\qquad H_2(g) \longrightarrow 2H^+ + 2e^-$

阴极 $\qquad\qquad 2Ag^+ + 2e^- \longrightarrow 2Ag$

电池表示为 $\qquad\qquad Pt \mid H_2(g) \mid H^+ \mathrel{\vdots\!\vdots} Ag^+ \mid Ag$

$E^{\ominus} = E^{\ominus}(Ag^+ \mid Ag) - E^{\ominus}[H^+ \mid H_2(g) \mid Pt] = 0.799\,4\ V - 0 = 0.799\,4\ V$

$\Delta_r G_m^{\ominus} = -zFE^{\ominus} = (-2 \times 0.799\,4 \times 96\,485)\ J \cdot mol^{-1} = -154.26\ kJ \cdot mol^{-1}$

$K^{\ominus} = \exp\left(-\dfrac{\Delta_r G_m^{\ominus}}{RT}\right) = \exp\left(\dfrac{154.26 \times 10^3}{8.314 \times 298.15}\right) = 1.06 \times 10^{27}$

(2) $Cd + Cu^{2+} = Cd^{2+} + Cu$ 设计成原电池,电极反应为

阳极 $\qquad\qquad Cd \longrightarrow Cd^{2+} + 2e^-$

阴极 $\qquad\qquad Cu^{2+} + 2e^- \longrightarrow Cu$

电池表示为 $\qquad\qquad Cd \mid Cd^{2+} \mathrel{\vdots\!\vdots} Cu^{2+} \mid Cu$

$E^{\ominus} = E^{\ominus}(Cu^{2+} \mid Cu) - E^{\ominus}(Cd^{2+} \mid Cd) = [0.341\,7 - (-0.403\,2)]\ V = 0.744\,9\ V$

$\Delta_r G_m^{\ominus} = -zFE^{\ominus} = (-2 \times 0.744\,9 \times 96\,485)\ J \cdot mol^{-1} = -143.74\ kJ \cdot mol^{-1}$

$K^{\ominus} = \exp\left(-\dfrac{\Delta_r G_m^{\ominus}}{RT}\right) = \exp\left(\dfrac{143.74 \times 10^3}{8.314 \times 298.15}\right) = 1.53 \times 10^{25}$

(3) $Sn^{2+} + Pb^{2+} = Sn^{4+} + Pb$ 设计成原电池,电极反应为

阳极 $\qquad\qquad Sn^{2+} \longrightarrow Sn^{4+} + 2e^-$

阴极 $\qquad\qquad Pb^{2+} + 2e^- \longrightarrow Pb$

电池表示为 $\qquad\qquad Pt \mid Sn^{2+}, Sn^{4+} \mathrel{\vdots\!\vdots} Pb^{2+} \mid Pb$

$E^{\ominus} = E^{\ominus}(Pb^{2+} \mid Pb) - E^{\ominus}(Sn^{2+}, Sn^{4+} \mid Pt) = (-0.126\,4 - 0.151)\ V = -0.277\,4\ V$

$\Delta_r G_m^{\ominus} = -zFE^{\ominus} = [-2 \times (-0.277\,4) \times 96\,485]\ J \cdot mol^{-1} = 53.53\ kJ \cdot mol^{-1}$

$K^{\ominus} = \exp\left(-\dfrac{\Delta_r G_m^{\ominus}}{RT}\right) = \exp\left(-\dfrac{53.53 \times 10^3}{8.314 \times 298.15}\right) = 4.18 \times 10^{-10}$

(4) $2Cu^+ = Cu + Cu^{2+}$ 设计成原电池,电极反应为

阳极 $\quad Cu \longrightarrow Cu^{2+} + 2e^-$

阴极　　$2Cu^+ + 2e^- \longrightarrow 2Cu$

电池表示为　　　　　　　　$Cu \mid Cu^{2+} \ \vdots \ Cu^+ \mid Cu$

$E^\ominus = E^\ominus(Cu^+ \mid Cu) - E^\ominus(Cu^{2+} \mid Cu) = (0.521 - 0.341\ 7)\ V = 0.179\ 3\ V$

$\Delta_r G_m^\ominus = -zFE^\ominus = (-2 \times 0.179\ 3 \times 96\ 485)\ J \cdot mol^{-1} = -34.60\ kJ \cdot mol^{-1}$

$$K^\ominus = \exp\left(-\frac{\Delta_r G_m^\ominus}{RT}\right) = \exp\left(\frac{34.60 \times 10^3}{8.314 \times 298.15}\right) = 1.15 \times 10^6$$

7.25　将反应 $Ag(s) + \dfrac{1}{2}Cl_2(g, p^\ominus) =\!\!=\!\!= AgCl(s)$ 设计成原电池。已知 25 ℃

时，$\Delta_f H_m^\ominus(AgCl, s) = -127.07\ kJ \cdot mol^{-1}$，$\Delta_f G_m^\ominus(AgCl, s) = -109.79\ kJ \cdot mol^{-1}$，标准

电极电势 $E^\ominus(Ag^+ \mid Ag) = 0.799\ 4\ V$，$E^\ominus[Cl^- \mid Cl_2(g) \mid Pt] = 1.357\ 9\ V$。

（1）写出电极反应和电池图示；

（2）求 25 ℃、电池可逆放电 $2F$ 电荷量时的热 Q_r；

（3）求 25 ℃时 AgCl 的活度积 K_{sp}。

解：（1）反应中有难溶盐出现，所以需要用到第二类电极：

阳极　　$Ag(s) + Cl^- \longrightarrow AgCl(s) + e^-$

阴极　　$\dfrac{1}{2}Cl_2(g) + e^- \longrightarrow Cl^-$

电池表示为 $Ag(s) \mid AgCl(s) \mid Cl^-[a(Cl^-)] \mid Cl_2(g, p^\ominus) \mid Pt$　　　　　　（1）

（2）题给反应为 AgCl 的生成反应，所以有

$$\Delta_r H_m^\ominus = \Delta_f H_m^\ominus(AgCl, s), \ \Delta_r G_m^\ominus = \Delta_f G_m^\ominus(AgCl, s)$$

反应 $z = 1$。

25 ℃，电池可逆放电 $2F$ 电荷量时 $\xi = 2$。

$Q_r = \xi T \Delta_r S_m^\ominus = \xi(\Delta_r H_m^\ominus - \Delta_r G_m^\ominus) = \{2 \times [-127.07 - (-109.79)]\}\ kJ = -34.56\ kJ$

（3）为求 AgCl 的活度积，需将反应 $AgCl(s) =\!\!=\!\!= Ag^+ + Cl^-$ 设计成原电池。
所设计电池为

阳极　　$Ag(s) \longrightarrow Ag^+ + e^-$

阴极　　$AgCl(s) + e^- \longrightarrow Ag(s) + Cl^-$

电池表示为　　　　　　$Ag \mid Ag^+ \ \vdots \ Cl^- \mid AgCl(s) \mid Ag$　　　　　　（2）

计算 AgCl 的活度积 K_{sp}，需要知道 $E^\ominus(Ag^+ \mid Ag)$ 和 $E^\ominus(Cl^- \mid AgCl(s) \mid Ag)$，
后者未知，需由题给反应进行计算。

反应 $Ag(s) + \dfrac{1}{2}Cl_2(g, p^\ominus) =\!\!=\!\!= AgCl(s)$ 的 $\Delta_r G_m^\ominus = -109.79\ kJ \cdot mol^{-1}$，并由设

计的电池，得

$$E^{\ominus}(1) = E^{\ominus}[\,\mathrm{Cl}^- \mid \mathrm{Cl}_2(\mathrm{g}) \mid \mathrm{Pt}\,] - E^{\ominus}[\,\mathrm{Cl}^- \mid \mathrm{AgCl}(\mathrm{s}) \mid \mathrm{Ag}\,] = -\frac{\Delta_r G_m^{\ominus}}{zF}$$

$$= \left(\frac{109.79 \times 10^3}{1 \times 96\ 485}\right)\mathrm{V} = 1.137\ 9\ \mathrm{V}$$

$$E^{\ominus}[\,\mathrm{Cl}^- \mid \mathrm{AgCl}(\mathrm{s}) \mid \mathrm{Ag}\,] = E^{\ominus}[\,\mathrm{Cl}^- \mid \mathrm{Cl}_2(\mathrm{g}) \mid \mathrm{Pt}\,] - E^{\ominus}(1)$$

$$= (1.357\ 9 - 1.137\ 9)\mathrm{V} = 0.220\ 0\ \mathrm{V}$$

对于电池 $\mathrm{Ag} \mid \mathrm{Ag}^+ \vdots \mathrm{Cl}^- \mid \mathrm{AgCl}(\mathrm{s}) \mid \mathrm{Ag}$

$$E^{\ominus}(2) = E^{\ominus}[\,\mathrm{Cl}^- \mid \mathrm{AgCl}(\mathrm{s}) \mid \mathrm{Ag}\,] - E^{\ominus}(\mathrm{Ag}^+ \mid \mathrm{Ag}) = 0.220\ 0\ \mathrm{V} - 0.799\ 4\ \mathrm{V} = -0.579\ 4\ \mathrm{V}$$

电池(2)达到平衡时,$E^{\ominus}(2) = \dfrac{RT}{F}\ln K_{sp}$,故

$$K_{sp} = \exp\frac{E^{\ominus}(2)F}{RT} = \exp\left(-\frac{0.579\ 4 \times 96\ 485}{8.314 \times 298.15}\right) = 1.605 \times 10^{-10}$$

7.26 已知铅酸蓄电池

$$\mathrm{Pb} \mid \mathrm{PbSO}_4(\mathrm{s}) \mid \mathrm{H}_2\mathrm{SO}_4(b = 1.00\ \mathrm{mol \cdot kg}^{-1}), \mathrm{H}_2\mathrm{O} \mid \mathrm{PbSO}_4(\mathrm{s}), \mathrm{PbO}_2(\mathrm{s}) \mid \mathrm{Pb}$$

在 25 ℃时的电动势 $E = 1.928\ 3\ \mathrm{V}$,$E^{\ominus} = 2.050\ 1\ \mathrm{V}$。该电池的电池反应为

$$\mathrm{Pb}(\mathrm{s}) + \mathrm{PbO}_2(\mathrm{s}) + 2\mathrm{SO}_4^{2-} + 4\mathrm{H}^+ \longrightarrow 2\mathrm{PbSO}_4(\mathrm{s}) + 2\mathrm{H}_2\mathrm{O}$$

(1) 请写出该电池的电极反应;

(2) 计算该电池中硫酸溶液的活度 a、平均离子活度 $a_{\pm}$ 及平均离子活度因子 $\gamma_{\pm}$;

(3) 已知该电池的温度系数为 $5.664 \times 10^{-5}\ \mathrm{V \cdot K}^{-1}$,计算电池反应的 $\Delta_r G_m$,$\Delta_r S_m$,$\Delta_r H_m$ 及可逆热 $Q_{r,m}$。

解:(1) 电极反应:

阳极 $\quad \mathrm{Pb}(\mathrm{s}) + \mathrm{SO}_4^{2-}(b) \longrightarrow \mathrm{PbSO}_4(\mathrm{s}) + 2\mathrm{e}^-$

阴极 $\quad \mathrm{PbO}_2(\mathrm{s}) + \mathrm{SO}_4^{2-}(b) + 4\mathrm{H}^+(2b) + 2\mathrm{e}^- \longrightarrow \mathrm{PbSO}_4(\mathrm{s}) + 2\mathrm{H}_2\mathrm{O}$

(2) 对于题给电池

$$E = E^{\ominus} - \frac{RT}{zF}\ln\frac{1}{a^2(\mathrm{H}_2\mathrm{SO}_4)} = E^{\ominus} - \frac{RT}{2F}\ln\frac{1}{a^2(\mathrm{H}_2\mathrm{SO}_4)} = E^{\ominus} + \frac{RT}{F}\ln a(\mathrm{H}_2\mathrm{SO}_4)$$

代入数据:$1.928\ 3 = 2.050\ 1 + \dfrac{8.314 \times 298.15}{96\ 485}\ln a(\mathrm{H}_2\mathrm{SO}_4)$

得 $\qquad\qquad\qquad\qquad a(\mathrm{H}_2\mathrm{SO}_4) = 8.731 \times 10^{-3}$

$$a_{\pm} = a^{1/3}(\mathrm{H}_2\mathrm{SO}_4) = (8.731 \times 10^{-3})^{1/3} = 0.205\ 9$$

又 $\qquad\qquad\qquad\qquad a_{\pm} = \dfrac{\gamma_{\pm} b_{\pm}}{b^{\ominus}}$

$$b_{\pm} = (b_+^{\nu_+} b_-^{\nu_-})^{1/\nu} = [(2b)^2 b]^{1/3} = 4.00^{1/3} = 1.587\ 4$$

因此
$$\gamma_{\pm} = \frac{a_{\pm}b^{\ominus}}{b_{\pm}} = \frac{0.205\ 9 \times 1}{1.587\ 4} = 0.129\ 7$$

（3）当电池的温度系数为 $5.664 \times 10^{-5}\ \text{V} \cdot \text{K}^{-1}$ 时,电池反应的
$$\Delta_r G_m = -zFE = (-2 \times 96\ 485 \times 1.928\ 3)\ \text{J} \cdot \text{mol}^{-1} = -372.1\ \text{kJ} \cdot \text{mol}^{-1}$$

$$\Delta_r S_m = zF\left(\frac{\partial E}{\partial T}\right)_p = (2 \times 96\ 485 \times 5.664 \times 10^{-5})\ \text{J} \cdot \text{K}^{-1} \cdot \text{mol}^{-1} = 10.93\ \text{J} \cdot \text{K}^{-1} \cdot \text{mol}^{-1}$$

$$\Delta_r H_m = \Delta_r G_m + T\Delta_r S_m = -372.1\ \text{kJ} \cdot \text{mol}^{-1} + 298.15\ \text{K} \times 10.93 \times 10^{-3}\ \text{kJ} \cdot \text{K}^{-1} \cdot \text{mol}^{-1}$$
$$= -368.8\ \text{kJ} \cdot \text{mol}^{-1}$$

$$Q_{r,m} = T\Delta_r S_m = 298.15\ \text{K} \times 10.93 \times 10^{-3}\ \text{kJ} \cdot \text{K}^{-1} \cdot \text{mol}^{-1} = 3.259\ \text{kJ} \cdot \text{mol}^{-1}$$

7.27　（1）已知 25 ℃时,$H_2O(l)$ 的标准摩尔生成焓和标准摩尔生成吉布斯函数分别为 $-285.83\ \text{kJ} \cdot \text{mol}^{-1}$ 和 $-237.129\ \text{kJ} \cdot \text{mol}^{-1}$。计算在氢-氧燃料电池中进行下列反应时电池的电动势及其温度系数。

$$H_2(g, 100\ \text{kPa}) + \frac{1}{2}O_2(g, 100\ \text{kPa}) =\!=\!= H_2O(l)$$

（2）应用教材中表 7.7.1 的数据计算上述电池的电动势。

解:（1）根据定义,$H_2O(l)$ 的标准摩尔生成焓 $\Delta_f H_m^{\ominus}(H_2O, l)$ 和标准摩尔生成吉布斯函数 $\Delta_f G_m^{\ominus}(H_2O, l)$ 是下列反应的 $\Delta_r H_m^{\ominus}$ 和 $\Delta_r G_m^{\ominus}$:

$$H_2(g, 100\ \text{kPa}) + \frac{1}{2}O_2(g, 100\ \text{kPa}) =\!=\!= H_2O(l)$$

为求氢-氧燃料电池的电动势,需将反应设计成原电池:

阳极　　　　$H_2(g, p^{\ominus}) \longrightarrow 2H^+ + 2e^-$

阴极　　　　$\frac{1}{2}O_2(g, p^{\ominus}) + 2H^+ + 2e^- \longrightarrow H_2O(l)$

电池表示为　$Pt \mid H_2(g, 100\ \text{kPa}) \mid H^+[a(H^+)], H_2O \mid O_2(g, 100\ \text{kPa}) \mid Pt$

由能斯特方程　$E = E^{\ominus} - \dfrac{RT}{zF}\ln\dfrac{a(H_2O)}{[p(H_2)/p^{\ominus}][p(O_2)/p^{\ominus}]^{1/2}} = E^{\ominus}$

而电池反应的 $\Delta_r G_m^{\ominus} = -zFE^{\ominus}$,所以

$$E^{\ominus} = -\frac{\Delta_r G_m^{\ominus}}{zF} = -\frac{\Delta_f G_m^{\ominus}(H_2O, l)}{zF} = \left(-\frac{-237.129 \times 10^3}{2 \times 96\ 485}\right)\ \text{V} = 1.229\ \text{V}$$

电池反应 $\Delta_r S_m^{\ominus} = zF\left(\dfrac{\partial E}{\partial T}\right)_p$,所以

$$\left(\frac{\partial E}{\partial T}\right)_p = \frac{\Delta_r S_m^{\ominus}}{zF} = \frac{\Delta_r H_m^{\ominus} - \Delta_r G_m^{\ominus}}{zFT} = \frac{\Delta_f H_m^{\ominus}(H_2O, l) - \Delta_f G_m^{\ominus}(H_2O, l)}{zFT}$$

$$=\left\{\frac{[-285.83-(-237.129)]\times10^3}{2\times96\ 485\times298.15}\right\}V\cdot K^{-1}=-8.46\times10^{-4}\ V\cdot K^{-1}$$

（2）反应设计为电池：

$$Pt\mid H_2(g,100\ kPa)\mid H^+[a(H^+)],H_2O\mid O_2(g,100\ kPa)\mid Pt$$

电池电动势 $E=E^\ominus=E^\ominus_{阴}-E^\ominus_{阳}=E^\ominus[H_2O,H^+\mid O_2(g)\mid Pt]-E^\ominus[H^+\mid H_2(g)\mid Pt]$。

由表 7.7.1 知 $E^\ominus[H_2O,H^+\mid O_2(g)\mid Pt]=1.229\ V$，$E^\ominus[H^+\mid H_2(g)\mid Pt]=0$

所以 $E^\ominus=E^\ominus_{阴}-E^\ominus_{阳}=(1.229-0)V=1.229\ V$

7.28 已知 25 ℃ 时 $E^\ominus(Fe^{3+}\mid Fe)=-0.036\ V$，$E^\ominus(Fe^{3+},Fe^{2+}\mid Pt)=0.770\ V$。试计算 25 ℃ 时电极 $Fe^{2+}\mid Fe$ 的标准电极电势 $E^\ominus(Fe^{2+}\mid Fe)$。

解：上述各电极的电极反应分别为

$$Fe^{3+}+3e^-\longrightarrow Fe$$
$$Fe^{3+}+e^-\longrightarrow Fe^{2+}$$
$$Fe^{2+}+2e^-\longrightarrow Fe$$

分别与标准氢电极组成三个原电池：

$$Pt\mid H_2(g,100\ kPa)\mid H^+[a(H^+)=1]\ \vdots\ Fe^{3+}[a(Fe^{3+})=1]\mid Fe$$
$$Pt\mid H_2(g,100\ kPa)\mid H^+[a(H^+)=1]\ \vdots\ Fe^{3+}[a(Fe^{3+})=1],Fe^{2+}[a(Fe^{2+})=1]\mid Pt$$
$$Pt\mid H_2(g,100\ kPa)\mid H^+[a(H^+)=1]\ \vdots\ Fe^{2+}[a(Fe^{2+})=1]\mid Fe$$

电池反应分别为

$$\frac{3}{2}H_2(g,100\ kPa)+Fe^{3+}[a(Fe^{3+})=1]=\!=\!=Fe+3H^+[a(H^+)=1]\qquad(1)$$

$$\frac{1}{2}H_2(g,100\ kPa)+Fe^{3+}[a(Fe^{3+})=1]=\!=\!=Fe^{2+}[a(Fe^{2+})=1]+H^+[a(H^+)=1]$$
$$(2)$$

$$H_2(g,100\ kPa)+Fe^{2+}[a(Fe^{3+})=1]=\!=\!=Fe+2H^+[a(H^+)=1]\qquad(3)$$

显然，(3)=(1)-(2)，因此，$\Delta_rG^\ominus_m(3)=\Delta_rG^\ominus_m(1)-\Delta_rG^\ominus_m(2)$

$$\Delta_rG^\ominus_m(1)=-3FE^\ominus(Fe^{3+}\mid Fe),\Delta_rG^\ominus_m(2)=-FE^\ominus(Fe^{3+},Fe^{2+}\mid Pt),$$
$$\Delta_rG^\ominus_m(3)=-2FE^\ominus(Fe^{2+}\mid Fe)$$

所以 $-2FE^\ominus(Fe^{2+}\mid Fe)=-3FE^\ominus(Fe^{3+}\mid Fe)+FE^\ominus(Fe^{3+},Fe^{2+}\mid Pt)$

$$E^\ominus(Fe^{2+}\mid Fe)=\frac{1}{2}[3E^\ominus(Fe^{3+}\mid Fe)-E^\ominus(Fe^{3+},Fe^{2+}\mid Pt)]$$

$$=\left\{\frac{1}{2}[3\times(-0.036)-0.770]\right\}V=-0.439\ V$$

7.29 已知 25 ℃ 时 AgBr 的活度积 $K_{sp}=4.88\times10^{-13}$，$E^\ominus(Ag^+\mid Ag)=0.799\ 4\ V$，$E^\ominus[Br^-\mid Br_2(l)\mid Pt]=1.066\ V$。试计算 25 ℃ 时

（1）银–溴化银电极的标准电极电势 $E^{\ominus}[\mathrm{Br^-}\mid\mathrm{AgBr(s)}\mid\mathrm{Ag}]$；

（2）$\mathrm{AgBr(s)}$ 的标准摩尔生成吉布斯函数。

解：（1）设计电池 $\mathrm{Ag}\mid\mathrm{Ag^+}\:\vdots\:\mathrm{Br^-}\mid\mathrm{AgBr(s)}\mid\mathrm{Ag}$，电池反应为

$$\mathrm{AgBr(s)}=\!\!=\!\!=\mathrm{Ag^+}+\mathrm{Br^-} \tag{1}$$

根据能斯特方程

$$E(1)=E^{\ominus}[\mathrm{Br^-}\mid\mathrm{AgBr(s)}\mid\mathrm{Ag}]-E^{\ominus}(\mathrm{Ag^+}\mid\mathrm{Ag})-\frac{RT}{F}\ln K_{\mathrm{sp}}(\mathrm{AgBr})$$

反应达平衡时 $E=0$，所以

$$E^{\ominus}[\mathrm{Br^-}\mid\mathrm{AgBr(s)}\mid\mathrm{Ag}]=E(\mathrm{Ag^+}\mid\mathrm{Ag})+\frac{RT}{F}\ln K_{\mathrm{sp}}(\mathrm{AgBr})$$

$$=0.799\ 4\ \mathrm{V}+\left[\frac{8.314\times298.15}{96\ 485}\ln(4.88\times10^{-13})\right]\mathrm{V}=0.071\ 1\ \mathrm{V}$$

（2）$\mathrm{AgBr(s)}$ 的标准摩尔生成吉布斯函数是以下反应的 $\Delta_{\mathrm{r}}G_{\mathrm{m}}^{\ominus}$：

$$\mathrm{Ag(s)}+\frac{1}{2}\mathrm{Br_2(l)}=\!\!=\!\!=\mathrm{AgBr(s)} \tag{2}$$

利用电动势测定的方法求反应的 $\Delta_{\mathrm{r}}G_{\mathrm{m}}^{\ominus}$，需将反应设计为原电池。此处反应产物为难溶盐，所以电极中必然包括第二类电极，则

阳极　$\mathrm{Ag(s)}+\mathrm{Br^-}[a(\mathrm{Br^-})]\longrightarrow\mathrm{AgBr(s)}+\mathrm{e^-}$

阴极　$\frac{1}{2}\mathrm{Br_2(l)}+\mathrm{e^-}\longrightarrow\mathrm{Br^-}[a(\mathrm{Br^-})]$

所设计的电池为　$\mathrm{Ag}\mid\mathrm{AgBr(s)}\mid\mathrm{Br^-}[a(\mathrm{Br^-})]\mid\mathrm{Br_2(l)}\mid\mathrm{Pt}$

电池的标准电动势　$E^{\ominus}(2)=E^{\ominus}[\mathrm{Br^-}\mid\mathrm{Br_2(l)}\mid\mathrm{Pt}]-E^{\ominus}[\mathrm{Br^-}\mid\mathrm{AgBr(s)}\mid\mathrm{Ag}]$

于是

$$\Delta_{\mathrm{r}}G_{\mathrm{m}}^{\ominus}=\Delta_{\mathrm{f}}G_{\mathrm{m}}^{\ominus}(\mathrm{AgBr,s})=-zFE^{\ominus}(2)$$

$$=[-96\ 485\times(1.066-0.071\ 1)]\mathrm{J\cdot mol^{-1}}=-96.0\ \mathrm{kJ\cdot mol^{-1}}$$

7.30　25 ℃下用铂电极电解 $1\mathrm{mol\cdot dm^{-3}}$ 的 $\mathrm{H_2SO_4}$ 水溶液。

（1）计算理论分解电压；

（2）若两电极面积均为 $1\mathrm{cm^2}$，电解液电阻为 $100\ \Omega$，$\mathrm{H_2(g)}$ 和 $\mathrm{O_2(g)}$ 的超电势 η 与电流密度 J 的关系分别为

$$\eta[\mathrm{H_2(g)}]/\mathrm{V}=0.472+0.118\ \lg[J/(\mathrm{A\cdot cm^{-2}})]$$

$$\eta[\mathrm{O_2(g)}]/\mathrm{V}=1.062+0.118\ \lg[J/(\mathrm{A\cdot cm^{-2}})]$$

问当通过的电流为 $1\ \mathrm{mA}$ 时，外加电压为若干？

解:(1) 当外加电压比可逆原电池电动势大 dE 时,原电池变为电解池,此时的外加电压称为理论分解电压。用铂电极电解 H_2SO_4 水溶液实际是电解水,电极反应为

阳极 $\quad H_2O(l) \longrightarrow 2H^+ + \dfrac{1}{2}O_2(g, p^\ominus) + 2e^-$

阴极 $\quad 2H^+ + 2e^- \longrightarrow H_2(g, p^\ominus)$

电解产物 $H_2(g)$ 和 $O_2(g)$ 可形成原电池 $Pt \mid H_2(g, p^\ominus) \mid H^+, H_2O \mid O_2(g, p^\ominus) \mid Pt$
该原电池的电动势等于其标准电动势 $E = E^\ominus$,理论分解电压

$$E(理论分解) = E = E^\ominus$$
$$= E^\ominus [H_2O, H^+ \mid O_2(g) \mid Pt] - E^\ominus [H^+ \mid H_2(g) \mid Pt]$$

查教材中表 7.7.1 得

$$E(理论分解) = E^\ominus [H_2O, H^+ \mid O_2(g) \mid Pt] - E^\ominus [H^+ \mid H_2(g) \mid Pt]$$
$$= (1.229 - 0)V = 1.229 \ V$$

(2) 当通过电解池的电流不是无限小时,因极化作用而使外加电压增大,而且电压与通过电极的电流密度 J 有关。由题给数据计算电流密度

$$J = \frac{I}{A_s} = \frac{1 \times 10^{-3} \ A}{1 \ cm^2} = 0.001 \ A \cdot cm^{-2}$$

相应的 $H_2(g)$ 和 $O_2(g)$ 的超电势 η 分别为

$$\eta[H_2(g)]/V = 0.472 + 0.118 \lg[0.001 \ A \cdot cm^{-2}/(A \cdot cm^{-2})] = 0.118$$

$$\eta[O_2(g)]/V = 1.062 + 0.118 \lg[0.001 A \cdot cm^{-2}/(A \cdot cm^{-2})] = 0.708$$

因此,外加电压为

$$E(外加) = E(理论分解) + \eta[H_2(g)] + \eta[O_2(g)] + IR$$
$$= 1.229 \ V + (0.708 \ 0 + 0.118 \ 0)V + 100 \ \Omega \times 10^{-3} A = 2.155 \ V$$

第八章 量子力学基础

§8.1 概念、主要公式及其适用条件

1. 不确定原理

粒子的坐标和动量测量结果的不确定值分别为 Δx 和 Δp_x（Δy 和 Δp_y，Δz 和 Δp_z），它们满足关系式：

$$\Delta x \cdot \Delta p_x \geqslant \frac{h}{4\pi}\left(=\frac{\hbar}{2}\right)$$

此即为不确定原理。

2. 量子力学的基本假设

（1）由 N 个粒子组成的微观系统，其状态可由这 N 个粒子的坐标（或动量）与时间的函数 $\Psi(t, q_1, q_2, \cdots)$ 来表示，$\Psi(t, q_1, q_2, \cdots)$ 称为波函数。

（2）微观粒子的状态 $\Psi(t, \vec{r}, \cdots)$（$\vec{r}$ 代表所有的坐标）随时间的变化遵循薛定谔方程：

$$-\frac{\hbar}{i}\frac{\partial \Psi(t, \vec{r})}{\partial t} = \hat{H}\Psi(t, \vec{r})$$

（3）系统可观测物理量对应于算符。

（4）对系统物理量 O 进行测量，其结果为 O 所对应算符 $\hat{O}$ 的本征值 λ_n，此假设称为测量原理。

两层含义：

① 如果系统所处的状态为 $\hat{O}$ 的本征态 ψ_n，则对 $\hat{O}$ 的测量结果一定为 λ_n。

② 如果系统所处的状态 ψ 不是 $\hat{O}$ 的本征态，则物理量 O 的平均值为

$$\langle O \rangle = \frac{\int \psi^* \hat{O} \psi \, \mathrm{d}\tau}{\int \psi^* \psi \, \mathrm{d}\tau}$$

3. 波函数的意义、性质

波函数 $\Psi(t, q_1, q_2, \cdots)$ 本身没有明确的物理意义，而 $|\Psi(t, x, y, z)|^2 \mathrm{d}x\mathrm{d}y\mathrm{d}z$ 表示在时刻 t，体积元 $\mathrm{d}\tau = \mathrm{d}x\mathrm{d}y\mathrm{d}z$ 中发现该粒子的概率。

波函数应具有以下性质：

（1）单值性；

（2）连续性；

（3）平方可积分且归一化，即 $\int|\Psi|^2\mathrm{d}\tau = 1$。

同时满足上述三个条件的波函数称为品优函数。

4. 算符、哈密顿算符

算符就是一种表示变换的符号，表示将一个函数变换为另一个函数的操作。

哈密顿算符：$\hat{H} = \sum\limits_{j}\left[-\dfrac{\hbar^2}{2m_j}\left(\dfrac{\partial^2}{\partial x_j^2} + \dfrac{\partial^2}{\partial y_j^2} + \dfrac{\partial^2}{\partial z_j^2}\right)\right] + V(t, \vec{r})$，为系统总能量算符。

5. 势箱中粒子的薛定谔方程的解

（1）一维势箱中粒子

薛定谔方程：$\quad -\dfrac{\hbar^2}{2m}\dfrac{\mathrm{d}^2\psi(x)}{\mathrm{d}x^2} + V(x)\psi(x) = E\psi(x)$

薛定谔方程的解：

$$\begin{cases} E_n = \dfrac{n^2 h^2}{8ma^2} \quad (\text{能级}) \\[4mm] \psi_n(x) = \left(\dfrac{2}{a}\right)^{\frac{1}{2}}\sin\left(\dfrac{n\pi x}{a}\right) \quad (\text{波函数}) \end{cases} \quad (n = 1, 2, 3, \cdots)$$

式中，n 为量子数。

（2）三维势箱中粒子

薛定谔方程：$-\dfrac{\hbar^2}{2m}\left(\dfrac{\partial^2}{\partial x^2} + \dfrac{\partial^2}{\partial y^2} + \dfrac{\partial^2}{\partial z^2}\right)\psi(x, y, z) = E\psi(x, y, z)$

薛定谔方程的解：

$$\begin{cases} E = \dfrac{h^2}{8m}\left(\dfrac{n_x^2}{a^2} + \dfrac{n_y^2}{b^2} + \dfrac{n_z^2}{c^2}\right) \quad (\text{能级}) \\[4mm] \psi(x, y, z) = \left(\dfrac{8}{abc}\right)^{1/2}\sin\dfrac{n_x\pi x}{a}\sin\dfrac{n_y\pi y}{b}\sin\dfrac{n_z\pi z}{c} \quad (\text{波函数}) \\[4mm] n_x, n_y, n_z = 1, 2, 3, \cdots \quad (\text{量子数}) \end{cases}$$

6. 一维谐振子的薛定谔方程的解

薛定谔方程：　　　$-\dfrac{\hbar^2}{2m}\dfrac{\mathrm{d}^2\psi(x)}{\mathrm{d}x^2}+\dfrac{1}{2}kx^2\psi(x)=E\psi(x)$

薛定谔方程的解：

$$\begin{cases} E_v=\left(\dfrac{1}{2}+v\right)h\nu_0 \quad (能级)\\[3mm] \psi_v(\xi)=N_vH_v(\xi)\,\mathrm{e}^{-\xi^2/2}\quad(波函数)\end{cases}\qquad(v=0,1,2,3,\cdots)$$

7. 二体刚性转子的薛定谔方程的解

薛定谔方程：$-\dfrac{\hbar^2}{2\mu d^2}\left[\dfrac{1}{\sin\theta}\dfrac{\partial}{\partial\theta}\left(\sin\theta\dfrac{\partial}{\partial\theta}\right)+\dfrac{1}{\sin^2\theta}\dfrac{\partial^2}{\partial\varphi^2}\right]\psi(\theta,\varphi)=E\psi(\theta,\varphi)$

薛定谔方程的解：

$$\begin{cases} E_J=\dfrac{\hbar^2}{2I}J(J+1)\quad(能级)\\[3mm] \psi(\theta,\varphi)=Y_{Jm}(\theta,\varphi)\quad(波函数)\end{cases}\qquad(J=0,1,2,\cdots;J\geqslant|m|)$$

式中，$I=\mu d^2$ 为二体刚性转子的转动惯量，$\mu=\dfrac{m_1m_2}{m_1+m_2}$为系统的折合质量。

8. 基态与零点能

对应于量子力学系统能量最低的量子态称为基态，基态具有的能量称为零点能。

一维势箱中粒子的零点能：$E_1=h^2/(8ma^2)$

一维谐振子的零点能：$E_0=h\nu_0/2$

二体刚性转子的零点能：$E_0=0$

9. 能级的简并与简并度

多个量子态具有相同能量本征值的现象称为能级的简并。某一能级 i 上独立量子态的个数称为该能级的简并度，用 g_i 来表示。

10. 类氢原子的薛定谔方程的解

球极坐标下定态薛定谔方程：

$$\left\{-\dfrac{\hbar^2}{2\mu}\left\{\dfrac{1}{r^2}\dfrac{\partial}{\partial r}\left(r^2\dfrac{\partial}{\partial r}\right)+\dfrac{1}{r^2}\left[\dfrac{1}{\sin\theta}\dfrac{\partial}{\partial\theta}\left(\sin\theta\dfrac{\partial}{\partial\theta}\right)+\dfrac{1}{\sin^2\theta}\dfrac{\partial^2}{\partial\varphi^2}\right]\right\}+V(r)\right\}\psi(r,\theta,\varphi)$$

$=E\psi(r,\theta,\varphi)$

式中，$V(r)=-\dfrac{Ze^2}{r}$。

薛定谔方程的解：

$$\begin{cases} E_n = -\dfrac{Z^2 e^2}{2n^2 a_0}\,(n=1,2,3,\cdots) \\[2mm] \psi_{nJm}(r,\theta,\varphi)=R_{nJ}(r)Y_{Jm}(\theta,\varphi) \end{cases}$$

式中, $a_0 = \dfrac{4\pi\varepsilon_0\hbar^2}{m_e e^2} = 0.529\,2\times10^{-10}$ m 为玻尔半径; $R_{nJ}(r)$ 为径向波函数($J=1,2,$

$3,\cdots,n-1$); $Y_{Jm}(\theta,\varphi)$ 为球谐函数($m=-J,-J+1,\cdots,0,\cdots,J-1,J$)。

11. 原子轨道

量子力学中将单电子波函数称为轨道。类氢原子的完整的原子轨道即空间-自旋轨道,由一套量子数(n,J,m,m_s)来表示。

12. 多电子原子的结构

对多电子原子如果只考虑经典电磁相互作用,则其哈密顿算符表示为

$$\hat{H} = -\frac{\hbar^2}{2m}\sum_i \nabla_i^2 - \sum_i \frac{Ze^2}{r_i} + \sum_i\sum_{j>i}\frac{e^2}{r_{ij}}$$

式中, $\nabla_i^2 = \dfrac{\partial^2}{\partial x_i^2}+\dfrac{\partial^2}{\partial y_i^2}+\dfrac{\partial^2}{\partial z_i^2}$ 为电子 i 的拉普拉斯算符, m 为电子的质量, r_i 为电子 i

与核之间的距离, r_{ij} 为电子 i 与 j 之间的距离。

近似处理方法

(1) 单电子近似忽略电子间库仑排斥项,则

$$\hat{H} = \hat{H}_0 = \sum_i \hat{H}_i$$

(2) 中心力场近似

根据经典电动力学,电子 i 在该势场中的势能函数:

$$V_i = -\frac{(Z-\sigma_i)e^2}{r_i} = -\frac{Z^* e^2}{r_i}$$

系统的哈密顿算符简化为

$$\hat{H} = \sum_i \left\{ -\frac{\hbar^2}{2m}\nabla_i^2 - \frac{Z^* e^2}{r_i} \right\}$$

式中, σ_i 为屏蔽常数, $Z^* e = (Z-\sigma_i)e$ 为有效核电荷。

薛定谔方程的解:

$$\begin{cases} \psi_{nJm}(r,\theta,\varphi)=R'(r)Y_{Jm}(\theta,\varphi) \\[2mm] E_n = -13.6\,\dfrac{Z^{*2}}{n^2}\,(\text{eV}) \end{cases}$$

(3) 自洽场方法(SCF)

设多电子原子的波函数为

$$\Psi(1,2,\cdots,Z)=\prod_j \psi_j(j)$$

式中，$\psi_j(j)$ 为电子 j 的波函数。电子 i 与所有其他电子 j 的相互作用势能为

$$V_i=e^2\sum_{j\neq i}\int\frac{\psi_j^*(j)\psi_j(j)}{r_{ij}}\mathrm{d}\tau_j$$

该式只是电子 i 坐标的函数。从而单电子的哈密顿算符为

$$\hat{H}_i=-\frac{\hbar^2}{2m}\nabla_i^2-\frac{Ze^2}{r_i}+V_i$$

先假定一组单电子波函数 $[\psi_j^0(j),j=1,2,\cdots,Z]$，如类氢原子轨道，由此计算电子排斥能函数 V_i，代入求解薛定谔方程 $\hat{H}_i\psi_i(i)=\varepsilon_i\psi_i(i)$，得到一组新的单电子波函数 $[\psi_j^1(j),j=1,2,\cdots,Z]$，并将其作为输入进行下一轮计算。该迭代过程一直进行到第 $n+1$ 次得到的解与第 n 次的解近似相等，即 $\psi_j^{n+1}(j)\approx\psi_j^n(j)(j=1,2,\cdots,Z)$ 时结束，这时称电子排斥能函数 V_i 为自洽的。

13. 量子力学中的全同粒子

不同于宏观的情况，由于不确定原理，微观粒子不能通过质量、形状、颜色、位置或轨迹等加以区分，称为全同粒子。全同粒子分为玻色子（波函数对称）和费米子（波函数反对称）。

§8.2　概　念　题

8.2.1　填空题

相关资料

相关资料

1. 在函数 $e^{-x},x^2,\sin x,\cos x$ 中，（　　　）是算符 $\dfrac{\mathrm{d}^2}{\mathrm{d}x^2}$ 的本征函数，其本征值分别为（　　　）。

2. 波函数 Ψ 应具有以下三个性质（1）（　　　）；（2）（　　　）；（3）（　　　）。

3. 波函数 Ψ 本身没有明确的物理意义，但 $|\Psi(t,x,y,z)|^2\mathrm{d}x\mathrm{d}y\mathrm{d}z$ 表示在 t 时刻，（　　　）。

4. 一维势箱中粒子的平动能，其能级的量子化效应随粒子运动范围 a 的（　　　）及粒子质量 m 的（　　　）而减小。

5. 298.15 K 时，某 $N_2(g)$ 分子在 $a=0.2196$ m 的立方体势箱中运动，其第一激发态与基态的能级差 $\Delta\varepsilon=$（　　　）J。

6. 若把一个锂原子看作类氢原子，则其 2s 电子解离能 $E_{2s}=$（　　　），而锂原子 2s 电子解离能的实验值为 -5.39 eV，这种差别的原因是（　　　）。若已知斯

莱特给出的 2s 电子有效核电荷为 1.3，则其 2s 电子解离能 $E_{2s} = ($　　　　　　$)$。

7. 对于多电子原子求解一组单电子波函数的近似处理方法有（　　）。

8.2.2　选择题

1. 三维势箱中一个粒子的波函数是下列物理量算符中（　　）的本征函数。

（a）$\hat{p}_x$；　　　　　（b）$\hat{p}_x^2$；　　　　　（c）$\hat{p}_x + \hat{p}_y + \hat{p}_z$；　　（d）$\hat{p}_x^2 + \hat{p}_y^2 + \hat{p}_z^2$

2. 一维谐振子的哈密顿算符为（　　）。

（a）$\dfrac{\hbar^2}{2m}\dfrac{d^2}{dx^2} + \dfrac{1}{2}kx^2$；　　　　　　（b）$\dfrac{\hbar^2}{2m}\dfrac{d^2}{dx^2} + \dfrac{1}{2}kx$；

（c）$-\dfrac{\hbar^2}{2m}\dfrac{d^2}{dx^2} + \dfrac{1}{2}kx$；　　　　　（d）$-\dfrac{\hbar^2}{2m}\dfrac{d^2}{dx^2} + \dfrac{1}{2}kx^2$

3. 一维势箱中粒子处于（　　）时，存在使波函数为零的节点，在节点处发现粒子的概率（　　）。

（a）基态，$= 0$；　　　　　　　（b）基态，≥ 0；

（c）非基态，$= 0$；　　　　　　（d）非基态，≥ 0

4. 势箱中粒子、一维谐振子、二体刚性转子它们的零点能不为零的是（　　）。

（a）势箱中粒子；　　　　　　　（b）二体刚性转子；

（c）一维谐振子；　　　　　　　（d）三者都包括

相关资料

5. 斯莱特行列式是用来构造（　　）波函数的一般方法，这种波函数适用于（　　）。

（a）对称，费米子；　　　　　　（b）对称，玻色子；

（c）反对称，费米子；　　　　　（d）反对称，玻色子

6. 对于类氢离子的能级公式 $E_n = -\dfrac{Z^2 e^2}{2n^2 a_0}$，其中 a_0 是（　　）。

（a）玻尔半径；　　　　　　　　（b）基态原子轨道半径；

（c）基态氢原子原子轨道半径；　（d）类氢离子原子轨道半径

概念题答案

8.2.1　填空题

1.（e^{-x}，$\sin x$，$\cos x$）；（1，-1，-1）

2.（1）平方可积、归一；　（2）单值；　（3）连续

3. 体积元 $\mathrm{d}\tau = \mathrm{d}x\mathrm{d}y\mathrm{d}z$ 中发现粒子的概率

4. 增大;增加

5. 7.340×10^{-41}

$$\varepsilon_{x,y,z} = (n_x^2 + n_y^2 + n_z^2)\frac{h^2}{8ma^2}$$

$$\varepsilon_{1,1,2} - \varepsilon_{1,1,1} = \left\{[(1+1+2^2)-(1+1+1)]\frac{(6.626 \times 10^{-34})^2}{8 \times \dfrac{28.01 \times 10^{-3}}{6.022 \times 10^{23}} \times 0.219\ 6^2}\right\}\mathrm{J}$$

$$= \left[\frac{3 \times (6.626 \times 10^{-34})^2}{8 \times \dfrac{28.01 \times 10^{-3}}{6.022 \times 10^{23}} \times 0.219\ 6^2}\right]\mathrm{J} = 7.340 \times 10^{-41}\mathrm{J}$$

6. $-30.6\ \mathrm{eV}$;$-5.75\ \mathrm{eV}$

$$E_{2s} = -\frac{13.6Z^2}{n^2}\mathrm{eV} = \left(\frac{-13.6 \times 9}{4}\right)\mathrm{eV} = -30.6\ \mathrm{eV};$$

由于锂原子两个 1s 电子对核电荷有部分屏蔽作用,使 2s 电子受到的有效核电荷作用降低;

$$E_{2s} = \frac{-13.6(Z-\sigma)^2}{n^2}\mathrm{eV} = \frac{-13.6 \times 1.3^2}{4}\mathrm{eV} = -5.75\ \mathrm{eV}$$

7. (1)中心力场近似; (2)自洽场方法

8.2.2　选择题

1. (b),(d)

2. (d)

3. (c)

4. (a),(c)

5. (c)

6. (a),(c)

§8.3　习 题 解 答

8.1 同光子一样,实物粒子也具有波动性。与实物粒子相关联的波的波长,即德布罗意波长由式(8.0.2)给出。试计算下列波长。(1 eV = 1.602 177 × 10^{-19} J,电子质量 9.109×10^{-31} kg,中子质量 1.674×10^{-27} kg。)

(1)具有动能 1 eV,100 eV 的电子;

（2）具有动能 1 eV 的中子；

（3）速度为 640 m/s，质量为 15 g 的弹头。

解： 动能与动量的关系为

$$E = \frac{1}{2}mv^2 = \frac{p^2}{2m}$$

即有 $p = mv = (2mE)^{1/2}$，所以 $\lambda = h/p = h/(mv) = h/(2mE)^{1/2}$。

（1）电子的质量为 9.109×10^{-31} kg，因此

$$\lambda_1 = \frac{h}{(2mE_1)^{1/2}}$$

$$= \frac{6.626 \times 10^{-34} \text{ J} \cdot \text{s}}{(2 \times 9.109 \times 10^{-31} \text{ kg} \times 1.602\ 177 \times 10^{-19} \text{ J})^{1/2}} = 1.226 \times 10^{-9} \text{ m}$$

$$\lambda_2 = \frac{h}{(2mE_2)^{1/2}}$$

$$= \frac{6.626 \times 10^{-34} \text{ J} \cdot \text{s}}{(2 \times 9.109 \times 10^{-31} \text{ kg} \times 100 \times 1.602\ 177 \times 10^{-19} \text{ J})^{1/2}} = 1.226 \times 10^{-10} \text{ m}$$

（2）中子的质量 $m = 1.674 \times 10^{-27}$ kg，所以

$$\lambda = \frac{h}{(2mE)^{1/2}}$$

$$= \frac{6.626 \times 10^{-34} \text{ J} \cdot \text{s}}{(2 \times 1.674 \times 10^{-27} \text{ kg} \times 1.602\ 177 \times 10^{-19} \text{ J})^{1/2}} = 2.861 \times 10^{-11} \text{ m}$$

（3）$\quad \lambda = \dfrac{h}{mv} = \dfrac{6.626 \times 10^{-34} \text{ J} \cdot \text{s}}{15 \times 10^{-3} \text{ kg} \times 640 \text{ m} \cdot \text{s}^{-1}} = 6.902 \times 10^{-35} \text{ m}$

8.2 函数 $f(x) = Ax(x-a)$（A 是不为零的常数）能否是一维势箱中粒子（$0 \leqslant x \leqslant a$）可能的波函数？如果是，A 等于多少？

解： 由于函数 $f(x) = Ax(x-a)$（A 是不为零的常数）在区间 $[0, a]$ 中平方可积，单值，连续且满足边界条件 $f(0) = 0$，$f(a) = 0$，因此该函数是一维势箱中粒子（$0 \leqslant x \leqslant a$）可能的波函数。

根据归一化条件

$$\int_0^a [Ax(x-a)]^2 \mathrm{d}x = 1$$

$$A = \sqrt{1 \left/ \left\{ \int_0^a [x(x-a)]^2 \mathrm{d}x \right\} \right.} = a^2\sqrt{a/30}$$

8.3 在一维势箱粒子问题求解中,如果在箱内 $V(x)=C\neq0$(C 为常数),是否对其定态薛定谔方程的解产生影响? 怎样影响?

解:当 $V(x)=C\neq0$ 时,一维势箱粒子的薛定谔方程为

$$-\frac{\hbar^2}{2m}\frac{\mathrm{d}^2\psi(x)}{\mathrm{d}x^2}+C\psi(x)=E\psi(x)$$

所以

$$-\frac{\hbar^2}{2m}\frac{\mathrm{d}^2\psi(x)}{\mathrm{d}x^2}=(E-C)\psi(x)$$

即

$$-\frac{\hbar^2}{2m}\frac{\mathrm{d}^2\psi(x)}{\mathrm{d}x^2}=E'\psi(x)$$

式中,$E'=E-C$。上述方程与一维势箱中粒子 $C=0$ 时的方程相同,故有

$$E'_n=\frac{n^2h^2}{8ma^2}$$

$$\psi_n(x)=\left(\frac{2}{a}\right)^{1/2}\sin\left(\frac{n\pi x}{a}\right)$$

即 $V(x)=C\neq0$ 不影响波函数,能级整体改变 C:

$$E=E'+C=\frac{n^2h^2}{8ma^2}+C$$

8.4 一质量为 m,在一维势箱 $0\leqslant x\leqslant a$ 中运动的粒子,其量子态为

$$\psi(x)=\left(\frac{2}{a}\right)^{1/2}\left[0.5\sin\left(\frac{\pi}{a}x\right)+0.866\sin\left(\frac{3\pi}{a}x\right)\right]$$

(1) 该量子态是否为能量算符 $\hat{H}$ 的本征态?

(2) 对该系统进行能量测量,其可能的结果及其所对应的概率为何?

(3) 处于该量子态粒子能量的平均值为多少?

解:一维势箱中粒子的波函数为

$$\psi_n(x)=\left(\frac{2}{a}\right)^{1/2}\sin\left(\frac{n\pi x}{a}\right)$$

对比题给的量子态,可知

$$\psi(x)=0.5\psi_1(x)+0.866\psi_3(x)$$

一维势箱的能量为

$$E_n=\frac{n^2h^2}{8ma^2}$$

则
$$\hat{H}\psi_1(x) = \frac{h^2}{8ma^2}\psi_1(x)$$

$$\hat{H}\psi_3(x) = \frac{3^2h^2}{8ma^2}\psi_3(x)$$

（1）由于

$$\hat{H}\psi(x) = 0.5\hat{H}\psi_1(x) + 0.866\hat{H}\psi_3(x)$$

$$= \frac{h^2}{8ma^2}[0.5 \times \psi_1(x)] + \frac{3^2h^2}{8ma^2}[0.866 \times \psi_3(x)] \neq E\psi(x)$$

因此，$\psi(x)$ 不是能量算符 $\hat{H}$ 的本征态。

（2）由于 $\psi(x)$ 是能量本征态 $\psi_1(x)$ 和 $\psi_3(x)$ 的线性组合，而且是归一化的，因此能量测量的可能值为

$$E_1 = \frac{h^2}{8ma^2}$$

$$E_3 = \frac{9h^2}{8ma^2}$$

其出现的概率分别为 $0.5^2 = 0.25$，$0.866^2 = 0.75$

（3）能量测量的平均值为

$$\langle E \rangle = 0.25E_1 + 0.75E_3 = (0.25 + 0.75 \times 9)\frac{h^2}{8ma^2} = \frac{7h^2}{8ma^2}$$

8.5 质量为 1 g 的小球在 1 cm 长的盒内（一维），试计算当它的能量等于在 300 K 下的 kT 时的量子数 n。这一结果说明了什么？k 和 T 分别为玻耳兹曼常数和热力学温度。

解：一维势箱粒子的能级公式为 $E_n = \frac{n^2h^2}{8ma^2}$，则

$$n = \frac{\sqrt{8mE}}{h}a = \frac{\sqrt{8mkT}}{h}a$$

即
$$n = \frac{\sqrt{8 \times 1 \times 10^{-3} \times 300 \times 1.380\ 7 \times 10^{-23}}}{6.626 \times 10^{-34}} \times 10^{-2} = 8.688 \times 10^{19}$$

n 的数值很大，说明能量量子化效应不明显。

8.6 有机共轭分子的性质如共轭能、吸收光谱中吸收峰的位置等，可用一维势箱模型加以粗略描述。已知下列共轭四烯分子

的长度约为 1.120 nm，试用一维势箱模型估算其波长最大吸收峰的位置。

解：用一维势箱模型描述该分子时，其每一个波函数即为一个轨道。由于电子是费米子，每个轨道最多容纳 2 个电子，因此基态时该分子的 8 个 π 电子占据能量最低的 4 个轨道。而最长波长的吸收对应于从最高占据轨道向最低空轨道的跃迁，即 $n=4$ 到 $n=5$ 的跃迁，因此

$$h\nu = \frac{hc}{\lambda} = \Delta E_{4\to5} = \frac{h^2}{8ma^2}(5^2 - 4^2)$$

即

$$\lambda = \frac{8ma^2c}{9h}$$

$$= \left[\frac{8\times9.109\,38\times10^{-31}\times(1.120\times10^{-9})^2\times2.997\,9\times10^8}{9\times6.626\times10^{-34}}\right]\,\text{m}$$

$$= 460\ \text{nm}$$

8.7　在质量为 m 的单原子组成的晶体中，每个原子可看作在所有其他原子组成的球对称势场 $V(x) = fr^2/2$ 中振动，式中 $r^2 = x^2 + y^2 + z^2$。该模型称为三维各向同性谐振子模型，请给出其能级的表达式。

解：该振子的哈密顿算符为

$$\hat{H} = -\frac{\hbar^2}{2m}\left(\frac{\partial^2}{\partial x^2} + \frac{\partial^2}{\partial y^2} + \frac{\partial^2}{\partial z^2}\right) + \frac{1}{2}f(x^2 + y^2 + z^2)$$

$$= \left(-\frac{\hbar^2}{2m}\frac{\partial^2}{\partial x^2} + \frac{1}{2}fx^2\right) + \left(-\frac{\hbar^2}{2m}\frac{\partial^2}{\partial y^2} + \frac{1}{2}fy^2\right) + \left(-\frac{\hbar^2}{2m}\frac{\partial^2}{\partial z^2} + \frac{1}{2}fz^2\right)$$

$$= \hat{H}_x + \hat{H}_y + \hat{H}_z$$

即 $\hat{H}$ 为三个独立谐振子哈密顿算符 $\hat{H}_x, \hat{H}_y, \hat{H}_z$ 之和，根据量子力学基本定律，该振子的能级即为三个独立振子能级之和：

$$\varepsilon = \left(v_x + \frac{1}{2}\right)h\nu_x + \left(v_y + \frac{1}{2}\right)h\nu_y + \left(v_z + \frac{1}{2}\right)h\nu_z$$

式中，$\nu_x = \nu_y = \nu_z = \nu = \dfrac{1}{2\pi}\sqrt{\dfrac{f}{m}}$ 为经典基频，所以

$$\varepsilon = \left(v_x + v_y + v_z + \frac{3}{2} \right) h\nu$$

8.8 一维势箱$[0, a]$中两个 α 自旋的电子,如果它们之间不存在相互作用,试写出它们的基态波函数 $\psi(x_1, x_2)$。

解:设一维势箱$[0, a]$中两个能量最低的波函数分别为 ψ_1 和 ψ_2。由于两个电子的自旋态均为 α,因此两个电子只能分别占据 ψ_1 和 ψ_2。其基态波函数用斯莱特行列式表示为

$$\psi(x_1, x_2) = \frac{1}{\sqrt{2!}} \begin{vmatrix} \psi_1(x_1)\alpha_1 & \psi_2(x_1)\alpha_1 \\ \psi_1(x_2)\alpha_2 & \psi_2(x_2)\alpha_2 \end{vmatrix}$$

$$= \frac{1}{\sqrt{2}} [\psi_1(x_1)\psi_2(x_2) - \psi_1(x_2)\psi_2(x_1)] \alpha_1\alpha_2$$

8.9 在忽略电子间相互作用的情况下,He 原子运动的哈密顿算符可近似表示为

$$\hat{H} = -\frac{\hbar^2}{2m}\nabla_1^2 - \frac{2e^2}{r_1} - \frac{\hbar^2}{2m}\nabla_2^2 - \frac{2e^2}{r_2}$$

式中,m 为电子的质量;r_1 和 r_2 分别为电子 1 和电子 2 与核之间的距离。

(1) 在上述近似下,写出 He 原子的能量表达式并给出基态的能量值;

(2) 如果 1s 为 He$^+$ 的基态波函数(空间轨道),则 He 原子基态波函数表示为 $\psi(1,2) = 1s(1)\alpha(1)1s(2)\beta(2)$,这种说法正确吗?为什么?

解:(1) 由于 $\hat{H} = -\frac{\hbar^2}{2m}\nabla_1^2 - \frac{2e^2}{r_1} - \frac{\hbar^2}{2m}\nabla_2^2 - \frac{2e^2}{r_2}$,它是两个独立的 $Z = 2$ 类氢原子哈密顿算符之和,因此其能级为两个类氢原子能级之和:

$$E_{n_1, n_2} = -\frac{Z^2 e^2}{2a_0}\left(\frac{1}{n_1^2} + \frac{1}{n_2^2}\right) = \left[-54.4\left(\frac{1}{n_1^2} + \frac{1}{n_2^2}\right) \right] \text{ eV}$$

基态时 $n_1 = n_2 = 1$,因此 He 原子基态的能量为

$$E_{1,1} = -108.8 \text{ eV}$$

(2) 将算符 $\hat{P}_{1,2}$ 作用于 $\psi(1,2)$:

$$\hat{P}_{1,2}[1s(1)\alpha(1)1s(2)\beta(2)] = 1s(1)\alpha(2)1s(1)\beta(1) \neq \lambda\psi(1,2)$$

$\lambda = 1$ 或 -1,即 $\psi(1,2)$ 对于交换两个电子的坐标(包括自旋坐标)既不是对称的,又不是反对称的。而电子是费米子,要求波函数对交换粒子的坐标为反对称的,因此 He 原子基态波函数不能表示为 $\psi(1,2) = 1s(1)\alpha(1)1s(2)\beta(2)$。

正确的波函数应该为

$$\psi(1,2) = \frac{1}{\sqrt{2!}} \begin{vmatrix} 1s(1)\alpha(1) & 1s(1)\beta(1) \\ 1s(2)\alpha(2) & 1s(2)\beta(2) \end{vmatrix}$$

$$= \frac{1}{\sqrt{2}} [\alpha(1)\beta(2) - \alpha(2)\beta(1)] 1s(1)1s(2)$$

8.10　在金属有机化合物的合成中 N_2 常被用作保护气体,写出 N_2,N_2^+ 和 N_2^- 基态的电子组态,并以此解释 N_2 的特殊稳定性。

解:N_2,N_2^+ 和 N_2^- 的分子轨道分别为

N_2:KK $(\sigma_g 2s)^2 (\sigma_u^* 2s)^2 (\pi_u 2p)^4 (\sigma_g 2p)^2$

N_2^+:KK $(\sigma_g 2s)^2 (\sigma_u^* 2s)^2 (\pi_u 2p)^4 (\sigma_g 2p)^1$

N_2^-:KK $(\sigma_g 2s)^2 (\sigma_u^* 2s)^2 (\pi_u 2p)^4 (\sigma_g 2p)^2 (\sigma_u^* 2p)^1$

键级分别为 3,2.5 和 2.5。因此无论 N_2 被氧化生成 N_2^+ 或被还原生成 N_2^-,都会削弱 N_2 的成键,故 N_2 很稳定。

第九章　统计热力学初步

§9.1　概念、主要公式及其适用条件

1. 粒子各种运动形式的能级及能级的简并度

（1）分子的平动

$$\varepsilon_t = \frac{h^2}{8m}\left(\frac{n_x^2}{a^2} + \frac{n_y^2}{b^2} + \frac{n_z^2}{c^2}\right) \quad (n_x, n_y, n_z = 1, 2, \cdots)$$

式中，n_x, n_y, n_z 分别为 x, y, z 方向上的平动量子数。

如果 $a = b = c$，上式简化为

$$\varepsilon_t = \frac{h^2}{8mV^{2/3}}(n_x^2 + n_y^2 + n_z^2)\,(n_x, n_y, n_z = 1, 2, \cdots)$$

（2）双原子分子的转动

$$\varepsilon_r = \frac{h^2}{8\pi^2 I}J(J+1) \quad (J = 0, 1, 2, \cdots)$$

式中，$I = \mu d^2$ 为分子的转动惯量，可通过分子的转动光谱得到；$\mu = \dfrac{m_A m_B}{m_A + m_B}$ 为分子的折合质量；d 为分子的平衡键长。转动能级 J 的简并度（统计权重）$g_{r,J} = 2J+1$。

（3）双原子分子的振动

$$\varepsilon_v = \left(v + \frac{1}{2}\right)h\nu \quad (v = 0, 1, 2, \cdots)$$

式中，$\nu = \dfrac{1}{2\pi}\sqrt{k/\mu}$ 为分子振动的基频，由分子振动光谱得到。k 为振动力常数，μ 为分子的折合质量。双原子分子的振动能级为非简并的，即 $g_{v,v} = 1$。

（4）电子及核的运动

通常温度下，分子中的这两种运动均处于基态。电子运动基态能级的简并度 $g_{e,0}$ 及核运动基态能级的简并度 $g_{n,0}$ 为常数。

2. 能级分布的微观状态数及系统的总微态数

（1）定域子系统

$$W_D = \frac{N!}{\prod_i n_i!} \times \prod_i g_i^{n_i} = N! \prod_i \frac{g_i^{n_i}}{n_i!}$$

（2）离域子系统

当 $g_i \gg n_i$ 时

$$W_D \approx \prod_i \frac{g_i^{n_i}}{n_i!}$$

（3）系统总微态数

$$\Omega = \sum_D W_D$$

3. 等概率定理

$$P = \frac{1}{\Omega}$$

即 N, U, V 确定的系统中,每个微态出现的概率都相等。该原理是统计热力学最基本的假设。

4. 玻耳兹曼分布公式

$$n_i = \frac{N}{q} g_i e^{-\varepsilon_i/(kT)}$$

或

$$n_i = \frac{N}{q^0} g_i e^{-\varepsilon_i^0/(kT)}$$

5. 粒子的配分函数

（1）定义式

$$q \xlongequal{\text{def}} \sum_{j \atop \text{量子态}} e^{-\varepsilon_j/(kT)} = \sum_{i \atop \text{能级}} g_i e^{-\varepsilon_i/(kT)}$$

（2）析因子性质

$$q = q_t q_r q_v q_e q_n$$

（3）能量零点的选择对配分函数的影响

$$q_t^0 = e^{\varepsilon_{t,0}/(kT)} q_t \approx q_t \qquad (因为 \varepsilon_{t,0} \approx 0)$$

$$q_r^0 = e^{\varepsilon_{r,0}/(kT)} q_r = q_r \qquad (因为 \varepsilon_{r,0} = 0)$$

$$q_v^0 = e^{\varepsilon_{v,0}/(kT)} q_v$$

$$q_e^0 = e^{\varepsilon_{e,0}/(kT)} q_e$$

$$q_n^0 = e^{\varepsilon_{n,0}/(kT)} q_n$$

（4）配分函数的计算

平动配分函数
$$q_t = \left(\frac{2\pi m k T}{h^2}\right)^{3/2} V = f_t^3$$

转动配分函数
$$q_r = \frac{T}{\Theta_r \sigma} = \frac{8\pi^2 I k T}{h^2 \sigma}$$

式中，$\Theta_r = \dfrac{h^2}{8\pi^2 I k}$ 为转动特征温度；σ 为分子对称数。异核双原子分子 $\sigma = 1$，同核双原子分子 $\sigma = 2$。

振动配分函数

$$q_v = \frac{1}{e^{h\nu/(2kT)} - e^{-h\nu/(2kT)}} = \frac{1}{e^{\Theta_v/(2T)} - e^{-\Theta_v/(2T)}}$$

$$q_v^0 = e^{\varepsilon_{v,0}/(kT)} q_v = e^{h\nu/(2kT)} \frac{1}{e^{h\nu/(2kT)} - e^{-h\nu/(2kT)}}$$

$$= \frac{1}{1 - e^{-h\nu/(kT)}} = \frac{1}{1 - e^{-\Theta_v/T}}$$

式中，$\Theta_v = \dfrac{h\nu}{k}$ 为振动特征温度。

电子及核运动的配分函数

$$q_e^0 = \sum_i g_i e^{-\varepsilon_i^0/(kT)} = g_{e,0} = 常数$$

$$q_n^0 = g_{n,0} = 常数$$

6. 热力学函数与配分函数关系

（1）热力学能与配分函数关系

$$U = \frac{NkT^2}{q}\left(\frac{\partial q}{\partial T}\right)_V = NkT^2 \left(\frac{\partial \ln q}{\partial T}\right)_V$$

（2）熵与配分函数关系

$$S = Nk\ln\frac{q}{N} + \frac{U}{T} + Nk \quad （离域子系统）$$

或
$$S = Nk\ln\frac{q^0}{N} + \frac{U^0}{T} + Nk$$

$$S = Nk\ln q + \frac{U}{T} \quad （定域子系统）$$

或
$$S = Nk\ln q^0 + \frac{U^0}{T}$$

（3）其他热力学函数与配分函数关系

$$A = -NkT\ln\frac{q}{N} - NkT \quad （离域子系统）$$

$$A = -NkT\ln q \quad （定域子系统）$$

$$G = -NkT\ln\frac{q}{N} - NkT + NkTV\left(\frac{\partial\ln q}{\partial V}\right)_T \quad （离域子系统）$$

$$G = -NkT\ln q + NkTV\left(\frac{\partial\ln q}{\partial V}\right)_T \quad （定域子系统）$$

$$H = NkT^2\left(\frac{\partial\ln q}{\partial T}\right)_V + NkTV\left(\frac{\partial\ln q}{\partial V}\right)_T$$

7. 热力学函数的计算

（1）热力学能的计算

$$U^0 = U - U_0$$

$$U^0 = U_t^0 + U_r^0 + U_v^0 + U_e^0 + U_n^0$$

$$U_t^0 = \frac{3}{2}NkT$$

$$U_r^0 = NkT$$

$$U_v^0 = Nk\Theta_v\frac{1}{e^{\Theta_v/T}-1}$$

当 $\Theta_v \gg T$，$U_v^0 = 0$；$\Theta_v \ll T$，$U_v^0 = NkT$。

单原子理想气体 $\qquad U_m = \frac{3}{2}RT + U_{0,m}$

双原子理想气体 $\qquad U_m = \frac{5}{2}RT + U_{0,m} \qquad (U_{v,m}^0 \approx 0)$

$$U_m = \frac{7}{2}RT + U_{0,m} \qquad (U_{v,m}^0 = RT)$$

$$U_m = \frac{5}{2}RT + R\Theta_v\frac{1}{e^{\Theta_v/T}-1} + U_{0,m} \qquad \left(U_{v,m}^0 = R\Theta_v\frac{1}{e^{\Theta_v/T}-1}\right)$$

（2）统计熵的计算

$$S = S_t + S_r + S_v + S_e$$

$$S_{m,t} = R\left\{\frac{3}{2}\ln[M/(\text{kg}\cdot\text{mol}^{-1})] + \frac{5}{2}\ln(T/\text{K}) - \ln(p/\text{Pa}) + 20.723\right\}$$

$$S_{m,r} = R\ln\left(\frac{T}{\Theta_r\sigma}\right) + R$$

$$S_{m,v} = -R\ln(1-e^{-\Theta_v/T}) + R\Theta_v[(e^{\Theta_v/T}-1)T]^{-1}$$

单原子理想气体 $\qquad\qquad S_m = S_{m,t}$

双原子理想气体 $\qquad\qquad S_m = S_{m,t} + S_{m,r} + S_{m,v}$

（3）摩尔定容热容的计算

$$C_{V,m,t} = \left(\frac{\partial U_{t,m}}{\partial T}\right)_V = \left(\frac{\partial U_{t,m}^0}{\partial T}\right)_V = \frac{3}{2}R$$

$$C_{V,m,r} = \left(\frac{\partial U_{r,m}}{\partial T}\right)_V = \left(\frac{\partial U_{r,m}^0}{\partial T}\right)_V = R$$

$$C_{V,m,v} = \left(\frac{\partial U_{v,m}}{\partial T}\right)_V = \left(\frac{\partial U_{v,m}^0}{\partial T}\right)_V = R\left(\frac{\Theta_v}{T}\right)^2 e^{\Theta_v/T}\frac{1}{(e^{\Theta_v/T}-1)^2}$$

当 $\Theta_v \gg T, C_{V,m,v} = 0; \Theta_v \ll T, C_{V,m,v} = R$。

单原子理想气体 $\qquad\qquad C_{V,m} = C_{V,m,t} = \frac{3}{2}R$

双原子理想气体

$$C_{V,m} = C_{V,m,t} + C_{V,m,r} + C_{V,m,v} = \frac{5}{2}R + R\left(\frac{\Theta_v}{T}\right)^2 e^{\Theta_v/T}\frac{1}{(e^{\Theta_v/T}-1)^2}$$

当 $\Theta_v \gg T$, $C_{V,m,v} = 0, C_{V,m} = \frac{5}{2}R; \Theta_v \ll T, C_{V,m,v} = R, C_{V,m} = \frac{7}{2}R$。

8. 玻耳兹曼熵定理

$$S = k\ln\Omega$$

摘取最大项原理 $\qquad\qquad \ln W_B \approx \ln\Omega$

于是 $\qquad\qquad S = k\ln\Omega \approx k\ln W_B$

9. 理想气体反应标准平衡常数的计算

（1）理想气体的标准摩尔吉布斯自由能函数

$$\frac{G_{m,T}^\ominus - U_{0,m}}{T} = -R\ln\frac{q^0}{L}$$

（2）理想气体的标准摩尔焓函数

$$\frac{H_{m,T}^\ominus - U_{0,m}}{T} = RT\left(\frac{\partial\ln q^0}{\partial T}\right)_V + R$$

（3）理想气体反应的标准平衡常数

$$-\ln K^\ominus = \frac{1}{R}\sum_B\nu_B\left(\frac{G_{m,B}^\ominus - U_{0,m,B}}{T}\right) + \frac{1}{RT}\sum_B\nu_B U_{0,m,B}$$

$$= \frac{1}{R}\Delta_r\left(\frac{G_m^\ominus - U_{0,m}}{T}\right) + \frac{1}{RT}\Delta_r U_{0,m}$$

$$\Delta_r U_{0,m} = \Delta_r H_{m,298.15\,K}^{\ominus} - \Delta_r (H_{m,298.15\,K}^{\ominus} - U_{0,m})$$

$$\Delta_r (H_{m,298.15\,K}^{\ominus} - U_{0,m}) = \sum_B \nu_B (H_{m,298.15\,K,B}^{\ominus} - U_{0,m,B})$$

§9.2 概 念 题

9.2.1 填空题

1. 一个 N, U, V 确定的热力学系统可视为独立子系统,则系统中的任何一种能级分布必须满足的两个条件是( )和( )。(用公式表示。)

2. 最概然分布的微观状态数随粒子数增加而( ),该分布出现的数学概率随粒子数增加而( ),但( )分布能够代表系统的平衡分布。

3. 某理想气体 B 的分子基态能级为非简并的,并定为能量的零点,第一激发态能级的能量为 ε_1^0,其简并度为 2。若忽略更高能级,则 B 的配分函数 $q = ($)(写出具体式子)。若 $\varepsilon_1^0 = 0.2kT$,则第一激发态能级分布数 n_1 与基态能级的分布数 n_0 之比 $\dfrac{n_1}{n_0} = ($)。

4. 某平动能级间隔为 $\Delta\varepsilon = 1 \times 10^{-21}$ J,假设能级的简并度均为 1,则其相邻能级上的粒子数之比在 10 K 时为 $\dfrac{n_{i+1}}{n_i}(10\,K) = ($),100 K 时为 $\dfrac{n_{i+1}}{n_i}(100\,K) = ($),298.15 K 时为 $\dfrac{n_{i+1}}{n_i}(298.15\,K) = ($),1 000 K 时为 $\dfrac{n_{i+1}}{n_i}(1\,000\,K) = ($)。计算结果的趋势说明( )。

5. 在题 4 中,如果能级间隔为 $\Delta\varepsilon = 1 \times 10^{-19}$ J,则相邻能级上的粒子数之比在 10 K,100 K,298.15 K 和 1 000 K 时分别为( ),( ),( ),( )。若能级间隔为 $\Delta\varepsilon = 1 \times 10^{-23}$ J,则相邻能级上的粒子数之比在 10 K,100 K,298.15 K 和 1 000 K 时分别为( ),( ),( ),( )。结合题 4 的计算结果,上述趋势说明( )。

6. 平动、转动、振动的能级间隔分别为 10^{-42} J,10^{-23} J 和 10^{-20} J。假设能级均为非简并的,则在 100 K,298 K,1 000 K 时,对于平动,相邻能级的粒子数之比分别为( ),( ),( );对于转动,相邻能级的粒子数之比分别为

(　　　),(　　　),(　　　);对于振动,相邻能级的粒子数之比分别为(　　　),
(　　　),(　　　)。上述结果说明(　　　　　)。

7. 将 $N_2(g)$ 置于 298.15 K, 24.79 dm^3 的容器中,其平动配分函数 $q_t =$
(　　　)。

8. B_2 分子可视为一维谐振子。当温度为 T 时,B_2 分子的振动能级间隔为
0.426×10^{-20} J。若要求 B_2 分子在相邻两振动能级上分布数之比 $\dfrac{n_{i+1}}{n_i} = 0.354$,则该

温度 $T = ($　　　$)$K。

9. 物质的量为 1 mol 的某理想气体,恒温下从 p_1, V_1, T_1 的始态变化到体积
为 V_2 的末态,且 $V_2 = 2V_1$,则该系统始、末态的微观状态数之比 $\dfrac{\Omega_2}{\Omega_1} = ($　　　　$)$。
(以指数形式表示。)

10. 一定量理想气体经历恒温变压过程,则粒子的配分函数 q_t, q_r, q_v, q_e, q_n
中,(　　　)将会变化。

11. 已知 NO 分子在 300 K 时的 $q_v^0 = 1.000\ 1$,计算 NO 分子振动基态的分布
数 n_0 与总分子数 N 之比 $\dfrac{n_0}{N} = ($　　　　$)$,结果说明(　　　　　　)。

12. 在一定温度、压力下计算双原子分子(A)理想气体的统计熵 $S_m(A)$,所
需要分子(A)的微观性质及结构数据包括(　　　　　　　)。

9.2.2　选择题

1. 粒子不同运动形式的能级间隔是不同的,对于独立子系统,其能级间隔
的大小顺序是(　　　)。

(a) $\varepsilon_t > \varepsilon_v > \varepsilon_r > \varepsilon_e > \varepsilon_n$;　　　　　　(b) $\varepsilon_n > \varepsilon_e > \varepsilon_v > \varepsilon_r > \varepsilon_t$;

(c) $\varepsilon_n > \varepsilon_e > \varepsilon_r > \varepsilon_v > \varepsilon_t$;　　　　　　(d) $\varepsilon_e > \varepsilon_n > \varepsilon_v > \varepsilon_r > \varepsilon_t$

2. 某谐振子相邻能级间隔为 $\Delta \varepsilon = 2 \times 10^{-23}$ J,能级粒子数之比为 49/51,则系
统的温度为(　　　)K。

(a) 36.2;　　　　(b) -36.2;　　　　(c) 0.04;　　　　(d) -0.04

3. 理想气体的 pVT 中只有一个量发生变化时,平动配分函数将随温度 T 的
升高而(　　　),随压力 p 的增大而(　　　),随体积 V 的增加而(　　　)。

(a) 减小;　　　　(b) 不变;　　　　(c) 增大;　　　　(d) 增大或不变

4. 能量零点的选择(　　　)。

(a) 对玻耳兹曼分布公式及 q_t, q_v, q_r, q_e, q_n 的值都无影响;

(b) 对玻耳兹曼分布公式及 q_t, q_v, q_r, q_e, q_n 的值都有影响;

(c) 对玻耳兹曼分布公式及 q_v, q_e, q_n 的值无影响,对 q_t, q_r 的值有影响;

(d) 对玻耳兹曼分布公式及 q_t, q_r 的值无影响,对 q_v, q_e, q_n 的值有影响

5. 双原子分子的振动能级不开放的条件是(   ),此时 q_v^0(   )。

(a) $\Theta_v \ll T$, ≈ 1;   (b) $\Theta_v \ll T$, >1;

(c) $\Theta_v \gg T$, ≈ 1;   (d) $\Theta_v \gg T$, >1

6. 已知 CO 与 N_2 的相对分子质量、转动特征温度基本相同,在 298.15 K 时电子运动与振动运动能级均未开放,则 298.15 K 标准状态下(   )。

(a) $S_m(CO) = S_m(N_2)$;   (b) $S_m(CO) > S_m(N_2)$;

(c) $S_m(CO)$ 与 $S_m(N_2)$ 无法比较;   (d) $S_m(CO) < S_m(N_2)$

7. 1 mol 双原子分子理想气体,在恒压下其温度由 T 升到 $2T$ 时,其转动熵变 $\Delta S_{m,r} = ($ $)$;平动熵变 $\Delta S_{m,t} = ($ $)$。

(a) 5.763 J·mol^{-1}·K^{-1},14.407 J·mol^{-1}·K^{-1};

(b) 5.763 J·mol^{-1}·K^{-1},8.644 J·mol^{-1}·K^{-1};

(c) -5.763 J·mol^{-1}·K^{-1},-14.407 J·mol^{-1}·K^{-1};

(d) 0,14.407 J·mol^{-1}·K^{-1}

8. 1 mol 双原子分子(A)理想气体,其振动激发态和电子激发态均可忽略 $(g_{e,0} = 1)$ 则该气体的统计熵(   )。

(a) $S_m(A) = S_{m,t} + S_{m,r} = R\ln\left(\dfrac{q_t^0 \times q_r^0}{L}\right) + \dfrac{7}{2}R$;

(b) $S_m(A) = S_{m,t} + S_{m,r} = R\ln\left(\dfrac{q_t^0 \times q_r^0}{L}\right) + \dfrac{5}{2}R$;

(c) $S_m(A) = S_{m,t} = R\ln\dfrac{q_t^0}{L} + \dfrac{5}{2}R$;

(d) $S_m(A) = S_{m,t} = R\ln\dfrac{q_t^0}{L} + \dfrac{7}{2}R$

9. 热力学状态函数中,(   )与配分函数的关系式,对于定域子和离域子系统都相同。

(a) G, A 及 S;   (b) U, H 及 S;   (c) U, H 及 C_V;   (d) G, H 及 C_V

10. 能量零点的选择(   )。

(a) 对 U, H, S, G, A, C_V 的值都无影响;

(b) 对 U, H, S, G, A, C_V 的值都有影响;

(c) 对 U, H, G, A 的值无影响,对 S, C_V 的值有影响;

(d) 对 U, H, G, A 的值有影响,对 S, C_V 的值无影响

概念题答案

9.2.1　填空题

1. $N = \sum_i n_i$; $U = \sum_i n_i \varepsilon_i$

2. 增大;减小;最概然

3. $1 + 2\exp\left(\dfrac{-\varepsilon_1^0}{kT}\right)$; 1.637

$$\frac{n_1}{n_0} = 2\exp\left(-\frac{0.2kT}{kT}\right) = 1.637$$

4. 7.165×10^{-4} ; 0.485 ; 0.784 ; 0.930 ; 温度升高时,较高能级上的粒子数与较低能级上的粒子数逐渐接近

$$\frac{n_{i+1}}{n_i}(10\ \text{K}) = \frac{g_{i+1}}{g_i} \mathrm{e}^{-\Delta\varepsilon/(kT)} = \exp\left(-\frac{1\times10^{-21}}{1.381\times10^{-23}\times10}\right) = 7.165\times10^{-4}$$

同理 $\dfrac{n_{i+1}}{n_i}(100\ \text{K}) = \exp\left(-\dfrac{1\times10^{-21}}{1.381\times10^{-23}\times100}\right) = 0.485$

$$\frac{n_{i+1}}{n_i}(298.15\ \text{K}) = \exp\left(-\frac{1\times10^{-21}}{1.381\times10^{-23}\times298.15}\right) = 0.784$$

$$\frac{n_{i+1}}{n_i}(1\ 000\ \text{K}) = \exp\left(-\frac{1\times10^{-21}}{1.381\times10^{-23}\times1\ 000}\right) = 0.930$$

5. 0 ; 3.5×10^{-32} ; 2.8×10^{-11} ; 7.2×10^{-4} ; 0.93 ; 0.993 ; 0.998 ; 0.999 ; 一定的能级间隔下,温度升高则相邻能级上的粒子数接近;一定温度时,能级间隔越小,较高能级上的粒子数与较低能级上的粒子数越接近

能级间隔为 $\Delta\varepsilon = 1\times10^{-19}$ J 时, $\dfrac{n_{i+1}}{n_i}(10\ \text{K}) = \dfrac{g_{i+1}}{g_i}\mathrm{e}^{-\Delta\varepsilon/(kT)} =$ $\exp\left(-\dfrac{1\times10^{-19}}{1.381\times10^{-23}\times10}\right) = 0$

在 100 K,298.15 K 和 1 000 K 时粒子数之比分别为 3.5×10^{-32}, 2.8×10^{-11}, 7.2×10^{-4}。

能级间隔为 $\Delta\varepsilon = 1\times10^{-23}$ J 时,在 10 K,100 K,298 K 和 1 000 K 时粒子数之比分别为 0.93,0.993,0.998,0.999。

6. 1,1,1 ; 0.993,0.998,0.999 ; 0.000 7,0.088,0.485 ; 对于平动,粒子分布在各

能级上,可按经典系统处理,对于转动,粒子也分布在各能级上,可按经典系统处理(除非温度特别低),对于振动,大部分粒子处于低能级上(即使温度较高),不能按经典系统处理。

对于玻耳兹曼分布,能级非简并时,相邻能级粒子数之比

$$\frac{n_{i+1}}{n_i} = \frac{g_{i+1}}{g_i}e^{-\Delta\varepsilon/(kT)} = e^{-\Delta\varepsilon/(kT)}$$

7. 3.554×10^{30}

$$q_t = \left(\frac{2\pi mkT}{h^2}\right)^{3/2}V$$

$$= \left[\frac{2\times3.14\times\dfrac{28.01\times10^{-3}}{6.022\times10^{23}}\times1.381\times10^{-23}\times298.15}{(6.626\times10^{-34})^2}\right]^{3/2}\times24.79\times10^{-3}$$

$$= 3.554\times10^{30}$$

8. 297.05

9. $2^{6.022\times10^{23}}$

$$\ln\frac{\Omega_2}{\Omega_1} = \frac{S_2-S_1}{k} = \frac{R\ln 2}{k} = L\ln 2,\frac{\Omega_2}{\Omega_1} = 2^L = 2^{6.022\times10^{23}}$$

10. q_t

11. 0.999 9;在 300 K 时 NO 分子的振动全部处于基态或振动能级不开放

12. 分子质量 m,分子转动惯量 I(或平衡核间距或转动特征温度),分子振动频率 ν(或振动特征温度),基态电子简并度 $g_{e,0}$

9.2.2　选择题

1. (b)

2. (a)

$$\frac{49}{51} = \exp\left(-\frac{2\times10^{-23}\text{ J}}{1.381\times10^{-23}\text{ J}\cdot\text{K}^{-1}\times T}\right),解得 T = 36.2\text{ K}$$

3. (c);(a);(c)

$$q_t = \left(\frac{2\pi mkT}{h^2}\right)^{3/2}V = \left(\frac{2\pi mkT}{h^2}\right)^{3/2}\frac{nRT}{p}$$

4. (d)

5. (c)

6. (b)

因为 $\sigma(CO) = 1$, $\sigma(N_2) = 2$。

7.（a）

$$\Delta S_{m,r} = R\ln\frac{T_2}{T_1}, \Delta S_{m,t} = 2.5R\ln\frac{T_2}{T_1}。$$

8.（a）

9.（c）

10.（d）

§9.3 习题解答

9.1 按照能量均分定律,每摩尔气体分子在各平动自由度上的平均动能为 $RT/2$。现有 1 mol CO 气体于 0 ℃,101.325 kPa 条件下置于立方容器中,试求:

试题分析

（1）每个 CO 分子的平均动能 $\bar{\varepsilon}$;

（2）能量与此 $\bar{\varepsilon}$ 相当的 CO 分子的平动量子数平方和（$n_x^2 + n_y^2 + n_z^2$）。

解:（1）CO 分子有三个自由度,因此,

$$\bar{\varepsilon} = \frac{3RT}{2L} = \left(\frac{3\times 8.314\times 273.15}{2\times 6.022\times 10^{23}}\right) \text{J} = 5.657\times 10^{-21}\ \text{J}$$

（2）由三维势箱中粒子的能级公式

$$\varepsilon = \frac{h^2}{8ma^2}(n_x^2 + n_y^2 + n_z^2)$$

有

$$n_x^2 + n_y^2 + n_z^2 = \frac{8ma^2\bar{\varepsilon}}{h^2} = \frac{8mV^{2/3}\bar{\varepsilon}}{h^2} = \frac{8m\bar{\varepsilon}}{h^2}\left(\frac{nRT}{p}\right)^{2/3}$$

$$= \frac{8\times 28.01\times 10^{-3}\times 5.657\times 10^{-21}}{(6.626\times 10^{-34})^2\times 6.022\times 10^{23}}\left(\frac{1\times 8.314\times 273.15}{101.325\times 10^3}\right)^{2/3}$$

$$= 3.811\times 10^{20}$$

9.2 某平动能级的 $n_x^2 + n_y^2 + n_z^2 = 45$,试求该能级的统计权重。

解: n_x, n_y 和 n_z 只有分别从 2,4,5 中取值时,$n_x^2 + n_y^2 + n_z^2 = 45$ 才成立。因此,该能级的统计权重为 $g = 3! = 6$,对应于状态 ψ_{245}, ψ_{254}, ψ_{425}, ψ_{452}, ψ_{524} 和 ψ_{542}。

9.3 气体 CO 分子的转动惯量 $I = 1.45\times 10^{-46}\ \text{kg}\cdot\text{m}^2$,试求转动量子数 J 为 4 与 3 两能级的能量差 $\Delta\varepsilon$,并求 $T = 300$ K 时的 $\Delta\varepsilon/(kT)$。

试题分析

解: 设该分子可用刚性转子描述,其能级公式为

$$\varepsilon_J = J(J+1)\frac{h^2}{8\pi^2 I}$$

$$\Delta\varepsilon = \left[(4\times5-3\times4)\times\frac{(6.626\times10^{-34})^2}{8\times3.14^2\times1.45\times10^{-46}}\right]J = 3.071\times10^{-22}\ J$$

$$\frac{\Delta\varepsilon}{kT} = \frac{3.071\times10^{-22}}{1.381\times10^{-23}\times300} = 7.412\times10^{-2}$$

*9.4　三维谐振子的能级公式为 $\varepsilon(s)=(s+3/2)h\nu$，式中 s 为振动量子数，即 $s=v_x+v_y+v_z=0,1,2,3,\cdots$。试证明能级 $\varepsilon(s)$ 的统计权重 $g(s)$ 为

$$g(s)=(s+2)(s+1)/2$$

提示：此题中 $g(s)$ 相当于 s 个无区别的球放在 x,y,z 三个不同盒子中，每个盒子容纳的球数不受限制的放置方式数。

解：

解法一： 因为 $s=v_x+v_y+v_z=0,1,2,3,\cdots,v_x,v_y,v_z$ 也只能取 $0,1,2,3,\cdots$，所以当 s 一定时 v_x,v_y,v_z 的取值方式数相当于将 s 个无区别的球放在 x,y,z 三个不同盒子中，每个盒子容纳的球数不受限制的放置方式数。

$$g(s)=\frac{[s+(3-1)]!}{s!\times(3-1)!}=\frac{1}{2}(s+1)(s+2)$$

解法二： 用 v_x,v_y 和 v_z 构成一个三维空间，$v_x+v_y+v_z=s$ 为该空间的一个平面，其与三个轴均相交于 s。该平面上 v_x,v_y 和 v_z 为整数的点的总数即为所求问题的解。这些点为平面 $v_x=n_1,v_y=n_2,v_z=n_3,n_1,n_2,n_3=0,1,2,\cdots$ 在平面 $v_x+v_y+v_z=s$ 上的交点（见图 9.1）。由图可知，$g(s)=1+2+\cdots+s+1=\frac{1}{2}(s+2)(s+1)$。

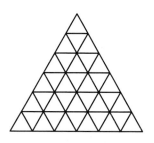

图 9.1　习题 9.4 附图

9.5　某系统由 3 个一维谐振子组成，分别围绕着 A,B,C 三个定点做振动，总能量为 $11h\nu/2$。试列出该系统各种可能的能级分布方式。

解： 由题可列出方程组：

$$\sum_j n_j \left(\mathrm{j} + \frac{1}{2} \right) h\nu = \frac{11h\nu}{2}$$

$$\sum_j n_j = 3$$

$$n_j \leq 3$$

其解即为系统可能的分布方式。

已知一维谐振子的能级公式为 $\varepsilon = \left(v + \frac{1}{2} \right) h\nu$，可能的分布方式如下：

I	$n_4 = 1$，$n_0 = 2$	$\varepsilon_4 = \frac{9}{2}h\nu$，$\varepsilon_0 = \frac{1}{2}h\nu$
II	$n_2 = 2$，$n_0 = 1$	$\varepsilon_2 = \frac{5}{2}h\nu$，$\varepsilon_0 = \frac{1}{2}h\nu$
III	$n_3 = 1$，$n_1 = 1$，$n_0 = 1$	$\varepsilon_3 = \frac{7}{2}h\nu$，$\varepsilon_1 = \frac{3}{2}h\nu$，$\varepsilon_0 = \frac{1}{2}h\nu$
IV	$n_2 = 1$，$n_1 = 2$	$\varepsilon_2 = \frac{5}{2}h\nu$，$\varepsilon_1 = \frac{3}{2}h\nu$

9.6 计算上题中各种能级分布拥有的微态数及系统的总微态数。

解：对应于分布 $n\{n_1, n_2, \cdots\}$ 的微态数为

$$W_{\mathrm{I}} = \frac{3!}{2!} = 3, \quad W_{\mathrm{II}} = \frac{3!}{2!} = 3, \quad W_{\mathrm{III}} = 3! = 6, \quad W_{\mathrm{IV}} = \frac{3!}{2!} = 3$$

总微态数

$$\Omega = \sum_i W_i = 3 + 3 + 6 + 3 = 15$$

9.7 在体积为 V 的立方形容器中有极大数目的三维平动子，其 $h^2 / (8mV^{2/3}) = 0.1kT$，试计算该系统在平衡情况下，$n_x^2 + n_y^2 + n_z^2 = 14$ 的平动能级上粒子的分布数 n 与基态能级的分布数 n_0 之比。

试题分析

解：立方体容器中平动能　$\varepsilon_{\mathrm{t}} = \frac{h^2}{8mV^{2/3}} (n_x^2 + n_y^2 + n_z^2)$

粒子处于基态时，$n_x = n_y = n_z = 1$，$n_x^2 + n_y^2 + n_z^2 = 3$。而 $\dfrac{h^2}{8mV^{2/3}} = 0.1kT$，所以 $\varepsilon_0 = 0.3kT$，$\varepsilon = 1.4kT$，根据玻耳兹曼分布 $n_i = \dfrac{N}{q} g_i \mathrm{e}^{-\varepsilon_i/(kT)}$，有

$$\frac{n}{n_0} = \frac{g}{g_0} \exp\left(-\frac{\varepsilon - \varepsilon_0}{kT} \right) = \frac{g}{g_0} \exp\left[-\frac{(1.4 - 0.3)kT}{kT} \right] = 0.332\ 9\ \frac{g}{g_0}$$

基态的统计权重 $g_0 = 1$，能级 $n_x^2 + n_y^2 + n_z^2 = 14$ 的统计权重 $g = 6$（量子数取 1,2,3），因此

$$\frac{n}{n_0} = 0.332\,9 \quad \frac{g}{g_0} = 0.332\,9 \times 6 = 1.997$$

试题分析

9.8　若将双原子分子看作一维谐振子，则气体 HCl 分子与 I_2 分子的振动能级间隔分别是 5.94×10^{-20} J 和 0.426×10^{-20} J。在 25℃ 时试分别计算上述两种分子在相邻两振动能级上分布数之比。

解：谐振子的能级为非简并且为等间隔的。根据玻耳兹曼分布 $n_i = \frac{N}{q} g_i \mathrm{e}^{-\varepsilon_i/(kT)}$，

有

$$\frac{n_{j+1}}{n_j} = \exp\left(-\frac{\Delta\varepsilon}{kT}\right)$$

对于 HCl　$\dfrac{n_{j+1}}{n_j} = \exp\left(-\dfrac{\Delta\varepsilon}{kT}\right) = \exp\left(-\dfrac{5.94 \times 10^{-20}}{1.381 \times 10^{-23} \times 298.15}\right) = 5.429 \times 10^{-7}$

对于 I_2　$\dfrac{n_{j+1}}{n_j} = \exp\left(-\dfrac{\Delta\varepsilon}{kT}\right) = \exp\left(-\dfrac{0.426 \times 10^{-20}}{1.381 \times 10^{-23} \times 298.15}\right) = 0.355\,4$

9.9　试证明离域子系统的平衡分布与定域子系统同样符合玻耳兹曼分布，即

$$n_i = \frac{N}{q} g_i \mathrm{e}^{-\varepsilon_i/(kT)}$$

证明：对于一个 N, U, V 一定的离域子系统，有

$$W_D = \prod_i \frac{g_i^{n_i}}{n_i!} \tag{1}$$

在满足

$$\varphi_1 = \sum_i n_i - N = 0 \tag{2}$$

$$\varphi_2 = \sum_i n_i \varepsilon_i - U = 0 \tag{3}$$

的条件下，求分布数 W_D 的极大值，即可得系统平衡分布的一组微态数。因 $\ln W_D$ 是 W_D 的单值函数，故 W_D 取极值时 $\ln W_D$ 也取极值。该条件极值问题可用拉格朗日待定乘数法求解。

式（1）取对数得

$$\ln W_D = \sum_i (n_i \ln g_i - \ln n_i!) \tag{4}$$

根据斯特林公式，当粒子数很大时，$\ln N! = N \ln N - N$，代入式（4），得

$$\ln W_D = \sum_i (n_i \ln g_i - n_i \ln n_i + n_i) \tag{5}$$

设 α, β 为待定乘数，分别乘以两条件方程，得

$$\alpha\varphi_1 = \alpha\Big(\sum_i n_i - N\Big) = 0 \tag{6}$$

$$\beta\varphi_2 = \beta\Big(\sum_i n_i\varepsilon_i - U\Big) = 0 \tag{7}$$

式(5)、式(6)、式(7)相加组成一个新函数,令

$$z = \ln W_D + \alpha\varphi_1 + \beta\varphi_2$$

$$dZ = d\ln W_D + \alpha d\varphi_1 + \beta d\varphi_2 = 0 \tag{8}$$

由式(5)知:

$$d\ln W_D = \sum_i \frac{\partial(\ln W_D)}{\partial n_i} dn_i$$

$$= \sum_i \left(\ln g_i - \ln n_i - n_i \frac{\partial(\ln n_i)}{\partial n_i} + 1\right) dn_i \tag{9}$$

$$\alpha d\varphi_1 = \sum_i \alpha \frac{\partial\varphi_1}{\partial n_i} dn_i = \sum_i \alpha dn_i \tag{10}$$

$$\beta d\varphi_2 = \sum_i \beta \frac{\partial\varphi_2}{\partial n_i} dn_i = \sum_i \beta dn_i \tag{11}$$

将式(9)、式(10)、式(11)代入式(8)得

$$\sum_i (\ln g_i - \ln n_i + \alpha + \beta\varepsilon_i) dn_i = 0$$

可解得

$$n_i = e^\alpha g_i e^{\beta\varepsilon_i}$$

此式与定域子系统的推导结果(教材式 9.4.8)完全相同。因此可得

$$\beta = -\frac{1}{kT}$$

$$e^\alpha = \frac{N}{\sum_i g_i e^{\beta\varepsilon_i}} = \frac{N}{q}$$

故 $n_i = \dfrac{N}{q} g_i e^{-\varepsilon_i/(kT)}$,即离域子系统的平衡分布与定域子系统同样符合玻耳兹曼分布。

9.10 温度为 T 的某理想气体,分子质量为 m,按下列情况分别写出分子的平动配分函数的计算式。

(1) 1 cm³ 气体;

(2) 101.325 kPa 下 1 mol 气体;

(3) 压力为 p,分子数为 N 的气体。

解:(1) 已知:$V = 1 \text{ cm}^3 = 10^{-6} \text{ m}^3$

$$q_t = \left(\frac{2\pi mkT}{h^2}\right)^{3/2} V = \left(\frac{2\pi k}{h^2}\right)^{3/2} \left(\frac{V}{\text{m}^3}\right) \left(\frac{m}{\text{kg}}\right)^{3/2} \left(\frac{T}{\text{K}}\right)^{3/2}$$

$$= \left[\frac{2 \times 3.14 \times 1.381 \times 10^{-23}}{(6.626 \times 10^{-34})^2} \right]^{3/2} \left(\frac{V}{m^3} \right) \left(\frac{m}{kg} \right)^{3/2} \left(\frac{T}{K} \right)^{3/2}$$

$$= 2.776 \times 10^{66} \times 10^{-6} \left(\frac{m}{kg} \right)^{3/2} \left(\frac{T}{K} \right)^{3/2} = 2.776 \times 10^{60} \left(\frac{m}{kg} \right)^{3/2} \left(\frac{T}{K} \right)^{3/2}$$

（2） $V = \frac{nRT}{p} = \left[\frac{1 \times 8.314 \times (T/K)}{101\ 325} \right] m^3 = 8.205 \times 10^{-5} (T/K)\ m^3$

$$q_t = \left(\frac{2\pi k}{h^2} \right)^{3/2} \left(\frac{V}{m^3} \right) \left(\frac{m}{kg} \right)^{3/2} \left(\frac{T}{K} \right)^{3/2} = 2.776 \times 10^{66} \left(\frac{V}{m^3} \right) \left(\frac{m}{kg} \right)^{3/2} \left(\frac{T}{K} \right)^{3/2}$$

$$= 2.776 \times 10^{66} \times 8.205 \times 10^{-5} \left(\frac{T}{K} \right) \left(\frac{m}{kg} \right)^{3/2} \left(\frac{T}{K} \right)^{3/2}$$

$$= 2.278 \times 10^{62} \left(\frac{m}{kg} \right)^{3/2} \left(\frac{T}{K} \right)^{5/2}$$

（3）
$$V = \frac{NkT}{p}$$

$$q_t = \left(\frac{2\pi k}{h^2} \right)^{3/2} kN \left(\frac{m}{kg} \right)^{3/2} \left(\frac{T}{K} \right)^{5/2} \left(\frac{p}{Pa} \right)^{-1}$$

$$= 2.776 \times 10^{66} \times 1.381 \times 10^{-23} N \left(\frac{m}{kg} \right)^{3/2} \left(\frac{T}{K} \right)^{5/2} \left(\frac{p}{Pa} \right)^{-1}$$

$$= 3.834 \times 10^{43} N \left(\frac{m}{kg} \right)^{3/2} \left(\frac{T}{K} \right)^{5/2} \left(\frac{p}{Pa} \right)^{-1}$$

9.11 $2\ mol\ N_2$ 置于一容器中，$T = 400\ K$，$p = 50\ kPa$，试求容器中 N_2 分子的平动配分函数。

解：分子的平动配分函数为

试题分析

$$q_t = \left(\frac{2\pi mkT}{h^2} \right)^{3/2} V = \left(\frac{2\pi mkT}{h^2} \right)^{3/2} \frac{nRT}{p}$$

$$= \left[\frac{2 \times 3.14 \times \dfrac{28.01 \times 10^{-3}}{6.022 \times 10^{23}} \times 1.381 \times 10^{-23} \times 400}{(6.626 \times 10^{-34})^2} \right]^{3/2} \times \frac{2 \times 8.314 \times 400}{50 \times 10^3}$$

$$= 2.962 \times 10^{31}$$

9.12 根据玻耳兹曼分布，分子处于能级 ε_i 的概率为 $n_i/N = g_i e^{-\varepsilon_i/(kT)}/q$。类似地，分子处于平动能级 $\varepsilon_{t,i}$ 的概率为 $n_i/N = g_{t,i} e^{-\varepsilon_{t,i}/(kT)}/q_t$。试分别计算 300 K，101.325 kPa 下气体氩分子与氢分子平动运动的 N/q_t 值，并以此说明离域子系统通常能够符合 $n_i \ll g_i$。

解：利用9.10题(3)的结果，平动配分函数

$$q_t = 3.834 \times 10^{43} N \left(\frac{m}{\mathrm{kg}}\right)^{3/2} \left(\frac{T}{\mathrm{K}}\right)^{5/2} \left(\frac{p}{\mathrm{Pa}}\right)^{-1}$$

$$\frac{q_t}{N} = 3.834 \times 10^{43} \left(\frac{m}{\mathrm{kg}}\right)^{3/2} \left(\frac{T}{\mathrm{K}}\right)^{5/2} \left(\frac{p}{\mathrm{Pa}}\right)^{-1}$$

对 Ar：$\left(\dfrac{q_t}{N}\right)^{-1} = \left[3.834 \times 10^{43} \times \left(\dfrac{39.948 \times 10^{-3}}{6.022 \times 10^{23}}\right)^{3/2} \times \dfrac{300^{5/2}}{101\,325}\right]^{-1} = 9.92 \times 10^{-8} \ll 1$

对 H_2：$\left(\dfrac{q_t}{N}\right)^{-1} = \left[3.834 \times 10^{43} \times \left(\dfrac{2 \times 10^{-3}}{6.022 \times 10^{23}}\right)^{3/2} \times \dfrac{300^{5/2}}{101\,325}\right]^{-1} = 8.86 \times 10^{-6} \ll 1$

因为 $\dfrac{n_i}{g_i} = \dfrac{N}{q_t}\exp\left(-\dfrac{\varepsilon_{t,i}}{kT}\right)$，其中 $\exp\left(-\dfrac{\varepsilon_{t,i}}{kT}\right) < 1$，所以 $\dfrac{n_i}{g_i} \ll 1$，即 $n_i \ll g_i$。

9.13 能否断言：粒子按能级分布时，能级越高，则分布数越小。试计算 300 K 时 HF 分子按转动能级分布时各能级的有效状态数，以验证上述结论之正误。已知 HF 的转动特征温度 $\Theta_r = 30.3$ K。

解：能级 j 的有效状态数定义为 $g_j \exp[-\varepsilon_j/(kT)]$，对于转动 $g_j = 2J+1$，所以，有效状态数为 $(2J+1)\exp[-J(J+1)\Theta_r/T]$，其值随转动量子数 J 的变化出现极值。原因是转动能级的简并度随能级的升高而增加，而指数部分则随能级的升高而迅速降低。

J	0	1	2	3	4
$g_j \exp[-\varepsilon_j/(kT)]$	1	2.451 3	2.727 6	2.083 2	1.193 9

通过计算 $J = 0 \sim 4$ 的有效状态数，说明不能断言粒子按能级分布时，能级越高，则分布数越小。

9.14 已知气体 I_2 相邻振动能级的能量差 $\Delta\varepsilon = 0.426 \times 10^{-20}$ J，试求 300 K 时 I_2 分子的 Θ_v，q_v，q_v^0 及 f_v^0。

解：分子振动 $\Delta\varepsilon = h\nu$，振动特征温度

$$\Theta_v = \frac{h\nu}{k} = \frac{\Delta\varepsilon}{k} = \left(\frac{0.426 \times 10^{-20}}{1.381 \times 10^{-23}}\right) \mathrm{K} = 308.5 \text{ K}$$

分子的振动配分函数为

$$q_v = \frac{1}{e^{\Theta_v/(2T)} - e^{-\Theta_v/(2T)}} = \frac{1}{e^{308.5/(2\times300)} - e^{-308.5/(2\times300)}} = 0.930\ 9$$

$$q_v^0 = e^{\Theta_v/(2T)} q_v = 0.930\ 9 \times \exp\left(\frac{308.5}{2\times300}\right) = 1.557$$

$$f_v^0 = q_v^0 = 1.557$$

9.15 设有 N 个振动频率为 ν 的一维谐振子组成的系统,试证明其中能量不低于 $\varepsilon(v)$ 的粒子总数为 $N\exp[-vh\nu/(kT)]$,其中 v 为振动量子数。

解: 玻耳兹曼分布表达式为 $n_i = \frac{N}{q} g_i e^{-\varepsilon_i/(kT)}$。

对于一维谐振子,有

$$g_i = 1,\quad \varepsilon_i = \left(v + \frac{1}{2}\right) h\nu$$

所以
$$n(v) = \frac{N\exp\left[-\left(v+\frac{1}{2}\right)h\nu/(kT)\right]}{\sum\limits_{v=0}^{\infty} \exp\left[-\left(v+\frac{1}{2}\right)h\nu/(kT)\right]}$$

于是
$$\sum_{v=v}^{\infty} n(v) = \frac{N \sum\limits_{v=v}^{\infty} \exp\left[-\left(v+\frac{1}{2}\right)h\nu/(kT)\right]}{\sum\limits_{v=0}^{\infty} \exp\left[-\left(v+\frac{1}{2}\right)h\nu/(kT)\right]}$$

$$= \frac{N\exp[-vh\nu/(kT)] \sum\limits_{v=0}^{\infty} \exp\left[-\left(v+\frac{1}{2}\right)h\nu/(kT)\right]}{\sum\limits_{v=0}^{\infty} \exp\left[-\left(v+\frac{1}{2}\right)h\nu/(kT)\right]}$$

$$= N\exp[-vh\nu/(kT)]$$

9.16 已知气态 I 原子的 $g_{e,0}=2$, $g_{e,1}=2$,电子第一激发态与基态能量之差 $\Delta\varepsilon_e = 1.510\times10^{-20}$ J,试计算 1 000 K 时气态 I 原子的电子配分函数 q_e^0 及在第一激发态的电子分布数 n_1 与总电子数 N 之比。

解: 由配分函数定义,得

$$q_e^0 = \sum_i g_i \exp\left(-\frac{\varepsilon_i}{kT}\right) = g_{e,0} + g_{e,1}\exp\left(-\frac{\varepsilon_{e,1}^0}{kT}\right)$$

$$= 2 + 2\exp\left(\frac{-1.510 \times 10^{-20}}{1.381 \times 10^{-23} \times 1\,000}\right) = 2.67$$

$$\frac{n_1}{N} = \frac{g_{e,1}\exp[-\varepsilon_{e,1}^0/(kT)]}{q_e^0}$$

$$= \frac{2}{2.67}\exp\left(\frac{-1.510 \times 10^{-20}}{1.381 \times 10^{-23} \times 1\,000}\right) = 0.251\,0$$

9.17 1 mol O_2 在 298.15 K，100 kPa 条件下，试计算：

（1）O_2 分子的平动配分函数 q_t；

（2）O_2 分子的转动配分函数 q_r，已知 O_2 分子的平衡核间距 $R_0 = 1.203\,7 \times 10^{-10}$ m；

相关资料

（3）O_2 分子的振动配分函数 q_v 及 q_v^0。已知 O_2 分子的振动频率 $\nu = 4.666 \times 10^{13}$ s^{-1}；

（4）O_2 分子的电子配分函数 q_e^0，已知电子基态 $g_{e,0} = 3$，电子激发态可忽略。

解：（1）平动配分函数 q_t

$$q_t = \frac{(2\pi mkT)^{3/2}}{h^3}V = \frac{(2\pi mkT)^{3/2}}{h^3}\frac{nRT}{p}$$

$$= \frac{\left(2 \times 3.14 \times \dfrac{2 \times 16 \times 10^{-3}}{6.022 \times 10^{23}} \times 1.381 \times 10^{-23} \times 298.15\right)^{3/2}}{(6.626 \times 10^{-34})^3} \times \frac{1 \times 8.314 \times 298.15}{10^5}$$

$$= 4.34 \times 10^{30}$$

（2）转动配分函数 q_r

转动特征温度 $\Theta_r = \dfrac{h^2}{8\pi^2 Ik}$，而 O_2 分子的平衡核间距 $R_0 = 1.203\,7 \times 10^{-10}$ m

所以

$$I = \mu R_0^2$$

$$= \left[\frac{16 \times 16}{2 \times 16 \times 6.022 \times 10^{23}}(1.203\,7 \times 10^{-10})^2\right] \text{kg} \cdot \text{m}^2 = 1.923\,2 \times 10^{-46} \text{ kg} \cdot \text{m}^2$$

$$\Theta_r = \frac{h^2}{8\pi^2 Ik} = \left[\frac{(6.626 \times 10^{-34})^2}{8 \times 3.14^2 \times 1.923\,2 \times 10^{-46} \times 1.381 \times 10^{-23}}\right] \text{K} = 2.069 \text{ K}$$

$$q_r = \frac{T}{\Theta_r \sigma} = \frac{298.15}{2.069 \times 2} = 72.05$$

（3）振动配分函数 q_v 及 q_v^0

振动特征温度 $\Theta_v = \dfrac{h\nu}{k}$，而振动频率 $\nu = 4.666 \times 10^{13}\ \mathrm{s}^{-1}$

所以

$$\Theta_v = \frac{h\nu}{k} = \frac{6.626 \times 10^{-34} \times 4.666 \times 10^{13}}{1.381 \times 10^{-23}} = 2\ 239$$

$$q_v = \frac{1}{e^{\Theta_v/(2T)} - e^{-\Theta_v/(2T)}} = \frac{1}{e^{2\ 239/(2 \times 298.15)} - e^{-2\ 239/(2 \times 298.15)}} = 0.023\ 4$$

$$q_v^0 = \frac{1}{1 - e^{-\Theta_v/T}} = \frac{1}{1 - e^{-2\ 239/298.15}} = 1.000\ 5$$

（4）电子配分函数 q_e^0

$$q_e^0 = \sum_i g_i \exp\left[-\varepsilon_i/(kT)\right] = g_{e,0} = 3$$

9.18　Cl_2 及 CO 分子的振动特征温度分别为 810 K 及 3 084 K，试分别计算 300 K 时两种气体分子的振动对摩尔定容热容的贡献，并求该温度下 Cl_2 的 $C_{V,m}$ 值。

解： 对于双原子气体分子，其振动对热容的贡献为

$$C_{V,m,v} = R\left(\frac{\Theta_v}{T}\right)^2 \frac{e^{\Theta_v/T}}{(e^{\Theta_v/T} - 1)^2}$$

将 Cl_2 分子及 CO 分子的振动特征温度分别代入上式，得

$$C_{V,m,v}(Cl_2) = \left[R\left(\frac{810}{300}\right)^2 \times \frac{e^{810/300}}{(e^{810/300} - 1)^2}\right]\ \mathrm{J \cdot mol^{-1} \cdot K^{-1}} = 4.68\ \mathrm{J \cdot mol^{-1} \cdot K^{-1}}$$

$$C_{V,m,v}(CO) = \left[R\left(\frac{3\ 084}{300}\right)^2 \times \frac{e^{3\ 084/300}}{(e^{3\ 084/300} - 1)^2}\right]\ \mathrm{J \cdot mol^{-1} \cdot K^{-1}} = 0.030\ 1\ \mathrm{J \cdot mol^{-1} \cdot K^{-1}}$$

电子运动、核运动能级不开放，故

$$C_{V,m}(Cl_2) = C_{V,m,t} + C_{V,m,r} + C_{V,m,v} = \frac{3}{2}R + R + 4.68\ \mathrm{J \cdot mol^{-1} \cdot K^{-1}} = 25.46\ \mathrm{J \cdot mol^{-1} \cdot K^{-1}}$$

9.19　试求 25 ℃时氩气的标准摩尔熵 $S_m^\ominus(298.15\ \mathrm{K})$。

解： 单原子气体只考虑平动，所以

$$S_m^\ominus(298.15\ \mathrm{K}) = S_{m,t}^\ominus = \frac{3}{2}R + R + R\ln\frac{q_t^0}{L} = \frac{5}{2}R + R\ln\frac{q_t^0}{L}$$

而

$$q_t^0 = \frac{(2\pi mkT)^{3/2}}{h^3}\left(\frac{RT}{p^\ominus}\right)$$

$$=\frac{\left(2\times3.14\times\dfrac{39.948\times10^{-3}}{6.022\times10^{23}}\times1.381\times10^{-23}\times298.15\right)^{3/2}}{\left(6.626\times10^{-34}\right)^3}\times\left(\frac{8.314\times298.15}{100\times10^3}\right)$$

$$=6.058\times10^{30}$$

所以 $\quad S_{\mathrm{m}}^{\ominus}(298.15\ \mathrm{K})=\dfrac{5}{2}R+R\ln\dfrac{q_{\mathrm{t}}^0}{L}$

$$=\frac{5}{2}R+R\ln\frac{6.058\times10^{30}}{6.022\times10^{23}}=18.624R=154.84\ \mathrm{J\cdot mol^{-1}\cdot K^{-1}}$$

9.20 CO 的转动惯量 $I=1.45\times10^{-46}\ \mathrm{kg\cdot m^2}$，振动特征温度 $\Theta_{\mathrm{v}}=3\,084\ \mathrm{K}$，试求 25 ℃时 CO 的标准摩尔熵 $S_{\mathrm{m}}^{\ominus}(298.15\ \mathrm{K})$。

相关资料

解：CO 为双原子分子，故 $\quad S_{\mathrm{m}}^{\ominus}(298.15\ \mathrm{K})=S_{\mathrm{m,t}}^{\ominus}+S_{\mathrm{m,r}}^{\ominus}+S_{\mathrm{m,v}}^{\ominus}$

$$S_{\mathrm{m,t}}^{\ominus}=\frac{3}{2}R+R+R\ln\frac{q_{\mathrm{t}}^0}{L}=\frac{5}{2}R+R\ln\left[\frac{(2\pi mkT)^{3/2}}{Lh^3}\left(\frac{RT}{p^{\ominus}}\right)\right]$$

$$=\frac{5}{2}R+R\ln\left[\frac{\left(2\times3.14\times\dfrac{28\times10^{-3}}{6.022\times10^{23}}\times1.381\times10^{-23}\times298.15\right)^{3/2}}{6.022\times10^{23}\times\left(6.626\times10^{-34}\right)^3}\times\left(\frac{8.314\times298.15}{100\times10^3}\right)\right]$$

$$=150.42\ \mathrm{J\cdot K^{-1}\cdot mol^{-1}}$$

$$S_{\mathrm{m,r}}^{\ominus}=R+R\ln q_{\mathrm{r}}^0=R+R\ln\frac{8\pi^2 IkT}{h^2\sigma}$$

$$=R+R\ln\left[\frac{8\times3.14^2\times1.45\times10^{-46}\times1.381\times10^{-23}\times298.15}{\left(6.626\times10^{-34}\right)^2\times1}\right]$$

$$=47.193\ \mathrm{J\cdot mol^{-1}\cdot K^{-1}}$$

$$S_{\mathrm{m,v}}^{\ominus}=\frac{U_{\mathrm{m,v}}^0}{T}+R\ln q_{\mathrm{v}}^0$$

而 $\qquad q_{\mathrm{v}}^0=\dfrac{1}{1-\mathrm{e}^{-\Theta_{\mathrm{v}}/T}}=\dfrac{1}{1-\mathrm{e}^{-3\,084/298.15}}\approx1$

$$U_{\mathrm{m,v}}^0=0,\quad 则\quad S_{\mathrm{m,v}}^{\ominus}\approx0$$

或

$$S_{\mathrm{m,v}}^{\ominus}=\frac{R\Theta_{\mathrm{v}}}{T\left(\mathrm{e}^{\Theta_{\mathrm{v}}/T}-1\right)}+R\ln\left(\frac{1}{1-\mathrm{e}^{-\Theta_{\mathrm{v}}/T}}\right)$$

$$=\frac{R\times3\,084}{298.15\left(\mathrm{e}^{3\,084/298.15}-1\right)}+R\ln\left(\frac{1}{1-\mathrm{e}^{-3\,084/298.15}}\right)=0.003\ \mathrm{J\cdot mol^{-1}\cdot K^{-1}}$$

则 $S_m^\ominus(298.15\ K)=S_{m,t}^\ominus+S_{m,r}^\ominus+S_{m,v}^\ominus=(150.42+47.193+0.003)J\cdot mol^{-1}\cdot K^{-1}$

$$=197.616\ J\cdot mol^{-1}\cdot K^{-1}$$

9.21 利用 9.17 题的结果计算 25 ℃时氧气的标准摩尔熵 $S_m^\ominus(298.15\ K)$。

解: 氧气为双原子分子, $S_m^\ominus(298.15\ K)=S_{m,t}^\ominus+S_{m,r}^\ominus+S_{m,v}^\ominus$

$$S_{m,t}^\ominus=\frac{3}{2}R+R+R\ln\frac{q_t^0}{L}=\frac{5}{2}R+R\ln\frac{4.34\times10^{30}}{6.022\times10^{23}}=152.067\ J\cdot mol^{-1}\cdot K^{-1}$$

$$S_{m,r}^\ominus=R+R\ln q_r^0=R+R\ln 72.05=43.876\ J\cdot mol^{-1}\cdot K^{-1}$$

$$S_{m,v}^\ominus=\frac{U_{m,v}^0}{T}+R\ln q_v^0$$

$$S_{m,v}^\ominus=\frac{R\Theta_v}{T(e^{\Theta_v/T}-1)}+R\ln\frac{1}{1-e^{-\Theta_v/T}}=0.038\ 7\ J\cdot mol^{-1}\cdot K^{-1}$$

$$S_{m,e}^\ominus=\frac{U_{m,e}^0}{T}+R\ln q_e^0=R\ln q_e^0 \quad (忽略电子激发态)$$

$$S_{m,e}^\ominus=8.314\times\ln 3=9.133\ 9\ J\cdot mol^{-1}\cdot K^{-1}$$

故 $S_m^\ominus(298.15\ K)=S_{m,t}^\ominus+S_{m,r}^\ominus+S_{m,v}^\ominus+S_{m,e}^\ominus$

$$=(152.067+43.878+0.038\ 7+9.133\ 9)J\cdot mol^{-1}\cdot K^{-1}$$

$$=205.078\ J\cdot mol^{-1}\cdot K^{-1}$$

试题分析

9.22 N_2 与 CO 的相对分子质量非常接近,转动惯量的差别也极小,在 25 ℃时振动与电子运动均处于基态。但是 N_2 的标准摩尔熵为 191.6 $J\cdot mol^{-1}\cdot K^{-1}$,而 CO 的为 197.6 $J\cdot mol^{-1}\cdot K^{-1}$,试分析其原因。

解: 显然 N_2 与 CO 标准摩尔熵的差别主要是由分子的对称性引起的,差别来自于转动熵。N_2 为同核双原子分子, $\sigma=2$,CO 为异核双原子分子,故 $\sigma=1$。

$$S_{m,r}^\ominus=R+R\ln q_r^0, \qquad q_r=\frac{T}{\Theta_r\sigma}$$

298.15 K 时,

$$S_m^\ominus(CO)-S_m^\ominus(N_2)=R\ln\frac{q_r^0(CO)}{q_r^0(N_2)}=R\ln\frac{\sigma(N_2)}{\sigma(CO)}=R\ln 2$$

$$=5.763\ J\cdot mol^{-1}\cdot K^{-1}$$

9.23 试由 $\left(\dfrac{\partial A}{\partial V}\right)_T=-p$ 导出理想气体服从 $pV=NkT$。

解: 因为理想气体为离域子系统,所以

$$A = -kT\ln\frac{q^N}{N!} = -NkT\ln q + kT\ln N!$$

$$= -NkT\ln q_t - NkT\ln(q_r q_v q_e q_n) + kT\ln N!$$

其中只有平动配分函数与体积有关,且与体积的一次方成正比,因此,

$$\left(\frac{\partial A}{\partial V}\right)_T = -NkT\left(\frac{\partial\ln q_t}{\partial V}\right)_T = -\frac{NkT}{V}$$

又已知$\left(\dfrac{\partial A}{\partial V}\right)_T = -p$,所以 $pV = NkT$ 得证。

9.24 用标准摩尔吉布斯自由能函数及标准摩尔焓函数计算下列合成氨反应在 1 000 K 时的标准平衡常数。

$$N_2(g) + 3H_2(g) \longrightarrow 2NH_3(g)$$

已知数据如下:

物质	$-\left(\dfrac{G_m^{\ominus}-U_{0,m}}{T}\right)_{1\,000\,K}$ $\dfrac{}{J\cdot mol^{-1}\cdot K^{-1}}$	$\dfrac{H_{m,298.15\,K}^{\ominus}-U_{0,m}}{kJ\cdot mol^{-1}}$
$N_2(g)$	198.054	8.669
$H_2(g)$	137.093	8.468
$NH_3(g)$	203.577	9.916

$\Delta_f H_m^{\ominus}(NH_3, 298.15\ K) = -46.11\ kJ\cdot mol^{-1}$。

解:对 1 000 K 时的题给反应:

$$\Delta_r\left(\frac{G_{m,T}^{\ominus}-U_{0,m}}{T}\right)_{1\,000\,K} = \left[2\times(-203.577)-(-198.054-3\times137.093)\right]\ J\cdot K^{-1}$$

$$= 202.179\ J\cdot K^{-1}$$

$$\Delta_r H_{m,298.15\,K}^{\ominus} = 2\Delta_f H_m^{\ominus}(NH_3, 298.15\ K) = -92.22\ kJ\cdot mol^{-1}$$

$$\Delta_r(H_{m,298K}^{\ominus}-U_{0,m}) = \left[2\times9.916-(8.669+3\times8.468)\right]\ kJ = -14.241\ kJ$$

所以 $\Delta_r U_{0,m} = \Delta_r H_{0,m} = \Delta_r H_{m,298.15\,K}^{\ominus} - \Delta_r(H_{m,298.15\,K}^{\ominus}-U_{0,m}) = -77.979\ kJ$

$$\ln K^{\ominus} = -\frac{1}{R}\left[\Delta_r\left(\frac{G_{m,T}^{\ominus}-U_{0,m}}{T}\right)+\frac{\Delta_r U_{0,m}}{T}\right] = -14.938$$

所以 $K^{\ominus} = 3.255\times10^{-7}$

9.25 已知下列化学反应于 25 ℃ 时的 $\Delta_r G_{m,T}^{\ominus}/T = -493.017\ J\cdot mol^{-1}\cdot K^{-1}$。

$$2H_2(g) + S_2(g) \longrightarrow 2H_2S(g)$$

有关物质的标准摩尔吉布斯自由能函数如下表所示:

T/K	$-\dfrac{G_{m,T}^{\ominus}-U_{0,m}}{T}/(\text{J}\cdot\text{mol}^{-1}\cdot\text{K}^{-1})$		
	$H_2(g)$	$S_2(g)$	$H_2S(g)$
298.15	102.349	197.770	172.381
1 000	137.143	236.421	214.497

试求:(1) $\Delta U_{0,m}$;

(2) 1 000 K 时上述反应的标准平衡常数 $K^{\ominus}$。

解:(1) $\Delta_r G_{m,T}^{\ominus}=T\Delta_r\left(\dfrac{G_{m,T}^{\ominus}-U_{0,m}}{T}\right)+\Delta_r U_{0,m}$

$\Delta_r U_{0,m}=\Delta_r G_{m,T}^{\ominus}-T\Delta_r\left(\dfrac{G_{m,T}^{\ominus}-U_{0,m}}{T}\right)$

$=\{298.15\times[-493.017-(-2\times172.381+197.770+2\times102.349)]\}\ \text{J}\cdot\text{mol}^{-1}$

$=-164.2\ \text{kJ}\cdot\text{mol}^{-1}$

(2) $T=1\ 000$ K 时,

$\Delta_r G_{m,T}^{\ominus}=T\Delta_r\left(\dfrac{G_{m,T}^{\ominus}-U_{0,m}}{T}\right)+\Delta_r U_{0,m}$

$=[1\ 000\times(-2\times214.497+236.421+2\times137.143)-164.2\times10^3]\ \text{J}\cdot\text{mol}^{-1}$

$=-82.49\ \text{kJ}\cdot\text{mol}^{-1}$

$K^{\ominus}=\exp\left(-\dfrac{\Delta_r G_{m,T}^{\ominus}}{RT}\right)=\exp\left(\dfrac{82.49\times10^3}{8.314\times1\ 000}\right)=2.037\times10^4$

第十章　界面现象

§10.1　概念、主要公式及其适用条件

1. 表面张力、表面功及表面吉布斯函数

表面张力 γ：引起液体表面收缩的单位长度上的力，单位为 $N \cdot m^{-1}$。

表面功：$\delta W'_{\mathrm{f}}/dA_{\mathrm{s}}$，使系统增加单位表面积所需的可逆功，单位为 $J \cdot m^{-2}$。

表面吉布斯函数：$(\partial G/\partial A_{\mathrm{s}})_{T,p}$，恒温、恒压下系统增加单位面积时所增加的吉布斯函数，单位为 $J \cdot m^{-2}$。

表面张力是从力的角度描述系统表面的某强度性质，而表面功及表面吉布斯函数则是从能量的角度和热力学的角度描述系统表面的同一性质。三者虽为不同的物理量，但它们的数值及量纲是等同的。

2. 弯曲液面的附加压力、拉普拉斯方程及毛细现象

（1）附加压力

$$\Delta p = p_{\text{内}} - p_{\text{外}}$$

拉普拉斯方程

$$\Delta p = \frac{2\gamma}{r}$$

式中，$p_{\text{内}}$ 为弯曲液面的凹面一侧的压力，$p_{\text{外}}$ 为弯曲液面的凸面一侧的压力，r 为弯曲液面的曲率半径，总取正值。

对于空气中的肥皂泡，因其有内、外两个气-液界面，故附加压力为 $\Delta p = 4\gamma/r$。

（2）毛细现象

毛细管内液体上升或下降，其高度

$$h = \frac{2\gamma\cos\theta}{\rho g r}$$

3. 开尔文公式

$$RT\ln\frac{p_{\mathrm{r}}}{p} = \frac{2\gamma M}{\rho r} = \frac{2\gamma V_{\mathrm{m}}}{r} \quad (\text{凸液面，如微小液滴})$$

$$RT\ln\frac{p_r}{p} = -\frac{2\gamma M}{\rho r} = -\frac{2\gamma V_m}{r} \quad （凹液面,如液体中的微小气泡）$$

4. 朗缪尔吸附等温式

$$\theta = \frac{bp}{1+bp}$$

式中,θ 为覆盖率;b 为吸附作用的平衡常数,又称吸附系数。朗缪尔吸附等温式还可写成

$$\frac{V^a}{V_m^a} = \frac{bp}{1+bp}$$

式中,V_m^a 为饱和吸附量。朗缪尔吸附等温式只适用于单分子层吸附。

5. 吸附热 $\Delta_{ads}H$ 的计算

$$\Delta_{ads}H = -\frac{RT_1T_2}{T_2-T_1}\ln\frac{p_2}{p_1}$$

6. 杨氏方程、润湿

（1）杨氏方程

$$\gamma^s = \gamma^{sl} + \gamma^l\cos\theta$$

适用于液滴在表面上不完全展开且处于平衡时。

（2）润湿

沾湿 $\Delta G_a = \gamma^{sl} - \gamma^l - \gamma^s < 0$ 或 $\theta \leqslant 180°$ 过程可自动进行

浸湿 $\Delta G_i = \gamma^{sl} - \gamma^s < 0$ 或 $\theta \leqslant 90°$ 过程可自动进行

铺展 $\Delta G_s = \gamma^{sl} + \gamma^l - \gamma^s < 0$ $\theta = 0°$ 或不存在   过程可自动进行

$S = -\Delta G_s = \gamma^s - \gamma^{sl} - \gamma^l$ $S \geqslant 0$ 过程可自动进行

S 为铺展系数,$S < 0$ 则不能铺展。

习惯上,$\theta < 90°$ 称为润湿,$\theta > 90°$ 称为不润湿,$\theta = 0°$ 或不存在时称为完全润湿,$\theta = 180°$ 时称为完全不润湿。

7. 吉布斯吸附等温式

$$\Gamma = -\frac{c}{RT}\frac{d\gamma}{dc}$$

适用于稀溶液中溶质在溶液表面层中吸附量 Γ（也称表面过剩）的计算。

§10.2   概 念 题

10.2.1 填空题

1. 液体表面层中的分子总受到一个指向（   ）的力,而表面张力则是

（　　）方向上的力。

2. 试比较下列物质的表面张力的大小：

20℃ 的 γ_{H_2O}，γ_{CCl_4}，γ_{Hg}（　　）；

20℃ 的 $\gamma_{水/辛醇}$，$\gamma_{水/汞}$，$\gamma_{水/苯}$（　　）；

乙醇在不同温度下的 $\gamma_{10℃}$，$\gamma_{20℃}$，$\gamma_{30℃}$（　　）。

3. 液滴自动呈球形的原因是（　　）。

4. 分散在大气中的小液滴和小气泡，以及毛细管中的凸液面和凹液面，所产生附加压力的方向均指向（　　）。

5. 将洁净玻璃毛细管（能被水润湿）垂直插入水中时，水柱将在毛细管中（　　），管中水的饱和蒸气压比相同温度下平液面水的饱和蒸气压值更（　　）。

6. 如图 10.1 所示，设液体能完全润湿毛细管壁，当加热管中水柱的左端时，则水柱将（　　）移动。（选择填入：向左、向右、不。）

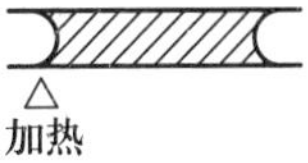

图 10.1

7. 常见的四种亚稳态是（　　），其产生的原因皆与（　　）有关。可以通过（　　）的方法来避免产生不利的亚稳态。

8. 固体对气体的吸附分为物理吸附和化学吸附，这两种吸附最本质的差别是（　　）。前者的作用力是（　　），后者的作用力是（　　）。

9. 朗缪尔单分子层吸附理论的基本假设是（　　），吸附等温式 $\theta = \dfrac{bp}{1+bp}$ 中 θ 的物理意义是（　　），影响 b 的因素有（　　）。

10. 20 ℃ 下，水－汞、乙醚－汞、乙醚－水三种界面的界面张力分别为 375 mN·m^{-1}，379 mN·m^{-1} 和 10.7 mN·m^{-1}，则水滴在乙醚－汞界面上时的铺展系数 $S =$（　　）N·m^{-1}。

11. 当 dγ/dc（　　）时，称该物质为表面活性物质，表面活性物质在溶液表面发生（　　）吸附。（第一个空选择填入：>0，<0 或 =0。）

10.2.2　选择题

1. 弯曲液面上的附加压力（　　）。

（a）一定等于零；　　　　　　　　（b）一定大于零；

（c）一定小于零；　　　　　　　　（d）不确定

2. 一个能被水润湿的玻璃毛细管垂直插入 25 ℃ 和 75 ℃ 的水中，则不同温度的水中，毛细管内液面上升的高度（　　）。

（a）相同；　　　　　　　　　　　（b）25 ℃ 水中较高；

(c) 75 ℃ 水中较高；　　　　　　　(d) 无法确定

3. 一定温度下,分散在气体中的小液滴,半径越小则饱和蒸气压(　　　)。

(a) 越大；　　　　　　　　　　　(b) 越小；

(c) 越接近于 100 kPa；　　　　　(d) 不变化

4. 一定温度下,液体形成不同的分散体系时将具有不同的饱和蒸气压。分别以 $p_{平}$,$p_{凹}$,$p_{凸}$ 表示形成平液面、凹液面和凸液面时对应的饱和蒸气压,则(　　　)。

(a) $p_{平}>p_{凹}>p_{凸}$；　　　　　　(b) $p_{凹}>p_{平}>p_{凸}$；

(c) $p_{凸}>p_{平}>p_{凹}$；　　　　　　(d) $p_{凸}>p_{凹}>p_{平}$

5. 朗缪尔提出的吸附理论及推导的吸附等温式(　　　)。

(a) 只能用于物理吸附；

(b) 只能用于化学吸附；

(c) 适用于单分子层吸附；

(d) 适用于任何物理和化学吸附

6. 在一定 T,p 下,气体在固体表面上的吸附过程是(　　　)的过程。

(a) 吸热；　　　　　　　　　　　(b) 放热；

(c) 可能吸热也可能放热；　　　　(d) 不吸热也不放热

7. 亲水性固体表面与水接触时,不同界面张力的关系为(　　　)。

(a) $\gamma^{sl}<\gamma^{s}$；　　　　　　　　(b) $\gamma^{s}<\gamma^{sl}$；

(c) $\gamma^{s}=\gamma^{sl}$；　　　　　　　　(d) $\gamma^{s}<\gamma^{l}$

8. 一固体表面上的水滴呈球状,则相应的接触角 θ(　　　)。

(a) $= 0°$；　　　　　　　　　　(b) $> 90°$；

(c) $< 90°$；　　　　　　　　　　(d) 可为任意角

9. 某物质 B 在溶液表面达到吸附平衡,则 B 物质在表面的化学势 $\mu_{B(表)}$ 与其在溶液内部的化学势 $\mu_{B(内)}$ 的关系是 $\mu_{B(表)}$(　　　)$\mu_{B(内)}$。

(a) >；　　　　(b) <；　　　　(c) = ；　　　　(d) $\geqslant$

10. 溶液表面发生吸附时,溶质在表面层的浓度 $c_{表}$ 与其在本体的浓度 $c_{体}$ 的关系是 $c_{表}$(　　　)$c_{体}$。

(a) >；　　　　(b) <；　　　　(c) = ；　　　　(d) >或者<

11. 下列物质在水中产生正吸附的是(　　　)。

(a) 氢氧化钠；　　　　　　　　　(b) 蔗糖；

(c) 食盐；　　　　　　　　　　　(d) 油酸钠(十八烯酸钠)

概念题答案

10.2.1　填空题

1. 液体内部;沿液体表面的切线

2. $\gamma_{Hg} > \gamma_{H_2O} > \gamma_{CCl_4}$;$\gamma_{水/汞} > \gamma_{水/苯} > \gamma_{水/辛醇}$;$\gamma_{30\,℃} < \gamma_{20\,℃} < \gamma_{10\,℃}$

① 表面张力与物质的本性(分子间相互作用力)有关,通常 γ(金属键)$>\gamma$(离子键)$>\gamma$(极性键)$>\gamma$(非极性键),因此,$\gamma_{Hg} > \gamma_{H_2O} > \gamma_{CCl_4}$。

② 表面张力与接触两相的性质有关,$\gamma_{水/汞} > \gamma_{水/苯} > \gamma_{水/辛醇}$。

③ 通常物质的表面张力随温度的升高而下降,$\gamma_{30\,℃} < \gamma_{20\,℃} < \gamma_{10\,℃}$。

3. 同样体积的液体,以球形的表面积为最小,球形液滴的表面吉布斯函数相对为最小

4. 弯曲液面曲率中心

5. 上升;低

水能润湿玻璃毛细管,所以管内液面为凹液面,附加压力方向指向上方,使得管内水面上升;根据开尔文公式,毛细管内凹液面的液体饱和蒸气压小于平液面的饱和蒸气压。

6. 向右

毛细管左端的液体受热温度升高,液体的表面张力变小;同时毛细管本身被加热而发生膨胀,使得弯曲液面曲率半径稍增大,两者均导致附加压力 Δp 减小,原有平衡被破坏。凹液面附加压力的方向指向气体,左端附加压力减小而右端的不变,所以毛细管中的水柱向右移动。

7. 过饱和蒸气、过热液体、过冷液体和过饱和溶液;新相的种子难以生成;提供新相种子

8. 固体与气体之间的吸附作用力不同;范德华力;化学键力

9. 基本假设 4 点(见教材 513 页);任一瞬间固体表面被覆盖的分数,即覆盖率;温度、吸附剂及吸附质的本性

10. -6.7×10^{-3}

水滴在乙醚-汞界面上的铺展系数 $S = \gamma_{乙醚-汞} - \gamma_{水-汞} - \gamma_{乙醚-水}$,故

$$S = \gamma_{乙醚-汞} - \gamma_{水-汞} - \gamma_{乙醚-水} = (379 - 375 - 10.7)\ mN \cdot m^{-1} = -6.7\ mN \cdot m^{-1}$$
$$= -6.7 \times 10^{-3}\ N \cdot m^{-1}$$

11. <0;正

一般来说,凡是能使溶液表面张力降低的物质称为表面活性物质。表面活

性物质在溶液表面层中的浓度大于其在溶液本体的浓度,会产生正吸附。

10.2.2　选择题

1.（b）

弯曲液面上的附加压力 $\Delta p = p_{内} - p_{外} > 0$。

2.（b）

毛细管内液面上升的高度 $h = \dfrac{2\gamma \cos\theta}{\rho g r}$,温度升高,水的表面张力降低,所以,25 ℃ 水中毛细管的液面较高。

3.（a）

小液滴为凸液面,由开尔文公式 $RT\ln\dfrac{p_r}{p} = \dfrac{2\gamma M}{\rho r}$ 知,半径越小,饱和蒸气压越大。

4.（c）

凹液面和凸液面液体饱和蒸气压的开尔文公式分别为 $RT\ln\dfrac{p_r}{p} = -\dfrac{2\gamma M}{\rho r}$ 和

$RT\ln\dfrac{p_r}{p} = \dfrac{2\gamma M}{\rho r}$,根据公式右侧的正负号可知,$p_凸 > p_平 > p_凹$。

5.（c）

朗缪尔吸附理论的假设中第一条就是说吸附是单分子的,推导的吸附等温式也只适用于单分子层吸附。

6.（b）

气体吸附在固体表面上的过程中,气体分子从三维空间变化到二维空间,熵减小,所以 ΔS 一定小于零。吸附过程自动进行,$\Delta G < 0$,而 $\Delta H = \Delta G + T\Delta S$,故 ΔH 也一定小于零,气体在固体表面上的吸附过程是一个放热过程。

7.（a）

亲水性固体表面与水接触时 $\theta < 90°$,由杨氏方程 $\gamma^s = \gamma^{sl} + \gamma^l \cos\theta$ 知,$\gamma^{sl} < \gamma^s$。

8.（b）

水滴呈球状,$\gamma^{ls} > \gamma^{gs}$,$\theta > 90°$。

9.（c）

溶液处于吸附平衡时,溶质在溶液中的化学势处处相等,否则将有溶质的迁移,所以 $\mu_{B(表)} = \mu_{B(内)}$。

10.（d）

表面活性物质加入到液体中可以降低界面张力,产生正吸附,此时溶质在表面层的浓度大于在本体的浓度;表面惰性物质加入到液体中会增加界面张力,产生负吸附,此时溶质在表面层的浓度小于在本体的浓度。因此,当加入不同的物质时,溶质在表面层的浓度可能大于也可能小于在本体的浓度。

11. (d)

四种物质中,只有油酸钠分子有极性头和非极性长链尾的结构,具有表面活性,在水(溶液)中产生正吸附。

§ 10.3 习 题 解 答

10.1 在 293.15 K 及 101.325 kPa 下,把半径为 1×10^{-3} m 的汞滴分散成半径为 1×10^{-9} m 的小汞滴,试求此过程系统表面吉布斯函数变(ΔG)为多少? 已知 293.15 K 时汞的表面张力为 0.486 5 N·m^{-1}。

试题分析

解:设大汞滴和小汞滴的半径分别为 R 和 r,一个半径为 R 的大汞滴可分散为 n 个半径为 r 的小汞滴。只要求出汞滴的半径从 $R = 1 \times 10^{-3}$ m 变化到 $r = 1 \times 10^{-9}$ m 时,其表面积的变化值,便可求出该过程的表面吉布斯函数变 ΔG。汞滴分散前后的体积不变,即 $V_R = nV_r$,所以

$$\frac{4}{3}\pi R^3 = n \times \frac{4}{3}\pi r^3 \quad n = \left(\frac{R}{r}\right)^3$$

分散前后表面积的变化 $\Delta A_s = n \times 4\pi r^2 - 4\pi R^2 = 4\pi(nr^2 - R^2)$

系统表面吉布斯函数变

$$\Delta G = 4\pi\gamma\left(\frac{R^3}{r} - R^2\right) = 4\pi\gamma R^2\left(\frac{R}{r} - 1\right)$$

$$= \left[4 \times 3.14 \times 0.486\ 5 \times (1 \times 10^{-3})^2 \times \left(\frac{1 \times 10^{-3}}{1 \times 10^{-9}} - 1\right)\right] \text{J} = 6.110 \text{ J}$$

10.2 计算 373.15 K 时,水中存在的半径为 0.1 μm 的小气泡和空气中存在的半径为 0.1 μm 的小液滴,其弯曲液面下液体承受的附加压力为多少。已知 373.15 K 时水的表面张力为 58.91×10^{-3} N·m^{-1}。

试题分析

解:这两种情况下均只存在一个气-液界面,其附加压力相同。根据拉普拉斯方程,有

$$\Delta p = \frac{2\gamma}{r} = \left(\frac{2 \times 58.91 \times 10^{-3}}{0.1 \times 10^{-6}}\right) \text{Pa} = 1.178 \times 10^3 \text{ kPa}$$

10.3 在 293.15 K 时,将直径为 0.1 mm 的玻璃毛细管插入乙醇中。问需要在管内加多大的压力才能阻止液面上升? 若不加任何压力,平衡后毛细管内液面的高度为多少? 已知该温度下乙醇的表面张力为 22.3×10^{-3} N·m^{-1},密度为

试题分析

$789.4\ kg \cdot m^{-3}$,重力加速度为 $9.8\ m \cdot s^{-2}$。设乙醇能很好地润湿玻璃。

解:为防止毛细管内液面上升,需抵抗掉附加压力 Δp 的作用,故需施加的压力的大小等于附加压力:

$$\Delta p = \frac{2\gamma}{r} = \left(\frac{2\times22.3\times10^{-3}}{0.05\times10^{-3}}\right) Pa = 892\ Pa$$

乙醇能很好地润湿玻璃,即 $\theta \approx 0°$,因此,

$$h = \frac{2\gamma\cos\theta}{\rho g r} \approx \frac{2\gamma}{\rho g r} = \left[\frac{2\times22.3\times10^{-3}}{789.4\times9.8\times(0.1/2)\times10^{-3}}\right]\ m = 0.115\ m$$

试题分析

10.4　　水蒸气迅速冷却至 298.15 K 时可达到过饱和状态。已知该温度下水的表面张力为 $71.97\times10^{-3}\ N \cdot m^{-1}$,密度为 $997\ kg \cdot m^{-3}$。当过饱和水蒸气压力为平液面水的饱和蒸气压的 4 倍时,计算:

（1）开始形成水滴的半径;

（2）每个水滴中所含水分子的个数。

解:（1）过饱和蒸气开始形成小水滴时 $\dfrac{p_r}{p} = 4$。由开尔文公式

$$RT\ln\frac{p_r}{p} = \frac{2\gamma M}{\rho r}$$

得

$$r = \frac{2\gamma M}{\rho RT\ln(p_r/p)}$$

即

$$r = \left(\frac{2\times71.97\times10^{-3}\times18.02\times10^{-3}}{997\times8.314\times298.15\ln 4}\right)\ m = 7.571\times10^{-10}\ m$$

（2）每个水滴的体积

$$V_{水滴} = \frac{4}{3}\pi r^3 = \left[\frac{4}{3}\times3.14\times(7.571\times10^{-10})^3\right]\ m^3 = 1.817\times10^{-27}\ m^3$$

每个水分子的体积

$$V_{水分子} = \frac{M}{\rho L} = \left(\frac{18.02\times10^{-3}}{997\times6.022\times10^{23}}\right)\ m^3 = 3.000\times10^{-29}\ m^3$$

于是,每个水滴含水分子的个数

$$N = \frac{V_{水滴}}{V_{水分子}} = \frac{1.817\times10^{-27}}{3.000\times10^{-29}} \approx 61$$

10.5 293.15 K 时,水的饱和蒸气压为 2.337 kPa,密度为 998.3 kg·m^{-3},表面张力为72.75×10^{-3} N·m^{-1}。试计算此温度下,直径为 0.1 μm 的玻璃毛细管中水的饱和蒸气压。设水能够完全润湿玻璃(接触角 $\theta \approx 0°$)。

解:玻璃毛细管中水的液面为凹液面,当水能够完全润湿玻璃(接触角 $\theta \approx 0°$)时,凹液面的曲率半径 r 等于毛细管的半径,即 $r = 0.1$ μm/2 = 0.05 μm。

由凹液面的开尔文公式

$$RT\ln \frac{p_r}{p} = -\frac{2\gamma M}{\rho r}$$

得

$$\ln \frac{p_r}{p} = -\frac{2\gamma M}{RT\rho r} = -\frac{2\times72.75\times10^{-3}\times18\times10^{-3}}{8.314\times293.15\times998.3\times0.05\times10^{-6}} = -0.021\ 5$$

$$p_r = p\mathrm{e}^{-0.021\ 5} = 2.337\ \mathrm{kPa}\times0.978\ 7 = 2.287\ \mathrm{kPa}$$

10.6 已知 $CaCO_3$(s)在 773.15 K 时的密度为 3 900 kg·m^{-3},表面张力为 1 210×10^{-3} N·m^{-1},分解压力为 101.325 Pa。若将 $CaCO_3$(s)研磨成半径为 30 nm(1 nm = 10^{-9}m)的粉末,求其在 773.15 K 时的分解压力。

解:开尔文公式也适用于固体微粒。设半径为 30 nm 的粉末的饱和蒸气压为 p_r。

$$\ln \frac{p_r}{p} = \frac{2\gamma M}{\rho r RT} = \frac{2\times1\ 210\times10^{-3}\times100.087\times10^{-3}}{3\ 900\times30\times10^{-9}\times8.314\times773.15} = 0.322$$

$$p_r = 101.325\ \mathrm{Pa}\times\exp(0.322) = 139.8\ \mathrm{Pa}$$

10.7 在一定温度下,容器中加入适量的、完全不互溶的某油类和水,将一只半径为 r 的毛细管垂直地固定在油-水界面之间,如图 10.2(a)所示。已知水能浸润毛细管壁,油则不能。在与毛细管同样性质的玻璃板上,滴上一小滴水,再在水上覆盖上油,这时水对玻璃的润湿角为 θ,如图 10.2(b)所示。油和水的密度分别用 ρ_o 和 ρ_w 表示,AA' 为油-水界面,油层的深度为 h'。请导出水在毛细管中上升的高度 h 与油-水界面张力 γ^{ow} 之间的定量关系。

解:根据题给图 10.2(b)所示,润湿角 θ 为油-水界面张力(γ_1)与玻璃-水界面张力(γ_2)之间的夹角。当水面上是空气(即无油)时,毛细管内水面上升的高度基本是由弯曲液面下的附加压力引起的。但当空气被油置换后,如图 10.2(a),计算毛细管内液面的高度 h,除了考虑附加压力的影响外,还要考虑毛细管外油层的影响,两者共同作用使管内液面上升。

将图 10.2(a)中毛细管局部放大如图 10.2(c)所示。设毛细管内液面的曲率半径为 R,则 $r = R\cos \theta$,有

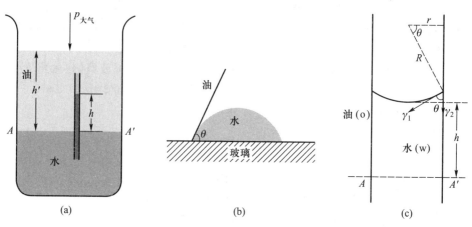

图 10.2   习题 10.7 附图

$$\frac{2\gamma^{\mathrm{ow}}}{R}+\rho_{\mathrm{o}}gh=\rho_{\mathrm{w}}gh$$

即

$$\frac{2\gamma^{\mathrm{ow}}\cos\theta}{r}=(\rho_{\mathrm{w}}-\rho_{\mathrm{o}})gh$$

所以

$$h=\frac{2\gamma^{\mathrm{ow}}\cos\theta}{rg(\rho_{\mathrm{w}}-\rho_{\mathrm{o}})}$$

10.8   在 351.45 K 时,用焦灰吸附 NH_3 气测得如下数据:(设 V^{a}-p 关系符合 $V^{\mathrm{a}}=kp^n$ 方程。)

p/kPa	0.722 4	1.307	1.723	2.898	3.931	7.528	10.102
$V^{\mathrm{a}}/(\mathrm{dm}^3\cdot\mathrm{kg}^{-1})$	10.2	14.7	17.3	23.7	28.4	41.9	50.1

试求方程式 $V^{\mathrm{a}}=kp^n$ 中的 k 及 n 的数值。

解:对方程 $V^{\mathrm{a}}=kp^n$ 求对数,得 $\ln\dfrac{V^{\mathrm{a}}}{\mathrm{dm}^3\cdot\mathrm{kg}^{-1}}=n\ln\dfrac{p}{\mathrm{kPa}}+\ln\dfrac{k}{[k]}$ (1)

处理数据列于下表:

$\ln(p/\mathrm{kPa})$	−0.325 2	0.267 7	0.544 1	1.064 0	1.368 9	2.018 6	2.312 7
$\ln[V^{\mathrm{a}}/(\mathrm{dm}^3\cdot\mathrm{kg}^{-1})]$	2.322 4	2.687 8	2.850 7	3.165 5	3.346 4	3.735 3	3.914 0

拟合数据,如图 10.3 所示,得到直线方程

$$\ln[V^{\mathrm{a}}/(\mathrm{dm}^3\cdot\mathrm{kg}^{-1})]=0.602\ln(p/\mathrm{kPa})+2.523 \qquad (2)$$

对比式（1）和式（2），得 $n = 0.602$，$k = \exp(2.523)\,\mathrm{dm^3 \cdot kg^{-1}} = 12.5\,\mathrm{dm^3 \cdot kg^{-1}}$。

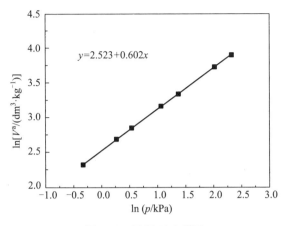

图 10.3　习题 10.8 附图

10.9　已知在 273.15 K 时，用活性炭吸附 $CHCl_3$，其饱和吸附量为 93.8 $\mathrm{dm^3 \cdot kg^{-1}}$，若 $CHCl_3$ 的分压为 13.375 kPa，其平衡吸附量为 82.5 $\mathrm{dm^3 \cdot kg^{-1}}$。试求：

试题分析

（1）朗缪尔吸附等温式中的 b 值；

（2）$CHCl_3$ 的分压为 6.667 2 kPa 时，平衡吸附量为多少？

解：（1）根据朗缪尔吸附等温式 $V^{\mathrm{a}} = V_{\mathrm{m}}^{\mathrm{a}} \dfrac{bp}{1+bp}$，得

$$b = \frac{V^{\mathrm{a}}}{p(V_{\mathrm{m}}^{\mathrm{a}} - V^{\mathrm{a}})} = \left[\frac{82.5}{13.375 \times (93.8 - 82.5)}\right]\mathrm{kPa^{-1}} = 0.545\,9\ \mathrm{kPa^{-1}}$$

（2）$V^{\mathrm{a}} = V_{\mathrm{m}}^{\mathrm{a}} \dfrac{bp}{1+bp} = 93.8\ \mathrm{dm^3 \cdot kg^{-1}} \times \dfrac{0.545\,9 \times 6.667\,2}{1 + 0.545\,9 \times 6.667\,2} = 73.58\ \mathrm{dm^3 \cdot kg^{-1}}$

10.10　473.15 K 时，测定氧在某催化剂表面上的吸附作用，当平衡压力分别为 101.325 kPa 及 1 013.25 kPa 时，每千克催化剂的表面吸附氧的体积分别为 $2.5 \times 10^{-3}\,\mathrm{m^3}$ 及 $4.2 \times 10^{-3}\,\mathrm{m^3}$（已换算为标准状况下的体积），假设该吸附作用服从朗缪尔吸附等温式，试计算当氧的吸附量为饱和吸附量的一半时，氧的平衡压力为多少？

解：由实验数据进行计算时，朗缪尔吸附等温式可采用以下形式：

$$\frac{1}{V^{\mathrm{a}}} = \frac{1}{V_{\mathrm{m}}^{\mathrm{a}}b} \cdot \frac{1}{p} + \frac{1}{V_{\mathrm{m}}^{\mathrm{a}}}$$

根据题给数据可列出以下两个方程式：

$$\frac{1}{2.5\times10^{-3}\,\text{m}^3} = \frac{1}{V_m^a b} \cdot \frac{1}{101.325\ \text{kPa}} + \frac{1}{V_m^a}$$

$$\frac{1}{4.2\times10^{-3}\,\text{m}^3} = \frac{1}{V_m^a b} \cdot \frac{1}{1\ 013.25\ \text{kPa}} + \frac{1}{V_m^a}$$

联立求解两个方程式，得 $V_m^a = 4.543\times10^{-3}\,\text{m}^3$，$b = 1.208\times10^{-5}\,\text{Pa}^{-1}$。

有了 b 及 V_m^a 数值后，当 $V^a = \dfrac{1}{2}V_m^a$ 时，所对应的氧的平衡压力 p_{O_2} 便可求。将朗缪尔吸附等温式写成如下形式：

$$\frac{1}{p} = V_m^a b \left(\frac{1}{V^a} - \frac{1}{V_m^a} \right)$$

当 $V^a = \dfrac{1}{2}V_m^a$ 时，$\qquad\qquad \dfrac{1}{p} = b$

所以 $\qquad\qquad p = \dfrac{1}{b} = \left(\dfrac{1}{1.208\times10^{-5}} \right)\text{Pa} = 82.78\ \text{kPa}$

10.11 在 77.2 K 时，用微球型硅酸铝催化剂吸附 $N_2(g)$，在不同的平衡压力下，测得每千克催化剂吸附的 $N_2(g)$ 在标准状况下的体积数据如下：

$p/\ \text{kPa}$	8.699 3	13.639	22.112	29.924	38.910
$V^a/(\text{dm}^3 \cdot \text{kg}^{-1})$	115.58	126.3	150.69	166.38	184.42

已知 77.2 K 时 $N_2(g)$ 的饱和蒸气压为 99.125 kPa，每个 N_2 分子的截面积 $a = 16.2\times10^{-20}\,\text{m}^2$。试用 BET 公式计算该催化剂的比表面积。

解： BET 公式最重要的用途就是用来计算固体的比表面积。其公式为

$$\frac{p}{V^a(p^*-p)} = \frac{1}{cV_m^a} + \frac{c-1}{cV_m^a} \cdot \frac{p}{p^*}$$

求固体吸附剂的比表面积，关键是要得到 V_m^a 的数据。V_m^a 表示吸附剂表面被气体完全覆盖一层（即饱和吸附）时所需的气体的量。将气体的量换算为气体的分子数 N，再与每个气体分子横截面积相乘，便得到固体的表面积。测定不同 p/p^* 所对应的 $\dfrac{p}{V^a(p^*-p)}$，将 $\dfrac{p}{V^a(p^*-p)}$ 对 p/p^* 回归或拟合，便能求出 V_m^a，进一步可求出固体的比表面积。为此，计算不同压力下的 p/p^* 及 $\dfrac{p}{V^a(p^*-p)}$，列表

如下：

p/p^*	0.087 76	0.137 6	0.223 1	0.301 9	0.392 5
$10^3 p[\,V^a(p^*-p)\,]^{-1}/(\text{kg} \cdot \text{dm}^{-3})$	0.832 4	1.263	1.905	2.599	3.504

对表中数据进行一元线性回归，如图 10.4 所示，得到方程：

$$\frac{p}{V^a(p^*-p)}= 0.008\ 652\ p/p^* + 4.302 \times 10^{-5}$$

与原方程对比，可得

$$\frac{1}{cV_m^a}= 4.302 \times 10^{-5}\ \text{kg} \cdot \text{dm}^{-3}$$

$$\frac{c-1}{cV_m^a}= 0.008\ 652\ \text{kg} \cdot \text{dm}^{-3}$$

于是解得

$$\frac{1}{V_m^a}= 0.009\ 082\ \text{kg} \cdot \text{dm}^{-3}$$

$$V_m^a = 110.1\ \text{dm}^3 \cdot \text{kg}^{-1}$$

催化剂的比表面积为

$$a_s = nLa_m = \frac{pV_m^a}{RT}La_m$$

$$= \left(\frac{101\ 325 \times 110.1 \times 10^{-3}}{8.314 \times 273.15} \times 6.022 \times 10^{23} \times 16.2 \times 10^{-20} \right) \text{m}^2 \cdot \text{kg}^{-1}$$

$$= 4.792 \times 10^5\ \text{m}^2 \cdot \text{kg}^{-1}$$

10.12 假设某气体在固体表面上吸附平衡时的压力 p，远远小于该吸附质在相同温度下的饱和蒸气压 p^*。试由 BET 公式：

$$\frac{p}{V^a(p^*-p)}= \frac{1}{cV_m^a} + \frac{c-1}{cV_m^a} \cdot \frac{p}{p^*}$$

导出朗缪尔吸附等温式 $V^a = V_m^a \dfrac{bp}{1+bp}$。

解：

解法一： 当吸附平衡时的压力 p 远远小于该吸附质在相同温度下的饱和蒸气压 p^* 时，BET 公式中的 $p^*-p \approx p^*$。于是得

$$\frac{p}{V^a(p^*-p)} \approx \frac{p}{V^a p^*} = \frac{1}{cV_m^a} + \frac{c-1}{cV_m^a} \cdot \frac{p}{p^*}$$

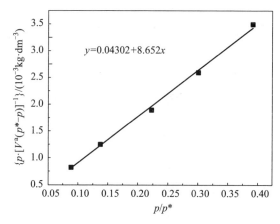

$$y=0.04302+8.652x$$

图 10.4 习题 10.11 附图

整理得
$$\frac{1}{V^{\mathrm{a}}}=\frac{p^{*}}{cV_{\mathrm{m}}^{\mathrm{a}}p}+\frac{c-1}{cV_{\mathrm{m}}^{\mathrm{a}}}=\frac{p^{*}+(c-1)p}{cV_{\mathrm{m}}^{\mathrm{a}}p}$$

所以
$$V^{\mathrm{a}}=\frac{cV_{\mathrm{m}}^{\mathrm{a}}p}{p^{*}+(c-1)p}$$

等式右边分子分母同除以 p^{*} ,并设 c≫1 ,则上式变为

$$V^{\mathrm{a}}=\frac{cV_{\mathrm{m}}^{\mathrm{a}}p}{p^{*}}\Big/\left(1+\frac{cp}{p^{*}}\right)$$

c/p^{*} 为一常数并设为 b ,则可得 $V^{\mathrm{a}}=\dfrac{bpV_{\mathrm{m}}^{\mathrm{a}}}{1+bp}$ (朗缪尔吸附等温式)。

解法二: 将上面的 BET 公式变形为

$$V^{\mathrm{a}}=\frac{V_{\mathrm{m}}^{\mathrm{a}}cpp^{*}}{[p^{*}+(c-1)p](p^{*}-p)}=V_{\mathrm{m}}^{\mathrm{a}}\frac{cpp^{*}}{[(p^{*}-p)+cp](p^{*}-p)}$$

由于 $p\ll p^{*}$,则

$$V^{\mathrm{a}}=V_{\mathrm{m}}^{\mathrm{a}}\frac{cpp^{*}}{[(p^{*}-p)+cp](p^{*}-p)}\approx V_{\mathrm{m}}^{\mathrm{a}}\frac{cp}{p^{*}+cp}=V_{\mathrm{m}}^{\mathrm{a}}\frac{(c/p^{*})p}{1+(c/p^{*})p}=V_{\mathrm{m}}^{\mathrm{a}}\frac{bp}{1+bp}$$

式中, $b=c/p^{*}$ 。

上述推导亦可从概念上去分析。吸附质的平衡压力降低时,说明气相中单位体积分子数下降,于是气体分子吸附在固体表面上所形成的分子层数将越来越少。当平衡压力低于某一数值后,气体在固体表面上只能形成单分子层吸附,

试题分析

故此经过简化后的 BET 公式便与描述单分子层吸附的朗缪尔公式相一致。

10.13　在 1 373.15 K 时向某固体材料表面涂银。已知该温度下固体材料的表面张力 $\gamma^{s} = 965$ mN $\cdot$ m^{-1}，Ag(l) 的表面张力 $\gamma^{l} = 878.5$ mN $\cdot$ m^{-1}，固体材料与 Ag(l) 之间的界面张力 $\gamma^{sl} = 1\ 364$ mN $\cdot$ m^{-1}。计算接触角，并判断液态银能否润湿该材料表面。

解:应用杨氏方程:

$$\cos\theta = \frac{\gamma^{s} - \gamma^{sl}}{\gamma^{l}} = \frac{965 - 1\ 364}{878.5} = -0.454 \quad \theta = 117°$$

$\theta > 90°$，所以 Ag(l) 不能润湿该固体材料表面。

10.14　293.15 K 时，水的表面张力为 72.75 mN $\cdot$ m^{-1}，汞的表面张力为 486.5 mN $\cdot$ m^{-1}，汞和水之间的界面张力为 375 mN $\cdot$ m^{-1}，试判断水能否在汞的表面上铺展开。

解:判断液体 B 在另一不互溶液体 A 上能否发生铺展，要计算铺展系数 $S_{B/A} = \gamma^{A} - \gamma^{B} - \gamma^{AB}$，若 $S_{B/A} > 0$，则能够发生铺展。

水在汞的表面上，

$$S_{H_2O/Hg} = \gamma^{Hg} - \gamma^{H_2O} - \gamma^{H_2O-Hg}$$
$$= (486.5 - 72.75 - 375)\ \text{mN} \cdot \text{m}^{-1} = 38.75\ \text{mN} \cdot \text{m}^{-1} > 0$$

所以能发生铺展。

10.15　在 291.15 K 的恒温条件下，用骨炭从醋酸的水溶液中吸附醋酸，在不同的平衡浓度下，每千克骨炭吸附醋酸的物质的量如下:

$c/(10^{-3}\ \text{mol} \cdot \text{dm}^{-3})$	2.02	2.46	3.05	4.10	5.81	12.8	100	200	500
$n^{a}/(\text{mol} \cdot \text{kg}^{-1})$	0.202	0.244	0.299	0.394	0.541	1.05	3.38	4.03	4.57

将上述数据关系用朗缪尔吸附等温式表示，并求出式中的常数 n_{m}^{a} 及 b。

解:朗缪尔吸附等温式亦能用于固体对溶液中溶质的吸附过程。根据题给的一系列数据分析，应该用线性回归进行数据拟合，或者作图方法求 n_{m}^{a} 及 b。将朗缪尔吸附等温式改写为

$$\frac{1}{n^{a}} = \frac{1}{bn_{m}^{a}} \frac{1}{c} + \frac{1}{n_{m}^{a}} \tag{1}$$

将题给数据处理如下:

$c^{-1}/(\text{mol}^{-1} \cdot \text{dm}^{3})$	495.0	406.5	327.9	243.9	172.1	78.13	10.00	5.00	2.00
$(n^{a})^{-1}/(\text{mol}^{-1} \cdot \text{kg})$	4.950	4.098	3.344	2.538	1.848	0.952	0.296	0.248	0.219

将上述数据进行线性回归,如图 10.5 所示。

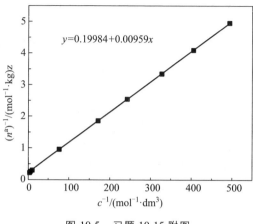

图 10.5 习题 10.15 附图

得到拟合方程如下:

$$\frac{1}{n^{a}/\text{mol}} = \frac{0.009\ 59}{c/(\text{mol}\cdot\text{dm}^{-3})} + 0.199\ 84$$

与式(1)对比得

$$\frac{1}{n^{a}_{m}} = 0.199\ 84\ \text{mol}^{-1}$$

所以

$$n^{a}_{m} = 5.004\ \text{mol}$$

$$\frac{1}{b/(\text{dm}^{3}\cdot\text{mol}^{-1})} = 0.009\ 59\times\frac{n^{a}_{m}}{\text{mol}} = 0.009\ 59\times5.004 = 0.047\ 99$$

所以

$$b = 20.84\ \text{dm}^{3}\cdot\text{mol}^{-1}$$

10.16 298.15 K 时,将少量的某表面活性物质溶解在水中,当溶液的表面吸附达到平衡后,实验测得该溶液的浓度为 0.20 mol · m⁻³。用一很薄的刀片快速地刮去已知面积的该溶液的表面薄层,测得在表面薄层中活性物质的吸附量为 3×10^{-6} mol · m⁻²。已知 298.15 K 时纯水的表面张力为 71.97 mN · m⁻¹。假设在很稀的浓度范围内,溶液的表面张力与溶液的浓度呈线性关系,试计算上述溶液的表面张力。

解:

解法一: 本题讨论溶液表面吸附,需要利用吉布斯吸附等温式,即

$$\Gamma = -\frac{c}{RT}\frac{\mathrm{d}\gamma}{\mathrm{d}c} \tag{1}$$

但本题不是计算表面过剩 Γ，而是求某一浓度 c 时溶液的表面张力。

由题可知，浓度 $c=0.20$ mol·m^{-3} 时，溶液表面过剩 $\Gamma=3\times10^{-6}$ mol·m^{-2}。利用吉布斯吸附等温式可求出 $\mathrm{d}\gamma/\mathrm{d}c$：

$$\frac{\mathrm{d}\gamma}{\mathrm{d}c}=-\frac{RT\Gamma}{c}=\left(-\frac{8.314\times298.15\times3\times10^{-6}}{0.2}\right)\text{J·mol}^{-1}\text{·m}$$

$$=-0.037\,18\text{ N·m}^{-1}\text{·mol}^{-1}\text{·m}^3$$

另从题意可知，溶液的表面张力 γ 与浓度 c 呈线性关系，且溶质为表面活性剂，在一定浓度范围内，随溶质浓度增大，溶液的表面张力下降。由此可得出

$$\gamma=\gamma_0-bc \tag{2}$$

式中，γ_0 为纯水的表面张力，298.15 K 时，$\gamma_0=71.97$ mN·m^{-1}。

则 $$\frac{\mathrm{d}\gamma}{\mathrm{d}c}=-b$$

联系前面的计算结果得

$$b=0.037\,18\text{ N·m}^{-1}\text{·mol}^{-1}\text{·m}^3$$

于是，浓度 $c=0.20$ mol·m^{-3} 时，溶液表面张力为

$$\gamma=\gamma_0-bc=71.97\text{ mN·m}^{-1}-0.037\,18\times10^3\text{ mN·m}^{-1}\text{·mol}^{-1}\text{·m}^3\times0.2\text{ mol·m}^{-3}$$

$$=64.53\text{ mN·m}^{-1}$$

解法二：由题给条件溶液的表面张力 γ 与浓度 c 呈线性关系，设 $\gamma=\gamma_0+ac$，因此 $\frac{\mathrm{d}\gamma}{\mathrm{d}c}=a$，代入吉布斯吸附等温式得 $\Gamma=-\frac{ac}{RT}$。浓度 $c=0.20$ mol·m^{-3} 时，溶液表面过剩 $\Gamma=3\times10^{-6}$ mol·m^{-2}，代入上式，有

$$3\times10^{-6}\text{ mol·m}^{-2}=-\frac{0.20\text{ mol·m}^{-3}\times a}{8.314\text{ J·mol}^{-1}\text{·K}^{-1}\times298.15\text{ K}}$$

解得 $$a=-37.182\text{ mN·m}^{-1}\text{·mol}^{-1}\text{·m}^3$$

另外，纯水 $\gamma_0=71.97$ mN·m^{-1}，因此得到表面张力与浓度的表达式：

$$\gamma=(71.97-37.182c)\quad\text{mN·m}^{-1}$$

当 $c=0.20$ mol·m^{-3} 时，$\gamma=64.53$ mN·m^{-1}。

试题分析

10.17 292.15 K 时,丁酸水溶液的表面张力可以表示为 $\gamma = \gamma_0 - a\ln(1+bc)$,式中 γ_0 为纯水的表面张力,a 和 b 皆为常数。

(1) 试求该溶液中丁酸的表面吸附量 Γ 和浓度 c 的关系。

(2) 若已知 $a = 13.1\ \text{mN} \cdot \text{m}^{-1}$,$b = 19.62\ \text{dm}^3 \cdot \text{mol}^{-1}$,试计算当 $c = 0.200\ \text{mol} \cdot \text{dm}^{-3}$ 时的 Γ 为多少?

(3) 当丁酸的浓度足够大,达到 $bc \gg 1$ 时,饱和吸附量 Γ_m 为多少?设此时表面上丁酸呈单分子层吸附,计算在液面上每个丁酸分子所占的截面积为多少?

解: 此题属于溶液表面吸附问题,需利用吉布斯吸附等温式(下式)求解:

$$\Gamma = -\frac{c}{RT}\frac{\mathrm{d}\gamma}{\mathrm{d}c}$$

(1) 题给溶液的表面张力 γ 与浓度 c 的关系式为

$$\gamma = \gamma_0 - a\ln(1+bc)$$

在一定温度下,将上式对 c 微分,得

$$\frac{\mathrm{d}\gamma}{\mathrm{d}c} = -a\frac{\mathrm{d}\ln(1+bc)}{\mathrm{d}c} = -\frac{ab}{1+bc}$$

代入吉布斯吸附等温式,得 $\Gamma = -\dfrac{c}{RT}\dfrac{\mathrm{d}\gamma}{\mathrm{d}c} = \dfrac{abc}{RT(1+bc)}$

(2) 当 $c = 0.200\ \text{mol} \cdot \text{dm}^{-3}$ 时,表面吸附量 Γ 为

$$\Gamma = \frac{abc}{RT(1+bc)}$$

$$= \left[\frac{13.1\times10^{-3}\times19.62\times10^{-3}\times0.200\times10^3}{8.314\times292.15\times(1+19.62\times10^{-3}\times0.200\times10^3)}\right] \text{mol} \cdot \text{m}^{-2}$$

$$= 4.298\times10^{-6}\ \text{mol} \cdot \text{m}^{-2}$$

(3) 丁酸浓度足够大,亦即溶质在溶液表面上的吸附达到饱和,则 $bc \gg 1$,此时,表面吸附量

$$\Gamma = \frac{abc}{RT(1+bc)} = \frac{a}{RT}$$

此时的表面吸附量 Γ 等于饱和吸附时的表面吸附量 Γ_m:

$$\Gamma = \Gamma_m = \frac{a}{RT} = \frac{13.1\times10^{-3}\ \text{N} \cdot \text{m}^{-1}}{8.314\ \text{J} \cdot \text{mol}^{-1} \cdot \text{K}^{-1}\times292.15\ \text{K}} = 5.393\times10^{-6}\ \text{mol} \cdot \text{m}^{-2}$$

这样,每个丁酸分子在饱和吸附时所占的溶液表面积为

$$a_m = \frac{1}{L\Gamma_m} = \frac{1}{6.022 \times 10^{23} \, \text{mol}^{-1} \times 5.393 \times 10^{-6} \, \text{mol} \cdot \text{m}^{-2}} = 3.08 \times 10^{-19} \, \text{m}^2$$

上式中的 $1/\Gamma_m$ 表示在饱和吸附时,1 mol 丁酸分子所占的溶液表面积。

第十一章 化学动力学

§11.1 概念、主要公式及其适用条件

1.（基于浓度的）反应速率

$$v \xLongequal{\text{def}} \frac{\dot{\xi}}{V} = \frac{1}{\nu_B V} \frac{dn_B}{dt}$$

式中，$\dot{\xi} \xLongequal{\text{def}} \frac{d\xi}{dt} = \frac{1}{\nu_B} \frac{dn_B}{dt}$ 为转化速率，$d\xi \xLongequal{\text{def}} \frac{dn_B}{\nu_B}$ 为反应进度。

对于恒容反应（非依时计量学反应），

$$v = \frac{1}{\nu_B} \frac{dc_B}{dt} \qquad （恒容）$$

v 值与化学计量式的写法有关，而与物质 B 的选择无关。

对化学计量反应 $-\nu_A A - \nu_B B - \cdots \longrightarrow \cdots + \nu_Y Y + \nu_Z Z$ 而言，

反应物 A 的消耗速率 $\qquad v_A = -\dfrac{dc_A}{dt}$

产物 Z 的生成速率 $\qquad v_Z = \dfrac{dc_Z}{dt}$

$$v = \frac{v_A}{-\nu_A} = \frac{v_B}{-\nu_B} = \cdots = \frac{v_Y}{\nu_Y} = \frac{v_Z}{\nu_Z}$$

2. 反应速率方程的一般形式、反应级数及速率常数

反应速率方程：$v = k c_A^\alpha c_B^\beta c_C^\gamma \cdots$

分级数：α, β, γ，其数值可为零、分数和整数，且可正可负。

总级数：$n = \alpha + \beta + \gamma + \cdots$。

k 称为反应的速率常数，其物理意义为：当反应物的浓度均为单位浓度（$1 \ mol \cdot dm^{-3}$）时的反应速率。

当速率方程中的 v 及 k 注有下标时,如 v_B 及 k_B,则表示该反应的速率方程是用物质 B 表示的反应速率和反应速率常数。

速率常数的关系:$\dfrac{k_A}{|\nu_A|} = \dfrac{k_B}{|\nu_B|} = \cdots = \dfrac{k_X}{|\nu_X|} = \dfrac{k_Z}{|\nu_Z|} = k$

3. 基元反应与质量作用定律

基元反应:反应物粒子(分子、原子、离子、自由基等)一步直接转化为产物的分子水平上的反应。若某反应是由两个或两个以上的基元反应所组成,则该反应称为非基元反应。

质量作用定律:基元反应的反应速率与各反应物浓度的幂乘积成正比,各浓度的方次为反应方程式中相应组分的计量数的绝对值。

例如:某基元反应 A + 2B ——→ D + E +⋯,则其速率方程为

$$-\frac{dc_A}{dt} = k_A c_A c_B^2$$

$$-\frac{dc_B}{dt} = k_B c_A c_B^2$$

$$\frac{dc_D}{dt} = k_D c_A c_B^2$$

$$\cdots\cdots$$

注意:对于非基元反应绝不能使用质量作用定律,但可得出形式类似的经验速率方程。

4. 符合通式 $-\dfrac{dc_A}{dt} = k_A c_A^n$ 的各级反应的速率方程及动力学特征

级数	微分式	积分式	半衰期	k_A 的单位
零级	$-\dfrac{dc_A}{dt} = k_A c_A^0$	$c_{A,0} - c_A = k_A t$	$t_{1/2} = \dfrac{c_{A,0}}{2k_A}$	[浓度]·[时间]$^{-1}$
一级	$-\dfrac{dc_A}{dt} = k_A c_A$	$\ln \dfrac{c_{A,0}}{c_A} = k_A t$	$t_{1/2} = \dfrac{\ln 2}{k_A}$	[时间]$^{-1}$
二级	$-\dfrac{dc_A}{dt} = k_A c_A^2$	$\dfrac{1}{c_A} - \dfrac{1}{c_{A,0}} = k_A t$	$t_{1/2} = \dfrac{1}{k_A c_{A,0}}$	[浓度]$^{-1}$·[时间]$^{-1}$

级数	微分式	积分式	半衰期	k_A 的单位
n 级 $(n \neq 1)$	$-\dfrac{dc_A}{dt} = k_A c_A^n$	$\dfrac{1}{c_A^{n-1}} - \dfrac{1}{c_{A,0}^{n-1}} = (n-1) k_A t$	$t_{1/2} = \dfrac{2^{n-1}-1}{(n-1) k_A c_{A,0}^{n-1}}$	$[浓度]^{1-n} \cdot [时间]^{-1}$

注：① 恒温、恒容条件下，一级反应速率方程还可以表示为 $\ln \dfrac{1}{1-x_A} = k_A t$，式中 x_A 为反应物 A 的转化率；相应地，二级反应速率方程可写为 $\dfrac{1}{c_{A,0}} \dfrac{x_A}{1-x_A} = k_A t$。

② 若速率方程形式为 $-\dfrac{dc_A}{dt} = k_A c_A c_B$，且在任何时刻均满足 $c_A/c_B =$ 定值，则速率方程的积分式可写为 $\dfrac{1}{c_A} - \dfrac{1}{c_{A,0}} = k_A t$，此处 k_A 值与 c_A/c_B 的数值大小有关。

③ 除一级反应外，n 级反应的公式在 n 为其他数值时皆可适用。

5. k_p 与 k_c 的关系

恒温、恒容理想气体反应，其速率方程用压力表示时写为

$$-\frac{dp_A}{dt} = k_{p,A} p_A^n$$

速率常数 k_p 与用浓度表示的速率常数 k 之间的关系（设反应为 n 级）为

$$k_{p,A} = k_A (RT)^{1-n}$$

用 c_A 或用 p_A 随时间的变化率来表示 A 的消耗速率，反应的级数不变。

6. 速率方程的确定

（1）微分法

处理步骤：① $-\dfrac{dc_A}{dt} = k_A c_A^n$ 取对数得 $\ln\left(-\dfrac{dc_A}{dt}\right) = \ln k_A + n\ln c_A$；② 拟合 c_A-t 数据得到曲线及方程，求某一浓度 c_A 时的 $-\dfrac{dc_A}{dt}$；③ 以 $\ln\left(-\dfrac{dc_A}{dt}\right)$-$\ln c_A$ 作图应得一直线，由直线斜率即可求出级数 n。

为避免逆反应的干扰可采用初始浓度法。即绘制不同初始浓度 $c_{A,0}$ 对应的 c_A-t 曲线，在每条曲线的 $c_{A,0}$ 处求出斜率 $dc_{A,0}/dt$，然后按上述方法求 n。

（2）尝试法（试差法，适用于具有简单级数的反应）

代入法：假设反应为 n 级，写出其积分形式的速率方程；将不同数据对 (c_A, t) 分别代入该方程中计算 k_A 值。若所算得 k_A 值一致，则确定级数为 n。

作图法：利用各级反应速率方程积分形式的线性关系来确定反应的级数。即利用数据分别作 $\ln c_A$-t 图、$1/c_A$-t 图……$1/c_A^{n-1}$-t 图。呈现出线性关系的图

对应于正确的速率方程,据此直线满足的函数关系来反推反应级数。

（3）半衰期法

n 级反应半衰期 $t_{1/2} = \dfrac{2^{n-1}-1}{(n-1)k_A c_{A,0}^{n-1}}$，取对数有 $\ln t_{1/2} = C + (1-n)\ln c_{A,0}$。此

时，$\ln t_{1/2}$-$\ln c_{A,0}$ 为直线关系,直线斜率为 $(1-n)$。

7. 反应速率与温度的关系——阿伦尼乌斯方程

指数式
$$k = A\exp\left(-\frac{E_a}{RT}\right)$$

微分式
$$\frac{\mathrm{d}\ln k}{\mathrm{d}T} = \frac{E_a}{RT^2}$$

定积分式
$$\ln \frac{k_2}{k_1} = -\frac{E_a}{R}\left(\frac{1}{T_2} - \frac{1}{T_1}\right)$$

不定积分式
$$\ln k = -\frac{E_a}{RT} + \ln A$$

该方程适用于所有基元反应,以及具有明确级数且 k 随温度升高而增大的非基元反应,甚至某些非均相反应。

8. 典型复合反应

（1）对行反应（一级）

$$A \underset{k_{-1}}{\overset{k_1}{\rightleftharpoons}} B$$

速率方程微分式
$$-\frac{\mathrm{d}(c_A - c_{A,e})}{\mathrm{d}t} = (k_1 + k_{-1})(c_A - c_{A,e})$$

积分式
$$\ln \frac{c_{A,0} - c_{A,e}}{c_A - c_{A,e}} = (k_1 + k_{-1})t$$

适用于最初只有反应物 A 的对行反应。

对行反应特点:经足够长时间后,反应物与产物分别趋于各自的平衡浓度 $c_{A,e}$ 和 $c_{B,e}$,平衡时 $K_c = \dfrac{k_1}{k_{-1}} = \dfrac{c_{A,0} - c_{A,e}}{c_{A,e}}$。

（2）平行反应（一级）

A 以 k_1 反应生成 B,以 k_2 反应生成 C

速率方程微分式
$$-\frac{\mathrm{d}c_A}{\mathrm{d}t} = \frac{\mathrm{d}c_B}{\mathrm{d}t} + \frac{\mathrm{d}c_C}{\mathrm{d}t} = (k_1 + k_2)c_A$$

积分式 $$\ln\frac{c_{A,0}}{c_A}=(k_1+k_2)t$$

适用于最初只有反应物 A 的平行反应。

平行反应特点：级数相同的平行反应,其产物的浓度之比等于各反应的速率常数之比,而与反应物的初始浓度及时间无关。如上所示的平行一级反应,$c_B/c_C=k_1/k_2$。

（3）连串反应（一级）

$$A \xrightarrow{k_1} B \xrightarrow{k_2} C$$

速率方程微分式 $$-\frac{dc_A}{dt}=-k_1c_A$$

$$-\frac{dc_B}{dt}=k_1c_A-k_2c_B$$

$$-\frac{dc_C}{dt}=k_2c_B$$

积分式 $$c_A=c_{A,0}e^{-k_1t}$$

$$c_B=\frac{k_1c_{A,0}}{k_2-k_1}(e^{-k_1t}-e^{-k_2t})$$

$$c_C=c_{A,0}\left[1-\frac{1}{k_2-k_1}(k_2e^{-k_1t}-k_1e^{-k_2t})\right]$$

连串反应特点：当各反应速率常数相差不大（如 $k_1=2k_2$）时,反应中间产物 B 的 c_A-t 曲线有一极大值,中间产物的最佳时间 t_{max} 与 B 的最大浓度 $c_{B,max}$ 出现在曲线 $\frac{dc_B}{dt}=0$ 处；当反应速率常数相差很大（如 $k_1\ll k_2$）时,中间产物浓度几乎不随时间而变,即 $\frac{dc_B}{dt}\approx0$。

9. 速率理论

（1）碰撞理论

速率方程 $$-\frac{dC_A}{dt}=Z_{AB}q=(r_A+r_B)^2\left(\frac{8\pi k_BT}{\mu}\right)^{1/2}e^{-E_c/(RT)}C_AC_B$$

其中,$Z_{AB}=(r_A+r_B)^2\left(\frac{8\pi k_BT}{\mu}\right)^{\frac{1}{2}}C_AC_B$ 为碰撞数,$q=e^{-E_c/(RT)}$ 为活化碰撞分数,E_c 为摩尔临界能,其与阿伦尼乌斯活化能 E_a 间的关系为 $E_a=E_c+1/2RT$。

（2）过渡状态理论（活化络合物理论）

艾林方程
$$k = \frac{k_B T}{h} \frac{q_{\approx}^{*\prime}}{q_A^* q_B^*} L e^{-E_0 / (RT)}$$

或者简化为
$$k = \frac{k_B T}{h} K_c^{\approx}$$

式中 $K_c^{\approx} = \dfrac{q_{\approx}^{*\prime}}{q_A^* q_B^*} L e^{-E_0 / (RT)}$, E_0 为反应前后基态能量之差。

以热力学方法进行处理,得到双分子反应的艾林方程热力学表达式:

$$k = \frac{k_B T}{hc / c^{\ominus}} \exp\left(\frac{\Delta_r^{\approx} S_m^{\ominus}}{R}\right) \exp\left(-\frac{\Delta_r^{\approx} H_m^{\ominus}}{RT}\right)$$

10. 扩散定律

$$\frac{dn_B}{dt} = -DA_s \frac{dc_B}{dx}$$

11. 量子效率与量子产率

$$量子效率 \quad \varphi = \frac{发生反应的分子数}{被吸收的光子数} = \frac{发生反应的物质的量}{被吸收的光子的物质的量}$$

$$量子产率 \quad \varphi = \frac{生成产物 B 的分子数}{被吸收的光子数} = \frac{生成产物 B 的物质的量}{被吸收的光子的物质的量}$$

§ 11.2 概 念 题

11.2.1 填空题

1. 反应 $2A \longrightarrow 3B$ 的速率方程既可表示为 $-\dfrac{dc_A}{dt} = k_A c_A^{3/2}$,也可表示为 $\dfrac{dc_B}{dt} = k_B c_A^{3/2}$,则 $-\dfrac{dc_A}{dt}$ 与 $\dfrac{dc_B}{dt}$ 之间的关系为( );速率常数 k_A 和 k_B 的关系为( )。

2. 反应 $A(g) + 3B(g) \longrightarrow 2C(g)$,若反应物按化学计量比混合,且反应开始时无产物 C 存在(即 $p_{C,0} = 0$)。以 B 的压力变化表示的消耗速率为 $-\dfrac{dp_B}{dt}$,以总压 p 表示的速率为 $-\dfrac{dp}{dt}$,则 $\left(-\dfrac{dp}{dt}\right) \Big/ \left(-\dfrac{dp_B}{dt}\right) = ($)。

3. 一定温度下的反应 $A \longrightarrow B + C$,反应物 A 反应掉其初始浓度 $c_{A,0}$ 的 87.5% 需时 3 min;在相同温度下由初始浓度 $c'_{A,0} = 1/2 c_{A,0}$ 开始反应时,其半衰期

$t_{1/2}$ 为 1 min,则此反应级数为( )。

4. 已知某反应的反应物无论其初始浓度 $c_{A,0}$ 为多少,反应掉 $c_{A,0}$ 的 2/3 时所需时间均相同,则该反应为( )级反应。

5. 某基元反应 A ——→B + C 的半衰期为 $t_{1/2} = 10$ h。经 30 h 后的反应物浓度 c_A 与初始浓度 $c_{A,0}$ 的比值为( )。

6. 恒温、恒容下的反应 A(g) + B(s)——→2C(s),已知 $t = 0$ 时,$p_{A,0} = 800$ kPa;$t_1 = 30$ s 时,$p_{A,1} = 400$ kPa;$t_2 = 60$ s 时,$p_{A,2} = 200$ kPa;$t_3 = 90$ s 时,$p_{A,3} = 100$ kPa。则此反应的半衰期 $t_{1/2} = ($);反应级数 $n = ($);反应速率常数 $k = ($)。

7. 温度为 500 K 时,某理想气体恒容反应的速率常数 $k_c = 20$ mol^{-1} · dm^3 · s^{-1},则此反应用压力表示的反应速率常数 $k_p = ($)。

8. 已知反应(1)和反应(2)具有相同的指前因子,测得在相同温度下升高 20 K 时,反应(1)和反应(2)的反应速率分别提高 2 倍和 3 倍,说明反应(1)的活化能 $E_{a,1}($)反应(2)的活化能 $E_{a,2}$,而且在同一温度下,反应(1)的 $k_1($)反应(2)的 k_2。

9. 2B $\xrightarrow{(1)}$ D 和 2A $\xrightarrow{(2)}$ C 两反应均为二级反应,而且 $k = A\exp[-E_a/(RT)]$ 公式中的指前因子 A 相同。已知在 100 ℃下反应(1)的 $k_1 = 0.10$ dm^3 · mol^{-1} · s^{-1},而两反应的活化能之差 $E_{a,1} - E_{a,2} = 15$ kJ · mol^{-1},那么反应(2)在该温度下的速率常数 $k_2 = ($)。

10. 某复合反应的表观速率常数 k 与各基元反应的速率常数之间的关系为 $k = 2k_2\left(\dfrac{k_1}{2k_3}\right)^{3/2}$,则表观活化能 E_a 与各基元反应活化能 $E_{a,1}$,$E_{a,2}$ 及 $E_{a,3}$ 之间的关系为( )。

11. 一级平行反应:A $\begin{array}{c} \xrightarrow{k_1} B(1) \\ \xrightarrow{k_2} C(2) \end{array}$,其中 B 为所需产物,C 为副产物。已知两反应的指前因子 $A_1 = A_2$,活化能 $E_{a,1} = 100$ kJ · mol^{-1},$E_{a,2} = 70$ kJ · mol^{-1}。今欲加快反应(1)的速率,则应采取( )反应温度的措施。A 的半衰期与 k_1,k_2 的关系式为( );当 $T = 500$ K 时,$c_B / c_C = ($)。

12. 链反应一般由三个步骤组成,包括( ),( )和( )。

13. 碰撞理论的临界能 E_c 与阿伦尼乌斯活化能 E_a 的关系为( );在( )的条件下,可以认为 E_a 与温度无关。

14. 溶液中反应包括扩散和反应两个串联步骤。若反应活化能很小,则称为(　　　　)控制;反之,反应活化能很大,称为(　　　　)控制。在溶剂对反应组分无明显作用的情况下,活化控制的溶液反应速率与(　　　　)反应相似,这与液相反应中(　　　　)效应的存在有关。

15. 已知 298.15 K 时 $\Delta_f G_m^{\ominus}(\mathrm{HCl, g}) = -92.307 \ \mathrm{kJ \cdot mol^{-1}}$。化学反应

$$\mathrm{H_2(g) + Cl_2(g) \xrightarrow{298.15K} 2HCl(g)}$$

在催化剂的作用下反应速率大大加快时,反应的 $\Delta_r G_m^{\ominus}(298.15 \ \mathrm{K}) = (\quad\quad)$。

16. 某对行一级反应 $\mathrm{A} \rightleftharpoons \mathrm{D}$,当加入催化剂后其正、逆反应的速率常数分别从 k_1、k_{-1} 变为 k_1' 与 k_{-1}',测得 $k_1' = 3k_1$,那么 $k_{-1}' = (\quad\quad)k_{-1}$。

17. 光化反应的初级过程 $\mathrm{B} + h\nu \longrightarrow \mathrm{B}^*$,其反应速率与(　　　　)成正比,而与(　　　　)无关。

18. 在一定温度、压力下的某反应,反应物 A 的平衡转化率为 15%。当加入催化剂后,在同样的温度、压力下,反应速率将(　　　　),此时 A 的平衡转化率为(　　　　)。催化剂能改变反应速率是因为改变了(　　　　),从而降低了(　　　　),或增大了(　　　　)。

11.2.2　选择题

1. 某基元反应 $\mathrm{A} + \mathrm{B} \longrightarrow \mathrm{D}$,此反应为(　　　　)分子反应。若初始浓度 $c_{\mathrm{A},0} \gg c_{\mathrm{B},0}$,则此反应的级数为(　　　　)。

(a) 2,2;　　　(b) 1,2;　　　(c) 2,1;　　　(d) 1,1

2. 反应 $\mathrm{A} \longrightarrow \mathrm{B}$,且 $c_{\mathrm{B},0} = 0, c_{\mathrm{A},0} \neq 0$。若反应物 A 完全转化为 B 所需时间为 t,并测得 $t / t_{1/2} = 2$,则此反应的级数为(　　　　)。

(a) 零级;　　　(b) 一级;　　　(c) 3/2 级;　　　(d) 二级

3. 已知某气相反应 $2\mathrm{A} \longrightarrow 2\mathrm{B} + \mathrm{C}$ 的速率常数 k 的单位为 $\mathrm{dm^3 \cdot mol^{-1} \cdot s^{-1}}$。在一定温度下开始反应时,$c_{\mathrm{A},0} = 1 \ \mathrm{mol \cdot dm^{-3}}$。若 A 反应掉 $1/2 \ c_{\mathrm{A},0}$ 所需时间 $t_{1/2}$ 与反应掉 $3/4 \ c_{\mathrm{A},0}$ 所需时间 $t_{3/4}$ 之差为 600 s,则 $t_{1/2} = (\quad\quad)$。

(a) 300 s;　　　(b) 600 s;　　　(c) 900 s;　　　(d) 无法确定

4. 对于基元反应,其反应级数(　　　　)反应分子数;对于非基元反应,其反应级数(　　　　)反应分子数。

(a) 等于;　　　　　　　　　(b) 小于;

(c) 等于或小于;　　　　　　(d) 大于;

(e) 无关

5. 基元反应的分子数是一微观概念,其值(　　　　);化学反应的反应级数是

一宏观概念、实验的结果,其值(　　　)。

(a) 可为 0,1,2,3;

(b) 只能是 1,2,3 这三个整数;

(c) 可以是任意值;

(d) 只能是正整数

6. 下列对反应的描述中,哪个有可能是指基元反应:(　　　)

(a) $A+1/2B \longrightarrow C+D$;

(b) $A+B \longrightarrow D$,其速率方程为 $-\dfrac{dc_A}{dt}=k_A c_A^{1/2} c_B$;

(c) $A+B \longrightarrow C+E$,其反应速率随温度升高而降低;

(d) $A+B \longrightarrow E$,其速率方程为 $-\dfrac{dc_A}{dt}=k_A c_A c_B$

7. 某反应 $A \longrightarrow C+D$ 的速率方程为 $-\dfrac{dc_A}{dt}=k_A c_A^n$,在 300 K 下开始反应时只

有 A。实验过程中测得以下数据:

初始浓度 $c_{A,0}/(mol \cdot dm^{-3})$	0.05	0.10
初始反应速率 $v_{A,0}/(mol \cdot dm^{-3} \cdot s^{-1})$	0.001 85	0.003 70

则此反应的级数为(　　　)。

(a) 零级;　　　(b) 一级;　　　(c) 3/2 级;　　　(d) 二级

8. 298.15 K,气相反应 $2A \longrightarrow B+C$。反应前 A 的浓度为 $c_{A,0}$,速率常数为 k,反应进行完全(即 $c_A=0$)所需时间为 t_∞,且 $t_\infty = c_{A,0}/k$,则此反应的级数必为(　　　)。

(a) 零级;　　　(b) 一级;　　　(c) 二级;　　　(d) 0.5 级

9. 在恒温、恒容条件下某气相反应的机理为:$A+B \underset{E_{a,-1}}{\overset{E_{a,1}}{\rightleftharpoons}} D$,反应的 $\Delta_r U_m = 60.0 \text{ kJ} \cdot \text{mol}^{-1}$,则上述正向反应的活化能 $E_{a,1}=(\quad)$。

(a) 一定大于 60.0 kJ·mol^{-1};

(b) 一定等于 60.0 kJ·mol^{-1};

(c) 一定大于 -60.0 kJ·mol^{-1};

(d) 既可能大于,也可能小于 60.0 kJ·mol^{-1}

10. 在任意条件下,基元反应的活化能(　　　);而非基元反应的活化能(　　　)。

（a）一定大于零；

（b）一定小于零；

（c）一定等于零；

（d）既可能大于零，也可能小于零

11. 某反应（能完全反应）活化能的实验测定在两个不同温度 T_1，T_2 下进行。两次实验均从相同的初始浓度开始，并都达到相同的转化率，两次实验所需的时间分别为 t_1 和 t_2。若反应为一级反应时所求得的活化能为 $E_{a,1}$，反应为二级反应时所求得的活化能为 $E_{a,2}$。则 $E_{a,1}$（   ）$E_{a,2}$。

（a）大于；   （b）等于；

（c）小于；   （d）既可能大于，也可能小于

12. 某对行反应 $B(g) \underset{k_{-1}}{\overset{k_1}{\rightleftharpoons}} C(g) + D(g)$，在 300 K 时，$k_1 = 10 s^{-1}$，$k_{-1} = 100\ Pa^{-1} \cdot s^{-1}$。当温度升高 10 ℃ 时 k_1 与 k_{-1} 均增大一倍，则正、逆反应的活化能 $E_{a,1}$，$E_{a,-1}$ 及反应的 $\Delta_r U_m$ 为（   ）。

（a）$E_{a,1} > E_{a,-1}$，$\Delta_r U_m > 0$；   （b）$E_{a,1} > E_{a,-1}$，$\Delta_r U_m < 0$；

（c）$E_{a,1} = E_{a,-1}$，$\Delta_r U_m = 0$；   （d）$E_{a,1} < E_{a,-1}$，$\Delta_r U_m < 0$

13. 由两个一级反应构成的平行反应 ，若 E_a 及 k_A 分别表示总反应的表观活化能及表观反应速率常数，则 k_A，E_a 与 k_1，$E_{a,1}$ 和 k_2，$E_{a,2}$ 的关系为（   ）。

（a）$E_a = E_{a,1} + E_{a,2}$，$k_A = k_1 + k_2$；

（b）$E_a = k_1 E_{a,1} + k_2 E_{a,2}$，$k_A = k_1 + k_2$；

（c）$k_A E_a = E_{a,1} + E_{a,2}$，$k_A = k_1 + k_2$；

（d）$k_A E_a = k_1 E_{a,1} + k_2 E_{a,2}$，$k_A = k_1 + k_2$

14. 两个 H· 与 M 粒子同时相碰撞发生下列反应：$H\cdot + H\cdot + M \longrightarrow H_2(g) + M$，则反应的活化能 E_a（   ）。

（a）>0；   （b）$=0$；   （c）<0；   （d）无法确定

15. HI 在光的作用下可按反应 $2HI(g) \longrightarrow H_2(g) + I_2(g)$ 分解。若光的波长为 2.5×10^{-7} m 时，1 个光子可引起 2 个 HI 分子解离。故 1 mol HI(g) 分解需要的光能为（   ）。

（a）239.2 kJ；   （b）438.4 kJ；   （c）119.6 kJ；   （d）358.8 kJ

16. 在光化学反应中，吸收的光子数一定（   ）发生反应的分子（粒子）数。

(a) 等于; (b) 大于; (c) 小于; (d) 均有可能

17. 光化反应可分为初级过程和次级过程,对于初级过程,量子效率 $\varphi =$ ( )。已知在光的作用下,O_2 可转变为 O_3。当 1 mol O_3 生成时,吸收了 3.011 $\times 10^{23}$ 个光子,此光化反应的量子效率 $\varphi = ($)。

(a) 2,2; (b) 1,2; (c) 3,1; (d) 1,3

概念题答案

11.2.1 填空题

1. $-\dfrac{dc_A}{2dt} = \dfrac{dc_B}{3dt}$;$\dfrac{k_A}{k_B} = \dfrac{2}{3}$

2. $\dfrac{2}{3}$

$$A(g) \quad + \quad 3B(g) \longrightarrow 2C(g)$$

$t = 0 \qquad p_{A,0} \qquad\qquad p_{B,0} \qquad\qquad p_{C,0}$

$t = t \qquad p_A \qquad\qquad p_B \qquad\qquad p_C$

因为 $p_{A,0} = \dfrac{1}{3} p_{B,0}$,$p_{C,0} = 0$,且 $p_A = \dfrac{1}{3} p_B$,$p_C = \dfrac{2}{3}(p_{B,0} - p_B)$,则

$$p = p_A + p_B + p_C = \dfrac{1}{3}p_B + p_B + \dfrac{2}{3}(p_{B,0} - p_B) = \dfrac{2}{3}p_{B,0} + \dfrac{2}{3}p_B$$

因此 $-\dfrac{dp}{dt} = \dfrac{2}{3}\left(-\dfrac{dp_B}{dt}\right)$

3. 一级

由初始浓度 $c_{A,0}$ 开始,反应掉 87.5% 的 $c_{A,0}$ 需时 3 min,由 $0.5c_{A,0}$ 反应掉 $0.25c_{A,0}$ 需时 1 min,说明由初始浓度 $c_{A,0}$ 反应掉 $0.5c_{A,0}$ 所需时间与由 $0.25c_{A,0}$ 反应掉 $0.125c_{A,0}$ 所需时间均为 1 min,说明半衰期与初始浓度无关,故为一级反应。

或使用尝试法,代入一级反应的速率方程 $\ln \dfrac{c_0}{c} = kt$ 进行计算,看得到的速率常数 k 是否为常数。

4. 一

设 $c_A = c_{A,0}/n$,当 c_A 变为 $c_{A,0}$ 的 $1/n$ 时所需时间记为 $t_{1/n}$。则对于一级反应满足:

$$\ln \frac{c_{A,0}}{c_A} = kt_{1/n} \xrightarrow{c_A = c_{A,0}/n} \ln \frac{c_{A,0}}{c_{A,0}/n} = kt_{1/n} = \ln n$$

式中,n,k 均为常数,则可知 $t_{1/n}$ 亦为常数。因此,对一级反应而言,类似半衰期,反应掉任意衰期所需的时间均相同,与初始浓度无关。

5. 0.125

该基元反应方程式中,反应物 A 的化学计量数的绝对值为 1,因此为一级反应,其半衰期 $t_{1/2} = \ln 2/k$,与初始浓度无关。

由一级反应的速率方程得

$$\ln(c_A/c_{A,0}) = -kt = -(\ln 2/t_{1/2})t,$$

故 $c_A/c_{A,0} = e^{-\ln 2 \times t/t_{1/2}} = e^{-\ln 2 \times 30/10} = 0.125$

6. 30 s;1;0.023 10 s^{-1}

由题给数据知,反应物的压降为初始压力的一半时,所需时间为 30 s,即反应的半衰期 $t_{1/2} = 30$ s,它与初始压力的大小无关,应为一级反应。所以 $n = 1$

$$k = \ln 2/t_{1/2} = (\ln 2/30) \text{s}^{-1} = 0.023 \text{ 10 s}^{-1}$$

7. $4.81 \times 10^{-6} \text{ Pa}^{-1} \cdot \text{s}^{-1}$

由 k_c 的单位知,此反应为二级反应,$n = 2$。

$$k_p = k_c(RT)^{1-n} = k_c(RT)^{1-2} = k_c(RT)^{-1}$$
$$= (20 \times 10^{-3} \text{ mol}^{-1} \cdot \text{m}^3 \cdot \text{s}^{-1}) \times (8.314 \text{ J} \cdot \text{K}^{-1} \cdot \text{mol}^{-1} \times 500 \text{ K})^{-1}$$
$$= 4.81 \times 10^{-6} \text{ Pa}^{-1} \cdot \text{s}^{-1}$$

8. 小于;大于

由阿伦尼乌斯方程的微分式 $\dfrac{\text{d} \ln k}{\text{d} T} = \dfrac{E_a}{RT^2}$ 知,由相同的原始温度升高同样的温度时,活化能大的反应的 k 增加得更多。故 $E_{a,1}$ 小于 $E_{a,2}$。由阿伦尼乌斯方程的指数式 $k = A \exp[-E_a/(RT)]$ 知,具有相同指前因子和相同温度条件下,两反应有 k_1 大于 k_2。

9. $12.58 \text{ dm}^3 \cdot \text{mol}^{-1} \cdot \text{s}^{-1}$

将 $k_1 = A \exp[-E_{a,1}/(RT)]$ 和 $k_2 = A \exp[-E_{a,2}/(RT)]$ 两式相比得

$$k_1/k_2 = e^{(-E_{a,1}+E_{a,2})/(RT)} = e^{(-15\ 000 \text{ J} \cdot \text{mol}^{-1})/(8.314 \text{ J} \cdot \text{mol}^{-1} \cdot \text{K}^{-1} \times 373.15 \text{ K})} = 7.95 \times 10^{-3}$$

故 $k_2 = k_1/7.95 \times 10^{-3} = 0.10 \text{ dm}^{-3} \cdot \text{mol}^{-1} \cdot \text{s}^{-1}/7.95 \times 10^{-3} = 12.58 \text{ dm}^{-3} \cdot \text{mol}^{-1} \cdot \text{s}^{-1}$

10. $E_a = E_{a,2} + \dfrac{3}{2} E_{a,1} - \dfrac{3}{2} E_{a,3}$

对 $k = 2k_2 [k_1/(2k_3)]^{3/2}$ 两边取对数得

$$\ln k = \ln 2 + \ln k_2 + \frac{3}{2} \ln k_1 - \frac{3}{2} \ln k_3 - \frac{3}{2} \ln 2$$

再对 T 求导得

$$\mathrm{d}\ln k/\mathrm{d}T = \mathrm{d}\ln k_2/\mathrm{d}T + \frac{3}{2}(\ln k_1/\mathrm{d}T) - \frac{3}{2}(\ln k_3/\mathrm{d}T)$$

于是可得

$$\frac{E_a}{RT^2} = \frac{E_{a,2}}{RT^2} + \frac{3}{2}\frac{E_{a,1}}{RT^2} - \frac{3}{2}\frac{E_{a,3}}{RT^2}$$

消去 RT^2 后得

$$E_a = E_{a,2} + \frac{3}{2}E_{a,1} - \frac{3}{2}E_{a,3}$$

11. 提高；$t_{1/2} = \dfrac{\ln 2}{k_1+k_2}$；$\mathrm{e}^{-7.2167}$

应提高反应温度。因两反应皆为一级反应，故 $c_B/c_C = k_1/k_2$，又因 $A_1 = A_2$，所以

$$k_1/k_2 = \exp\left(\frac{-E_{a,1}+E_{a,2}}{RT}\right) = \exp\left[\frac{(-100\times10^3+70\times10^3)\,\mathrm{J\cdot mol^{-1}}}{8.314\,\mathrm{J\cdot mol^{-1}\cdot K^{-1}}\times500\,\mathrm{K}}\right] = \mathrm{e}^{-7.2167}$$

12. 链的开始（引发）；链的传递（增长）；链的终止（销毁）

13. $E_a = E_c + RT/2$；温度不太高，$E_c \gg RT/2$

14. 扩散；反应；气相；笼蔽

对于溶液中的化学反应，包括扩散和反应两个串联步骤。若反应活化能很小，扩散为控制步骤；反应活化能很大时，则反应为控制步骤。在溶剂对反应组分无明显作用的情况下，一方面对活化能影响不大，另一方面由于笼蔽效应的存在，使得活化控制的溶液反应速率与气相反应相似。

15. $-184.614\,\mathrm{kJ\cdot mol^{-1}}$

$$\Delta_r G_m^{\ominus}(298.15\,\mathrm{K}) = 2\times\Delta_f G_m^{\ominus}(\mathrm{HCl,g},298.15\,\mathrm{K}) = 2\times(-92.307\,\mathrm{kJ\cdot mol^{-1}})$$
$$= -184.614\,\mathrm{kJ\cdot mol^{-1}}$$

虽然催化剂能加快反应速率，但从热力学角度看，催化剂的存在不会改变反应系统的始、末态，所以在温度不变的条件下，加入催化剂不会改变反应的 $\Delta_r G_m^{\ominus}(298.15\,\mathrm{K})$。

16. 3

因为催化剂不能改变平衡常数 K，而 $K = k_1/k_{-1}$，所以，能加速正反应速率 k_1 的催化剂也必定能加速逆反应速率 k_{-1}，即催化剂加速正反应的同时对逆反应也加速相同的倍数。因为 $k_1' = 3k_1$，所以 $k_{-1}' = 3k_{-1}$。

17. 光强度；反应物浓度

18. 加快；15%；反应途径；表观活化能；表观指前因子

催化剂能加快反应速率，缩短达到平衡的时间，但不能改变平衡状态，因此不能改变平衡转化率，因此，加入催化剂后，反应物 A 的平衡转化率依然为

15%。催化剂能改变反应速率的原因在于它改变了反应途径,从而降低了表观活化能,或增大了表观指前因子。

11.2.2 选择题

1. (c)

根据反应级数的定义,双分子基元反应即二级反应($n=2$);当两反应物中的一反应物浓度很大时,反应过程中其浓度基本不变,则可视为假一级反应($n=1$)。

2. (a)

由零级反应积分式 $c_{A,0}-c_A=kt$ 知,当 $c_{A,0}$ 全部反应时所需时间 $t=c_{A,0}/k$,而反应一半时所需时间 $t_{1/2}=c_{A,0}/2k$,则 $t/t_{1/2}=2$。

3. (a)

由速率常数 k 的单位知该反应为二级反应。起始浓度反应掉 3/4 所需时间为两个半衰期,第一个半衰期为 $t_{1/2}=\dfrac{1}{kc_{A,0}}$,第二个半衰期为 $t'_{1/2}=\dfrac{2}{kc_{A,0}}$,则 $t_{3/4}=t'_{1/2}+t_{1/2}=\dfrac{3}{kc_{A,0}}$,计算得 $k=\dfrac{1}{300}\mathrm{dm^3\cdot mol^{-1}\cdot s^{-1}}$。

故
$$t_{1/2}=\frac{1}{kc_{A,0}}=\frac{1}{\dfrac{1}{300}\mathrm{dm^3\cdot mol^{-1}\cdot s^{-1}}\times 1\,\mathrm{mol\cdot dm^{-3}}}=300\ \mathrm{s}$$

4. (c);(e)

对于基元反应,当各反应物的浓度相差不大时,反应级数等于反应分子数;当有一种反应物在反应过程中大量过剩时,则可出现反应级数小于反应分子数的情况;故本题中反应级数等于或小于反应分子数。对于非基元反应,不存在反应分子数的概念,其反应级数由实验确定,因此与反应分子数无关。

5. (b);(c)

基元反应的分子数只能是 1,2,3 这三个整数。反应级数由实验确定,可正、可负、可为零,既可以是整数,也可以是分数,即反应级数可以是任意值。

6. (d)

由质量作用定律知,基元反应的速率一定与各反应物浓度的幂乘积成正比,其中各浓度的方次为反应方程式中相应组分的分子个数。而非基元反应也可能具有类似的表达形式。

7. (b)

令 $v_A=-\dfrac{\mathrm{d}c_A}{\mathrm{d}t}=k_A c_A^n$,则 $\dfrac{v_{A,0}}{v'_{A,0}}=\dfrac{k_A c_A^n}{k_A c_A'^n}=\dfrac{k_A(0.05\ \mathrm{mol\cdot dm^{-3}})^n}{k_A(0.10\ \mathrm{mol\cdot dm^{-3}})^n}=2^{-n}$,

又因为 $\dfrac{v_{A,0}}{v'_{A,0}} = \dfrac{0.001\ 85\text{mol} \cdot \text{dm}^{-3} \cdot \text{min}^{-1}}{0.003\ 70\text{mol} \cdot \text{dm}^{-3} \cdot \text{min}^{-1}} = 2^{-1}$，所以 $n = 1$。

8.（a）

由零级反应的速率方程 $c_{A,0} - c_A = k_A t$ 知，当 $c_A = 0$ 时，$t = t_\infty = c_{A,0}/k_A$

9.（a）

对于一个正向、逆向均能进行的反应满足下面关系式：

$$E_{a,1} - E_{a,2} = \Delta_r U_m = 60.0\ \text{kJ} \cdot \text{mol}^{-1}$$

又因为 $E_{a,1} > 0, E_{a,2} > 0$，所以必有 $E_{a,1} > 60.0\ \text{kJ} \cdot \text{mol}^{-1}$。

10.（a）；（d）

基元反应的活化能一定大于零。非基元反应的活化能可以是正值，也可以是负值，甚至为零。未给出具体反应，则其活化能无法确定。

11.（b）

题中未给出该反应的级数，这表示不论反应级数和温度，只要反应的起始浓度相同，反应的转化率就相同，即存在以下关系：$k_1 t_1 = k_2 t_2$。式中 k_1 和 k_2 分别表示同一反应在温度 T_1 和 T_2 下的速率常数。由 $\ln \dfrac{k_2}{k_1} = -\dfrac{E_a}{R}\left(\dfrac{1}{T_2} - \dfrac{1}{T_1}\right) = \ln \dfrac{t_1}{t_2}$，所以 $E_a = \left(-R\ln \dfrac{t_1}{t_2}\right) \Big/ \left(\dfrac{1}{T_2} - \dfrac{1}{T_1}\right)$ 与反应的级数无关。故反应为一级反应或二级反应时求得的活化能相等。

12.（d）

由题中速率常数的单位知，所给速率常数 k_1, k_{-1} 为用压力表示的速率常数。

其中，正反应为一级反应，有

$$\ln \frac{k'_{c,1}}{k_{c,1}} = \ln \frac{k'_1}{k_1} = -\frac{E_{a,1}}{R}\left(\frac{1}{T'} - \frac{1}{T}\right)$$

即

$$\ln \frac{2k_1}{k_1} = -\frac{E_{a,1}}{R}\left(\frac{1}{T+10\ \text{K}} - \frac{1}{T}\right)$$

整理得

$$-\frac{E_{a,1}}{R}\left(\frac{1}{T+10\ \text{K}} - \frac{1}{T}\right) = \ln 2 \tag{1}$$

逆反应为二级反应，有

$$\ln \frac{k'_{c,-1}}{k_{c,-1}} = \ln \frac{k'_{-1}(RT')^{2-1}}{k_{-1}(RT)^{2-1}} = -\frac{E_{a,-1}}{R}\left(\frac{1}{T'} - \frac{1}{T}\right)$$

即

$$\ln \frac{2k_{-1}(T+10\ \text{K})}{k_{-1}T} = \ln \frac{2(T+10\ \text{K})}{T} = -\frac{E_{a,-1}}{R}\left(\frac{1}{T+10\ \text{K}} - \frac{1}{T}\right)$$

整理得
$$-\frac{E_{a,-1}}{R}\left(\frac{1}{T+10\ \mathrm{K}}-\frac{1}{T}\right)=\ln 2+\ln\frac{T+10\mathrm{K}}{T}>\ln 2 \tag{2}$$

式(1)代入式(2)得
$$E_{a,1}<E_{a,-1},\ \Delta_r U_m=E_{a,1}-E_{a,-1}<0$$

13. (d)

一级平行反应满足 $\dfrac{\mathrm{d}c_B}{\mathrm{d}t}=k_1c_A,\ \dfrac{\mathrm{d}c_C}{\mathrm{d}t}=k_2c_A,\ -\dfrac{\mathrm{d}c_A}{\mathrm{d}t}=k_A c_A$

且 $-\dfrac{\mathrm{d}c_A}{\mathrm{d}t}=\dfrac{\mathrm{d}c_B}{\mathrm{d}t}+\dfrac{\mathrm{d}c_C}{\mathrm{d}t}$，故
$$k_A=k_1+k_2 \tag{1}$$

式(1)两边对 T 微分,得
$$\frac{\mathrm{d}k_A}{\mathrm{d}T}=\frac{\mathrm{d}k_1}{\mathrm{d}T}+\frac{\mathrm{d}k_2}{\mathrm{d}T} \tag{2}$$

将阿伦尼乌斯方程 $\dfrac{\mathrm{d}\ln k}{\mathrm{d}T}=\dfrac{E_a}{RT^2}$ 变形为 $\dfrac{\mathrm{d}k}{\mathrm{d}T}=\dfrac{kE_a}{RT^2}$,代入式(2)得

$$\frac{k_A E_a}{RT^2}=\frac{k_1 E_{a,1}}{RT^2}+\frac{k_2 E_{a,2}}{RT^2}$$

所以
$$k_A E_a=k_1 E_{a,1}+k_2 E_{a,2}$$

14. (b)

自由原子结合成稳定分子的反应不需要活化能,所以 $E_a=0$。

15. (a)

一个光子能使 2 个 HI 分子解离,所以分解 1 mol HI(g)需 0.5 mol 光子,而 0.5 mol 光子的能量为

$$E=n(光子)\times\left(\frac{0.119\ 6\ \mathrm{m}}{\lambda}\right)\mathrm{J\cdot mol^{-1}}=0.5\ \mathrm{mol}\times\left(\frac{0.119\ 6}{2.5\times10^{-7}}\right)\mathrm{J\cdot mol^{-1}}=239.2\ \mathrm{kJ}$$

16. (d)

由光化学第二定律知,系统每吸收一个光子则活化一个分子或原子,但不等于使一个分子发生反应。该活化分子既可能引发多分子反应,也可能失活不发生反应。

17. (d)

在光化学初级过程中,系统每吸收一个光子,则活化一个分子或原子。按量子效率的定义知 $\varphi=1$;在该光化反应中,3 个 O_2 可生成 2 个 O_3,则

$$\varphi = \frac{\text{发生反应的物质的量}}{\text{被吸收光子的物质的量}} = \frac{(1\times 3/2)\,\text{mol}}{[(3.011\times 10^{23})/(6.022\times 10^{23})]\,\text{mol}} = 3$$

§11.3　习题解答

11.1　气相反应 $SO_2Cl_2(g)\longrightarrow SO_2(g)+Cl_2(g)$ 在 320 ℃时的速率常数 $k=2.2\times 10^{-5}\ \text{s}^{-1}$。问在 320 ℃加热 90 min 时 $SO_2Cl_2(g)$ 的分解分数 α 为多少？

解：根据 k 的单位知该反应为一级反应。由一级反应的速率方程

$$\ln\frac{c_{A,0}}{c_A}=kt$$

$$\alpha = 1-\frac{c_A}{c_{A,0}} = 1-\exp(-kt) = 1-\exp(-2.2\times 10^{-5}\times 5\,400)=0.112$$

11.2　某一级反应 $A\longrightarrow B$ 的半衰期为 10 min。求 1 h 后剩余 A 的摩尔分数。

解：设剩余 A 的摩尔分数为 x_A，由一级反应速率方程及半衰期公式

$$c_A = c_{A,0}\exp(-kt)$$

$$t_{1/2}=\frac{\ln 2}{k}$$

试题分析

得　　$x_A=\dfrac{c_A}{c_{A,0}}=\exp(-kt)=\exp\left(-\dfrac{\ln 2}{t_{1/2}}\times t\right)=\exp\left(-\dfrac{\ln 2}{60\times 10\ \text{s}}\times 3\,600\ \text{s}\right)=0.015\,6$

11.3　某一级反应进行 10 min 后，反应物反应掉 30%。问反应掉 50%需多少时间？

解：由一级反应速率方程

$$\ln\frac{c_{A,0}}{c_A}=kt$$

得　　$k=\dfrac{1}{t}\ln\dfrac{c_{A,0}}{c_A}=\dfrac{1}{10\ \text{min}}\ln\dfrac{c_{A,0}}{c_{A,0}-0.3c_{A,0}}=\dfrac{1}{10\ \text{min}}\ln\dfrac{1}{1-0.3}=0.035\,7\ \text{min}^{-1}$

$$t_{1/2}=\frac{\ln 2}{k}=\frac{\ln 2}{0.035\,7\ \text{min}^{-1}}=19.4\ \text{min}$$

11.4　25 ℃时，酸催化蔗糖转化反应　$\underset{\text{(蔗糖)}}{C_{12}H_{22}O_{11}}+H_2O\longrightarrow \underset{\text{(葡萄糖)}}{C_6H_{12}O_6}+\underset{\text{(果糖)}}{C_6H_{12}O_6}$

的动力学数据如下（蔗糖的初始浓度 c_0 为 1.002 3 mol·dm^{-3}，时刻 t 时的浓度为 c）：

$t/\min$	0	30	60	90	130	180
$(c_0-c)/(\text{mol} \cdot \text{dm}^{-3})$	0	0.100 1	0.194 6	0.277 0	0.372 6	0.467 6

（1）试证明此反应为一级反应，并求出速率常数及半衰期；

（2）蔗糖转化 95 % 需多长时间？

解:（1）假设此反应为一级反应，并将表中数据处理如下：

$t/\min$	0	30	60	90	130	180
$c/(\text{mol} \cdot \text{dm}^{-3})$	1.002 3	0.902 2	0.807 7	0.725 3	0.629 7	0.534 7
$\ln(c/[c])$	0.002 3	-0.102 9	-0.213 6	-0.321 2	-0.462 5	-0.626 0

将表中数据 $\ln(c/[c])$ 对 t 作图并进行拟合可得直线方程：

$$\ln \frac{c}{\text{mol} \cdot \text{dm}^{-3}} = -3.51 \times 10^{-3} \frac{t}{\min} - 5.908 \times 10^{-3}$$

该直线方程符合一级反应的速率方程形式 $\ln \dfrac{c}{[c]} = -kt + \ln \dfrac{c_0}{[c]}$，直线斜率为 $-k$。

因此该反应为一级反应。故

$$k = 3.51 \times 10^{-3} \ \min^{-1}$$

$$t_{1/2} = \frac{\ln 2}{k} = \frac{\ln 2}{3.51 \times 10^{-3} \min^{-1}} = 197.5 \ \min$$

（2）蔗糖转化 95 % 所需时间

$$c = c_0 - 0.95c_0 = 0.05c_0$$

$$t = \frac{1}{k} \ln \frac{c_0}{c} = \frac{1}{3.51 \times 10^{-3} \min^{-1}} \times \ln \frac{1}{0.05} = 853.5 \ \min$$

11.5 对于一级反应，试证明转化率达到 87.5% 所需时间为转化率达到 50% 所需时间的 3 倍。对于二级反应又应为多少？

试题分析

解: 转化率 $\alpha = \dfrac{c_{A,0} - c_A}{c_{A,0}} = 1 - \dfrac{c_A}{c_{A,0}}$，设转化率达 50%（$\alpha_1$）所需时间为 t_1，转化率

达到 87.5% （α_2）所需时间为 t_2。

一级反应：$kt = \ln \dfrac{c_{A,0}}{c_A} = \ln \dfrac{c_{A,0}}{c_{A,0} - c_{A,0}\alpha} = \ln \dfrac{1}{1-\alpha}$

得

$$t = -\frac{\ln(1-\alpha)}{k}$$

因此
$$\frac{t_2}{t_1}=\frac{\ln(1-\alpha_2)}{\ln(1-\alpha_1)}=\frac{\ln(1-0.875)}{\ln(1-0.5)}=3$$

二级反应：$t=\dfrac{1}{k}\left(\dfrac{1}{c_A}-\dfrac{1}{c_{A,0}}\right)=\dfrac{1}{k}\left(\dfrac{c_{A,0}-c_A}{c_A c_{A,0}}\right)=\dfrac{1}{k}\cdot\dfrac{\alpha}{c_A}=\dfrac{\alpha}{kc_{A,0}(1-\alpha)}$

因此
$$\frac{t_2}{t_1}=\frac{\alpha_2(1-\alpha_1)}{\alpha_1(1-\alpha_2)}=\frac{0.875\times0.5}{0.5\times0.125}=7$$

11.6　偶氮甲烷（CH_3NNCH_3）气体的分解反应
$$CH_3NNCH_3(g)\longrightarrow C_2H_6(g)+N_2(g)$$

为一级反应。在 287 ℃ 的真空密闭恒容容器中充入初始压力为 21.332 kPa 的偶氮甲烷气体，反应进行 1 000 s 时测得系统的总压为 22.732 kPa，求速率常数 k 及半衰期 $t_{1/2}$。

解：设 t 时刻 $CH_3NNCH_3(g)$ 的分压为 p，

$$CH_3NNCH_3(g)\longrightarrow C_2H_6(g)+N_2(g)$$

$t=0$	$p_0=21.332$ kPa	0	0
$t=1\,000$ s	p	p_0-p	p_0-p

$t=1\,000$ s 时，　$p_{总}=p+2(p_0-p)=2p_0-p=22.732$ kPa，而 $p_0=21.332$ kPa，所以 $p=19.932$ kPa。

对于密闭容器中的气相反应使用分压形式的速率方程：$\ln\dfrac{p_0}{p}=kt$，于是

$$k=\frac{1}{t}\ln\frac{p_0}{p}=\frac{1}{1\,000\text{ s}}\ln\frac{21.332}{19.932}=6.79\times10^{-5}\text{ s}^{-1}$$

$$t_{1/2}=\frac{\ln2}{k}=\frac{\ln2}{6.79\times10^{-5}\text{ s}^{-1}}=1.02\times10^4\text{ s}$$

11.7　硝基乙酸在酸性溶液中的分解反应
$$(NO_2)CH_2COOH(l)\longrightarrow CH_3NO_2(l)+CO_2(g)$$
为一级反应。25 ℃，101.3 kPa 下，测定不同反应时间产生的 $CO_2(g)$ 体积如下：

t/min	2.28	3.92	5.92	8.42	11.92	17.47	∞
V/cm^3	4.09	8.05	12.02	16.01	20.02	24.02	28.94

反应不是从 $t=0$ 开始的。求速率常数 k。

解：因反应是在进行一段时间后才开始计时的，即 $t=0$ 时 CO_2 的体积不为 0，故设 $t=0$ 时 CO_2 的体积为 V_0，反应到某一时刻 t 时 CO_2 的体积为 V_t，硝基乙酸

全部分解所产生的 CO_2 的体积为 V_∞。则

$$(NO_2) CH_2COOH(l) \longrightarrow CH_3NO_2(l) + CO_2(g)$$

$t = 0$	c_0	V_0
$t = t$	c	V_t
$t = \infty$	0	V_∞

将 $CO_2(g)$ 看作理想气体,则 c_0 正比于 $(V_\infty - V_0)$,c 正比于 $(V_\infty - V_t)$。根据一级反应的速率方程积分式,有

$$kt = \ln \frac{c_0}{c} = \ln \frac{V_\infty - V_0}{V_\infty - V_t}$$

整理得

$$\ln \frac{V_\infty - V_t}{[V]} = -kt + \ln \frac{V_\infty - V_0}{[V]}$$

将不同时刻 t 对应的 $\ln \{ (V_\infty - V_t)/[V] \}$ 列表如下:

$t/\min$	2.28	3.92	5.92	8.42	11.92	17.47
$(V_\infty - V_t)/\mathrm{cm}^3$	24.85	20.89	16.92	12.93	8.92	4.92
$\ln \{ (V_\infty - V_t)/\mathrm{cm}^3 \}$	3.213	3.039	2.828	2.560	2.188	1.593

因反应不是从 $t = 0$ 开始计时,故用公式 $\ln \{ (V_\infty - V_t)/[V] \} = -kt + b$ 拟合,所得直线方程为:$\ln \dfrac{V_\infty - V_t}{\mathrm{cm}^3} = -0.107 \dfrac{t}{\min} + 3.458$,直线斜率 $m = -0.107$,则反应速率常数 $k = -m \ \min^{-1} = 0.107 \ \min^{-1}$。

11.8 某一级反应 $A \longrightarrow$ 产物,初始速率为 $1 \times 10^{-3} \ \mathrm{mol \cdot dm^{-3} \cdot min^{-1}}$,1 h 后速率为 $0.25 \times 10^{-3} \ \mathrm{mol \cdot dm^{-3} \cdot min^{-1}}$。求 $k, t_{1/2}$ 和初始浓度 $c_{A,0}$。

解: 根据一级反应的速率方程

$$v = -\left(\frac{dc_A}{dt} \right)_t = k_A c_A$$

$$v_0 = -\left(\frac{dc_A}{dt} \right)_{t=0} = k_A c_{A,0}$$

得

$$\frac{v}{v_0} = \frac{k_A c_A}{k_A c_{A,0}} = \frac{c_A}{c_{A,0}}$$

代入一级反应速率方程积分式 $\ln \dfrac{c_{A,0}}{c_A} = kt$ 得

$$k = \frac{1}{t}\ln\frac{c_{A,0}}{c_A} = \frac{1}{t}\ln\frac{v_0}{v} = \frac{1}{60\ \text{min}}\ln\frac{1\times10^{-3}}{0.25\times10^{-3}} = 0.023\ 1\ \text{min}^{-1}$$

于是

$$t_{1/2} = \frac{\ln 2}{k} = \frac{\ln 2}{0.023\ 1\ \text{min}^{-1}} = 30\ \text{min}$$

$$c_{A,0} = \frac{v_0}{k} = \left(\frac{1\times10^{-3}}{0.023\ 1\ \text{min}^{-1}}\right)\text{mol}\cdot\text{dm}^{-3} = 0.043\ 3\ \text{mol}\cdot\text{dm}^{-3}$$

11.9 现在的天然铀矿中 $^{238}U/^{235}U = 139.0/1$。已知 ^{238}U 的蜕变反应的速率常数为 $1.520\times10^{-10}\ \text{a}^{-1}$，$^{235}U$ 的蜕变反应的速率常数为 $9.72\times10^{-10}\ \text{a}^{-1}$。问在 20 亿年（$2\times10^9\ \text{a}$）前，$^{238}U/^{235}U$ 等于多少？（a 是时间单位年的符号。）

解：根据速率常数的单位知 ^{235}U 和 ^{238}U 的蜕变反应为一级反应，根据 $c_0 = c\exp(kt)$，则 20 亿年前的 ^{235}U 和 ^{238}U 浓度比为

$$\frac{c_{0,^{238}U}}{c_{0,^{235}U}} = \frac{c_{^{238}U}\exp(k_{238}t)}{c_{^{235}U}\exp(k_{235}t)} = \frac{c_{^{238}U}}{c_{^{235}U}}\exp[(k_{238}-k_{235})t]$$

$$= \frac{139.0}{1}\exp[(1.520-9.72)\times10^{-10}\times(2\times10^9)] = 26.96$$

即

$$c_{0,^{238}U}/c_{0,^{235}U} = 26.96/1$$

试题分析

11.10 某二级反应 $A(g) + B(g) \longrightarrow 2D(g)$ 在 T, V 恒定的条件下进行。当反应物的初始浓度为 $c_{A,0} = c_{B,0} = 0.2\ \text{mol}\cdot\text{dm}^{-3}$ 时，反应的初始速率为 $-(\mathrm{d}c_A/\mathrm{d}t)_{t=0} = 5\times10^{-2}\ \text{mol}\cdot\text{dm}^{-3}\cdot\text{s}^{-1}$，求速率常数 k_A 及 k_D。

解：对于二级反应 $v = -\dfrac{\mathrm{d}c_A}{\mathrm{d}t} = k_A c_A c_B$，且题给二级反应的初始速率为

$$v_0 = -\left(\frac{\mathrm{d}c_A}{\mathrm{d}t}\right)_{t=0} = 5\times10^{-2}\ \text{mol}\cdot\text{dm}^{-3}\cdot\text{s}^{-1} = k_A c_{A,0} c_{B,0} = k_A\ (0.2\ \text{mol}\cdot\text{dm}^{-3})^2$$

则

$$k_A = \frac{v_0}{c_{A,0}c_{B,0}} = \left(\frac{5\times10^{-2}}{0.2\times0.2}\right)\text{mol}^{-1}\cdot\text{dm}^3\cdot\text{s}^{-1} = 1.25\ \text{mol}^{-1}\cdot\text{dm}^3\cdot\text{s}^{-1}$$

由化学反应计量式可知 $\dfrac{k_A}{\nu_A} = \dfrac{k_D}{\nu_D}$，即 $\dfrac{k_A}{1} = \dfrac{k_D}{2}$，于是

$$k_D = 2k_A = 2\times1.25\ \text{mol}^{-1}\cdot\text{dm}^3\cdot\text{s}^{-1} = 2.50\ \text{mol}^{-1}\cdot\text{dm}^3\cdot\text{s}^{-1}$$

11.11 某二级反应 $A+B \longrightarrow C$，两种反应物的初始浓度皆为 $1\ \text{mol}\cdot\text{dm}^{-3}$，经 10 min 后反应掉 25%，求 k。

解：由于 A 和 B 的化学计量数和初始浓度相同，因此在反应过程中 $c_A = c_B$。

试题分析

故 $-\dfrac{dc_A}{dt} = kc_A c_B = kc_A^2$, 由其积分式 $\dfrac{1}{c_A} - \dfrac{1}{c_{A,0}} = kt$, 则

$$k = \left(\frac{1}{c_A} - \frac{1}{c_{A,0}} \right) / t = \left[\frac{1}{(1-0.25)c_{A,0}} - \frac{1}{c_{A,0}} \right] / t = \frac{1}{3c_{A,0}t}$$

$$= \left(\frac{1}{3 \times 1 \times 10} \right) \text{mol}^{-1} \cdot \text{dm}^3 \cdot \text{min}^{-1} = 0.033\ 3\ \text{mol}^{-1} \cdot \text{dm}^3 \cdot \text{min}^{-1}$$

11.12   在 OH^- 的作用下, 硝基苯甲酸乙酯的水解反应

$$NO_2C_6H_4COOC_2H_5 + H_2O \longrightarrow NO_2C_6H_4COOH + C_2H_5OH$$

在 15 ℃ 时的动力学数据如下, 两反应物的初始浓度皆为 $0.05\ \text{mol} \cdot \text{dm}^{-3}$, 求此二级反应的速率常数 k 。

t/s	120	180	240	330	530	600
酯的转化率/%	32.95	41.75	48.80	58.05	69.00	70.35

解:

$$NO_2C_6H_4COOC_2H_5 + H_2O \longrightarrow NO_2C_6H_4COOH + C_2H_5OH$$

$t=0$	c_0	c_0	0	0
$t=t$	c	c	c_0-c	c_0-c

设酯的转化率为 α , 则 $\alpha = \dfrac{c_0-c}{c_0} = 1 - \dfrac{c}{c_0}$

于是 $c = c_0(1-\alpha)$

根据二级反应速率方程的积分式, 有

$$\frac{1}{c} = kt + \frac{1}{c_0}$$

将 $c=c_0(1-\alpha)$ 代入上式: $\dfrac{1}{c_0(1-\alpha)} - \dfrac{1}{c_0} = kt$

得 $\dfrac{1}{1-\alpha} = c_0 kt + 1$

将题给数据处理如下:

t/s	120	180	240	330	530	600
$1/(1-\alpha)$	1.491	1.717	1.953	2.384	3.226	3.373

以 $1/(1-\alpha)$ 对 t 作图时应为一直线, 直线斜率为 $c_0 k$ 。由表中数据所拟合直

线方程为：$\dfrac{1}{1-\alpha} = 0.004\ 07\ \dfrac{t}{s} + 1.002\ 3$，直线斜率 $m = 0.004\ 07$，即

$c_0 k = 0.004\ 07\ \text{s}^{-1}$。

所以 $k = \dfrac{0.004\ 07\ \text{s}^{-1}}{c_0} = \left(\dfrac{0.004\ 07}{0.05}\right) \text{mol}^{-1} \cdot \text{dm}^3 \cdot \text{s}^{-1} = 0.081\ 4\ \text{mol}^{-1} \cdot \text{dm}^3 \cdot \text{s}^{-1}$

11.13　二级气相反应 $2A(g) \longrightarrow A_2(g)$ 在恒温、恒容下的总压 p 数据如下。求 k_A。

t/s	0	100	200	400	∞
p/kPa	41.330	34.397	31.197	27.331	20.665

解：设总压为 p，初始压力为 p_0，在 t 时刻 $A(g)$ 的分压为 p_A。

$$2A(g) \quad\longrightarrow\quad A_2(g)$$

$t=0$ 　　　　　　$p_0 = 41.330\ \text{kPa}$ 　　　　　0

$t=t$ 　　　　　　　　p_A 　　　　　　$\dfrac{1}{2}(p_0 - p_A)$

则 $p = p_A + \dfrac{1}{2}(p_0 - p_A)$，得 $p_A = 2p - p_0$。

将原始数据进行转化，得下表：

t/s	0	100	200	400
$\dfrac{1}{p_A}/\text{kPa}^{-1}$	0.024 2	0.036 4	0.047 5	0.075 0

根据二级反应的速率方程 $\dfrac{1}{p_A} = kt + \dfrac{1}{p_{A,0}}$ 知，以 $\dfrac{1}{p_A}$ 对 t 进行一元线性回归，所得直线方程为

$$\frac{1}{p_A} = 1.248 \times 10^{-4}\,\text{kPa}^{-1} \times \frac{t}{s} + 0.024\ 2\ \text{kPa}^{-1}$$

该直线斜率 $m = 1.248 \times 10^{-4}$，则二级反应的速率常数

$$k = m\ (\text{kPa})^{-1} \cdot \text{s}^{-1} = 1.248 \times 10^{-4}\ (\text{kPa})^{-1} \cdot \text{s}^{-1} = 1.248 \times 10^{-7}\ \text{Pa}^{-1} \cdot \text{s}^{-1}$$

11.14　溶液中反应 $S_2O_8^{2-} + 2Mo(CN)_8^{4-} \longrightarrow 2SO_4^{2-} + 2Mo(CN)_8^{3-}$ 的速率方程为

$$-\frac{\mathrm{d}\left[\mathrm{MO(CN)}_8^{4-}\right]}{\mathrm{d}t}=k\left[\mathrm{S}_2\mathrm{O}_8^{2-}\right]\left[\mathrm{Mo(CN)}_8^{4-}\right]$$

在 20 ℃下,若反应开始时只有两反应物,且其初始浓度依次为 0.01 mol·dm^{-3},
0.02 mol·dm^{-3},反应 26 h 后,测得 $\left[\mathrm{Mo(CN)}_8^{4-}\right]=0.015\,62$ mol·dm^{-3},求 k。

解:设 $\mathrm{S}_2\mathrm{O}_8^{2-}$ 为 A,$\mathrm{Mo(CN)}_8^{4-}$ 为 B。

$$\mathrm{S}_2\mathrm{O}_8^{2-}+2\mathrm{Mo(CN)}_8^{4-}\longrightarrow 2\mathrm{SO}_4^{2-}+2\mathrm{Mo(CN)}_8^{3-}$$

$t=0$　　　　　$c_{A,0}$　　　　$c_{B,0}$　　　　　0　　　　　　0

$t=t$　　　　　c_A　　　　　c_B　　　　$c_{A,0}-c_A$　　　$c_{B,0}-c_B$

由于 $\dfrac{c_{A,0}}{c_{B,0}}=\dfrac{0.01\ \mathrm{mol\cdot dm}^{-3}}{0.02\ \mathrm{mol\cdot dm}^{-3}}=\dfrac{1}{2}=\dfrac{\nu_A}{\nu_B}$,在整个反应过程中任意时刻 t 均满足 $\dfrac{c_A}{c_B}$

$=\dfrac{1}{2}$。

根据题给速率方程,有

$$-\frac{\mathrm{d}c_B}{\mathrm{d}t}=kc_Ac_B=k\left(\frac{c_B}{2}\right)c_B=\frac{k}{2}c_B^2$$

对上式积分得

$$\frac{1}{c_B}-\frac{1}{c_{B,0}}=\frac{k}{2}t$$

于是

$$k=\frac{2}{t}\left(\frac{1}{c_B}-\frac{1}{c_{B,0}}\right)=\left[\frac{2}{26}\times\left(\frac{1}{0.015\,62}-\frac{1}{0.02}\right)\right]\mathrm{mol}^{-1}\cdot\mathrm{dm}^3\cdot\mathrm{h}^{-1}$$

$$=1.078\,5\ \mathrm{mol}^{-1}\cdot\mathrm{dm}^3\cdot\mathrm{h}^{-1}$$

11.15 已知 NO 与 H$_2$可进行如下化学反应:

$$2\mathrm{NO(g)}+2\mathrm{H}_2(\mathrm{g})\longrightarrow\mathrm{N}_2(\mathrm{g})+2\mathrm{H}_2\mathrm{O(g)}$$

在一定温度下,某密闭容器中等摩尔比的 NO 与 H$_2$混合物在不同初始压力下的
半衰期如下:

$p_{总}$/kPa	50.0	45.4	38.4	32.4	26.9
$t_{1/2}$/min	95	102	140	176	224

求反应的总级数 n。

解:设 NO 为 A,H$_2$为 B。

$$2NO(g) + 2H_2(g) \longrightarrow N_2(g) + 2H_2O(g)$$

$t = 0$ 　　　　$p_{A,0}$ 　　　$p_{B,0}$ 　　　　0 　　　　0

$t = t$ 　　　　p_A 　　　p_B

由于 A 和 B 的化学计量数相同,且为等摩尔比混合,

故　　　　　　　　　　　$p_总 = p_{A,0} + p_{B,0} = 2p_{A,0}$

得　　　　　　　　　　　$p_{A,0} = \dfrac{1}{2}p_总$

在恒容条件下速率方程可写作 $-\dfrac{\mathrm{d}p}{\mathrm{d}t} = kp^n$,根据半衰期和初始浓度之间的关

系:$\ln\dfrac{t_{1/2}}{[t]} = (1-n)\ln\dfrac{p_{A,0}}{[p]} + \ln\dfrac{2^{n-1}-1}{(n-1)k/[k]}$ 处理数据如下:

$\ln(p_{A,0}/\mathrm{kPa})$	3.218 9	3.122 4	2.954 9	2.785 0	2.599 0
$\ln(t_{1/2}/\mathrm{min})$	4.553 9	4.625 0	4.941 6	5.170 5	5.411 6

将 $\ln(t_{1/2}/[t])$ 对 $\ln(p_{A,0}/[p])$ 进行一元线性回归,所拟合直线方程为

$$\ln\frac{t_{1/2}}{\mathrm{min}} = -1.438\ln\frac{p_{A,0}}{\mathrm{kPa}} + 9.162$$

由直线斜率知　　　　　　　　$1 - n = -1.438$

则　　　　　　　　　　　　$n = 2.438 \approx 2.5$

即总反应级数为 2.5。

11.16　在 500 ℃及初压 101.325 kPa 下,某碳氢化合物发生气相分解反应的半衰期为 2 s。若初压降为 10.133 kPa,则半衰期增加为 20 s。求速率常数 k。

解:用压力表示的半衰期的通式为

$$t_{1/2} = \frac{2^{n-1}-1}{(n-1)k}p_0^{1-n}$$

其中,$\dfrac{2^{n-1}-1}{(n-1)k}$ 对于具体反应为定值,故可定义常数 B,令 $\dfrac{2^{n-1}-1}{(n-1)k} = B$,则半衰期的通式可简化为

$$t_{1/2} = Bp_0^{1-n}$$

由题中数据可知,反应的半衰期与初压成反比,由上式知该反应为二级反应。速率常数

$$k = \frac{1}{t_{1/2}p_0} = \left(\frac{1}{2 \times 101.325}\right)\mathrm{kPa}^{-1} \cdot \mathrm{s}^{-1} = 4.93 \times 10^{-3}\ \mathrm{kPa}^{-1} \cdot \mathrm{s}^{-1}$$

$$= 4.93 \times 10^{-6} \text{ Pa}^{-1} \cdot \text{s}^{-1}$$

11.17 在一定条件下,反应 $H_2(g) + Br_2(g) \longrightarrow 2HBr(g)$ 的速率方程符合速率方程的一般形式,即 $v = \dfrac{1}{2} \cdot \dfrac{dc_{HBr}}{dt} = kc_{H_2}^{n_1} c_{Br_2}^{n_2} c_{HBr}^{n_3}$。

在某温度下,当 $c_{H_2} = c_{Br_2} = 0.1 \text{ mol} \cdot \text{dm}^{-3}$,$c_{HBr} = 2 \text{ mol} \cdot \text{dm}^{-3}$ 时,反应速率为 v,其他不同浓度时的速率如下表所示:

$c_{H_2}/(\text{mol} \cdot \text{dm}^{-3})$	$c_{Br_2}/(\text{mol} \cdot \text{dm}^{-3})$	$c_{HBr}/(\text{mol} \cdot \text{dm}^{-3})$	反应速率
0.1	0.1	2	v
0.1	0.4	2	$8v$
0.2	0.4	2	$16v$
0.1	0.2	3	$1.88v$

求反应的分级数 n_1, n_2, n_3。

解: 由题给数据及速率方程有

$v_1 = k \times (0.1 \text{ mol} \cdot \text{dm}^{-3})^{n_1} \times (0.1 \text{ mol} \cdot \text{dm}^{-3})^{n_2} \times (2 \text{ mol} \cdot \text{dm}^{-3})^{n_3} = v$

$v_2 = k \times (0.1 \text{ mol} \cdot \text{dm}^{-3})^{n_1} \times (0.4 \text{ mol} \cdot \text{dm}^{-3})^{n_2} \times (2 \text{ mol} \cdot \text{dm}^{-3})^{n_3} = 8v$

$v_3 = k \times (0.2 \text{ mol} \cdot \text{dm}^{-3})^{n_1} \times (0.4 \text{ mol} \cdot \text{dm}^{-3})^{n_2} \times (2 \text{ mol} \cdot \text{dm}^{-3})^{n_3} = 16v$

$v_4 = k \times (0.1 \text{ mol} \cdot \text{dm}^{-3})^{n_1} \times (0.2 \text{ mol} \cdot \text{dm}^{-3})^{n_2} \times (3 \text{ mol} \cdot \text{dm}^{-3})^{n_3} = 1.88v$

v_2/v_1 可得 $4^{n_2} = 8$,则 $n_2 = 1.5$

v_3/v_2 可得 $2^{n_1} = 2$,则 $n_1 = 1$

v_4/v_1 可得 $2^{n_2} \times 1.5^{n_3} = 1.88$,则 $n_3 = -1$

11.18 对于 $\dfrac{1}{2}$ 级反应:$A \longrightarrow$ 产物,试证明:

(1) $c_{A,0}^{1/2} - c_A^{1/2} = \dfrac{kt}{2}$

(2) $t_{1/2} = \sqrt{2} k^{-1} (\sqrt{2} - 1) c_{A,0}^{1/2}$

证明:(1) 对于 $\dfrac{1}{2}$ 级反应,速率方程可写为

$$-\frac{dc_A}{dt} = kc_A^{1/2}$$

对上式移项并积分: $\displaystyle\int_{c_{A,0}}^{c_A} \frac{dc_A}{c_A^{1/2}} = \int_0^{-t} -kdt$

得
$$-2(c_A^{1/2}-c_{A,0}^{1/2})=kt$$

即
$$c_{A,0}^{1/2}-c_A^{1/2}=\frac{kt}{2}$$

或利用 n 级反应的速率方程的积分式 $\dfrac{1}{n-1}\left(\dfrac{1}{c_A^{n-1}}-\dfrac{1}{c_{A,0}^{n-1}}\right)=kt$ 计算。

当 $n=\dfrac{1}{2}$ 时，
$$\frac{1}{1/2-1}\left(\frac{1}{c_A^{1/2-1}}-\frac{1}{c_{A,0}^{1/2-1}}\right)=kt$$

化简得
$$c_{A,0}^{1/2}-c_A^{1/2}=\frac{kt}{2}$$

（2）当 $t=t_{1/2}$ 时，$c_A=\dfrac{1}{2}c_{A,0}$，将其代入证明（1）中表达式 $c_{A,0}^{1/2}-\left(\dfrac{1}{2}c_{A,0}\right)^{1/2}=$

$\dfrac{kt_{1/2}}{2}$，整理得

$$t_{1/2}=\frac{\sqrt{2}}{k}(\sqrt{2}-1)c_{A,0}^{1/2}$$

或将 $n=\dfrac{1}{2}$ 代入 n 级反应的半衰期公式得

$$t_{1/2}=\frac{2^{n-1}-1}{(n-1)kc_{A,0}^{n-1}}=\frac{2^{-1/2}-1}{(-1/2)kc_{A,0}^{-1/2}}=\frac{\sqrt{2}}{k}(\sqrt{2}-1)c_{A,0}^{1/2}$$

11.19　恒温、恒容条件下发生某化学反应：$2AB(g)\longrightarrow A_2(g)+B_2(g)$。当 $AB(g)$ 的初始浓度分别为 $0.02\ \text{mol}\cdot\text{dm}^{-3}$ 和 $0.2\ \text{mol}\cdot\text{dm}^{-3}$ 时，反应的半衰期分别为 $125.5\ \text{s}$ 和 $12.55\ \text{s}$。求该反应的级数 n 及速率常数 k_{AB}。

解：符合 $-\dfrac{\mathrm{d}c_A}{\mathrm{d}t}=kc_A^n$ 的化学反应，其半衰期与初始浓度间关系为

$$t_{1/2}=\frac{2^{n-1}-1}{(n-1)kc_{A,0}^{n-1}}$$

利用两组 $t_{1/2}$ 和 $c_{A,0}$ 数据可导出：

$$n=1+\frac{\ln(t_{1/2}/t'_{1/2})}{\ln(c'_{A,0}/c_{A,0})}$$

将题给数据代入上式得

$$n=1+\frac{\ln(125.5/12.55)}{\ln(0.2/0.02)}=1+\frac{\ln 10}{\ln 10}=2$$

或由题中数据知，此反应的半衰期与初始浓度成反比，故为二级反应。

$$k_{AB} = \frac{1}{t_{1/2}c_{A,0}} = \left(\frac{1}{12.55 \times 0.2}\right) dm^3 \cdot mol^{-1} \cdot s^{-1} = 0.398\ 4\ dm^3 \cdot mol^{-1} \cdot s^{-1}$$

11.20 某溶液中反应 A + B ——→ C。开始时反应物 A 与 B 的物质的量相等,没有产物 C。1 h 后 A 的转化率为 75 %,问 2 h 后 A 尚有多少未反应?假设:(1) 对 A 为一级反应,对 B 为零级反应;(2) 对 A,B 皆为一级反应。

解: 用 α 表示 A 的转化率,t_1,t_2 时刻的转化率分别为 α_1,α_2。

(1) 当反应对 A 为一级,对 B 为零级时,速率方程为

$$-\frac{dc_A}{dt} = kc_A$$

其积分形式为

$$\ln\frac{c_{A,0}}{c_A} = kt$$

因为

$$\ln\frac{c_{A,0}}{c_A} = \ln\frac{c_{A,0}}{c_{A,0}(1-\alpha)} = -\ln(1-\alpha) = kt$$

所以

$$\frac{t_2}{t_1} = \frac{\ln(1-\alpha_2)}{\ln(1-\alpha_1)}$$

$$1-\alpha_2 = (1-\alpha_1)^{t_2/t_1} = (1-0.75)^2 = 0.062\ 5 = 6.25\%$$

(2) 当反应对 A,B 均为一级,且 A 与 B 的初始浓度相同时,速率方程为

$$-\frac{dc_A}{dt} = kc_A c_B = kc_A^2$$

其积分形式为

$$\frac{1}{c_A} - \frac{1}{c_{A,0}} = kt$$

因为

$$\frac{1}{c_A} - \frac{1}{c_{A,0}} = \frac{1}{c_{A,0}(1-\alpha)} - \frac{1}{c_{A,0}} = \frac{\alpha}{c_{A,0}(1-\alpha)} = kt$$

所以

$$\frac{\alpha_2}{(1-\alpha_2)t_2} = \frac{\alpha_1}{(1-\alpha_1)t_1}$$

上式变形为

$$\frac{\alpha_2}{1-\alpha_2} = \frac{\alpha_1}{1-\alpha_1}\frac{t_2}{t_1} = \frac{0.75}{1-0.75} \times 2 = 6$$

故

$$\alpha_2 = \frac{6}{7}$$

$$1-\alpha_2 = \frac{1}{7} = 0.143 = 14.3\%$$

11.21 反应 A + 2B ——→ D 的速率方程为 $-dc_A/dt = kc_A c_B$,25 ℃ 时 $k = 2 \times$

$10^{-4} \mathrm{mol}^{-1} \cdot \mathrm{dm}^{3} \cdot \mathrm{s}^{-1}$。

（1）若初始浓度 $c_{A,0} = 0.02\ \mathrm{mol} \cdot \mathrm{dm}^{-3}$，$c_{B,0} = 0.04\ \mathrm{mol} \cdot \mathrm{dm}^{-3}$，求 $t_{1/2}$；

（2）若将过量的挥发性固体反应物 A 与 B 装入 5 dm^{3} 密闭容器中，问 25 ℃ 时 0.5 mol A 转化为产物需多长时间？（已知 25 ℃ 时 A 和 B 的饱和蒸气压分别为 10 kPa 和 2 kPa。）

解：（1）

$$\begin{array}{cccc} & A & + & 2B & \longrightarrow & D \\ t=0 & c_{A,0} & & c_{B,0} & & 0 \\ t=t & c_A & & c_B & & c_D = c_{A,0} - c_A \end{array}$$

因为

$$\frac{c_{A,0}}{c_{B,0}} = \frac{0.02\ \mathrm{mol} \cdot \mathrm{dm}^{-3}}{0.04\ \mathrm{mol} \cdot \mathrm{dm}^{-3}} = \frac{1}{2} = \frac{v_A}{v_B}$$

所以任意时刻均有

$$2c_A = c_B$$

则速率方程

$$-\frac{\mathrm{d}c_A}{\mathrm{d}t} = kc_A c_B = 2kc_A^2$$

所以

$$t_{1/2} = \frac{1}{2kc_{A,0}} = \left[\frac{1}{2 \times (2 \times 10^{-4}) \times 0.02} \right] \mathrm{s} = 1.25 \times 10^{5}\ \mathrm{s}$$

（2）

$$\begin{array}{cccc} & A & + & 2B & \longrightarrow & D \\ t=0 & p_A^* & & p_B^* & & 0 \\ t=t & p_A^* & & p_B^* & & n_D = 0.5\ \mathrm{mol} \end{array}$$

在 25 ℃ 时，因 A(s) 和 B(s) 过剩，则反应过程中气相中 A 和 B 的饱和蒸气压不变。设蒸气为理想气体，则

$$c_A = \frac{n_A}{V} = \frac{p_A^*}{RT}$$

$$c_B = \frac{n_B}{V} = \frac{p_B^*}{RT}$$

因而速率方程 $-\dfrac{\mathrm{d}c_A}{\mathrm{d}t} = kc_A c_B$ 可变形为

$$-\frac{\mathrm{d}n_A}{V\mathrm{d}t} = k\frac{p_A^* p_B^*}{(RT)^2} \quad （常数）$$

积分可得

$$\frac{-\Delta n_A}{Vt} = \frac{kp_A^* p_B^*}{(RT)^2}$$

所以 0.5 mol 的 A 转化为产物 D 所需时间 t 为

$$t = \frac{(-\Delta n_A)(RT)^2}{k p_A^* p_B^* V}$$

$$= \frac{0.5\ \text{mol} \times (8.314\ \text{J} \cdot \text{mol}^{-1} \cdot \text{K}^{-1} \times 298.15\ \text{K})^2}{(2 \times 10^{-4} \times 10^{-3}\ \text{mol}^{-1} \cdot \text{m}^3 \cdot \text{s}^{-1}) \times (10 \times 10^3)\ \text{Pa} \times (2 \times 10^3)\ \text{Pa} \times (5 \times 10^{-3})\ \text{m}^3}$$

$$= 1.54 \times 10^8\ \text{s}$$

11.22 反应 $C_2H_6(g) \longrightarrow C_2H_4(g) + H_2(g)$ 在开始阶段约为 $\frac{3}{2}$ 级反应。910 K 时速率常数为 $1.13\ \text{dm}^{3/2} \cdot \text{mol}^{-1/2} \cdot \text{s}^{-1}$,若乙烷初始压力为 13.332 kPa,求初始速率 $v_0 = \dfrac{-\text{d}[C_2H_6]}{\text{d}t}$。

解:题目需要以物质的量浓度表示反应速率,故需先将题中的初始压力换算为初始物质的量浓度。用 A 表示 C_2H_6。

由理想气体状态方程:
$$c = \frac{n}{V} = \frac{p}{RT}$$

得
$$c_A = [C_2H_6] = \frac{p}{RT}$$

所以初始速率

$$v_0 = -\left(\frac{\text{d}[C_2H_6]}{\text{d}t}\right)_{t=0} = k c_{A,0}^{3/2} = k \left(\frac{p_0}{RT}\right)^{3/2}$$

$$= (1.13\ \text{dm}^{3/2} \cdot \text{mol}^{-1/2} \cdot \text{s}^{-1}) \times \left(\frac{13.332 \times 10^3}{8.314 \times 910}\text{mol} \cdot \text{m}^{-3}\right)^{3/2}$$

$$= (1.13\ \text{dm}^{3/2} \cdot \text{mol}^{-1/2} \cdot \text{s}^{-1}) \times (1.762\ 2\ \text{mol} \cdot \text{m}^{-3})^{3/2}$$

$$= (1.13\ \text{dm}^{3/2} \cdot \text{mol}^{-1/2} \cdot \text{s}^{-1}) \times (1.762\ 2 \times 10^{-3}\ \text{mol} \cdot \text{dm}^{-3})^{3/2}$$

$$= 8.36 \times 10^{-5}\ \text{mol} \cdot \text{dm}^{-3} \cdot \text{s}^{-1}$$

11.23 65 ℃ 时 N_2O_5 气相分解的速率常数为 $k_1 = 0.292\ \text{min}^{-1}$,活化能为 103.3 kJ $\cdot$ mol^{-1},求 80 ℃ 时的 k_2 及 $t_{1/2}$。

解:根据阿伦尼乌斯方程的定积分形式:$\ln \dfrac{k_2}{k_1} = -\dfrac{E_a}{R}\left(\dfrac{1}{T_2} - \dfrac{1}{T_1}\right)$,得

$$k_2 = k_1 \exp\left[-\frac{E_a}{R}\left(\frac{1}{T_2} - \frac{1}{T_1}\right)\right]$$

$$= \left\{0.292 \times \exp\left[-\frac{103.3 \times 10^3}{8.314}\left(\frac{1}{353.15} - \frac{1}{338.15}\right)\right]\right\}\text{min}^{-1}$$

$$= 1.39\ \text{min}^{-1}$$

根据 k 的单位知该反应为一级反应,所以

$$t_{1/2} = \frac{\ln 2}{k} = \frac{\ln 2}{1.39\ \text{min}^{-1}} = 0.499\ \text{min}$$

试题分析

11.24 双光气分解反应 $ClCOOCCl_3(g) \longrightarrow 2COCl_2(g)$ 为一级反应。将一定量双光气迅速引入一个 280 ℃ 的容器中,751 s 后测得系统的压力为 2.710 kPa;经过很长时间反应完了后,系统压力为 4.008 kPa。在 305 ℃ 时重复实验,经 320 s 系统压力为 2.838 kPa;反应完了后系统压力为 3.554 kPa。求活化能。

解: 用 A 表示 $ClCOOCCl_3$。

$$ClCOOCCl_3(g) \longrightarrow 2COCl_2(g)$$

$t=0$	$p_{A,0}$	0
$t=t$	p_A	$2(p_{A,0}-p_A)$
$t=\infty$	0	$p_\infty = 2p_{A,0}$

总压 $p = p_A + 2(p_{A,0}-p_A)$,得 $p_A = 2p_{A,0}-p$,且 $p_{A,0} = p_\infty/2$

根据一级反应的速率方程

$$k_p = \frac{1}{t}\ln\frac{p_{A,0}}{p_A} = \frac{1}{t}\ln\frac{p_{A,0}}{2p_{A,0}-p} = \frac{1}{t}\ln\frac{p_\infty/2}{p_\infty-p}$$

得

$$k_{p,1} = \frac{1}{751\ \text{s}}\ln\frac{4.008/2}{4.008-2.710} = 5.783\times10^{-4}\ \text{s}^{-1}$$

$$k_{p,2} = \frac{1}{320\ \text{s}}\ln\frac{3.554/2}{3.554-2.838} = 2.841\times10^{-3}\ \text{s}^{-1}$$

对一级反应,有 $k_{p,1} = k_1, k_{p,2} = k_2$($k_1$ 和 k_2 为以浓度表示的速率常数)
则 $k_1 = 5.783\times10^{-4}\ \text{s}^{-1}, k_2 = 2.841\times10^{-3}\ \text{s}^{-1}$

设活化能不随温度变化,由阿伦尼乌斯方程 $\ln\frac{k_2}{k_1} = -\frac{E_a}{R}\left(\frac{1}{T_2} - \frac{1}{T_1}\right)$ 可得

$$\ln\frac{2.841\times10^{-3}}{5.783\times10^{-4}} = -\frac{E_a}{8.314\ \text{J}\cdot\text{mol}^{-1}\cdot\text{K}^{-1}}\left(\frac{1}{578.15\ \text{K}} - \frac{1}{553.15\ \text{K}}\right)$$

解得

$$E_a = 169.30\ \text{kJ}\cdot\text{mol}^{-1}$$

11.25 乙醛(A)蒸气的热分解反应为 $CH_3CHO(g) \longrightarrow CH_4(g) + CO(g)$。518 ℃ 下在一恒容容器中的压力变化有如下两组数据:

纯乙醛的初压 $p_{A,0}/kPa$	100 s 后系统总压 p/kPa
53.329	66.661
26.664	30.531

（1）求反应级数 n，速率常数 k_p；

（2）若活化能为 190.4 kJ·mol^{-1}，问在什么温度下其速率常数 k_c 为 518 ℃下的 2 倍。

解：（1）在反应过程中乙醛的压力为 $p_A = 2p_{A,0} - p$，将原始数据处理如下：

$p_{A,0}/kPa$	系统总压 p/kPa	p_A/kPa
53.329	66.661	39.997
26.664	30.531	22.797

设为 n 级反应，速率方程为

$$\frac{1}{p_A^{n-1}} - \frac{1}{p_{A,0}^{n-1}} = (n-1)k_p t$$

采用尝试法中的代入法进行求解。假设该反应为零级反应，则 $n = 0$，此时其速率常数的计算式为

$$k_p = \frac{p_{A,0} - p_A}{t}$$

可解得两实验条件下的 $k_{p,1} = 0.133$ kPa·s^{-1}，$k_{p,2} = 0.038\,7$ kPa·s^{-1}。$k_{p,1} \neq k_{p,2}$，所以该反应不是零级反应。

同理，假设该反应为一级反应，$n = 1$ 时 $k_p = \frac{1}{t}\ln\frac{p_{A,0}}{p_A}$，可解出 $k_{p,1} = 0.002\,88$ s^{-1}，$k_{p,2} = 0.001\,57$ s^{-1}。依然 $k_{p,1} \neq k_{p,2}$，所以该反应不是一级反应。

再假设该反应为二级反应，$n = 2$ 时 $k_p = \left(\frac{1}{p_A} - \frac{1}{p_{A,0}}\right)/t$，可解出 $k_{p,1} = 6.25 \times 10^{-5}$ kPa^{-1}·s^{-1}，$k_{p,2} = 6.36 \times 10^{-5}$ kPa^{-1}·s^{-1}。这里 $k_{p,1} \approx k_{p,2}$，所以该反应是二级反应。

因此，$k_p = (k_{p,1} + k_{p,2})/2 = (6.25 \times 10^{-5} + 6.36 \times 10^{-5})$ kPa^{-1}·s^{-1} = 6.31×10^{-5} kPa^{-1}·s^{-1}

（2）温度 $T_1 = 791.15$ K 下的速率常数记为 $k_{c,1}$，温度变为 T_2 时的速率常数记为 $k_{c,2}$，且 $k_{c,2} = 2k_{c,1}$。代入阿伦尼乌斯方程 $\ln\frac{k_{c,2}}{k_{c,1}} = -\frac{E_a}{R}\left(\frac{1}{T_2} - \frac{1}{T_1}\right)$，得

$$\ln 2 = -\frac{190.4\times10^3}{8.314}\left(\frac{1}{T_2/\mathrm{K}} - \frac{1}{791.15}\right)$$

解出

$$T_2 = 810.6\ \mathrm{K}$$

11.26　反应 $\mathrm{A(g)} \underset{k_{-1}}{\overset{k_1}{\rightleftharpoons}} \mathrm{B(g)} + \mathrm{C(g)}$ 中，k_1 和 k_{-1} 在 25 ℃时分别为 $0.2\ \mathrm{s^{-1}}$ 和 $3.947\ 7\times10^{-3}\mathrm{MPa^{-1}\cdot s^{-1}}$，在 35 ℃时二者皆增为 2 倍。试求：

（1）25 ℃时的反应平衡常数 $K^{\ominus}$；

（2）正、逆反应的活化能及 25 ℃时的反应热 Q_{m}；

（3）若上述反应在 25 ℃的恒容条件下进行，且 A 的起始压力为 100 kPa，若要使总压达到 152 kPa，问需要反应多长时间？

解：（1）对行反应有：$K_p = k_1/k_{-1}$

则

$$K_p = \frac{k_1}{k_{-1}} = \frac{0.2\ \mathrm{s^{-1}}}{3.947\ 7\times10^{-3}\mathrm{MPa^{-1}\cdot s^{-1}}} = 50.66\ \mathrm{MPa}$$

$$K^{\ominus} = K_p\,(p^{\ominus})^{-\sum\limits_{\mathrm{B}}\nu_{\mathrm{B}}} = 50.66\ \mathrm{MPa} \times (100\ \mathrm{kPa})^{-(1+1-1)} = 506.6$$

（2）由 k_1 和 k_{-1} 的单位可知正反应为一级反应，逆反应为二级反应。由压力表示的速率常数 k_p 与用浓度表示的速率常数 k_c 存在关系：$k_p\,(RT)^{n-1} = k_c$。

当温度升高时正、逆反应的速率常数均增加为 2 倍，即 $k_1' = 2k_1$，$k_{-1}' = 2k_{-1}$，分别对正、逆反应使用阿伦尼乌斯方程得

$$E_{\mathrm{a},1} = -\frac{R\ln\dfrac{k_{c,1}'}{k_{c,1}}}{\dfrac{1}{T_2} - \dfrac{1}{T_1}} = -\frac{R\ln\dfrac{k_{p,1}'(RT_2)^{1-1}}{k_{p,1}(RT_1)^{1-1}}}{\dfrac{1}{T_2} - \dfrac{1}{T_1}} = -\frac{R\ln\dfrac{k_{p,1}'}{k_{p,1}}}{\dfrac{1}{T_2} - \dfrac{1}{T_1}}$$

$$= -\frac{8.314\ \mathrm{J\cdot mol^{-1}\cdot K^{-1}}\times\ln 2}{\dfrac{1}{308.15\ \mathrm{K}} - \dfrac{1}{298.15\ \mathrm{K}}} = 52.95\ \mathrm{kJ\cdot mol^{-1}}$$

$$E_{\mathrm{a},-1} = -\frac{R\ln\dfrac{k_{c,-1}'}{k_{c,-1}}}{\dfrac{1}{T_2} - \dfrac{1}{T_1}} = -\frac{R\ln\dfrac{k_{p,1}'(RT_2)^{2-1}}{k_{p,1}(RT_1)^{2-1}}}{\dfrac{1}{T_2} - \dfrac{1}{T_1}} = -\frac{R\ln\dfrac{k_{p,1}'T_2}{k_{p,1}T_1}}{\dfrac{1}{T_2} - \dfrac{1}{T_1}}$$

$$= -\frac{8.314\ \mathrm{J\cdot mol^{-1}\cdot K^{-1}}\times\ln\left(2\times\dfrac{308.15}{298.15}\right)}{\dfrac{1}{308.15\ \mathrm{K}} - \dfrac{1}{298.15\ \mathrm{K}}} = 55.47\ \mathrm{kJ\cdot mol^{-1}}$$

$$Q_{\mathrm{m}} = E_{\mathrm{a},1} - E_{\mathrm{a},-1} = (52.95 - 55.47)\mathrm{kJ\cdot mol^{-1}} = -2.52\ \mathrm{kJ\cdot mol^{-1}}$$

（3）解法一：

$$A(g)\underset{k_{-1}}{\overset{k_1}{\rightleftharpoons}}B(g)\quad+\quad C(g)$$

$t=0$	100 kPa	0	0
$t=t$	p_A	100 kPa$-p_A$	100 kPa$-p_A$

由 $p_总=p_A+(100\ \text{kPa}-p_A)+(100\ \text{kPa}-p_A)=200\ \text{kPa}-p_A=152\ \text{kPa}$

得 $p_A=48\ \text{kPa}$，$p_B=52\ \text{kPa}$，$p_C=52\ \text{kPa}$。

$$-\frac{\mathrm{d}p_A}{\mathrm{d}t}=k_1p_A-k_{-1}p_Bp_C=k_1p_A-k_{-1}(100\ \text{kPa}-p_A)^2$$

其中，$k_1/[k_1]\gg k_{-1}/[k_{-1}]$，且 p 的数值相差不大，所以 $k_1p_A\gg k_{-1}(100\ \text{kPa}-p_A)^2$

则

$$-\frac{\mathrm{d}p_A}{\mathrm{d}t}\approx k_1p_A$$

将上式移项并两边积分，得

$$\ln\frac{100\ \text{kPa}}{p_A}=k_1t$$

所以

$$t=\frac{1}{0.20\ \text{s}^{-1}}\ln\frac{100\ \text{kPa}}{48\ \text{kPa}}=3.67\ \text{s}$$

解法二：

由于 $k_1/[k_1]\gg k_{-1}/[k_{-1}]$，$p$ 的数值相差不大，有 $k_1p_A\gg k_{-1}p_Bp_C$，说明平衡大大倾向于产物一边，因而可忽略逆反应，而只考虑正反应。此时，将其视为单向一级反应 $A(g)\xrightarrow{k_1}B(g)+C(g)$ 处理。

$$A(g)\xrightarrow{k_1}B(g)\quad+\quad C(g)$$

$t=0$	100 kPa	0	0
$t=t$	p_A	100 kPa$-p_A$	100 kPa$-p_A$

由 $p_总=p_A+(100\ \text{kPa}-p_A)+(100\ \text{kPa}-p_A)=200\ \text{kPa}-p_A=152\ \text{kPa}$

得 $p_A=48\ \text{kPa}$

此时 $\ln\frac{p_{A0}}{p_A}=k_1t$

代入数值得 $\ln\frac{100\ \text{kPa}}{48\ \text{kPa}}=0.2\ \text{s}^{-1}\times t$

解得 $t=3.67\ \text{s}$

11.27 在 80% 的乙醇溶液中，1-氯-1-甲基环庚烷的水解为一级反应。测得不同温度 t 下的 k 列于下表，求活化能 E_a 和指前因子 A。

$t / ℃$	0	25	35	45
k/s^{-1}	$1.06×10^{-5}$	$3.19×10^{-4}$	$9.86×10^{-4}$	$2.92×10^{-3}$

解：将原始数据处理如下：

$\dfrac{10^3}{T} \Big/ \text{K}^{-1}$	3.661 0	3.354 0	3.245 2	3.143 2
$\ln(k/\text{s}^{-1})$	$-11.454\ 7$	$-8.050\ 3$	$-6.921\ 9$	$-5.836\ 2$

根据阿伦尼乌斯方程 $\ln k = -\dfrac{E_a}{RT} + \ln A$，将 $\ln(k/\text{s}^{-1})$ 对 K/T 进行一元线性回归，所得直线方程为

$$\ln \frac{k}{\text{s}^{-1}} = -10\ 863.5\ \frac{\text{K}}{T} + 28.336$$

直线斜率为

$$m = \frac{-E_a/R}{\text{K}} = -10\ 863.5$$

因此，　$E_a = 10\ 863.5\ \text{K} × R = 10\ 863.5\ \text{K} × 8.314\ \text{J} \cdot \text{mol}^{-1} \cdot \text{K}^{-1} = 90.32\ \text{kJ} \cdot \text{mol}^{-1}$

$$A = \exp(28.336) = 2.024×10^{12}$$

11.28　在气相中，异丙烯基烯丙基醚（A）异构化为烯丙基丙酮（B）是一级反应。其速率常数 k 与热力学温度 T 的关系为 $k = 5.4×10^{11}\ \text{s}^{-1} \exp[-122.5\ \text{kJ} \cdot \text{mol}^{-1}/(RT)]$，150 ℃ 时，由101.325 kPa 的 A 开始，需多长时间 B 的分压可达到40.023 kPa？

解：

$$\text{A}\,(\text{g}) \underset{k_{-1}}{\overset{k_1}{\rightleftharpoons}} \text{B}\,(\text{g})$$

$t=0$ 　　　　　　　　 $p_{A,0}$ 　　　　 0

$t=t$ 　　　　　　　　 p_A 　　 $p_B = p_{A,0} - p_A$

当 $p_B = 40.023$ kPa 时，$p_A = p_{A,0} - p_B = 61.302$ kPa

在 $T = (273.15 + 150)\ \text{K} = 423.15\ \text{K}$ 时，速率常数为

$$k = 5.4×10^{11} \exp[-122\ 500/(423.15×8.314)]\ \text{s}^{-1} = 4.075×10^{-4}\ \text{s}^{-1}$$

由一级反应速率方程 $\ln \dfrac{p_{A,0}}{p_A} = kt$

得　　　　 $t = \dfrac{1}{k} \ln \dfrac{p_{A,0}}{p_A} = \dfrac{1}{4.075×10^{-4}\ \text{s}^{-1}} \ln \dfrac{101.325}{101.325-40.023} = 1\ 233.2\ \text{s}$

11.29 某药物分解反应的速率常数与温度的关系为 $\ln(k/\text{h}^{-1}) = -\dfrac{8\,938}{T/\text{K}} + 20.40$。

（1）在 30 ℃ 时，药物第一小时的分解率是多少？

（2）若此药物分解 30% 时即认为失效，那么药物在 30 ℃ 下保存的有效期为多长时间？

（3）欲使有效期延长到 2 年以上，则保存温度不能超过多少摄氏度？

解：（1）当 $T = (273.15 + 30)\text{K} = 303.15\text{ K}$ 时，由

$$\ln\frac{k}{\text{h}^{-1}} = \frac{-8\,938}{303.15} + 20.40$$

可知，$k = 1.135\times10^{-4}\text{h}^{-1}$。

另由 k 的单位可知反应级数 $n = 1$，则由一级反应的速率方程 $\ln\dfrac{1}{1-x} = kt$ 得 $t_1 = 1\text{ h}$ 时，分解率为

$$x_1 = 1 - \text{e}^{-kt} = 1 - \text{e}^{-(1.135\times10^{-4})\times1} = 1.135\times10^{-4}$$

（2）当 $T = 303.15\text{ K}$，$x_2 = 0.30$ 时，由一级反应速率方程知：

$$t_2 = \frac{1}{k}\ln\frac{1}{1-x_2} = \frac{1}{1.135\times10^{-4}\text{ h}^{-1}}\ln\frac{1}{1-0.30} = 3.143\times10^3\text{ h}$$

（3）设保存温度不能超过 T_3。

保存时间 $t_3 = (2\times365\times24)\text{h} = 17\,520\text{ h}$，由 $k_T = \dfrac{1}{t_3}\ln\dfrac{1}{1-x_2}$，得

$$k_T = \frac{1}{17\,520\text{ h}}\ln\frac{1}{1-0.3} = 2.036\times10^{-5}\text{ h}$$

进一步由 $\ln\dfrac{k_T}{\text{h}^{-1}} = \dfrac{-8\,938}{T/\text{K}} + 20.40$ 得，$\ln(2.036\times10^{-5}) = \dfrac{-8\,938}{T_3/\text{K}} + 20.40$

所以　　　　　　$T_3 = 286.46\text{ K} = (286.46-273.15)\text{℃} = 13.31\text{ ℃}$

即保存温度不能超过 13.31 ℃。

11.30 某一级对行反应 $A \underset{k_{-1}}{\overset{k_1}{\rightleftharpoons}} B$ 的速率常数、平衡常数与温度的关系式分别为 $\ln(k_1/\text{s}^{-1}) = -\dfrac{4\,605}{T/\text{K}} + 9.210$，$\ln K = \dfrac{4\,605}{T/\text{K}} - 9.210$，$K = k_1/k_{-1}$ 且 $c_{A,0} = 0.5\text{ mol}\cdot\text{dm}^{-3}$，$c_{B,0} = 0.05\text{ mol}\cdot\text{dm}^{-3}$。试计算：

（1）逆反应的活化能；

（2）400 K 时，反应达平衡时的 A，B 的浓度 $c_{A,e}$，$c_{B,e}$；

（3）400 K 时，反应 10 s 时 A，B 的浓度 c_A，c_B。

解：（1）$K = k_1 / k_{-1}$，所以 $\ln K = \ln \dfrac{k_1}{s^{-1}} - \ln \dfrac{k_{-1}}{s^{-1}}$

则　$\ln \dfrac{k_{-1}}{s^{-1}} = \ln \dfrac{k_1}{s^{-1}} - \ln K = \left(-\dfrac{4\ 605}{T/K} + 9.210 \right) - \left(\dfrac{4\ 605}{T/K} - 9.210 \right) = -\dfrac{9\ 210}{T/K} + 18.420$

将上式与阿伦尼乌斯方程 $\ln \dfrac{k}{[k]} = -\dfrac{E_a}{RT} + \ln A$ 对比得，$\dfrac{E_{a,-1}}{R} = 9\ 210$ K。

所以　$E_{a,-1} = 9\ 210$ K $\times R = 9\ 210$ K $\times 8.314$ J·mol^{-1}·K$^{-1} = 76.57$ kJ·mol^{-1}

（2）当 $T = 400$ K 时，

由　$\ln \dfrac{k_1}{s^{-1}} = -\dfrac{4\ 605}{T/K} + 9.210 = -\dfrac{4\ 605}{400\ K/K} + 9.210$　得　$k_1 = 0.100$ s^{-1}

由　$\ln \dfrac{k_{-1}}{s^{-1}} = -\dfrac{9\ 210}{T/K} + 18.420 = -\dfrac{9\ 210}{400\ K/K} + 18.420$　得　$k_{-1} = 0.010$ s^{-1}

$$A(g) \underset{k_{-1}}{\overset{k_1}{\rightleftharpoons}} B(g)$$

$t = 0$ 　　　　　　　　　　　　$c_{A,0}$ 　　　$c_{B,0}$

$t = \infty$ 　　　　　　　　　　　$c_{A,e}$ 　　　$c_{B,e} = c_{B,0} + (c_{A,0} - c_{A,e})$

对于对行反应，逆反应的存在使得反应结束时，产物与反应物之间处于化学平衡状态。因此有 $k_1 c_{A,e} = k_{-1} c_{B,e} = k_{-1}[c_{B,0} + (c_{A,0} - c_{A,e})]$，则

$$K_c = \dfrac{k_1}{k_{-1}} = \dfrac{c_{B,0} + c_{A,0} - c_{A,e}}{c_{A,e}}$$

代入数值得　$\dfrac{0.100}{0.010} = \dfrac{(0.05+0.5) \text{ mol·dm}^{-3} - c_{A,e}}{c_{A,e}} = 10$

解得　$c_{A,e} = \dfrac{0.55 \text{ mol·dm}^{-3}}{11} = 0.05$ mol·dm^{-3}

$c_{B,e} = c_{B,0} + (c_{A,0} - c_{A,e}) = (0.05+0.5-0.05) \text{ mol·dm}^{-3} = 0.5$ mol·dm^{-3}

（3）在 $T = 400$ K 下，反应 $t = 10$ s 时，由一级对行反应积分式 $\ln \dfrac{c_{A,0} - c_{A,e}}{c_A - c_{A,e}} = (k_1 + k_{-1})t$ 得

$$\ln \dfrac{(0.5-0.05) \text{ mol·dm}^{-3}}{c_A - 0.05 \text{ mol·dm}^{-3}} = (0.100 \text{ s}^{-1} + 0.010 \text{ s}^{-1}) \times 10 \text{ s}$$

因此, $c_A = 0.2 \text{ mol} \cdot \text{dm}^{-3}$

$$c_B = c_{B,0} + (c_{A,0} - c_A) = (0.05 + 0.5 - 0.2) \text{ mol} \cdot \text{dm}^{-3} = 0.35 \text{ mol} \cdot \text{dm}^{-3}$$

11.31 某反应的速率方程为 $-\mathrm{d}c_A/\mathrm{d}t = kc_A^n$,其由相同初始浓度开始到转化率达 20% 所需时间,在 40 ℃ 时为 15 min,60 ℃ 时为 3 min。试计算此反应的活化能。

解: 对于级数为 n 的化学反应,其速率方程为 $\dfrac{1}{n-1}\left(\dfrac{1}{c_A^{n-1}} - \dfrac{1}{c_{A,0}^{n-1}}\right) = kt$,初始浓度 $c_{A,0}$ 相同,则达到相同转化率时 c_A 必相同。且对于同一反应,级数 n 为常数,于是必满足 $k_1 t_1 = k_2 t_2$。式中 k_1, t_1 表示在 T_1 下的速率常数及达到指定转化率所需的时间;同理,k_2, t_2 表示在 T_2 下的数据。因此有

$$\frac{k_2}{k_1} = \frac{t_1}{t_2} = \frac{15}{3} = 5$$

根据阿伦尼乌斯方程 $\ln\dfrac{k_2}{k_1} = -\dfrac{E_a}{R}\left(\dfrac{1}{T_2} - \dfrac{1}{T_1}\right)$,有

$$\ln\frac{k_2}{k_1} = \ln 5 = -\frac{E_a}{R}\left(\frac{1}{T_2} - \frac{1}{T_1}\right)$$

$$= -\frac{E_a}{8.314 \text{ J} \cdot \text{mol}^{-1} \cdot \text{K}^{-1}}\left(\frac{1}{333.15 \text{ K}} - \frac{1}{313.15 \text{ K}}\right)$$

解得
$$E_a = 69.80 \text{ kJ} \cdot \text{mol}^{-1}$$

11.32 反应 $A + 2B \longrightarrow D$ 的速率方程为 $-\mathrm{d}c_A/\mathrm{d}t = kc_A^{0.5}c_B^{1.5}$。

(1) $c_{A,0} = 0.1 \text{ mol} \cdot \text{dm}^{-3}$, $c_{B,0} = 0.2 \text{ mol} \cdot \text{dm}^{-3}$;300 K 下反应 20 s 后 $c_A = 0.01 \text{ mol} \cdot \text{dm}^{-3}$,问继续反应 20 s 后 c_A' 等于多少?

(2) 初始浓度同上,恒温 400 K 下反应 20 s 后,$c_A'' = 0.003\,918 \text{ mol} \cdot \text{dm}^{-3}$,求活化能。

解:(1) A 和 B 的初始浓度比符合化学计量数之比,故反应过程中始终存在 $c_B = 2c_A$ 的关系,则

$$-\frac{\mathrm{d}c_A}{\mathrm{d}t} = kc_A^{0.5}c_B^{1.5} = kc_A^{0.5}(2c_A)^{1.5} = (k \times 2^{1.5})c_A^{0.5+1.5} = k'c_A^2$$

其积分式为
$$\frac{1}{c_A} - \frac{1}{c_{A,0}} = k't$$

设 300 K 下的速率常数为 k_1', $t_1 = 20$ s,则

$$k_1' = \frac{1}{t_1}\left(\frac{1}{c_A} - \frac{1}{c_{A,0}}\right) = \left[\frac{1}{20}\left(\frac{1}{0.01} - \frac{1}{0.1}\right)\right] dm^3 \cdot mol^{-1} \cdot s^{-1} = 4.5\ dm^3 \cdot mol^{-1} \cdot s^{-1}$$

但继续反应 20 s 时，$t_2 = 40$ s，则

$$\frac{1}{c_A'} = \frac{1}{c_{A,0}} + k_1' t_2 = \left(\frac{1}{0.1} + 4.5 \times 40\right) dm^3 \cdot mol^{-1} = 190\ dm^3 \cdot mol^{-1}$$

$$c_A' = 0.005\ 26\ mol \cdot dm^{-3}$$

（2）设 400 K 下的速率常数为 k_2'。

$$k_2' = \frac{1}{t_1}\left(\frac{1}{c_A''} - \frac{1}{c_{A,0}}\right) = \left[\frac{1}{20}\left(\frac{1}{0.003\ 918} - \frac{1}{0.1}\right)\right] dm^3 \cdot mol^{-1} \cdot s^{-1} = 12.26\ dm^3 \cdot mol^{-1} \cdot s^{-1}$$

$$E_a = -R\ln\frac{k_2'}{k_1'}\Big/\left(\frac{1}{T_2} - \frac{1}{T_1}\right)$$

$$= -8.314\ J \cdot mol^{-1} \cdot K^{-1} \times \ln\frac{12.26}{4.5}\Big/\left(\frac{1}{400\ K} - \frac{1}{300\ K}\right)$$

$$= 10.00\ kJ \cdot mol^{-1}$$

11.33 溶液中某光化学活性卤化物的消旋作用如下：

$$R_1R_2R_3CX(右旋) \rightleftharpoons R_1R_2R_3CX(左旋)$$

在正、逆方向上皆为一级反应，且半衰期相等。若原始反应物为纯右旋物质，速率常数为 $1.9 \times 10^{-6}\ s^{-1}$，试求：

（1）右旋物质转化 10 % 所需时间；

（2）24 h 后的转化率。

解：

（1）**解法一：**

由正、逆反应的半衰期相等得 $\quad k_1 = k_{-1} = k = 1.9 \times 10^{-6}\ s^{-1}$

用 D 表示右旋，用 L 表示左旋，则

$$R_1R_2R_3CX(D) \underset{k_{-1}}{\overset{k_1}{\rightleftharpoons}} R_1R_2R_3CX(L)$$

$t = 0 \qquad\qquad\qquad c_{D,0} \qquad\qquad\qquad\qquad 0$

$t = \infty \qquad\qquad\qquad c_{D,e} \qquad\qquad\qquad c_{L,e} = c_{D,0} - c_{D,e}$

当对行反应达平衡时，产物浓度与反应物浓度之间处于化学平衡状态。因此有 $k_1 c_{D,e} = k_{-1}c_{L,e} = k_{-1}(c_{D,0} - c_{D,e})$，则

$$\frac{k_1}{k_{-1}} = \frac{c_{D,0} - c_{D,e}}{c_{D,e}} = 1$$

试题分析

解得
$$c_{D,e} = \frac{1}{2}c_{D,0}$$

当 D 的转化率为 10% 时,$c_D = c_{D,0} - 10\% c_{D,0} = 0.9 c_{D,0}$,代入一级对行反应速率方程积分式 $\ln \dfrac{c_{D,0} - c_{D,e}}{c_D - c_{D,e}} = (k_1 + k_{-1}) t$ 得

$$\ln \frac{c_{D,0} - 0.5 c_{D,0}}{0.9 c_{D,0} - 0.5 c_{D,0}} = (1.9 \times 10^{-6}\ \text{s}^{-1} + 1.9 \times 10^{-6}\ \text{s}^{-1}) t$$

则
$$t = 5.872 \times 10^4\ \text{s}^{-1} = 978.7\ \text{min}$$

解法二: 由一级对行反应的速率方程得

$$-\frac{dc_D}{dt} = k_1 c_D - k_{-1} c_L = k c_D - k(c_{D,0} - c_D) = 2k(c_D - 0.5 c_{D,0})$$

移项并积分,得
$$\ln \frac{0.5 c_{D,0}}{c_D - 0.5 c_{D,0}} = 2kt$$

即
$$\ln \frac{c_{D,0}}{2c_D - c_{D,0}} = 2kt$$

当 $c_D = 0.9 c_{D,0}$ 时,

$$t = \left(\ln \frac{c_{D,0}}{2c_D - c_{D,0}} \right) \Big/ (2k) = \left(\ln \frac{c_{D,0}}{2 \times 0.9 c_{D,0} - c_{D,0}} \right) \Big/ (2 \times 1.9 \times 10^{-6}\ \text{s}^{-1})$$

$$= 5.872 \times 10^4\ \text{s} = 978.7\ \text{min}$$

(2) $t' = 24\ \text{h} = 86\ 400\ \text{s}$,代入一级对行反应速率方程积分式 $\ln \dfrac{c_{D,0} - c_{D,e}}{c_D - c_{D,e}} = (k_1 + k_{-1}) t$ 得

$$\ln \frac{c_{D,0} - 0.5 c_{D,0}}{c'_D - 0.5 c_{D,0}} = (1.9 \times 10^{-6}\text{s}^{-1} + 1.9 \times 10^{-6}\text{s}^{-1}) \times (86\ 400\text{s}) = 0.328\ 3$$

解得
$$c'_D = 0.86 c_{D,0}$$

故 24 h 后的转化率为 $\alpha_2 = 1 - \dfrac{c'_D}{c_{D,0}} = 1 - \dfrac{0.86 c_{D,0}}{c_{D,0}} = 0.14 = 14\%$

11.34 $A(g) \underset{k_{-1}}{\overset{k_1}{\rightleftharpoons}} B(g)$ 为对行一级反应。反应开始时只有 A,且其初始浓度为 $c_{A,0}$。当时间为 t 时,A 和 B 的浓度分别为 $(c_{A,0} - c_A)$ 和 c_B。

(1) 试证

$$\ln \frac{c_{A,0}}{c_{A,0} - \dfrac{k_1 + k_{-1}}{k_1} c_B} = (k_1 + k_{-1}) t$$

（2）已知 $k_1 = 0.2 \ \text{s}^{-1}$，$k_{-1} = 0.01 \ \text{s}^{-1}$，$c_{A,0} = 0.4 \ \text{mol} \cdot \text{dm}^{-3}$，求 100 s 后 A 的转化率。

证明：（1）

$$\text{A} \underset{k_{-1}}{\overset{k_1}{\rightleftharpoons}} \text{B}$$

	A	B
$t = 0$	$c_{A,0}$	0
$t = t$	$c_A = c_{A,0} - c_B$	c_B
$t = \infty$	$c_{A,e}$	$c_{B,e} = c_{A,0} - c_{A,e}$

该对行反应达平衡时

$$K_c = \frac{k_1}{k_{-1}} = \frac{c_{B,e}}{c_{A,e}} = \frac{c_{A,0} - c_{A,e}}{c_{A,e}}$$

则

$$c_{A,e} = \frac{k_{-1}}{k_1 + k_{-1}} c_{A,0} \tag{1}$$

对行一级反应速率方程的积分形式为

$$\ln \frac{c_{A,0} - c_{A,e}}{c_A - c_{A,e}} = (k_1 + k_{-1}) t \tag{2}$$

将式（1）代入式（2）得

$$\ln \frac{\dfrac{k_1}{k_1 + k_{-1}} c_{A,0}}{c_{A,0} - c_B - \dfrac{k_{-1}}{k_1 + k_{-1}} c_{A,0}} = (k_1 + k_{-1}) t$$

化简得

$$\ln \frac{c_{A,0}}{c_{A,0} - \dfrac{k_1 + k_{-1}}{k_1} c_B} = (k_1 + k_{-1}) t \tag{3}$$

（2）对行一级反应

$$\text{A} \underset{k_{-1}}{\overset{k_1}{\rightleftharpoons}} \text{B}$$

	A	B
$t = 0$	$c_{A,0}$	0
$t = t$	c_A	$c_B = c_{A,0} - c_A$

将 $k_1 = 0.2 \ \text{s}^{-1}$，$k_{-1} = 0.01 \ \text{s}^{-1}$，$c_{A,0} = 0.4 \ \text{mol} \cdot \text{dm}^{-3}$，$t = 100 \ \text{s}$ 代入式（3）得

$$c_B = 0.381 \ \text{mol} \cdot \text{dm}^{-3}$$

转化率 $$\alpha = \frac{c_{A,0}-c_A}{c_{A,0}} = \frac{c_B}{c_{A,0}} = \frac{0.381}{0.4} = 95.25\%$$

11.35 对行一级反应为 $A(g) \underset{k_{-1}}{\overset{k_1}{\rightleftharpoons}} B(g)$。

（1）达到 $(c_{A,0}+c_{A,e})/2$ 所需时间为半衰期 $t_{1/2}$，试证 $t_{1/2} = \ln 2/(k_1+k_{-1})$；

（2）设反应开始时系统中只有 A。若初始速率为每分钟消耗 A 0.2%，平衡时有 80% 的 A 转化为 B，求 $t_{1/2}$。

证明:（1）对行一级反应速率方程的积分形式为

$$\ln \frac{c_{A,0}-c_{A,e}}{c_A-c_{A,e}} = (k_1+k_{-1})t$$

将 $c_A = \frac{c_{A,0}+c_{A,e}}{2}$ 代入上式，得到对行一级反应的半衰期

$$t_{1/2} = \frac{1}{k_1+k_{-1}} \ln \frac{c_{A,0}-c_{A,e}}{\dfrac{c_{A,0}+c_{A,e}}{2}-c_{A,e}} = \frac{\ln 2}{k_1+k_{-1}}$$

（2）初始速率指反应开始瞬间的反应速率，此时 B 尚未生成，因此初始速率即正向反应的反应速率 $\left(\dfrac{dc_A}{dt}\right)_{t=0}$。初始速率 $v_0 = \left(\dfrac{dc_A}{dt}\right)_{t=0} = k_1 c_{A,0}$，且 $v_0 = \dfrac{0.002 c_{A,0}}{\min}$，所以 $k_1 = \dfrac{v_0}{c_{A,0}} = 0.002 \ \min^{-1}$。

$$
\begin{array}{llll}
& A & \underset{k_{-1}}{\overset{k_1}{\rightleftharpoons}} & B \\
t=0 & c_{A,0} & & 0 \\
t=t & c_A & & c_B = c_{A,0}-c_A \\
t=\infty & c_{A,e} = c_{A,0}-0.8c_{A,0}=0.2c_{A,0} & & c_{B,e}=c_{A,0}-c_{A,e}=0.8c_{A,0}
\end{array}
$$

该反应达平衡时有

$$K_c = \frac{k_1}{k_{-1}} = \frac{c_{B,e}}{c_{A,e}} = \frac{0.8 c_{A,0}}{0.2 c_{A,0}} = 4$$

所以 $$k_{-1} = \frac{k_1}{K_c} = \left(\frac{0.002}{4}\right) \min^{-1} = 5 \times 10^{-4} \ \min^{-1}$$

$$t_{1/2} = \frac{\ln 2}{k_1+k_{-1}} = \left(\frac{\ln 2}{0.002+5 \times 10^{-4}}\right) \min = 277.3 \ \min$$

11.36 已知某恒温、恒容反应的机理如下：

$$A(g) \begin{array}{c} \xrightarrow{k_1} B(g) \underset{k_4}{\overset{k_3}{\rightleftharpoons}} D(g) \\ \xrightarrow{k_2} C(g) \end{array}$$

反应开始时只有 A(g)，且已知 $c_{A,0}=2.0\ \text{mol} \cdot \text{dm}^{-3}$，$k_1=3.0\ \text{s}^{-1}$，$k_2=2.5\ \text{s}^{-1}$，$k_3=4.0\ \text{s}^{-1}$，$k_4=5.0\ \text{s}^{-1}$。

（1）试写出分别用 c_A，c_B，c_C，c_D 表示的速率方程；

（2）求反应物 A 的半衰期；

（3）当反应物 A 完全反应（即 $c_A=0$）时，c_B，c_C，c_D 各为多少？

解：（1）任意时刻的反应速率

$$-\frac{dc_A}{dt}=(k_1+k_2)c_A \tag{1}$$

$$\frac{dc_B}{dt}=k_1 c_A+k_4 c_D-k_3 c_B \tag{2}$$

$$\frac{dc_D}{dt}=k_3 c_B-k_4 c_D \tag{3}$$

$$\frac{dc_C}{dt}=k_2 c_A \tag{4}$$

（2）由式（1）积分可得

$$\ln \frac{c_{A,0}}{c_A}=(k_1+k_2)t$$

当 $c_A=1/2 c_{A,0}$ 时，$t_{1/2}=\frac{\ln 2}{k_1+k_2}=\left(\frac{\ln 2}{3.0+2.5}\right)\text{s}=0.126\ \text{s}$

（3）由式（2）+式（3）得

$$\frac{dc_B}{dt}+\frac{dc_D}{dt}=\frac{d(c_B+c_D)}{dt}=(k_1 c_A+k_4 c_D-k_3 c_B)+(k_3 c_B-k_4 c_D)=k_1 c_A \tag{5}$$

式（5）/式（4）得

$$\frac{d(c_B+c_D)}{dc_C}=\frac{k_1}{k_2}=常数$$

积分得

$$c_B+c_D=\frac{k_1}{k_2}c_C \tag{6}$$

当 $c_A = 0$ 时,

$$c_B + c_D + c_C = c_{A,0} \tag{7}$$

B,D 间的平衡满足

$$\frac{c_D}{c_B} = \frac{k_3}{k_4} \tag{8}$$

将式(6)代入式(7)可得

$$c_C = \frac{c_{A,0}}{1 + k_1/k_2} = \left(\frac{2.0}{1 + 3.0/2.5}\right) \text{mol} \cdot \text{dm}^{-3} = 0.909\ 1\ \text{mol} \cdot \text{dm}^{-3}$$

将式(6)、式(7)、式(8)联立解得:

$$c_B = \frac{k_1 k_4 c_{A,0}}{(k_1 + k_2)(k_3 + k_4)} = \left[\frac{3.0 \times 5.0 \times 2.0}{(3.0 + 2.5) \times (4.0 + 5.0)}\right] \text{mol} \cdot \text{dm}^{-3} = 0.606\ 1\ \text{mol} \cdot \text{dm}^{-3}$$

$$c_D = \frac{k_1 k_3 c_{A,0}}{(k_1 + k_2)(k_3 + k_4)} = \left[\frac{3.0 \times 4.0 \times 2.0}{(3.0 + 2.5) \times (4.0 + 5.0)}\right] \text{mol} \cdot \text{dm}^{-3} = 0.484\ 8\ \text{mol} \cdot \text{dm}^{-3}$$

或 $\quad c_D = c_{A,0} - c_B - c_C = (2.0 - 0.606\ 1 - 0.909\ 1)\ \text{mol} \cdot \text{dm}^{-3} = 0.484\ 8\ \text{mol} \cdot \text{dm}^{-3}$

11.37 高温下乙酸分解反应如下:

$$CH_3COOH(A) \underset{k_2}{\overset{k_1}{\longrightarrow}} \begin{array}{l} \rightarrow CH_4(B) + CO_2 \\ \rightarrow H_2C{=}CO(C) + H_2O \end{array}$$

在 1 089 K 时,$k_1 = 3.74\ \text{s}^{-1}$,$k_2 = 4.65\ \text{s}^{-1}$。

(1)试计算乙酸反应掉99%所需的时间;

(2)当乙酸全部分解时,在给定温度下能够获得乙烯酮的最大产量是多少?

解:(1)根据 k_1 和 k_2 的单位知,该反应为一级平行反应,其速率方程为

$$\ln \frac{c_{A,0}}{c_A} = (k_1 + k_2)t$$

得 $\quad t = \frac{1}{k_1 + k_2} \ln \frac{c_{A,0}}{c_A} = \left[\frac{1}{3.74 + 4.65} \ln \frac{c_{A,0}}{(1 - 0.99)c_{A,0}}\right] \text{s} = 0.55\ \text{s}$

(2)若乙酸全部分解,则

$$\begin{cases} c_B + c_C = c_{A,0} \\ c_B/c_C = k_1/k_2 \end{cases}$$

联立两式解得 $\quad c_C = \frac{k_2}{k_1 + k_2} c_{A,0} = \frac{4.65}{3.74 + 4.65} \times c_{A,0} = 0.554 c_{A,0}$

即在给定温度下能够获得乙烯酮的最大产量是 $0.554\ c_{A,0}$。

11.38 对于平行反应:

$$A \begin{array}{c} \xrightarrow{\ k_1\ } B \quad E_{a,1} \\[2mm] \xrightarrow{\ k_2\ } C \quad E_{a,2} \end{array}$$

若总反应的活化能为 E_a,试证明:

$$E_a = \frac{k_1 E_{a,1} + k_2 E_{a,2}}{k_1 + k_2}$$

证明: 设两反应均为 n 级反应且指前因子相同,则反应速率方程为

$$-\frac{dc_A}{dt} = (k_1 + k_2) c_A^n = k c_A^n$$

由 $k = k_1 + k_2$ 两边对 T 取微分,得

$$\frac{dk}{dT} = \frac{dk_1}{dT} + \frac{dk_2}{dT} \tag{1}$$

将阿伦尼乌斯方程 $\dfrac{d\ln k}{dT} = \dfrac{E_a}{RT^2}$ 变形为 $\dfrac{dk}{kdT} = \dfrac{E_a}{RT^2}$,代入式(1),得

$$\frac{kE_a}{RT^2} = \frac{k_1 E_{a,1}}{RT^2} + \frac{k_2 E_{a,2}}{RT^2}$$

于是 $E_a = \dfrac{k_1 E_{a,1} + k_2 E_{a,2}}{k} = \dfrac{k_1 E_{a,1} + k_2 E_{a,2}}{k_1 + k_2}$,得证。

11.39 当存在碘催化剂时,氯苯(C_6H_5Cl)与 Cl_2 在 CS_2 溶液中有以下平行二级反应:

$$C_6H_5Cl + Cl_2 \begin{array}{c} \xrightarrow{\ k_1\ } HCl + o\text{-}C_6H_4Cl_2 \\[2mm] \xrightarrow{\ k_2\ } HCl + p\text{-}C_6H_4Cl_2 \end{array}$$

在室温、碘的浓度一定的条件下,当 C_6H_5Cl 和 Cl_2 在 CS_2 溶液中的初始浓度均为 $0.5\ mol \cdot dm^{-3}$ 时,30 min 后有 15% 的 C_6H_5Cl 转化为 $o\text{-}C_6H_4Cl_2$,有 25% 的 C_6H_5Cl 转化为 $p\text{-}C_6H_4Cl_2$。试求反应速率常数 k_1 和 k_2。

解: 用 A 表示 C_6H_5Cl。

设 t 时刻反应掉的 C_6H_5Cl 浓度为 Δc,产物 $o\text{-}C_6H_4Cl_2$ 和 $p\text{-}C_6H_4Cl_2$ 的生成浓度分别为 Δc_1,Δc_2,则 $\Delta c = \Delta c_1 + \Delta c_2$,且 $c_A = c_{A,0} - \Delta c$。

$t = 30\ min$ 时,$\Delta c = \Delta c_1 + \Delta c_2 = c_{A,0} \times 15\% + c_{A,0} \times 25\% = 0.2\ mol \cdot dm^{-3}$

对该二级平行反应有
$$-\frac{dc_A}{dt} = (k_1+k_2)c_A^2$$

将其变形为
$$-\frac{d(c_{A,0}-\Delta c)}{dt} = (k_1+k_2)(c_{A,0}-\Delta c)^2$$

移项得
$$-\frac{d(c_{A,0}-\Delta c)}{(c_{A,0}-\Delta c)^2} = (k_1+k_2)dt$$

两边积分得
$$-\int_0^{\Delta c}\frac{d(c_{A,0}-\Delta c)}{(c_{A,0}-\Delta c)^2} = (k_1+k_2)\int_0^t dt$$

得
$$\frac{1}{c_{A,0}-\Delta c} - \frac{1}{c_{A,0}} = (k_1+k_2)t$$

所以
$$k_1+k_2 = \left(\frac{1}{c_{A,0}-\Delta c}-\frac{1}{c_{A,0}}\right)\bigg/ t = \left[\left(\frac{1}{0.5-0.2}-\frac{1}{0.5}\right)\bigg/ 30\right] dm^3\cdot mol^{-1}\cdot min^{-1}$$
$$= 0.044\ 4\ dm^3\cdot mol^{-1}\cdot min^{-1} \tag{1}$$

同时,对两平行反应分别有

$$\frac{d(\Delta c_1)}{dt} = k_1 c_A^2 = k_1(c_{A,0}-\Delta c)^2 \tag{2}$$

$$\frac{d(\Delta c_2)}{dt} = k_2 c_A^2 = k_2(c_{A,0}-\Delta c)^2 \tag{3}$$

式(2)/式(3)得
$$\frac{d(\Delta c_1)}{d(\Delta c_2)} = \frac{k_1}{k_2}$$

移项并积分得
$$\frac{k_1}{k_2} = \frac{\Delta c_1}{\Delta c_2} = \frac{c_{A,0}\times 15\%}{c_{A,0}\times 25\%} = \frac{0.15}{0.25} = 0.6 \tag{4}$$

式(1)和式(4)联立解得
$$k_1 = 1.665\times10^{-2}\ dm^3\cdot mol^{-1}\cdot min^{-1}$$
$$k_2 = 2.775\times10^{-2}\ dm^3\cdot mol^{-1}\cdot min^{-1}$$

11.40 气相反应 $A_2(g)+B_2(g) \xrightarrow{k} 2AB(g)$ 对 A_2 和 B_2 均为一级。现在一个含有过量固体 $A_2(s)$ 的反应器中充入 50.663 kPa 的 $B_2(g)$。已知 673.2 K 时该反应的速率常数 $k = 9.869\times10^{-9}\ kPa^{-1}\cdot s^{-1}$,$A_2(s)$ 的饱和蒸气压为 121.59 kPa [假设 $A_2(s)$ 与 $A_2(g)$ 处于快速平衡],且没有逆反应。

(1) 计算所加入的 $B_2(g)$ 反应掉一半所需要的时间;

(2) 验证下述机理符合二级反应速率方程。

$$A_2(g) \underset{k_2}{\overset{k_1}{\rightleftharpoons}} 2A \cdot \quad (快速平衡，K = k_1/k_{-1})$$

$$B_2(g) + 2A \cdot \overset{k_2}{\longrightarrow} 2AB(g) \quad (慢)$$

解：（1）此二级反应的速率方程为 $v = k_1 p_{A_2} p_{B_2}$。固体 $A_2(S)$ 过量，所以其蒸气压保持不变，则

$$k' = k_1 p_{A_2} = [(9.869 \times 10^{-9}) \times 121.59] \text{ s}^{-1} = 1.200 \times 10^{-6} \text{ s}^{-1}$$

题给反应为假一级反应，速率方程为 $v = k' p_{B_2}$，则

$$t_{1/2} = \frac{\ln 2}{k'} = \frac{\ln 2}{1.200 \times 10^{-6} \text{ s}^{-1}} = 5.776 \times 10^5 \text{ s}$$

（2）第一步反应处于快速平衡，即 $K = \dfrac{k_1}{k_{-1}} = \dfrac{p_A^2 \cdot}{p_{A_2}}$，于是 $p_A^2 \cdot = K p_{A_2}$。第二步反应为慢步骤，为控制步骤，所以

$$v = k_2 p_{B_2} p_A^2 \cdot = k_2 p_{B_2}(K p_{A_2}) = (k_2 K) p_{B_2} p_{A_2} = k p_{B_2} p_{A_2}$$

其中 $k = k_2 K$。

由该机理推出的速率方程与题意相符，故该机理应当是正确的。

11.41　某气相反应 $A + C \overset{k}{\longrightarrow} D$ 的机理如下：

$$A \underset{k_{-1}}{\overset{k_1}{\rightleftharpoons}} B$$

$$B + C \overset{k_2}{\longrightarrow} D$$

其中对活泼物质 B 可运用稳态近似法处理。求该反应的速率方程；并证明此反应在高压下为一级，低压下为二级。已知 k_{-1}, k_2 的数值近似相等。

解：以产物 D 的生成速率表示的复合反应的速率方程为

$$\frac{\mathrm{d}p_D}{\mathrm{d}t} = k_2 p_B p_C \tag{1}$$

对活泼物质 B 采用稳态近似法，即

$$\frac{\mathrm{d}p_B}{\mathrm{d}t} = k_1 p_A - k_{-1} p_B - k_2 p_B p_C = 0$$

解出

$$p_B = \frac{k_1 p_A}{k_{-1} + k_2 p_C} \tag{2}$$

将式（2）代入式（1）整理得

$$\frac{dp_D}{dt} = \frac{k_1 k_2 p_A p_C}{k_{-1} + k_2 p_C}$$

高压下：$k_2 p_C \gg k_{-1}$，所以$\dfrac{dp_D}{dt} = \dfrac{k_1 k_2 p_A p_C}{k_{-1} + k_2 p_C} \approx \dfrac{k_1 k_2 p_A p_C}{k_2 p_C} = k_1 p_A$，为一级反应；

低压下：$k_2 p_C \ll k_{-1}$，$\dfrac{dp_D}{dt} = \dfrac{k_1 k_2 p_A p_C}{k_{-1} + k_2 p_C} \approx \dfrac{k_1 k_2 p_A p_C}{k_{-1}} = \dfrac{k_1 k_2}{k_{-1}} p_A p_C$，为二级反应。

11.42 若反应 $A_2 + B_2 \longrightarrow 2AB$ 有如下机理，求各机理以 v_{AB} 表示的速率方程。

（1）$A_2 \xrightarrow{k_1} 2A$ （慢）

$\qquad B_2 \overset{K_2}{\rightleftharpoons} 2B$ （快速平衡，K_2 很小）

$\qquad A + B \xrightarrow{k_3} AB$ （快）（k_1 为以 C_A 变化表示的反应速率常数）

（2）$A_2 \overset{K_1}{\rightleftharpoons} 2A$，$B_2 \overset{K_2}{\rightleftharpoons} 2B$ （皆为快速平衡，K_1，K_2 很小）

$\qquad A + B \xrightarrow{k_3} AB$ （慢）

（3）$A_2 + B_2 \xrightarrow{k_1} A_2 B_2$ （慢）

$\qquad A_2 B_2 \xrightarrow{k_2} 2AB$ （快）

解：（1）以产物 AB 表示的速率方程为 $v_{AB} = \dfrac{dc_{AB}}{dt} = k_3 c_A c_B$

反应物 A 的生成很慢而消耗却很快，故可以认为其为活泼中间产物。对 A 应用稳态近似法处理，有

$$\frac{dc_A}{dt} = k_1 c_{A_2} - k_3 c_A c_B = 0,$$

则 $c_A = \dfrac{k_1 c_{A_2}}{k_3 c_B}$，代入到产物表示的速率方程中，得

$$v_{AB} = \frac{dc_{AB}}{dt} = k_3 c_A c_B = k_3 \frac{2k_1 c_{A_2}}{k_3 c_B} c_B = 2k_1 c_{A_2}$$

（2）整个反应的反应速率取决于最慢步骤，故

$$v_{AB} = \frac{dc_{AB}}{dt} = k_3 c_A c_B$$

前两步均为快速平衡反应，采用平衡态近似法处理，可得

$$K_1 = \frac{c_A^2}{c_{A_2}},\text{即} \qquad\qquad c_A = (K_1 c_{A_2})^{1/2}$$

$$K_2 = \frac{c_B^2}{c_{B_2}},\text{即} \qquad\qquad c_B = (K_2 c_{B_2})^{1/2}$$

将 c_A，c_B 代入到反应速率方程中，得

$$v_{AB} = k_3 (K_1 c_{A_2})^{1/2} (K_2 c_{B_2})^{1/2} = k_3 K_1^{1/2} K_2^{1/2} c_{A_2}^{1/2} c_{B_2}^{1/2} = k c_{A_2}^{1/2} c_{B_2}^{1/2}$$

其中，$k = K_1^{1/2} K_2^{1/2} k_3$。

（3）中间产物 A_2B_2 的生成速率慢而消耗速率快，是活泼中间产物，故采用稳态近似法处理。

k_2 是基元反应的速率常数，也等于以 $c_{A_2B_2}$ 变化表示的速率常数 $k_{A_2B_2}$，则

$$v_{AB} = \frac{dc_{AB}}{dt} = 2k_2 c_{A_2B_2}$$

而 $\dfrac{dc_{A_2B_2}}{dt} = k_1 c_{A_2} c_{B_2} - k_2 c_{A_2B_2} = 0$，解出

$$c_{A_2B_2} = \frac{k_1}{k_2} c_{A_2} c_{B_2}$$

代入到原速率方程中，有

$$v_{AB} = \frac{dc_{AB}}{dt} = 2k_2 c_{A_2B_2} = 2k_2 \frac{k_1}{k_2} c_{A_2} c_{B_2} = 2k_1 c_{A_2} c_{B_2}$$

试题分析

11.43 气相反应 $H_2 + Cl_2 \longrightarrow 2HCl$ 的机理为

$$Cl_2 + M \xrightarrow{k_1} 2Cl\cdot + M$$

$$Cl\cdot + H_2 \xrightarrow{k_2} HCl + H\cdot$$

$$H\cdot + Cl_2 \xrightarrow{k_3} HCl + Cl\cdot$$

$$2Cl\cdot + M \xrightarrow{k_4} Cl_2 + M$$

试证：

$$\frac{dc_{HCl}}{dt} = 2k_2 \left(\frac{k_1}{k_4}\right)^{1/2} c_{H_2} c_{Cl_2}^{1/2}$$

证明： 写出以产物 HCl 的生成速率表示的速率方程，并应用稳态近似法可得

$$\frac{dc_{HCl}}{dt} = k_2 c_{Cl\cdot} c_{H_2} + k_3 c_{H\cdot} c_{Cl_2} \qquad\qquad (1)$$

$$\frac{dc_{Cl\cdot}}{dt} = 2k_1 c_{Cl_2} c_M - k_2 c_{Cl\cdot} \cdot c_{H_2} + k_3 c_{H\cdot} \cdot c_{Cl_2} - 2k_4 c_{Cl\cdot}^2 \cdot c_M = 0 \tag{2}$$

$$\frac{dc_{H\cdot}}{dt} = k_2 c_{Cl\cdot} \cdot c_{H_2} - k_3 c_{H\cdot} \cdot c_{Cl_2} = 0 \tag{3}$$

由式（3）得 $k_2 c_{Cl\cdot} c_{H_2} = k_3 c_{H\cdot} \cdot c_{Cl_2}$，代入式（1）则有

$$\frac{dc_{HCl}}{dt} = k_2 c_{Cl\cdot} \cdot c_{H_2} + k_3 c_{H\cdot} \cdot c_{Cl_2} = 2k_2 c_{Cl\cdot} \cdot c_{H_2} \tag{4}$$

将 $k_2 c_{Cl\cdot} \cdot c_{H_2} = k_3 c_{H\cdot} \cdot c_{Cl_2}$ 代入式（2）可得

$$c_{Cl\cdot} = \left(\frac{k_1}{k_4}\right)^{1/2} c_{Cl_2}^{1/2} \tag{5}$$

所以将式（5）代入式（4）整理得 $\dfrac{dc_{HCl}}{dt} = 2k_2 \left(\dfrac{k_1}{k_4}\right)^{1/2} c_{H_2} c_{Cl_2}^{1/2}$，得证。

11.44 若反应 $3\,HNO_2 \longrightarrow H_2O + 2NO + H^+ + NO_3^-$ 的机理如下，求以 $v(NO_3^-)$ 表示的速率方程。

试题分析

$$2\,HNO_2 \underset{}{\overset{K_1}{\rightleftharpoons}} NO + NO_2 + H_2O \qquad （快速平衡）$$

$$2NO_2 \overset{K_2}{\rightleftharpoons} N_2O_4 \qquad （快速平衡）$$

$$N_2O_4 + H_2O \overset{k_3}{\longrightarrow} HNO_2 + H^+ + NO_3^- \qquad （慢）$$

解： 对快速平衡步骤采用平衡态近似法：

$$\frac{c_{NO} c_{NO_2} c_{H_2O}}{c_{HNO_2}^2} = K_1$$

$$\frac{c_{N_2O_4}}{c_{NO_2}^2} = K_2$$

可得

$$c_{N_2O_4} = K_2 c_{NO_2}^2 = K_1^2 K_2 \frac{c_{HNO_2}^4}{c_{NO}^2 c_{H_2O}^2}$$

慢步骤为控制步骤，所以反应速率为

$$v_{NO_3^-} = \frac{dc_{NO_3^-}}{dt} = k_3 c_{N_2O_4} c_{H_2O} = k_3 K_1^2 K_2 \frac{c_{HNO_2}^4}{c_{NO}^2 c_{H_2O}}$$

11.45 有氧存在时，臭氧的分解机理为

$$O_3 \underset{k_{-1}}{\overset{k_1}{\rightleftharpoons}} O_2 + \dot{O} \qquad （快速平衡）$$

$$\dot{O} + O_3 \underset{E_{a,2}}{\overset{k_2}{\longrightarrow}} 2O_2 \qquad （慢）$$

（1）分别导出用 O_3 分解速率和 O_2 生成速率所表示的速率方程，并指出二者关系。

（2）已知 25 ℃时臭氧分解反应的表观活化能为 119.2 kJ·mol^{-1}，O_3 和 $\dot{O}$ 的摩尔生成焓分别为 142.7 kJ·mol^{-1} 和 249.17 kJ·mol^{-1}，求上述第二步反应的活化能。

解：（1）**解法一：**

O_3 分解速率和 O_2 生成速率所表示的速率方程分别为

$$-\frac{dc_{O_3}}{dt} = k_1 c_{O_3} - k_{-1} c_{O_2} c_{\dot{O}} + k_2 c_{\dot{O}} c_{O_3} \tag{1}$$

$$\frac{dc_{O_2}}{dt} = k_1 c_{O_3} - k_{-1} c_{O_2} c_{\dot{O}} + 2 k_2 c_{O_3} c_{\dot{O}} \tag{2}$$

对活泼中间产物 $\dot{O}$ 采用稳态近似法处理，则

$$\frac{dc_{\dot{O}}}{dt} = k_1 c_{O_3} - k_{-1} c_{O_2} c_{\dot{O}} - k_2 c_{O_3} c_{\dot{O}} = 0$$

解得

$$c_{\dot{O}} = \frac{k_1 c_{O_3}}{k_{-1} c_{O_2} + k_2 c_{O_3}} \tag{3}$$

将式（3）分别代入到式（1）和式（2）中，得

$$-\frac{dc_{O_3}}{dt} = \frac{2 k_1 k_2 c_{O_3}^2}{k_{-1} c_{O_2} + k_2 c_{O_3}} \tag{4}$$

$$\frac{dc_{O_2}}{dt} = \frac{3 k_1 k_2 c_{O_3}^2}{k_{-1} c_{O_2} + k_2 c_{O_3}} \tag{5}$$

对比式（4）和式（5）可得

$$-\frac{dc_{O_3}}{dt} = \frac{2}{3} \frac{dc_{O_2}}{dt}$$

解法二：

利用快速平衡证明。因慢步骤为速度控制步骤，所以

$$v_{总} \approx k_2 c_{\dot{O}} c_{O_3} \tag{1}$$

对快速平衡步骤有

$$\frac{c_{\dot{O}} c_{O_2}}{c_{O_3}} = \frac{k_1}{k_{-1}} \tag{2}$$

式（2）代入式（1）得

$$v_{总} = \frac{k_1 k_2}{k_{-1}} \frac{c_{O_3}^2}{c_{O_2}}$$

对总反应 $2O_3 = 3O_2$ 而言，

$$v_{O_3} = 2v_{总} = \frac{2k_1 k_2}{k_{-1}} \frac{c_{O_3}^2}{c_{O_2}}$$

$$v_{O_2} = 3v_{总} = \frac{3k_1 k_2}{k_{-1}} \frac{c_{O_3}^2}{c_{O_2}}$$

$$\frac{v_{O_3}}{v_{O_2}} = \frac{2}{3}$$

即

$$-\frac{\mathrm{d}c_{O_3}}{\mathrm{d}t} = \frac{2}{3} \frac{\mathrm{d}c_{O_2}}{\mathrm{d}t}$$

（2）反应速率

$$v = \frac{1}{3} \frac{\mathrm{d}c_{O_2}}{\mathrm{d}t} = -\frac{1}{2} \frac{\mathrm{d}c_{O_3}}{\mathrm{d}t} = \frac{k_1 k_2 c_{O_3}^2}{k_{-1}c_{O_2} + k_2 c_{O_3}}$$

因为 $k_{-1} \gg k_2$，则 $k_{-1}c_{O_2} \gg k_2 c_{O_3}$，故 $k_{-1}c_{O_2} + k_2 c_{O_3} \approx k_{-1}c_{O_2}$，上式简化为

$$v = \frac{k_1 k_2 c_{O_3}^2}{k_{-1}c_{O_2}} = k_{表观} \frac{c_{O_3}^2}{c_{O_2}}$$

即 $k_{表观} = \dfrac{k_2 k_1}{k_{-1}}$，所以

$$E_{表观} = E_{a,1} - E_{a,-1} + E_{a,2} = 119.2 \text{ kJ} \cdot \text{mol}^{-1}$$

对于快速平衡反应，当压力不大时，

$$E_{a,1} - E_{a,-1} = \Delta_r U_m = \Delta_r H_m - \sum_B \nu_B(\mathrm{g})RT = \sum_B \nu_B \Delta_f H_m^{\ominus}(\mathrm{B}, \beta) - \sum_B \nu_B(\mathrm{g})RT$$

$$= \Delta_f H_m^{\ominus}(\mathrm{O}_2, \mathrm{g}) + \Delta_f H_m^{\ominus}(\dot{\mathrm{O}}, \mathrm{g}) - \Delta_f H_m^{\ominus}(\mathrm{O}_3, \mathrm{g}) - RT$$

$$= (0 + 249.17 - 142.7 - 8.314 \times 298.15 \times 10^{-3}) \text{ kJ} \cdot \text{mol}^{-1}$$

$$= 103.99 \text{ kJ} \cdot \text{mol}^{-1}$$

于是 $E_{a,2} = E_{表观} - (E_{a,1} - E_{a,-1}) = (119.2 - 103.99) \text{ kJ} \cdot \text{mol}^{-1} = 15.21 \text{ kJ} \cdot \text{mol}^{-1}$

*11.46 已知质量为 m 的气体分子的平均速率为

$$\bar{v} = \left(\frac{8k_B T}{\pi m}\right)^{1/2}$$

求证同类分子间 A 对于 A 的平均相对速率 $\bar{u}_{AA} = \sqrt{2}\bar{v}$。（提示：对于同类分子 A，先证 $\mu_{AA} = m/2$）

证明： 根据分子运动论，气体分子 A 与 B 的平均相对速率为

$$\bar{u}_{AB} = \left(\frac{8k_B T}{\pi \mu}\right)^{1/2}$$

其中，μ 为折合质量，对同种分子 $\mu = \dfrac{mm}{m+m} = \dfrac{m}{2}$，所以

$$\overline{u}_{AA} = \left[\frac{8k_B T}{\pi(m/2)} \right]^{1/2} = \sqrt{2} \left(\frac{8k_B T}{\pi m} \right)^{1/2} = \sqrt{2}\,\overline{v}$$

*11.47　利用上题结果试证同类分子 A 与 A 之间的碰撞数为

$$Z_{AA} = 8r_A^2 \left(\frac{\pi k_B T}{m_A} \right)^{1/2} C_A^2$$

（提示：对于异类分子是先求 $Z_{A \to B}$，再求 Z_{AB}，若按此法求 Z_{AA}。则在每两个 A 分子之间，甲碰乙与乙碰甲，计算中作为两次碰撞，实际为一次碰撞。）

证明： 由题 11.46 知，　　　　　$\overline{u}_{AA} = \sqrt{2} \left(\dfrac{8k_B T}{\pi m} \right)^{1/2}$

由碰撞理论知，单位时间、单位体积内分子 A 与分子 B 的碰撞数为

$$Z_{AB} = \pi(r_A + r_B)^2 u_{AB} C_A C_B$$

对于同类分子间的碰撞，甲碰乙与乙碰甲实际为同一次碰撞，所以对同类分子 A，其碰撞总数 Z_{AA} 为按 Z_{AB} 计算式计算结果的 $1/2$，因此

$$Z_{AA} = \frac{1}{2}\pi(r_A + r_A)^2 \overline{u}_{AA} C_A C_A = \frac{1}{2}\pi(2r_A)^2 \times \left[\sqrt{2} \left(\frac{8k_B T}{\pi m_A} \right)^{1/2} \right] C_A^2$$

$$= 8r_A^2 \left(\frac{\pi k_B T}{m_A} \right)^{1/2} C_A^2$$

*11.48　利用上题结果试证：气体双分子反应 $2A \longrightarrow B$ 的速率方程（设概率因子 $P = 1$）为

$$-\frac{dC_A}{dt} = 16r_A^2 \left(\frac{\pi k_B T}{m_A} \right)^{1/2} e^{-E_c/(RT)} C_A^2$$

证明： 题 11.47 已导出，同类分子单位时间、单位体积内的碰撞数为

$$Z_{AA} = 8r_A^2 \left(\frac{\pi k_B T}{m_A} \right)^{1/2} C_A^2$$

且有效碰撞数为

$$Z_{AA} \exp\left(\frac{-E_c}{RT} \right)$$

对于同类分子 A 和 A，每发生一次有效碰撞，即有一对 A 分子进行化学反应，故反应速率为：

$$-\frac{\mathrm{d}C_{\mathrm{A}}}{\mathrm{d}t} = 2Z_{\mathrm{AA}}\exp\left(-\frac{E_{\mathrm{c}}}{RT}\right) = 16r_{\mathrm{A}}^2\left(\frac{\pi k_{\mathrm{B}}T}{m_{\mathrm{A}}}\right)^{1/2}\exp\left(-\frac{E_{\mathrm{c}}}{RT}\right)C_{\mathrm{A}}^2$$

由于 $C_{\mathrm{A}} = Lc_{\mathrm{A}}$，因此还可以表示为

$$-\frac{\mathrm{d}c_{\mathrm{A}}}{\mathrm{d}t} = 16r_{\mathrm{A}}^2\left(\frac{\pi k_{\mathrm{B}}T}{m_{\mathrm{A}}}\right)^{1/2}L\exp\left(-\frac{E_{\mathrm{c}}}{RT}\right)c_{\mathrm{A}}^2$$

11.49 乙醛气相热分解反应为二级反应,活化能为 190.4 kJ·mol^{-1},乙醛分子的直径为 5×10^{-10} m。

（1）试计算 101.325 kPa,800 K 下的分子碰撞数;

（2）计算 800 K 时以乙醛浓度变化表示的速率常数 k。

解:用 A 表示乙醛分子,$M_{\mathrm{A}} = 44.053\times10^{-3}$ kg·mol^{-1}。

（1）将理想气体状态方程变形为

$$p = (n/V)RT = c_{\mathrm{A}}RT$$

则

$$C_{\mathrm{A}} = Lc_{\mathrm{A}} = Lp/(RT)$$

$$= [6.022\times10^{23}\times101\,325/(8.314\times800)]\,\mathrm{m}^{-3}$$

$$= 9.174\times10^{24}\,\mathrm{m}^{-3}$$

根据题 11.47 的结论,有

$$Z_{\mathrm{AA}} = 8r_{\mathrm{A}}^2\left(\frac{\pi k_{\mathrm{B}}T}{m_{\mathrm{A}}}\right)^{1/2}C_{\mathrm{A}}^2 = 8\left(\frac{d_{\mathrm{A}}}{2}\right)^2\left(\frac{\pi k_{\mathrm{B}}T}{M_{\mathrm{A}}/L}\right)^{1/2}C_{\mathrm{A}}^2$$

$$= \left\{8\times\left(\frac{5\times10^{-10}}{2}\right)^2\left[\frac{3.14\times(1.381\times10^{-23})\times800}{44.053\times10^{-3}/(6.022\times10^{23})}\right]^{1/2}\times(9.174\times10^{24})^2\right\}\,\mathrm{m}^{-3}\cdot\mathrm{s}^{-1}$$

$$= 2.899\times10^{34}\,\mathrm{m}^{-3}\cdot\mathrm{s}^{-1}$$

（2）乙醛气相分解反应为二级反应(同类双分子反应:2A ——→产物),由题 11.48 的结论:

$$-\frac{\mathrm{d}C_{\mathrm{A}}}{\mathrm{d}t} = 16r_{\mathrm{A}}^2\left(\frac{\pi k_{\mathrm{B}}T}{m_{\mathrm{A}}}\right)^{1/2}\exp\left(-\frac{E_{\mathrm{c}}}{RT}\right)C_{\mathrm{A}}^2 \quad 及 \quad C_{\mathrm{A}} = Lc_{\mathrm{A}}$$

得

$$-\frac{\mathrm{d}c_{\mathrm{A}}}{\mathrm{d}t} = 16r_{\mathrm{A}}^2\left(\frac{\pi k_{\mathrm{B}}T}{m_{\mathrm{A}}}\right)^{1/2}L\exp\left(-\frac{E_{\mathrm{c}}}{RT}\right)c_{\mathrm{A}}^2 = kc_{\mathrm{A}}^2$$

因此,

$$k = 16r_{\mathrm{A}}^2\left(\frac{\pi k_{\mathrm{B}}T}{m_{\mathrm{A}}}\right)^{1/2}L\exp\left(-\frac{E_{\mathrm{c}}}{RT}\right) = 16\left(\frac{d_{\mathrm{A}}}{2}\right)^2\left(\frac{\pi k_{\mathrm{B}}T}{M_{\mathrm{A}}/L}\right)^{1/2}L\exp\left(-\frac{E_{\mathrm{c}}}{RT}\right)$$

$$= 16 \left(\frac{d_A}{2} \right)^2 \left(\frac{\pi k_B T}{M_A} \right)^{1/2} L^{3/2} \exp\left(-\frac{E_c}{RT} \right)$$

$$= \left\{ 16 \times \left(\frac{5 \times 10^{-10}}{2} \right)^2 \left[\frac{3.14 \times (1.381 \times 10^{-23}) \times 800}{44.053 \times 10^{-3}} \right]^{1/2} \right.$$

$$\left. \times (6.022 \times 10^{23})^{3/2} \exp\left(-\frac{190.4 \times 10^3}{800 \times 8.314} \right) \right\} \text{m}^3 \cdot \text{mol}^{-1} \cdot \text{s}^{-1}$$

$$= 1.533 \times 10^{-4} \text{ m}^3 \cdot \text{mol}^{-1} \cdot \text{s}^{-1} = 0.153\ 3 \text{ dm}^3 \cdot \text{mol}^{-1} \cdot \text{s}^{-1}$$

*11.50 试由 $k = (k_B T/h) K_c^{\neq}$ 及范特霍夫方程证明:

(1) $E_a = \Delta^{\neq} U_m^{\ominus} + RT$

(2) 对双分子气体反应有 $E_a = \Delta^{\neq} H_m^{\ominus} + 2RT$

证明:(1) 对于恒温、恒容下的化学反应,其范特霍夫方程应为

$$\frac{\text{d}\ln K_c^{\neq}}{\text{d}T} = \frac{\Delta^{\neq} U_m^{\ominus}}{RT^2}$$

由过渡状态理论可知,
$$k = \frac{k_B T}{h} K_c^{\neq}$$

上式两边取对数并对 T 求导,得

$$\frac{\text{d}\ln k}{\text{d}T} = \frac{1}{T} + \frac{\text{d}\ln K_c^{\neq}}{\text{d}T}$$

将范特霍夫方程代入上式,有

$$\frac{\text{d}\ln k}{\text{d}T} = \frac{1}{T} + \frac{\Delta^{\neq} U_m^{\ominus}}{RT^2} = \frac{RT + \Delta^{\neq} U_m^{\ominus}}{RT^2}$$

与阿伦尼乌斯方程微分式 $\dfrac{\text{d}\ln k}{\text{d}T} = \dfrac{E_a}{RT^2}$ 比较,可得 $\dfrac{E_a}{RT^2} = \dfrac{RT + \Delta^{\neq} U_m^{\ominus}}{RT^2}$

因此
$$E_a = \Delta^{\neq} U_m^{\ominus} + RT$$

(2) 气相双分子反应,如 $A(g) + B(g) \longrightarrow X^{\neq}(g)$,且气体可视为理想气体时:

$$\Delta^{\neq} H_m^{\ominus} = \Delta^{\neq} U_m^{\ominus} + \Delta(pV) = \Delta^{\neq} U_m^{\ominus} + \sum_B \nu_B(g) RT$$

$$= \Delta^{\neq} U_m^{\ominus} + (1 - 1 - 1)RT = \Delta^{\neq} U_m^{\ominus} - RT$$

所以
$$\Delta^{\neq} U_m^{\ominus} = \Delta^{\neq} H_m^{\ominus} + RT$$

将上式代入 $E_a = \Delta^{\neq} U_m^{\ominus} + RT$,得

$$E_a = (\Delta^{\neq} H_m^{\ominus} + RT) + RT = \Delta^{\neq} H_m^{\ominus} + 2RT$$

*11.51 试由教材中式(11.9.10)及上题的结论证明双分子气相反应

$$k = \frac{k_B T}{hc^{\ominus}} e^2 \exp\left(\frac{\Delta^{\neq} S_m^{\ominus}}{R}\right) \exp\left(-\frac{E_a}{RT}\right), \quad 即 \quad A = e^2 \frac{k_B T}{hc^{\ominus}} \exp\left(\frac{\Delta^{\neq} S_m^{\ominus}}{R}\right)$$

证明: 根据教材中式(11.9.10), $\quad k = (k_B T/h) K_c^{\neq}$ （1）

其中 $$K_c^{\neq} = K_c^{\neq \ominus}/c^{\ominus}$$ （2）

因为 $$K_c^{\neq \ominus} = \exp\left(-\frac{\Delta^{\neq} G_m^{\ominus}}{RT}\right) = \exp\left(-\frac{\Delta^{\neq} H_m^{\ominus} - T\Delta^{\neq} S_m^{\ominus}}{RT}\right)$$

$$= \exp\left(-\frac{\Delta^{\neq} H_m^{\ominus}}{RT}\right) \exp\left(\frac{\Delta^{\neq} S_m^{\ominus}}{R}\right)$$ （3）

将题 11.50 结论 $E_a = \Delta^{\neq} H_m^{\ominus} + 2RT$ 代入式(3)得

$$K_c^{\neq \ominus} = \exp\left(\frac{-E_a + 2RT}{RT}\right) \exp\left(\frac{\Delta^{\neq} S_m^{\ominus}}{R}\right)$$

$$= e^2 \exp\left(-\frac{E_a}{RT}\right) \exp\left(\frac{\Delta^{\neq} S_m^{\ominus}}{R}\right)$$ （4）

将式(2)、式(4)代入式(1)得

$$k = (k_B T/h) K_c^{\neq} = \left(\frac{k_B T}{hc^{\ominus}}\right) e^2 \exp\left(\frac{\Delta^{\neq} S_m^{\ominus}}{R}\right) \exp\left(-\frac{E_a}{RT}\right) = A \exp\left(-\frac{E_a}{RT}\right)$$

其中 $$A = \left(\frac{k_B T}{hc^{\ominus}}\right) e^2 \exp\left(\frac{\Delta^{\neq} S_m^{\ominus}}{R}\right)$$

*11.52 在 500 K 附近,反应 $H \cdot + CH_4 \longrightarrow H_2 + \cdot CH_3$ 的指前因子 $A = 10^{13} \ cm^3 \cdot mol^{-1} \cdot s^{-1}$,求该反应的活化熵 $\Delta^{\neq} S_m^{\ominus}$。

解: 根据题 11.51 的结论:

$$k = \left(\frac{k_B T}{hc^{\ominus}}\right) e^2 \exp\left(\frac{\Delta^{\neq} S_m^{\ominus}}{R}\right) \exp\left(-\frac{E_a}{RT}\right)$$

与阿伦尼乌斯方程 $k = A\exp\left(-\dfrac{E_a}{RT}\right)$ 中的指数相比,可得

$$A = \left(\frac{k_B T}{hc^{\ominus}}\right) e^2 \exp\left(\frac{\Delta^{\neq} S_m^{\ominus}}{R}\right)$$

上式两边取对数得

$$\ln \frac{A}{m^3 \cdot mol^{-1} \cdot s^{-1}} = \ln\left[\left(\frac{k_B T}{hc^{\ominus}}\right) \Big/ (m^{-3} \cdot mol^{-1} \cdot s^{-1})\right] + 2 + \frac{\Delta^{\neq} S_m^{\ominus}}{R}$$

因此，

$$\Delta^{\neq} S_m^{\ominus} = R\left(\ln \frac{Ahc^{\ominus}}{k_B T} - 2 \right)$$

$$= 8.314 \text{ J} \cdot \text{mol}^{-1} \cdot \text{K}^{-1} \times \left[\ln \frac{(10^{13} \times 10^{-6}) \times (6.626 \times 10^{-34}) \times 10^3}{(1.381 \times 10^{-23}) \times 500} - 2 \right]$$

$$= -74.40 \text{ J} \cdot \text{mol}^{-1} \cdot \text{K}^{-1}$$

*11.53　试估算室温下，碘原子在己烷中进行原子复合反应的速率常数。已知 298 K 时己烷的黏度为 3.26×10^{-4} kg $\cdot$ m^{-1} $\cdot$ s^{-1}。

解：反应过程中溶剂对反应物无明显的作用。因反应 $I + I \longrightarrow I_2$ 属于同种分子间的反应，若设碘原子为球形原子且无静电影响，且碘原子复合反应的活化能可认为近似等于零，则该反应为扩散控制。

对于扩散控制的二级反应，速率常数

$$k = \frac{8RT}{3\eta} = \frac{8 \times 8.314 \text{ J} \cdot \text{mol}^{-1} \cdot \text{K}^{-1} \times 298 \text{ K}}{3 \times 3.26 \times 10^{-4} \text{ kg} \cdot \text{m}^{-1} \cdot \text{s}^{-1}} = 2.026\ 6 \times 10^7 \frac{\text{J} \cdot \text{mol}^{-1}}{\text{kg} \cdot \text{m}^{-1} \cdot \text{s}^{-1}}$$

$$= 2.026\ 6 \times 10^{10} \text{ dm}^3 \cdot \text{mol}^{-1} \cdot \text{s}^{-1}$$

11.54　计算每摩尔波长为 85 nm 的光子所具有的能量。

解：$L = 6.022 \times 10^{23} \text{mol}^{-1}$，　$h = 6.626 \times 10^{-34}$ J $\cdot$ s，　$c = 299\ 792\ 458$ m $\cdot$ s^{-1}，$\lambda = 85 \times 10^{-9}$ m，因此

$$E = Lh\nu = \frac{Lhc}{\lambda} = \frac{6.022 \times 10^{23} \times 6.626 \times 10^{-34} \times 299\ 792\ 458}{85 \times 10^{-9}} \text{J} \cdot \text{mol}^{-1}$$

$$= 1.407 \times 10^6 \text{ J} \cdot \text{mol}^{-1}$$

11.55　在波长为 214 nm 的光照射下，发生下列反应：

$$HN_3 + H_2O \xrightarrow{h\nu} N_2 + NH_2OH$$

当吸收光的强度 $I_a = 0.055\ 9$ J $\cdot$ dm^{-3} $\cdot$ s^{-1}，照射 39.38 min 后，测得 $c_{N_2} = c_{NH_2OH} = 24.1 \times 10^{-5}$mol $\cdot$ dm^{-3}。求量子效率。

解：由反应方程式知：NH_2OH 生成的物质的量等于 HN_3 反应掉的物质的量。1 mol 光子的能量：

$$E = \frac{Lhc}{\lambda} = \left(\frac{0.119\ 6}{214 \times 10^{-9}} \right) \text{J} \cdot \text{mol}^{-1} = 5.589 \times 10^5 \text{ J} \cdot \text{mol}^{-1}$$

1 dm^3 溶液中，39.38 min 内所吸收的光子的物质的量为

$$c_{光子} = \frac{I_a t}{E} = \left[\frac{0.055\ 9 \times 1 \times (39.38 \times 60)}{5.589 \times 10^5} \right] \text{mol} \cdot \text{dm}^{-3} = 23.63 \times 10^{-5} \text{ mol} \cdot \text{dm}^{-3}$$

因此，
$$\varphi = \frac{n_{NH_3}}{n_{光子}} = \frac{n_{NH_2OH}}{n_{光子}} = \frac{c_{NH_2OH}}{c_{光子}} = \frac{24.1 \times 10^{-5} \text{ mol} \cdot \text{dm}^{-3}}{23.63 \times 10^{-5} \text{ mol} \cdot \text{dm}^{-3}} = 1.02$$

11.56 在 $H_2(g) + Cl_2(g)$ 的光化反应中，用 480 nm 的光照射，量子效率约为 1×10^6，试估算每吸收 1 J 辐射能将产生 HCl(g) 多少摩尔？

解：1 mol 光子的能量：

$$E = \frac{Lhc}{\lambda} = \left(\frac{0.119\ 6}{480 \times 10^{-9}} \right) \text{J} \cdot \text{mol}^{-1} = 2.492 \times 10^5 \text{ J} \cdot \text{mol}^{-1}$$

1 J 辐射能相应的光子的物质的量：

$$n_{光子} = \frac{1 \text{ J}}{E} = \frac{1 \text{ J}}{2.492 \times 10^5 \text{ J} \cdot \text{mol}^{-1}} = 4.013 \times 10^{-6} \text{ mol}$$

发生反应的反应物的物质的量：

$$n_{反应物} = \varphi \times n_{光子} = (1 \times 10^6) \times (4.013 \times 10^{-6}) \text{ mol} = 4.013 \text{ mol}$$

据反应方程式知，产生的 HCl(g) 的物质的量：

$$n_{HCl} = 2n_{反应物} = 2 \times 4.013 \text{ mol} = 8.026 \text{ mol}$$

*11.57 以 $PdCl_2$ 为催化剂，将乙烯氧化制乙醛的反应机理如 §11.14 中络合催化部分所述。试由此机理推导该反应的速率方程：

$$-\frac{dc_{C_2H_4}}{dt} = k \frac{c_{PdCl_4^{2-}} \cdot c_{C_2H_4}}{c_{Cl^-}^2 \cdot c_{H^+}}$$

推导中可假定前三步为快速平衡，第四步为慢步骤。

解：乙烯氧化制乙醛的反应如下：

$$C_2H_4(g) + \frac{1}{2}O_2(g) \xrightarrow[\text{和CuCl}_2\text{的水溶液}]{\text{溶有PdCl}_2} CH_3CHO$$

上述反应的络合催化机理为

① $C_2H_4(g) + [PdCl_4]^{2-} \underset{K_1}{\overset{\text{快速平衡}}{\rightleftharpoons}} [C_2H_4PdCl_3]^- + Cl^-$

② $[C_2H_4PdCl_3]^- + H_2O \underset{K_2}{\overset{\text{快速平衡}}{\rightleftharpoons}} [C_2H_4PdCl_2(H_2O)] + Cl^-$

③ $[C_2H_4PdCl_2(H_2O)] + H_2O \underset{K_3}{\overset{\text{快速平衡}}{\rightleftharpoons}} [C_2H_4PdCl_2(OH)]^- + H_3O^+$

④ $[C_2H_4PdCl_2(OH)]^- \xrightarrow[k_4]{\text{慢}} [HOC_2H_4PdCl_2]^-$

⑤ $[HOC_2H_4PdCl_2]^- \xrightarrow{\text{快}} CH_3CHO + Pd + HCl + Cl^-$

由总的化学反应计量方程式可知,乙烯的消耗速率等于乙醛的生成速率,

即
$$-\frac{dc_{C_2H_4}}{dt}=\frac{dc_{CH_3CHO}}{dt} \tag{1}$$

由机理中的步骤⑤可知
$$\frac{dc_{CH_3CHO}}{dt}=-\frac{dc_{[HOC_2H_4PdCl_2]^-}}{dt} \tag{2}$$

由机理中的步骤④和步骤⑤可知,中间产物$[C_2H_4PdCl_2(OH)]^-$产生慢而消耗快,可认为其在步骤④中的生成速率等于其在步骤⑤中的消耗速率。因此,有

$$-\frac{dc_{C_2H_4}}{dt}=-\frac{dc_{[HOC_2H_4PdCl_2]^-}}{dt}=k_4c_{[C_2H_4PdCl_2(OH)]^-}$$

机理中的反应步骤①,②,③均为快速平衡,由平衡态近似法得

$$K_1=\frac{c_{[C_2H_4PdCl_3]^-}c_{Cl^-}}{c_{C_2H_4}c_{[PdCl_4]^{2-}}}$$

$$K_2=\frac{c_{[C_2H_4PdCl_2(H_2O)]^-}c_{Cl^-}}{c_{[C_2H_4PdCl_3]^-}c_{H_2O}}$$

$$K_3=\frac{c_{[C_2H_4PdCl_2(OH)]^-}c_{H_3O^+}}{c_{[C_2H_4PdCl_2(H_2O)]^-}c_{H_2O}}$$

所以
$$K_1K_2K_3=\frac{c_{Cl^-}^2c_{[C_2H_4PdCl_2(OH)]^-}c_{H_3O^+}}{c_{C_2H_4}c_{[PdCl_4]^{2-}}c_{H_2O}^2}$$

即
$$c_{[C_2H_4PdCl_2(OH)]^-}=\frac{K_1K_2K_3c_{C_2H_4}c_{[PdCl_4]^{2-}}c_{H_2O}^2}{c_{Cl^-}^2c_{H_3O^+}}=\frac{Kc_{C_2H_4}c_{[PdCl_4]^{2-}}c_{H_2O}^2}{c_{Cl^-}^2c_{H_3O^+}} \tag{3}$$

中间产物浓度$c_{[C_2H_4PdCl_2(OH)]^-}$的另一种求法:
将反应步骤①,②,③相加,得

$$C_2H_4(g)+[PdCl_4]^{2-}+2H_2O \underset{K}{\overset{快速平衡}{\rightleftharpoons}} [C_2H_4PdCl_2(OH)]^-+2Cl^-+H_3O^+$$

所以
$$K=\frac{c_{[C_2H_4PdCl_2(OH)]^-}c_{Cl^-}^2c_{H_3O^+}}{c_{C_2H_4}c_{[PdCl_4]^{2-}}c_{H_2O}^2}$$

即
$$c_{[C_2H_4PdCl_2(OH)]^-}=\frac{Kc_{C_2H_4}c_{[PdCl_4]^{2-}}c_{H_2O}^2}{c_{Cl^-}^2c_{H_3O^+}} \tag{3}$$

因为$c_{H_3O^+}=c_{H^+}$且水是大量的,其活度为1。

将式(2)和式(3)代入式(1),得

$$-\frac{dc_{C_2H_4}}{dt} = k_4K \frac{c_{C_2H_4}c_{[PdCl_4]^{2-}}}{c_{Cl^-}^2 c_{H^+}}$$

所以

$$-\frac{dc_{C_2H_4}}{dt} = k \frac{c_{C_2H_4}c_{[PdCl_4]^{2-}}}{c_{Cl^-}^2 c_{H^+}}$$

其中 $k=k_4K$, $K=K_1K_2K_3$。

11.58 计算 900 ℃时,在 Au 表面的催化下分解经 2.5 h 后 N_2O 的压力。已知 N_2O 的初压为 46.66 kPa。计算转化率达 95% 所需时间。已知该温度下 $k=2.16\times10^{-4}$ s^{-1}。

解: 根据 k 的单位知该反应为一级反应,速率方程为

$$\ln\frac{p_0}{p}=kt$$

因此, $p=p_0\exp(-kt)=\{46.66\times\exp[-2.16\times10^{-4}\times(2.5\times3\,600)]\}$ kPa$=6.678$ kPa
转化率达到 95% 时所需的时间为

$$t'=\frac{1}{k}\ln\frac{p_0}{p'}=\frac{1}{2.16\times10^{-4}}\ln\frac{p_0}{(1-0.95)p_0}=1.387\times10^4 \text{ s}=231.2 \text{ min}$$

11.59 25 ℃时,SbH_3 在 Sb 上分解的数据如下:

t/s	0	5	10	15	20	25
p_{SbH_3}/kPa	101.33	74.07	51.57	33.13	19.19	9.42

试证明此数据符合速率方程 $-dp/dt=kp^{0.6}$,计算 k。

解: 对题给速率方程 $-\frac{dp}{dt}=kp^{0.6}$ 进行积分得

$$(p/kPa)^{0.4}=-0.4[k/(kPa^{0.4}\cdot s^{-1})](t/s)+C$$

计算不同时刻 t 对应的 $p^{0.4}$ 数值,列表如下:

t/s	0	5	10	15	20	25
$(p/kPa)^{0.4}$	6.343	5.596	4.841	4.056	3.260	2.453

将 $(p/kPa)^{0.4}$ 对 t/s 进行一元线性回归,所得直线方程为

$$(p/kPa)^{0.4}=[-0.154\,16/(kPa^{0.4}\cdot s^{-1})](t/s)+6.343$$

因此,$k=\left(\frac{0.154\,16}{0.4}\right)$ kPa$^{0.4}\cdot$s$^{-1}=0.385\,4$ kPa$^{0.4}\cdot$s^{-1}

11.60 1 100 K 时 $NH_3(g)$ 在 W 上的分解数据如下：

$NH_3(g)$ 的初压 p_0/kPa	35.33	17.33	7.73
半衰期 $t_{1/2}/min$	7.6	3.7	1.7

试证明此反应为零级反应，求平均 k。

证明：半衰期公式为

$$t_{1/2} = \frac{2^{n-1} - 1}{(n-1)k c_{A,0}^{n-1}}$$

故

$$k = \frac{2^{n-1} - 1}{(n-1)t_{1/2} c_{A,0}^{n-1}}$$

对于气体反应，以 p_0 代替 $c_{A,0}$，公式依然成立，$k = \dfrac{2^{n-1} - 1}{(n-1)t_{1/2} p_{A,0}^{n-1}}$

假设 $n = 0$，则 $k = \dfrac{2^{0-1} - 1}{(0-1)t_{1/2} p_0^{-1}} = \dfrac{p_0}{2t_{1/2}}$，计算的 k 值列表如下：

$NH_3(g)$ 的初压 p_0/kPa	35.33	17.33	7.73
速率常数 $k/(kPa \cdot min^{-1})$	2.324	2.342	2.274

由此可见，k 值基本不变，所以假设成立，$n = 0$。

$$k = \frac{k_1 + k_2 + k_3}{3}$$

$$= \left(\frac{2.324 + 2.342 + 2.274}{3}\right) kPa \cdot min^{-1} = 2.313 \ kPa \cdot min^{-1}$$

11.61 当有几种气体同时吸附在某固体表面达吸附平衡时，第 i 种气体满足：

$$\theta_i = b_i p_i \left(1 - \sum_{i=1}^{n} \theta_i\right)$$

即有，

$$\sum_{i=1}^{n} \theta_i = \sum_{i=1}^{n} (b_i p_i) \bigg/ \left(1 + \sum_{i=1}^{n} b_i p_i\right)$$

试证明：

（1）$\theta_i = b_i p_i \left(1 - \sum_{i=1}^{n} \theta_i\right) = b_i p_i \bigg/ \left(1 + \sum_{i=1}^{n} b_i p_i\right)$；

（2）若第 i 种气体的吸附很弱，即 $\theta_i = 0$，则 $b_i p_i$ 在 $\sum b_i p_i$ 中可忽略不计；

（3）对反应 $A + B \longrightarrow R$，若 A，B 和 R 的吸附皆不能忽略，则有 $-\dfrac{dp_A}{dt} =$

$k_s\theta_A\theta_B$，则

$$-\frac{\mathrm{d}p_A}{\mathrm{d}t} = \frac{kp_Ap_B}{(1+b_Ap_A+b_Bp_B+b_Rp_R)^2}$$

（4）若 A 为强吸附，B 和 R 为弱吸附，则

$$-\frac{\mathrm{d}p_A}{\mathrm{d}t} = k\frac{p_B}{p_A}$$

证明：（1）将 $\displaystyle\sum_{i=1}^{n}\theta_i = \frac{\displaystyle\sum_{i=1}^{n}b_ip_i}{1+\displaystyle\sum_{i=1}^{n}b_ip_i}$ 代入 $\theta_i = b_ip_i\left(1-\displaystyle\sum_{i=1}^{n}\theta_i\right)$ 中得

$$\theta_i = b_ip_i\left(1-\frac{\displaystyle\sum_{i=1}^{n}b_ip_i}{1+\displaystyle\sum_{i=1}^{n}b_ip_i}\right) = b_ip_i \times \frac{1+\displaystyle\sum_{i=1}^{n}b_ip_i-\displaystyle\sum_{i=1}^{n}b_ip_i}{1+\displaystyle\sum_{i=1}^{n}b_ip_i} = \frac{b_ip_i}{1+\displaystyle\sum_{i=1}^{n}b_ip_i}$$

（2）当吸附达平衡时，第 i 种气体的吸附等温式为 $\theta_i = b_ip_i\Big/\Big(1+\displaystyle\sum_{i=1}^{n}b_ip_i\Big)$。

若第 i 种气体为弱吸附，即 b_i 值很小，则 $1+\displaystyle\sum_{i=1}^{n}b_ip_i \gg b_ip_i$，故 $\theta_i = b_ip_i\Big/\Big(1+\displaystyle\sum_{i}^{n}b_ip_i\Big) \approx b_ip_i$。同时因 b_i 值很小，则说明该气体在固体表面的吸附量很小，即 θ_i 基本为 0。

（3）对于反应 A + B ——→R，若 A，B，R 的吸附皆不能忽略时，则每种气体在固体表面上的覆盖率为

$$\theta_A = \frac{b_Ap_A}{1+b_Ap_A+b_Bp_B+b_Rp_R}$$

$$\theta_B = \frac{b_Bp_B}{1+b_Ap_A+b_Bp_B+b_Rp_R}$$

则

$$-\frac{\mathrm{d}p_A}{\mathrm{d}t} = k_s\theta_A\theta_B = \frac{k_sb_Ap_Ab_Bp_B}{(1+b_Ap_A+b_Bp_B+b_Rp_R)^2}$$

令 $k = k_sb_Ab_B$，则有

$$-\frac{\mathrm{d}p_A}{\mathrm{d}t} = \frac{kp_Ap_B}{(1+b_Ap_A+b_Bp_B+b_Rp_R)^2}$$

（4）若 A 为强吸附，而 B 和 R 为弱吸附，即 $b_A p_A \gg (b_B p_B + b_R p_R)$，且 $b_A p_A \gg 1$，则

$$-\frac{\mathrm{d}p_A}{\mathrm{d}t} = \frac{k_s(b_A p_A)(b_B p_B)}{(1+b_A p_A+b_B p_B+b_R p_R)^2} \approx \frac{k_s b_A b_B p_A p_B}{(b_A p_A)^2} = \frac{k_s b_B p_B}{b_A p_A}$$

令 $k = k_s b_A b_B$，则有

$$-\frac{\mathrm{d}p_A}{\mathrm{d}t} = k\frac{p_B}{p_A}$$

第十二章 胶体化学

§12.1 概念、主要公式及其适用条件

1. 胶体系统的光学性质

（1）丁铎尔效应

在暗室中，将一束经聚集的光线投射在胶体系统上，在与入射光垂直的方向上可观察到一个发亮的光锥，此现象称为丁铎尔效应，又称为乳光效应，其实质为胶体粒子对光的散射。

（2）瑞利公式

$$I = \frac{9\pi^2 V^2 C}{2\lambda^4 l^2}\left(\frac{n^2 - n_0^2}{n^2 + 2n_0^2}\right)^2 (1 + \cos^2\alpha)I_0$$

2. 胶体系统的动力学性质

（1）布朗运动

胶体粒子在分散介质中呈现无规则的热运动，称为布朗运动。

爱因斯坦-布朗平均位移公式：

$$\bar{x} = \left(\frac{RTt}{3L\pi r\eta}\right)^{1/2}$$

（2）扩散

在有浓度梯度存在时，物质粒子因热运动而发生的宏观上的定向迁移现象，称为扩散。

费克扩散第一定律：
$$\frac{dn}{dt} = -DA_s\frac{dc}{dx}$$

球形粒子的扩散系数 D 可由爱因斯坦-斯托克斯方程计算：

$$D = \frac{RT}{6L\pi r\eta}$$

（3）沉降与沉降平衡

多相分散系统中的粒子，因受重力作用而下沉的现象，称为沉降；当粒子的大小适当，在重力作用和扩散作用相近时，达到沉降平衡。

贝林公式 $$\ln\frac{C_2}{C_1} = -\frac{Mg}{RT}\left(1 - \frac{\rho_0}{\rho}\right)(h_2 - h_1)$$

该公式适用于粒子大小相等的体系。

3. 胶体系统的电学性质

（1）双电层模型及 ζ 电势

平板电容器模型：正、负离子整齐地排列在界面层的两侧。

扩散双电层模型：靠近粒子表面的反离子呈扩散状态分散在介质中，而不是整齐地排列在一个平面上。

斯特恩双电层模型：靠近粒子表面 1~2 个分子厚度的区域内，反离子牢固地结合在表面上，形成紧密吸附层（斯特恩层），其余反离子扩散地分布在溶液中，形成双电层的扩散部分。

ζ 电势：当固、液两相发生相对移动时，滑动面与溶液本体之间的电势差，称为 ζ 电势。ζ 电势的大小反映了胶体粒子的带电程度。

（2）溶胶的电动现象

（a）电泳

在外电场作用下，胶体粒子在分散介质中定向移动的现象，称为电泳。由电泳速度可计算胶体粒子的 ζ 电势。

斯莫鲁科夫斯基公式（粒子半径较大，双电层厚度较小）：

$$\zeta = \frac{\eta v}{\varepsilon E}$$

该公式一般适用于描述水溶液中粒子的电泳规律。

休克尔公式（粒子半径较小，双电层厚度较大）：

$$\zeta = \frac{1.5\eta v}{\varepsilon E}$$

该公式适用于非水溶液中的电泳情况。

（b）电渗

在外电场作用下，若溶胶粒子不动（如将其吸附固定于棉花或凝胶等多孔性物质中）而液体介质做定向流动，这种现象称为电渗。

（c）流动电势

外力作用迫使液体通过多孔膜而产生定向流动，在多孔膜两端所产生的电势差，称为流动电势。

（d）沉降电势

分散相粒子在重力场或离心力场的作用下迅速移动时，在移动方向的两端产生电势差，称为沉降电势。

（3）胶团结构

以过量的 $AgNO_3$ 与 KI 作用生成的 AgI 正溶胶为例,胶团结构可以表示为

$$\underbrace{\{\underbrace{(AgI)_m n Ag^+ \cdot (n-x)NO_3^-}_{\text{胶核}} \}^{x+} | \overbrace{x NO_3^-}^{\text{可滑动面}}}_{\text{胶团}}}^{\text{胶粒}}$$

4. 溶胶的稳定与聚沉

（1）胶体稳定的主要原因

胶体稳定的主要原因有分散相粒子带电、溶剂化作用、布朗运动。

（2）溶胶的聚沉

（电解质的）聚沉值:使溶胶发生明显聚沉所需电解质的最小浓度。

聚沉能力:聚沉值的倒数称为聚沉能力。

舒尔策–哈迪价数规则:来自电解质的、与胶体粒子带相反电荷的离子（反离子）能使溶胶发生聚沉,反离子价数越高,聚沉能力越强。粗略估计,聚沉能力与反离子价数的 6 次方成正比。

感胶离子序:

正离子 $H^+ > Cs^+ > Rb^+ > NH_4^+ > K^+ > Na^+ > Li^+$

负离子 $F^- > Cl^- > Br^- > NO_3^- > I^- > SCN^- > OH^-$

高分子化合物的聚沉作用:搭桥作用、脱水作用、电中和作用

5. 乳状液

分类:水包油型（O／W）、油包水型（W／O）。

鉴别方法:染色法、稀释法、导电法。

乳状液的稳定:降低界面张力、形成定向楔的界面、形成扩散双电层、形成稳定界面膜、固体颗粒的稳定作用。

去乳化方法:破坏乳化剂、加热、离心、电泳等。

6. 高分子溶液

（1）渗透压

$$\Pi = c_B RT = \frac{\rho_B}{M} RT$$

质量浓度很小时, $\Pi/\rho_B = RT(1/M + A_2 \rho_B)$

式中,ρ_B 为溶质的质量浓度,单位为 $kg \cdot m^{-3}$;M 为溶质的摩尔质量,单位为 $kg \cdot mol^{-1}$,A_2 为第二维里系数。

（2）唐南平衡

半透膜两侧达到渗透平衡时,两侧电解质离子浓度的乘积相等,即电解质也

达到平衡,称为唐南平衡。

唐南平衡最重要的功能是控制渗透压,这对医学、生物学等研究的细胞内外的渗透平衡有重要意义。

（3）高分子溶液的黏度

相对黏度：$\eta_r = \eta / \eta_0$，表示溶液黏度对溶剂黏度的倍数，量纲为 1。

增比黏度：$\eta_{sp} = (\eta - \eta_0) / \eta_0 = \eta_r - 1$，表示溶液黏度比纯溶剂黏度增加的分数，量纲为 1。

比浓黏度：$\eta_{sp} / \rho = (\eta - \eta_0) / (\eta_0 \rho) = (\eta_r - 1) / \rho$，表示单位质量浓度的增比黏度，单位为 $m^3 \cdot kg^{-1}$。

特性黏度：$[\eta] = \lim\limits_{\rho \to 0} (\eta_{sp} / \rho) = \lim\limits_{\rho \to 0} [(\eta_r - 1) / \rho]$，为比浓黏度在质量浓度无限稀时的极限，单位为 $m^3 \cdot kg^{-1}$。

§12.2 概 念 题

12.2.1 填空题

试题分析

1. 溶胶系统的主要特征是（   ）。
2. 胶体系统产生丁铎尔现象的实质是胶体粒子对光的（   ）。
3. 晴朗的天空呈蓝色的原因是（   ）。
4. ζ 电势是指（   ）的电势差。
5. 以 Na_2SO_4 为稳定剂的 $BaSO_4$ 水溶胶胶团结构可表示为（   ）。
6. 电解质 Na_2SO_4，$MgCl_2$ 和 $AlCl_3$ 对某溶胶的聚沉值分别为 296，25 和 0.34，则该溶胶带（   ）电荷。

试题分析

7. 憎液溶胶在热力学上是不稳定的,它能够相对稳定存在的三个重要原因是（   ）。
8. 对某 $Al(OH)_3$ 溶胶，KCl 和 $K_2C_2O_4$（草酸钾）的聚沉值分别为 8.0×10^{-2} $mol \cdot dm^{-3}$ 和 4.0×10^{-4} $mol \cdot dm^{-3}$，若用 $CaCl_2$ 进行聚沉，聚沉值为（   ） $mol \cdot dm^{-3}$。
9. 要制备 O/W 型乳状液,一般选择 HLB 值在（   ）的表面活性剂作为乳化剂。

12.2.2 选择题

1. 胶体系统是指分散相粒子直径 d 至少在某个方向上在（   ）nm 的分散

系统。

（a）0~1； 　　（b）1~10； 　　（c）1~50； 　　（d）1~1 000

2. 当胶体粒子的直径(　　)入射光的波长时,可出现丁铎尔效应。

（a）大于； 　　（b）等于； 　　（c）小于； 　　（d）大于等于

3. 胶体的(　　)现象表明胶体粒子带电荷,(　　)现象表明胶体系统中分散介质带电荷。

（a）电泳； 　　（b）电渗； 　　（c）沉降电势； 　　（d）流动电势

4. 胶体系统中,ζ 电势(　　)的状态称为等电状态。

（a）大于零； 　　　　　　　　（b）小于零；

（c）等于零； 　　　　　　　　（d）等于外加电势差

5. 若分散相固体微小粒子表面吸附负离子,则该胶体粒子的 ζ 电势(　　)。

（a）大于零； 　　　　　　　　（b）小于零；

（c）等于零； 　　　　　　　　（d）等于外加电势差

6. 以 KCl 为稳定剂的 AgCl 水溶胶胶团结构,可以写成

$$\{[AgCl]_m nCl^- \cdot (n-x)K^+\}^{x-} \cdot xK^+$$

则被称为胶体粒子的是(　　)。

（a）$[AgCl]_m$；

（b）$[AgCl]_m nCl^-$；

（c）$\{[AgCl]_m nCl^- \cdot (n-x)K^+\}^{x-}$；

（d）$\{[AgCl]_m nCl^- \cdot (n-x)K^+\}^{x-} \cdot xK^+$

7. 一定量以 KI 为稳定剂的 AgI 溶胶,分别加入浓度 c 相同的下列电解质溶液,在一定时间范围内,能使溶胶发生聚沉所需电解质量最少者为(　　)。

（a）$La(NO_3)_3$； 　　（b）$NaNO_3$； 　　（c）KNO_3； 　　（d）$Mg(NO_3)_2$

8. 一价碱金属的皂类作为乳化剂时,易于形成(　　)型的乳状液。

（a）O/W； 　　（b）W/O； 　　（c）不确定

9. 亲油的球形固体微粒处于油水界面层时,大部分体积处于油中,这种固体微粒有利于形成(　　)的乳状液。

（a）O/W； 　　（b）W/O； 　　（c）不确定

10. 使用明矾 $KAl(SO_4)_2 \cdot 12H_2O$ 来净水,主要是利用(　　)。

（a）胶粒的特性吸附；

（b）电解质的聚沉作用；

（c）溶胶之间的相互作用；

（d）高分子的絮凝作用

概念题答案

12.2.1　填空题

1. 高度分散、多相和热力学不稳定性

2. 散射

当胶体粒子直径小于可见光的波长时产生丁铎尔现象,其实质是胶体粒子对光的散射。

3. 大气中分散着烟、雾和灰尘等微小颗粒,构成了胶体系统(气溶胶)。当包括多种波长光线在内的白光照射到大气层时,其中的微粒对光产生了散射,根据瑞利公式可知,散射光的强度与入射光波长的四次方成反比,白光中,蓝、紫光波长最短,散射最强,红光波长最长,散射最弱。所以用白光照射胶体时,散射光呈蓝紫色,透射光呈橙红色。这样,人们在白天晴朗的天空看到的就是蔚蓝色,而在太阳刚出来及快下山时看到天空就是橙红色的

4. 当分散相与分散介质发生相对移动时,滑动面与溶液本体之间

5.

$$\underbrace{\{\underbrace{(BaSO_4)_m \cdot nSO_4^{2-}}_{\text{胶核}} \cdot \overbrace{(2n-x)\,Na^+\}^{x-}}^{\text{胶粒}} \mid x\,Na^+}_{\text{胶团}}$$

可滑动面

6. 负

比较聚沉值数据可以看出,随正离子价数增大,电解质聚沉值降低,可见起聚沉作用的是正离子,溶胶带负电荷。

7. 胶粒带电、布朗运动、溶剂化作用

8. 4.0×10^{-2}

题给数据显示,$K_2C_2O_4$ 的聚沉值为 KCl 的 1/200,说明 $Al(OH)_3$ 溶胶带正电荷。同时,使溶胶聚沉的 Cl^- 的浓度为 8.0×10^{-2} $mol \cdot dm^{-3}$,所以 $CaCl_2$ 的浓度为 4.0×10^{-2} $mol \cdot dm^{-3}$ 即可,即 $CaCl_2$ 的聚沉值为 4.0×10^{-2} $mol \cdot dm^{-3}$。

9. $12 \sim 18$

HLB 值在 $12 \sim 18$ 的亲水性乳化剂可形成 O/W 型乳状液。

12.2.2　选择题

1. (d)

2. (c)

当胶体粒子直径小于可见光的波长时产生丁铎尔现象,其实质是胶体粒子对光的散射。

3. (a)(c);(b)(d)

电泳是胶体粒子在电场中产生定向移动;电渗是胶体粒子不动,介质在电场中定向移动;流动电势是外力作用下迫使分散相介质定向流动产生的电势差;沉降电势是分散相粒子在重力场或离心力场的作用下定向移动时产生的电势差。因此电泳和沉降电势说明胶体粒子带电荷;电渗和流动电势说明分散相介质带电荷。

4. (c)

ζ 电势反映了胶体粒子所带电荷的多少,ζ 电势等于零的状态称为等电状态。此时,胶体粒子间静电斥力为零,胶体容易发生聚沉。

5. (b)

胶体粒子表面吸附负离子,则带负电荷,此时 ζ 电势小于零。

6. (c)

胶团中,胶体粒子指的是滑动面以内的部分。

7. (a)

KI 为稳定剂的 AgI 溶胶带负电荷,起聚沉作用的是电解质中的正离子,根据价数规则,La^{3+} 聚沉作用最强。

8. (a)

乳化剂在油水界面定向排列,形成"大头"朝外,"小头"向里的定向楔的界面。一价碱金属的皂类作为乳化剂时,含金属离子的一端是亲水的"大头",伸向外部水环境,故易于形成 O/W 型的乳状液。

9. (b)

根据空间效应,为使固体微粒形成紧密的固体膜,粒子大部分应当处于分散介质中。此处,固体微粒大部分体积处于油中,故油为分散介质,形成的是 W/O 型乳状液。

10. (c)

混浊的水中主要含有 SiO_2 溶胶和一些固体杂质,SiO_2 溶胶一般带负电荷。明矾在水中可以水解形成带正电荷的 $Al(OH)_3$ 溶胶。这样,两种带电荷不同的胶粒相互作用,发生聚沉,产生的絮状聚沉物可以将固体杂质裹住而一起下沉。

§12.3 习题解答

12.1 某溶胶中粒子平均直径为 4.2×10^{-9} m,设 25 ℃时其黏度 $\eta = 1.0 \times 10^{-3}$ Pa·s。计算:

（1）25 ℃时，胶粒因布朗运动在 1 s 内沿 x 轴方向的平均位移；

（2）胶粒的扩散系数。

解：（1）由爱因斯坦-布朗平均位移公式可知：

$$\bar{x} = \left(\frac{RTt}{3L\pi r\eta}\right)^{1/2} = \left(\frac{8.314\times298.15\times1}{3\times6.022\times10^{23}\times3.14\times21\times10^{-10}\times0.001}\right)^{1/2} \text{ m} = 1.44\times10^{-5} \text{ m}$$

（2）对于由单级分散的球形粒子组成的稀溶胶，其粒子的扩散系数为

$$D = \frac{RT}{6L\pi r\eta} = \frac{\bar{x}^2}{2t} = \frac{(1.44\times10^{-5}\text{m})^2}{2\times1 \text{ s}} = 1.04\times10^{-10}\text{m}^2\cdot\text{s}^{-1}$$

12.2 某金溶胶粒子半径为 30 nm。25 ℃时，于重力场中达到平衡后，在高度相距 0.1 mm 的某指定体积内粒子数分别为 277 个和 166 个，已知金与分散介质的密度分别为 19.3×10^3 kg·m^{-3} 及 1.00×10^3 kg·m^{-3}。试计算阿伏加德罗常数。

解：胶粒在重力场中达沉降平衡时，因胶粒大小不同而按高度分布，利用沉降平衡时粒子数密度随高度分布的公式，便可计算出阿伏加德罗常数。

$$\ln\frac{C_2}{C_1} = -\frac{Mg}{RT}\left(1-\frac{\rho_0}{\rho}\right)(h_2-h_1)$$

或者

$$M = RT\ln\frac{C_2}{C_1}\Big/\left[g\left(1-\frac{\rho_0}{\rho}\right)(h_2-h_1)\right]$$

而在 (h_2-h_1) 范围内的球形粒子平均摩尔质量 M 又可由下式算出：

$$M = V_{粒}\rho_{粒}L = \frac{4}{3}\pi r_{粒}^3\rho_{粒}L$$

联立两式，得

$$L = RT\ln\frac{C_2}{C_1}\Big/\left[\frac{4}{3}\pi r_{粒}^3\rho_{粒}g\left(\frac{\rho_0}{\rho_{粒}}-1\right)(h_2-h_1)\right]$$

$$= \frac{8.314 \text{ J}\cdot\text{K}^{-1}\cdot\text{mol}^{-1}\ln\left(\frac{166}{277}\right)\times298.15 \text{ K}}{\frac{4}{3}\times3.14\times(3.0\times10^{-8}\text{ m})^3\times19.3\times10^3 \text{ kg}\cdot\text{m}^{-3}}\times$$

$$\frac{1}{9.8 \text{ m}\cdot\text{s}^{-2}\times[1.00\times10^3 \text{ kg}\cdot\text{m}^{-3}/(19.3\times10^3 \text{ kg}\cdot\text{m}^{-3})-1]\times1.0\times10^{-4} \text{ m}}$$

$$= 6.26\times10^{23} \text{ mol}^{-1}$$

试题分析

12.3　通过电泳实验测定 $BaSO_4$ 溶胶的 ζ 电势。实验中,两极之间电势差为 150 V,距离为 30 cm,通电 30 min,溶胶界面移动 25.5 mm,求该溶胶的 ζ 电势。已知分散介质的相对介电常数 $\varepsilon_r = 81.1$,黏度 $\eta = 1.03 \times 10^{-3}$ Pa·s;相对介电常数 ε_r、介电常数 ε 及真空介电常数 ε_0 之间有如下关系:

$$\varepsilon_r = \varepsilon / \varepsilon_0 \qquad \varepsilon_0 = 8.854 \times 10^{-12} \text{ F} \cdot \text{m}^{-1} \qquad 1 \text{ F} = 1 \text{ C} \cdot \text{V}^{-1}$$

解:此题是利用电泳实验求取 ζ 电势的问题,计算式为

$$\zeta = \frac{\eta v}{\varepsilon E}$$

式中,$\varepsilon_r = \varepsilon / \varepsilon_0$,电位梯度 $E = V/l$,胶粒电泳速度 $v = l_{界面}/t$,因此

$$\zeta = \frac{\eta v}{\varepsilon E} = \frac{1.03 \times 10^{-3} \text{ Pa} \cdot \text{s} \times [25.5 \times 10^{-3} \text{ m}/(30 \times 60) \text{ s}]}{81.1 \times 8.854 \times 10^{-12} \text{ C} \cdot \text{V}^{-1} \cdot \text{m}^{-1} \times [150 \text{ V}/(30 \times 10^{-2}) \text{ m}]}$$

$$= 40.6 \times 10^{-3} \text{ V}$$

12.4　在 NaOH 溶液中用 HCHO 还原 $HAuCl_4$ 可制得金溶胶:

$$HAuCl_4 + 5NaOH \longrightarrow NaAuO_2 + 4NaCl + 3H_2O$$

$$2NaAuO_2 + 3HCHO + NaOH \longrightarrow 2Au(s) + 3HCOONa + 2H_2O$$

$NaAuO_2$ 是上述方法制得金溶胶的稳定剂,写出该金溶胶的胶团结构式。

解:根据胶团结构式书写规则,先确定固相胶核为 $(Au)_m$,该胶核优先吸附与胶核晶体的组成离子形成不溶物的离子而带电荷,本题的稳定剂为 $NaAuO_2$,所以胶核吸附的离子为 AuO_2^-,于是金溶胶的胶团结构为

$$\underbrace{\underbrace{\{[Au]_m \cdot nAuO_2^- \cdot (n-x)Na^+\}^{x-}}_{胶核} \overset{胶粒}{\vert} xNa^+}_{胶团}$$

可滑动面

12.5　向沸水中滴加一定量的 $FeCl_3$ 溶液制备 $Fe(OH)_3$ 溶胶,未水解的 $FeCl_3$ 为稳定剂。写出胶团结构式,指出 $Fe(OH)_3$ 胶粒在电泳时的移动方向,并说明原因。

解:$FeCl_3$ 为稳定剂,溶胶选择性吸附 Fe^{3+} 而带电荷,胶团结构式为

$$\underbrace{\underbrace{\{[Fe(OH)_3]_m \cdot nFe^{3+} \cdot (3n-x)Cl^-\}^{x+}}_{胶核} \overset{胶粒}{\vert} xCl^-}_{胶团}$$

可滑动面

试题分析

Fe(OH)$_3$胶粒在电泳时向负极移动,因为胶粒带正电荷。

12.6　在 Ba(NO$_3$)$_2$溶液中滴加 Na$_2$SO$_4$溶液可制备 BaSO$_4$溶胶。分别写出 (1) Ba(NO$_3$)$_2$溶液过量,(2) Na$_2$SO$_4$溶液过量时的胶团结构式。

解:过量物质即为稳定剂。

(1) Ba(NO$_3$)$_2$溶液过量,则 Ba(NO$_3$)$_2$为稳定剂,溶胶选择性吸附 Ba^{2+}而带电荷,胶团结构式为

$$\underbrace{\underbrace{\overbrace{(BaSO_4)_m}^{\text{胶核}} nBa^{2+}\cdot (2n-x)NO_3^-\}^{x+}}_{\text{胶粒}} \;\vdots\; \underset{\text{可滑动面}}{x\,NO_3^-}}_{\text{胶团}}$$

也可以写成

$$\underbrace{\underbrace{\overbrace{(BaSO_4)_m}^{\text{胶核}} nBa^{2+}\cdot 2(n-x)NO_3^-\}^{2x+}}_{\text{胶粒}} \;\vdots\; \underset{\text{可滑动面}}{2x\,NO_3^-}}_{\text{胶团}}$$

(2) Na$_2$SO$_4$溶液过量时,溶胶选择性吸附 SO$_4^{2-}$而带负电荷,胶团结构式为

$$\underbrace{\underbrace{\overbrace{(BaSO_4)_m}^{\text{胶核}} nSO_4^{2-}\cdot (2n-x)Na^+\}^{x-}}_{\text{胶粒}} \;\vdots\; \underset{\text{可滑动面}}{x\,Na^+}}_{\text{胶团}}$$

或者写为

$$\underbrace{\underbrace{\overbrace{(BaSO_4)_m}^{\text{胶核}} nSO_4^{2-}\cdot 2(n-x)Na^+\}^{2x-}}_{\text{胶粒}} \;\vdots\; \underset{\text{可滑动面}}{2x\,Na^+}}_{\text{胶团}}$$

12.7　在 H$_3$AsO$_3$的稀溶液中通入 H$_2$S 气体,生成 As$_2$S$_3$溶胶。已知 H$_2$S 能解离成 H$^+$和 HS$^-$。写出 As$_2$S$_3$胶团的结构式,比较电解质 AlCl$_3$,MgSO$_4$和 KCl 对该溶胶聚沉能力大小。

解:此题给出 H$_2$S 能解离成 H$^+$和 HS$^-$,目的是说明 H$_2$S 为稳定剂。As$_2$S$_3$选择性吸附 HS$^-$,胶团结构式为

$$\underbrace{\underbrace{\overbrace{\{(As_2S_3)_m}^{\text{胶核}} n\,HS^-\cdot (n-x)H^+\}^{x-}}_{\text{胶粒}} \;\vdots\; \underset{\text{可滑动面}}{x\,H^+}}_{\text{胶团}}$$

相关资料

As_2S_3 溶胶粒子带负电荷,所以对其起聚沉作用的是外加电解质的正离子。根据舒尔策-哈迪价数规则,反粒子价数越高,聚沉能力越强,所以 $AlCl_3$,$MgSO_4$ 和 KCl 三种电解质对 As_2S_3 溶胶的聚沉能力的顺序是 $AlCl_3 > MgSO_4 > KCl$。

12.8   以等体积的 $0.08\ mol \cdot dm^{-3}\ AgNO_3$ 溶液和 $0.1\ mol \cdot dm^{-3}\ KCl$ 溶液制备 AgCl 溶胶。

（1）写出胶团结构式,指出电场中胶体粒子的移动方向；

（2）加入电解质 $MgSO_4$,$AlCl_3$ 和 Na_3PO_4 使上述溶胶发生聚沉,则电解质聚沉能力大小顺序是什么？

解:（1）先判断哪种物质是稳定剂。

相同体积的两种溶液,KCl 溶液的浓度大于 $AgNO_3$ 溶液,故 KCl 过量,为稳定剂,所以胶团结构式为

$$\underbrace{\underbrace{[(AgCl)_m\, n\,Cl^-}_{\text{胶核}}\,(n-x)\,K^+]^{x-}_{\ \ \ \ }\,\vdots\,x\,K^+}_{\text{胶团}}$$

胶粒 ∕ 可滑动面

AgCl 胶粒带负电荷,电泳时向正极移动。

（2）对上述溶胶起聚沉作用的是正离子,根据价数规则,三种电解质的聚沉能力大小顺序为 $AlCl_3 > MgSO_4 > Na_3PO_4$

12.9   某带正电荷的溶胶以 KNO_3 作为沉淀剂时,聚沉值为 $50 \times 10^{-3}\ mol \cdot dm^{-3}$,若用 K_2SO_4 溶液作为沉淀剂,其聚沉值大约为多少？

解:对正溶胶起聚沉作用的是负离子,因此沉淀剂 KNO_3 和 K_2SO_4 中起聚沉作用的分别是 NO_3^- 和 SO_4^{2-}；聚沉值是聚沉能力的倒数。设 K_2SO_4 溶液的聚沉值为 x,根据舒尔策-哈迪价数规则

$$\frac{x}{50 \times 10^{-3} mol \cdot dm^{-3}} = \left(\frac{z_{NO_3^-}}{z_{SO_4^{2-}}}\right)^6 = \left(\frac{1}{2}\right)^6$$

$$x = 7.8 \times 10^{-4}\ mol \cdot dm^{-3}$$

12.10   在三个烧瓶中分别盛有 $0.020\ dm^3$ 的 $Fe(OH)_3$ 溶胶,分别加入 NaCl,Na_2SO_4 及 Na_3PO_4 溶液使溶胶发生聚沉,最少需要加入:$1.00\ mol \cdot dm^{-3}$ 的 NaCl $0.021\ dm^3$；$5.0 \times 10^{-3}\ mol \cdot dm^{-3}$ 的 Na_2SO_4 $0.125\ dm^3$；$3.333 \times 10^{-3}\ mol \cdot dm^{-3}$ 的 Na_3PO_4 $0.007\ 4\ dm^3$。试计算各电解质的聚沉值、聚沉能力之比,并指出胶体粒子的带电符号。

解:聚沉值指使溶胶发生明显聚沉所需电解质的最小浓度,计算时需要考虑溶胶对所加入电解质溶液的稀释作用。题中各电解质的聚沉值计算式为

$$聚沉值 = \frac{加入溶胶中的电解质的物质的量}{溶胶的体积 \ V(胶) + 电解质溶液的体积 \ V(液)}$$

NaCl 的聚沉值：

$$\frac{V_液 c_液}{V_胶 + V_液} = \frac{1.00 \ \text{mol} \cdot \text{dm}^{-3} \times 0.021 \ \text{dm}^3}{0.020 \ \text{dm}^3 + 0.021 \ \text{dm}^3} = 512 \times 10^{-3} \ \text{mol} \cdot \text{dm}^{-3}$$

Na$_2$SO$_4$ 的聚沉值：

$$\frac{V_液 c_液}{V_胶 + V_液} = \frac{5.0 \times 10^{-3} \ \text{mol} \cdot \text{dm}^{-3} \times 0.125 \ \text{dm}^3}{0.020 \ \text{dm}^3 + 0.125 \ \text{dm}^3} = 4.31 \times 10^{-3} \ \text{mol} \cdot \text{dm}^{-3}$$

Na$_3$PO$_4$ 的聚沉值：

$$\frac{V_液 c_液}{V_胶 + V_液} = \frac{3.333 \times 10^{-3} \ \text{mol} \cdot \text{dm}^{-3} \times 0.007 \ 4 \ \text{dm}^3}{0.020 \ \text{dm}^3 + 0.007 \ 4 \ \text{dm}^3} = 0.90 \times 10^{-3} \ \text{mol} \cdot \text{dm}^{-3}$$

所以，三种电解质的聚沉值之比为

$$\text{NaCl} : \text{Na}_2\text{SO}_4 : \text{Na}_3\text{PO}_4 = 512 : 4.31 : 0.90$$

因聚沉能力为聚沉值的倒数，故三种电解质的聚沉能力之比为

$$\text{NaCl} : \text{Na}_2\text{SO}_4 : \text{Na}_3\text{PO}_4 = \frac{1}{512} : \frac{1}{4.31} : \frac{1}{0.90} = 0.001 \ 95 : 0.232 : 1.11 = 1 : 119 : 569$$

胶粒带正电荷。

12.11 直径为 1 μm 的石英微尘，从高度为 1.7 m 处（人的呼吸带附近）降落到地面需要多少时间？已知石英的密度为 $2.63 \times 10^3 \ \text{kg} \cdot \text{dm}^{-3}$，空气的黏度 $\eta = 1.82 \times 10^{-5} \ \text{Pa} \cdot \text{s}$。

解: 利用斯托克斯方程计算石英微尘下降的速率：

$$v = \frac{2r^2}{9\eta}(\rho - \rho_0)g$$

考虑到空气密度 ρ_0 远小于石英微尘的密度 ρ，忽略 ρ_0。重力加速度 $g = 9.8 \ \text{m} \cdot \text{s}^{-2}$，空气的黏度代入 20 ℃ 的数据，$\eta = 1.82 \times 10^{-5} \ \text{Pa} \cdot \text{s}$。石英微尘的下降速率为

$$v = \frac{2r^2 \rho g}{9\eta}$$

$$= \frac{2 \times (0.5 \times 10^{-6} \ \text{m})^2 \times 2.63 \times 10^3 \ \text{kg} \cdot \text{m}^{-3} \times 9.8 \ \text{m} \cdot \text{s}^{-2}}{9 \times 1.82 \times 10^{-5} \ \text{Pa} \cdot \text{s}}$$

$$= 7.87 \times 10^{-5} \ \text{m} \cdot \text{s}^{-1} = 0.283 \ \text{m} \cdot \text{h}^{-1}$$

降落到地面所需时间为

$$t = \frac{h}{v} = \frac{1.7 \ \text{m}}{0.283 \ \text{m} \cdot \text{h}^{-1}} = 6.01 \ \text{h}$$

12.12　如图所示,在 27℃ 时,膜内高分子水溶液的浓度为 $0.1\ mol \cdot dm^{-3}$,膜外 NaCl 溶液浓度为 $0.5\ mol \cdot dm^{-3}$,R^+ 代表不能透过膜的高分子正离子,试求平衡后溶液的渗透压。

解:计算唐南平衡时溶液的渗透压,关键是根据平衡条件算出膜两侧的离子浓度。根据题给条件写出渗透平衡后,膜两侧离子的浓度分别为

左边	右边
$c_{R^+} = 0.1\ mol \cdot dm^{-3}$	$c'_{Na^+} = 0.5\ mol \cdot dm^{-3} - x$
$c_{Cl^-} = 0.1\ mol \cdot dm^{-3} + x$	$c'_{Cl^-} = 0.5\ mol \cdot dm^{-3} - x$
$c_{Na^+} = x$	

渗透平衡时,对 NaCl 存在以下的关系:

$$c_{Na^+} \cdot c_{Cl^-} = c'_{Na^+} \cdot c'_{Cl^-}$$

即　　　　　　　　　　$x(0.1\ mol \cdot dm^{-3} + x) = (0.5\ mol \cdot dm^{-3} - x)^2$

解出　　　　　　　　　　$x = 0.227\ 3\ mol \cdot dm^{-3}$

膜两侧离子浓度差为

$$\sum c_B(左) - \sum c_B(右) = [2 \times (0.1 + 0.227\ 3) - 2 \times (0.5 - 0.227\ 3)]\ mol \cdot dm^{-3}$$
$$= 0.109\ 2\ mol \cdot dm^{-3}$$

渗透压为

$$\Pi = [\sum c_B(左) - \sum c_B(右)]RT$$
$$= 0.109\ 2 \times 10^3 mol \cdot m^{-3} \times 8.314\ J \cdot K^{-1} \cdot mol^{-1} \times 300.15\ K$$
$$= 272.50\ kPa$$

12.13　实验测得聚苯乙烯-苯溶液的比浓黏度 η_{sp}/ρ_B 与溶质的质量浓度 ρ_B 的关系有如下数据:

$\rho_B/(g \cdot dm^{-3})$	0.780	1.12	1.50	2.00
$(\eta_{sp}/\rho_B)/(10^{-3}\ g^{-1} \cdot dm^3)$	2.65	2.74	2.82	2.96

且已知经验方程式 $[\eta] = K M_r^\alpha$ 中的常数项 $K = 1.03 \times 10^{-7}\ g^{-1} \cdot dm^3$,$\alpha = 0.74$,试计算聚苯乙烯的相对分子质量为多少?

解:方程中 $[\eta]$ 称为特性黏度,它与比浓黏度的关系为

$$[\eta] = \lim_{\rho_B \to 0} \frac{\eta_{sp}}{\rho_B}$$

所以,要计算出聚苯乙烯的相对分子质量(黏均),就需要以 η_{sp}/ρ_B 对 ρ_B 作图。根据题给数据作图如下(见图 12.1)。

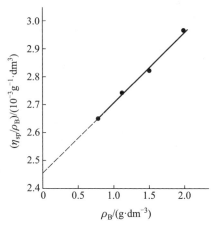

图 12.1　习题 12.13 附图

将所得直线外推至 $\rho_B = 0$ 处,与纵轴相交所得数值便为 $[\eta]$ 值,从图可知,该值为 2.45×10^{-3} g^{-1} · dm^3。已知 $[\eta] = KM_r^\alpha$,因此

$$M_r = ([\eta]/K)^{1/\alpha} = \left(\frac{2.45 \times 10^{-3} \, g^{-1} \cdot dm^3}{1.03 \times 10^{-7} g^{-1} \cdot dm^3} \right)^{1/0.74} = 8.20 \times 10^5$$

参 考 书 目

［1］刘俊吉,周亚平,李松林,等. 物理化学:上册. 6 版. 北京:高等教育出版社,2017.

［2］李松林,冯霞,刘俊吉,等.物理化学:下册. 6 版. 北京:高等教育出版社,2017.

［3］冯霞,高正虹,陈丽. 物理化学解题指南.2 版.北京:高等教育出版社,2009.

［4］孙德坤,沈文霞,姚天扬,等. 物理化学学习指导. 北京:高等教育出版社,2007.

［5］侯文华,淳远,姚天扬. 物理化学习题集. 北京:高等教育出版社,2009.

［6］Atkins P,de Paula J. Physical Chemistry. 10th ed. Oxford:Oxford University Press,2014.

［7］Engel T,Reid P. Physical Chemistry. 3rd ed. Boston:Pearson Education Inc,2013.

［8］Clyde R M. 2000 Solved Problems in Physical Chemistry. New York:McGraw-Hill Inc,1990.

［9］黑恩成,史济斌,彭昌军. 物理化学教学与学习指南. 北京:高等教育出版社,2010.

［10］范崇正,杭瑚,蒋淮渭. 物理化学:概念辨析·解题方法·应用实例. 5 版. 合肥:中国科技大学出版社,2016.

［11］傅玉普,林青松,王新平. 物理化学学习指导. 大连:大连理工大学出版社,2008.

［12］肖衍繁,李文斌,李志伟. 物理化学解题指南. 北京:高等教育出版社,2002.